高等学校教材

工程力学
学习与解题指导

宋小壮　编　著
张秉荣　主　审

机械工业出版社

本书是与张秉荣教授所著《工程力学》（第 4 版）配套的教学参考书：旨在通过对基本理论系统地有重点的总结、对解题方法的指导、对典型例题的分析，提高读者分析和解题能力，以突出工程力学重点，减少工程力学初学者在学习上的困难。

全书共分十三章：力的基本运算与物体受力图的绘制、平面问题的受力分析、空间问题的受力分析、点的运动与刚体的基本运动、点的合成运动与刚体的平面运动、动力学基本方程与动静法、动力学普遍定理、拉伸（压缩）、剪切与挤压的强度计算、圆轴的扭转、直梁的弯曲、应力状态和强度理论、组合变形的强度计算、材料力学中几个专题的简介。每章有知识要点、解题要领、典型例题、习题解答、自测练习及自测练习答案。

本书可作为高等本科院校、高等专科院校、高等职业院校、职业大学机械类与近机类专业学生理论力学和材料力学或工程力学课程的教学辅导用书，适用于各类相应课程的学生或自学者，有利于学习者对工程力学有更深入的理解。

图书在版编目(CIP)数据

工程力学学习与解题指导/宋小壮编著. —北京：机械工业出版社，2010.6（2014.6 重印）
高等学校教材
ISBN 978-7-111-30467-8

Ⅰ.①工… Ⅱ.①宋… Ⅲ.①工程力学—高等学校—教学参考资料 Ⅳ.①TB12

中国版本图书馆 CIP 数据核字(2010)第 071861 号

机械工业出版社(北京市百万庄大街 22 号 邮政编码 100037)
策划编辑：张金奎 责任编辑：张金奎
版式设计：霍永明 责任校对：刘怡丹
封面设计：鞠 杨 责任印制：刘 岚
北京诚信伟业印刷有限公司印刷
2014 年 6 月第 1 版第 2 次印刷
184mm×260mm · 12.25 印张 · 296 千字
标准书号：ISBN 978-7-111-30467-8
定价：22.00 元

凡购本书，如有缺页、倒页、脱页，由本社发行部调换

电话服务	网络服务
社服务中心：(010) 88361066	教 材 网：http：//www.cmpedu.com
销 售 一 部：(010) 68326294	机工官网：http：//www.cmpbook.com
销 售 二 部：(010) 88379649	机工官博：http：//weibo.com/cmp1952
读者购书热线：(010) 88379203	**封面无防伪标均为盗版**

前　言

“工程力学”是机械工程等专业重要的专业基础课程，掌握好该学科是必需的。相对于其他学科，“工程力学”是一门较难以掌握的学科。对求解习题，初学者尤其感到困惑。而作为应用型的工程人员，又必须具备将理论运用到工程实际中的能力，通过演算习题是提高这类能力的有效途径。因此，要学习好“工程力学”，必须进行一定数量习题的演算。本书依据张秉荣教授所著《工程力学》（第 4 版）进行编著，以期能帮助高等、中等院校以及各类成人教育《工程力学》的学习者解决学习上的困难。

本书对主教材每章内容的重点进行了概括，提出了解决本章习题的主要方法，选择了少量与本章内容有关的典型例题，对主教材中习题作了解答，在自测练习中选择了少量有代表性的习题作为学习者对自己学习成果的检验，并给出了答案。

作为教学辅导参考书，本书立足给学习者提供最基本的帮助，知识要点只是本章内容重点的概括，不能视为全部内容；解题要领只是本章习题的主要和基本的方法；习题解答只选择一种基本或简洁的解题方法，学习者可在此基础上运用自己学过的知识举一反三，不应拘泥于书中的解法，由于篇幅有限，对习题的解答不同于例题，尽量减少了语言叙述，学习者在阅读中如遇到困难可参考典型例题。

本书承蒙张秉荣教授担任主审，黄平、于苏民、鲁明亮、童世虎、金仁超等也参与了本书部分内容的编写工作，在此表示感谢。

限于编者水平，难免会有错误之处，敬请读者指正。

编　者

目　　录

第一章　力的基本运算与物体受力图的绘制

知识要点

1. 力是一个矢量，具有大小、方向、作用点（对于刚体，则为作用线）三要素。

2. 静力学公理是静力学的基础，有：二力平衡公理；加减平衡力系公理；力的平行四边形法则和作用反作用定律。

3. 平面汇交力系的合成：

（1）几何法：利用力多边形法则求合力，将力系中各力首尾相接，形成一条不封闭的折线，其封闭边为合力的大小、方向，合力仍作用于汇交点，即

$$\boldsymbol{F}_{\mathrm{R}}=\boldsymbol{F}_1+\boldsymbol{F}_2+\cdots+\boldsymbol{F}_n=\Sigma\boldsymbol{F}$$

若该力多边形自行封闭，则该力系平衡。

（2）解析法：合力在直角坐标轴上的投影可由

$$F_{\mathrm{R}x}=F_{1x}+F_{2x}+\cdots+F_{nx}=\Sigma F_x$$

$$F_{\mathrm{R}y}=F_{1y}+F_{2y}+\cdots+F_{ny}=\Sigma F_y$$

投影式得出。合力的大小、方向可由

$$F_{\mathrm{R}}=\sqrt{F_{\mathrm{R}x}^2+F_{\mathrm{R}y}^2}=\sqrt{(\sum F_x)^2+(\sum F_y)^2},\qquad \tan\alpha=\left|\frac{F_{\mathrm{R}y}}{F_{\mathrm{R}x}}\right|=\left|\frac{\sum F_y}{\sum F_x}\right|$$

得出。

4. 力对点之矩简称为力矩：$M_O(\boldsymbol{F})=\pm Fd$，是力使物体绕某一固定点转动效应的度量。合力矩定理：$M_O(\boldsymbol{F}_{\mathrm{R}})=\Sigma M_O(\boldsymbol{F})$，可求合力对某一点之矩。

5. 力偶是由等值、反向、不共线的一对平行力组成。力偶对物体的转动效应取决于力偶的三要素：力偶矩的大小、力偶的转向和作用面。只要保证力偶的三要素不变，力偶可在其作用面内任意移动，不改变其对物体的转动效应。平面力偶系的合力偶矩：$M=M_1+M_2+\cdots+M_n=\Sigma M_i$。

6. 力的平移定理：作用于刚体上的力，可平移到刚体内任一点，同时须附加一个力偶，附加力偶的力偶矩等于原力对该点之矩。

7. 限制物体运动的限制物称为约束，约束对物体的作用力称为约束力，作用在约束与被约束的接触处，方向与被限制物体的运动或运动趋势方向相反。工程中常见约束类型有：柔性、光滑面、铰链、链杆、固定铰支座、活动铰支座和固定端等七种约束。

8. 受力图：是通过受力分析在研究对象上画出所有主动力、约束力的力学简图，是进一步解决力学问题的重要手段。

解题要领

1. 力是矢量，运算通常有几何法和解析法。几何法常用来推演定理和解决仅有三个矢

量之间的运算问题。解析法是将矢量运算转换为代数运算，是解题的主要运算方法，因此力的投影是重要的基本功。

2. 工程力学中主要研究的对象大都是物体，转动效应是不容忽视的。因此，必须熟练掌握力对点之矩，当力臂不是很明确时，可将力进行正交分解，再利用合力矩定理计算力对点之矩。

3. 作受力图应注意：

1）研究对象应是解除约束后的自由体，如是以整体为研究对象，受力图可以在不解除约束情况下直接在原题图上画。

2）画受力图时只标外力，不标内力。这里的外力是研究对象以外物体对其的作用力，反之，来自于研究对象中某个物体的力则称为内力。

3）约束力一般依据约束的类型画，先画只有一个未知数的约束，尤其是二力构件。若有三力构件，而且三力不平行，则三力作用线汇交一点。

4）物体体系中各个物体的受力图中，同一个力必须用相同的标注和名称。

典型例题

例 1-1　图 1-1a 所示平面汇交力系，$F_1=100N$，$F_2=100\text{N}$，$F_3=150\text{N}$，$F_4=200\text{N}$。F_1水平向右，其他各力方向如图所示。求该力系的合力的大小及作用位置。

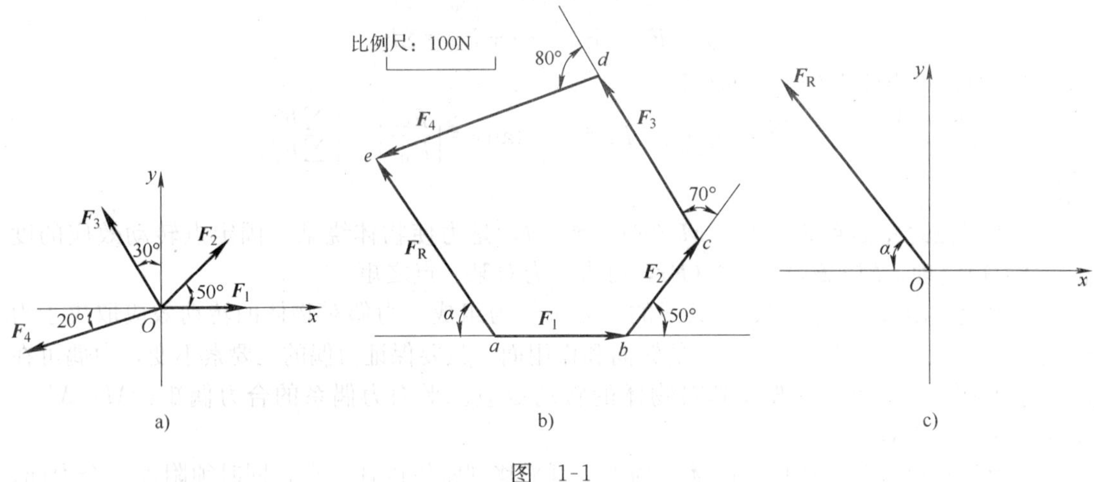

图　1-1

解一　几何法

1）选比例尺

2）将各力首尾相接得到一折线 $abcde$，连接封闭边 ae，得合力 $\boldsymbol{F}_{\text{R}}$（图 1-1b）

3）量得 $F_{\text{R}}=170\text{N}$，　$\alpha=54°$

解二　解析法

1）建立图示坐标系（图 1-1a）

2）由合力投影定理，有

$$F_{\text{R}x}=F_{1x}+F_{2x}+F_{3x}+F_{4x}=F_1+F_2\cos50°-F_3\sin30°-F_4\cos20°=-98.66\text{N}$$

$$F_{\text{R}y}=F_{1y}+F_{2y}+F_{3y}+F_{4y}=0+F_2\sin50°+F_3\cos30°-F_4\sin20°=138.1\text{N}$$

3）合力大小、方向（图 1-1c）

$$大小：F_R=\sqrt{(\sum F_x)^2+(\sum F_y)^2}=169.69\text{N}$$

$$方向：\tan\alpha=\left|\frac{\sum F_y}{\sum F_x}\right|=1.3997, \quad \alpha=54^\circ$$

例 1-2 图 1-2 所示构件 O 端与地面铰接，受力如图所示。求各力对 O 点之矩及力系的合力对 O 点之矩。

解 1）各力对 O 点之矩

$$M_O(\boldsymbol{F}_1)=-F_1\cdot OA$$
$$M_O(\boldsymbol{F}_2)=F_2\cdot AB$$
$$M_O(\boldsymbol{F}_3)=0$$
$$M_O(\boldsymbol{F}_4)=F_4\cdot OC\cdot\cos\alpha$$

2）力系合力对 O 点之矩

$$M_O(\boldsymbol{F}_R)=M_O(\boldsymbol{F}_1)+M_O(\boldsymbol{F}_2)+M_O(\boldsymbol{F}_3)+M_O(\boldsymbol{F}_4)$$
$$=-F_1\cdot OA+F_2\cdot AB+F_4\cdot OC\cdot\cos\alpha$$

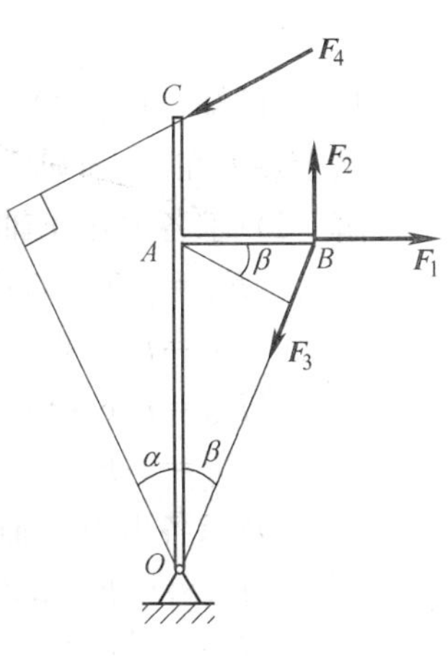

图 1-2

例 1-3 分别作出图 1-3a 中 AD 杆、AB 杆、DE 杆及整体的受力图。

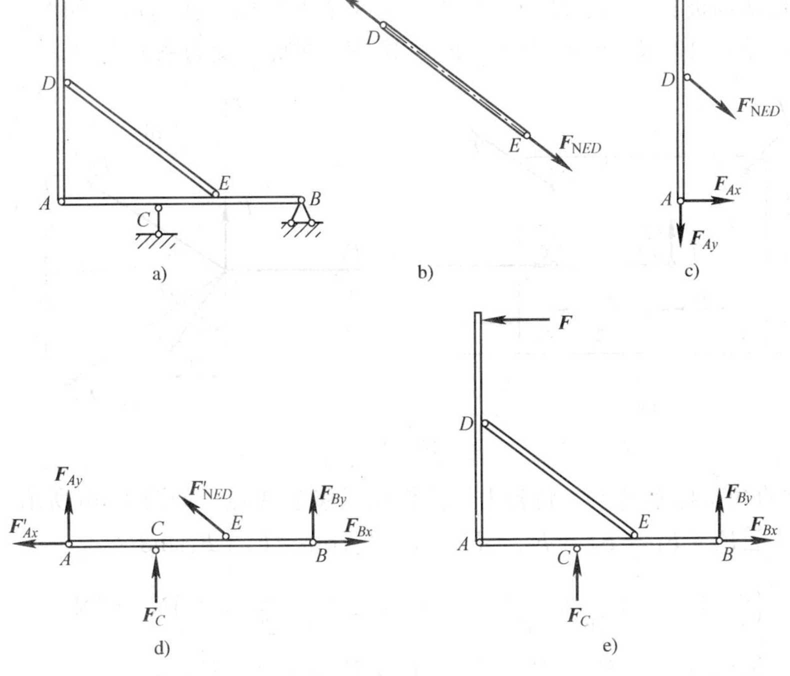

图 1-3

解 首先判断出 DE 杆为二力构件，其反力 $\boldsymbol{F}_{NDE}$、$\boldsymbol{F}_{NED}$ 沿 D、E 两点连线，方向相反，其受力如图 1-3b 所示。再依次取 AD、AB、整体为研究对象，画出它们的主动力和约束力，其受力分别如图 1-3c、d、e 所示。AD 杆上的 D 点与 DE 杆上的 D 点、AB 杆上的 E 点与 DE 杆上的 E 点、AD 杆上的 A 点与 AB 杆上的 A 点受力情况均为作用力与反作用力的关系，由于整体的受力图是最后所作，其上的力和前面的受力图相同的应用相同的表达方式，另外如 $\boldsymbol{F}_{NDE}$、$\boldsymbol{F}_{NED}$、$\boldsymbol{F}_{Ax}$、$\boldsymbol{F}_{Ay}$ 为整体的内力，则不能画出。

习 题 解 答

1-1 已知：$F_1=2000\text{N}$，$F_2=150\text{N}$，$F_3=200\text{N}$，$F_4=100\text{N}$，各力的方向如图 1-4 所示。试求各力在 x、y 轴上的投影。

解 1）求各力在 x 轴上的投影

$$F_{1x}=-F_1\cos30°=-2000\text{N}\times0.866=-1732\text{N}$$

$$F_{2x}=F_2\cos90°=0$$

$$F_{3x}=F_3\cos45°=200\text{N}\times0.707=141.42\text{N}$$

$$F_{4x}=-F_4\cos60°=-100\text{N}\times0.5=-50\text{N}$$

2）求各力在 y 轴上的投影

$$F_{1y}=-F_1\sin30°=-2000\text{N}\times0.5=-1000\text{N}$$

$$F_{2y}=-F_2=-150\text{N}$$

$$F_{3y}=F_3\sin45°=200\text{N}\times0.707=141.42\text{N}$$

$$F_{4y}=F_4\sin60°=100\text{N}\times0.866=86.6\text{N}$$

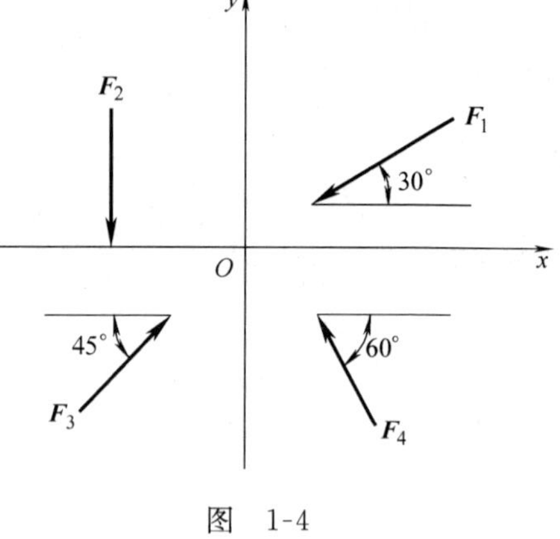

图 1-4

1-2 铆接薄钢板在孔 A、B、C 和 D 处受四个力作用，孔间尺寸如图 1-5a 所示。已知：$F_1=50\text{N}$，$F_2=100\text{N}$，$F_3=150\text{N}$，$F_4=220\text{N}$。求此汇交力系的合力。

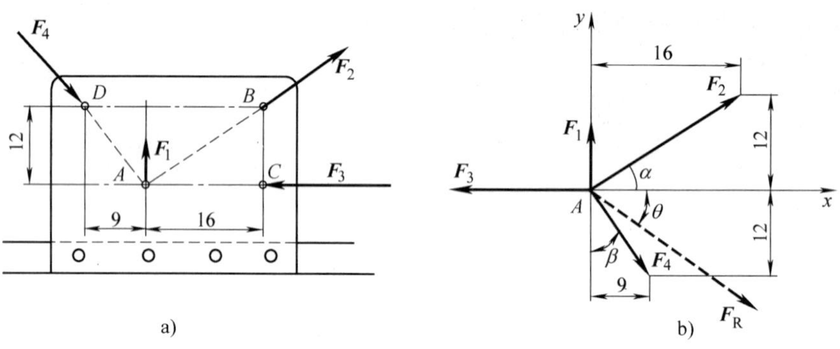

图 1-5

解 建立直角坐标系 Axy，将各力沿其作用线移至 A 点，如图 1-5b 所示。

$$F_{Rx}=\sum F_x=F_{1x}+F_{2x}+F_{3x}+F_{4x}=0+F_2\cos\alpha-F_3+F_4\sin\beta$$

$$=\left(0+100\times\frac{16}{\sqrt{16^2+12^2}}-150+220\times\frac{9}{\sqrt{12^2+9^2}}\right)\text{N}=62\text{N}$$

$$F_{Ry}=\sum F_y=F_{1y}+F_{2y}+F_{3y}+F_{4y}=F_1+F_2\sin\alpha+0-F_4\cos\beta$$

$$=\left(50+100\times\frac{12}{\sqrt{16^2+12^2}}-220\times\frac{12}{\sqrt{12^2+9^2}}\right)\text{N}=-66\text{N}$$

$$F_R=\sqrt{F_{Rx}^2+F_{Ry}^2}=90.6\text{N}$$

$$\tan\theta=\left|\frac{F_{Ry}}{F_{Rx}}\right|=1.066,\quad \theta=46.79°$$

1-3　A、B 二人拉一压路碾子，如图 1-6a 所示，A 施拉力 $F_A=400\text{N}$，为使碾子沿相对正前方偏斜 $\theta=15^\circ$方向前进，沿相对正前方斜 60°方向施力 $\boldsymbol{F}_B$偏拉。试求 $\boldsymbol{F}_B$的值。

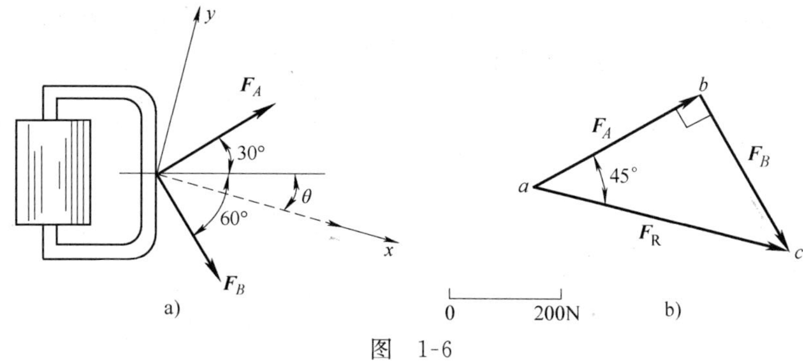

图　1-6

解　为使碾子沿相对正前方偏斜 $\theta=15^\circ$方向前进，即要使 $\boldsymbol{F}_A$、$\boldsymbol{F}_B$的合力沿该方向即可。且由题知 $\boldsymbol{F}_A\perp\boldsymbol{F}_B$，故可由力多边形法则：

1）选取图示比例尺

2）作力多边形（图 1-6b）。

3）$\vec{ac}$ 为 $\boldsymbol{F}_A$、$\boldsymbol{F}_B$的合力 $\boldsymbol{F}_R$，即碾子前进的方向；bc 即为 $\boldsymbol{F}_B$的大小，量得 $F_B=400\text{N}$

另解　建立坐标如图 1-6a 所示，合力在 y 方向投影为零，有

$$F_{Ry}=F_{Ay}+F_{By}=400\text{N}\sin45^\circ-F_B\sin45^\circ=0$$

$$F_B=400\text{N}$$

1-4　求图 1-7 所示各种情况下 $\boldsymbol{F}$ 对点 O 的力矩。

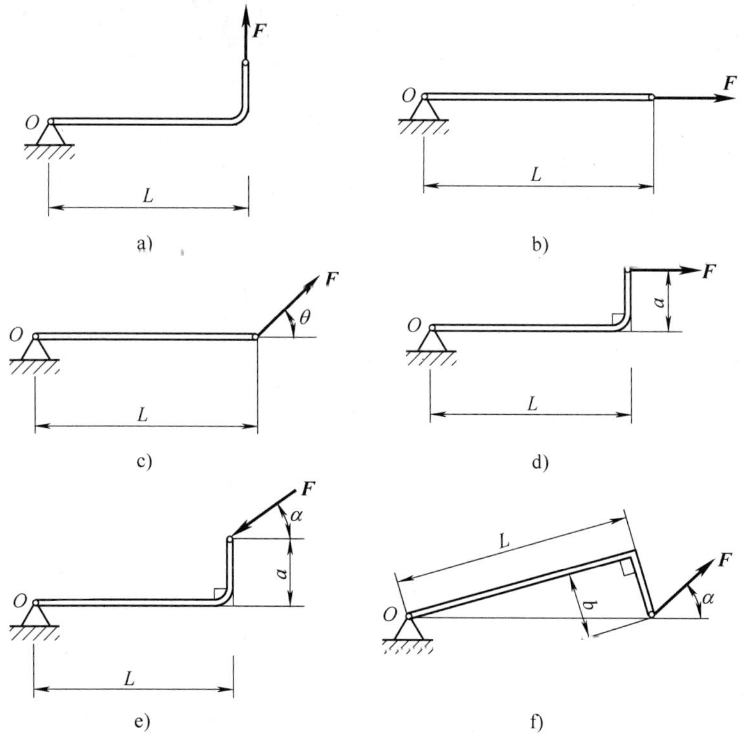

图　1-7

解 a) $M_O(\boldsymbol{F})=FL$　　b) $M_O(\boldsymbol{F})=0$

c) $M_O(\boldsymbol{F})=FL\sin\theta$　　d) $M_O(\boldsymbol{F})=-Fa$

e) $M_O(\boldsymbol{F})=Fa\cos\alpha-FL\sin\alpha$　　f) $M_O(\boldsymbol{F})=F\sin\alpha\sqrt{L^2+b^2}$

1-5　计算图 1-8 所示两种情况下 $\boldsymbol{G}$ 与 $\boldsymbol{F}$ 对转心 A 之矩。

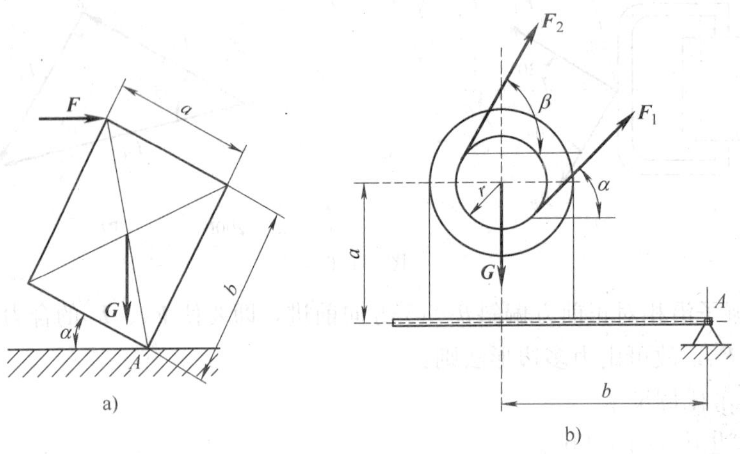

图　1-8

解　图 1-8a：　$M_A(\boldsymbol{F})=-F\cos\alpha\cdot b-F\sin\alpha\cdot a=-F(a\sin\alpha+b\cos\alpha)$

$$M_A(\boldsymbol{G})=G\cos\alpha\cdot\frac{a}{2}-G\sin\alpha\cdot\frac{b}{2}=\frac{G}{2}(a\cos\alpha-b\sin\alpha)$$

图 1-8b：　$M_A(\boldsymbol{F}_1)=-F_1\sin\alpha(b-r\sin\alpha)-F_1\cos\alpha(a-r\cos\alpha)$

$$=-F_1[b\sin\alpha+a\cos\alpha-r(\sin^2\alpha+\cos^2\alpha)]=F_1(r-b\sin\alpha-a\cos\alpha)$$

$$M_A(\boldsymbol{F}_2)=-F_2\sin\beta[r\cos(90°-\beta)+b]-F_2\cos\beta[r\sin(90°-\beta)+a]$$

$$=-F_2r(\sin^2\beta+\cos^2\beta)-F_2(b\sin\beta+a\cos\beta)=-F_2(r+b\sin\beta+a\cos\beta)$$

$$M_A(\boldsymbol{G})=Gb$$

1-6　矩形钢板的边长为 $a=4\text{m}$，$b=2\text{m}$（图 1-9），作用力偶 $M(\boldsymbol{F},\boldsymbol{F}')$，当 $F=F'=200\text{N}$ 时，才能使钢板转动。试考虑如何加力才能使所费力为最小而达到使钢板转一角度的目的，并求出此最小力的值。

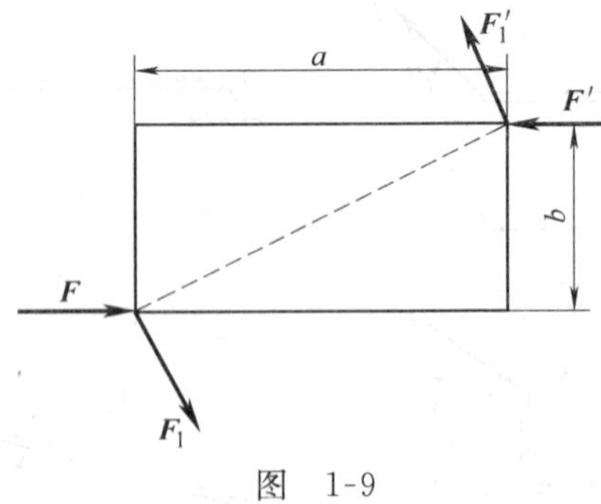

图　1-9

解　由力偶性质 $M(\boldsymbol{F}_1,\boldsymbol{F}_1')=M(\boldsymbol{F},\boldsymbol{F}')$，应在板上找出力臂最长处施力，力值才有可能为最小，即

$$F_1\sqrt{a^2+b^2}=Fb$$

故
$$F_1=\frac{Fb}{\sqrt{a^2+b^2}}=89.44\text{N}$$

1-7　试画出图 1-10 所示受柔性约束物体的受力图。

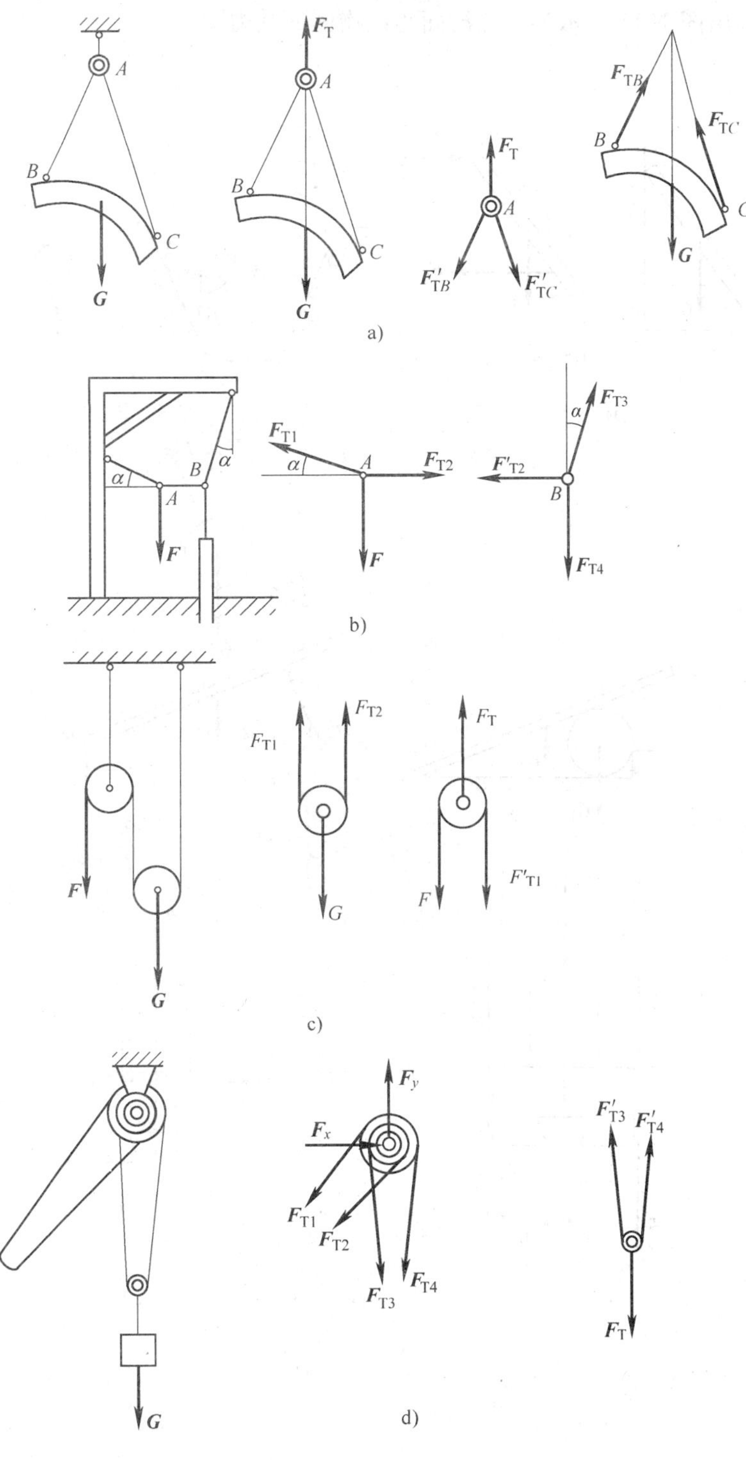

图　1-10

1-8 试画出图 1-11 所示各受光滑面约束物体的受力图。

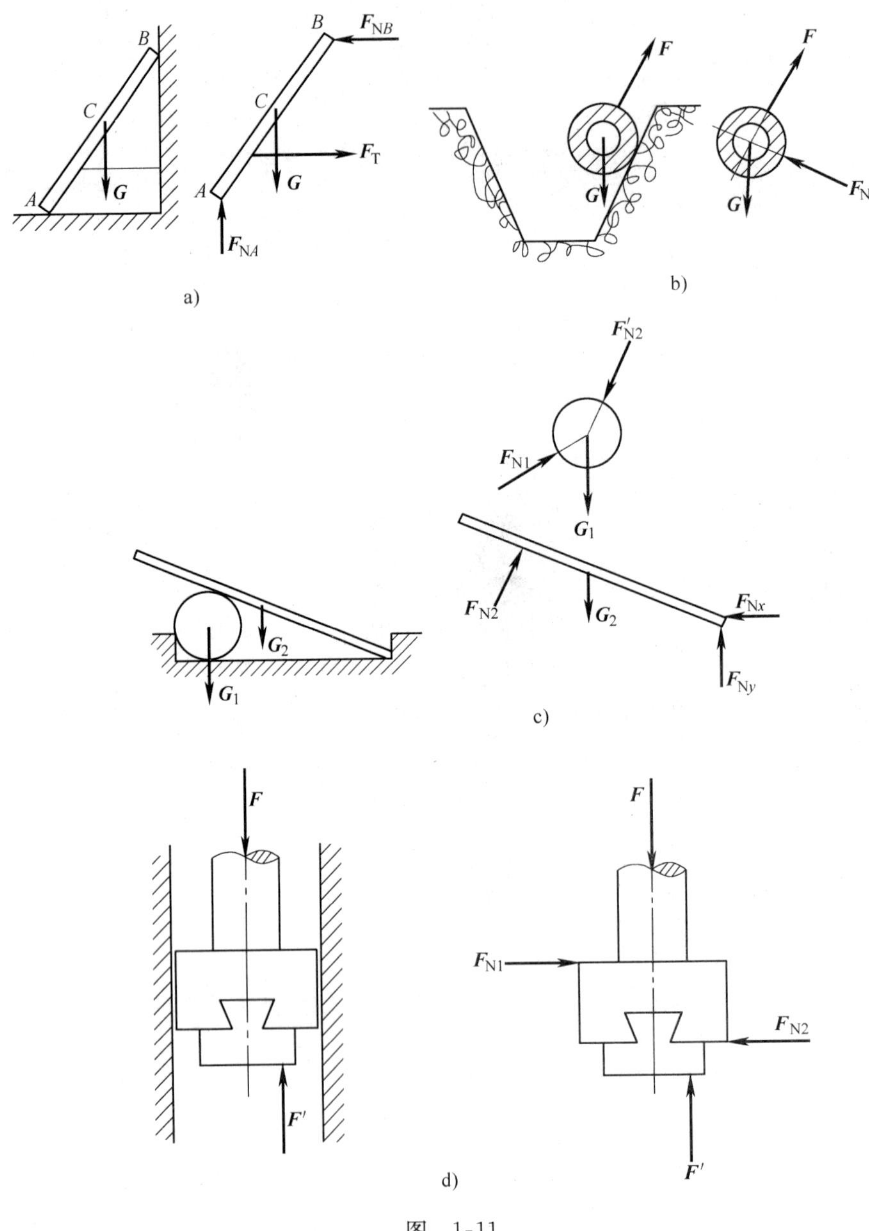

图 1-11

1-9 试画出图 1-12 所示各铰链约束物体的受力图。

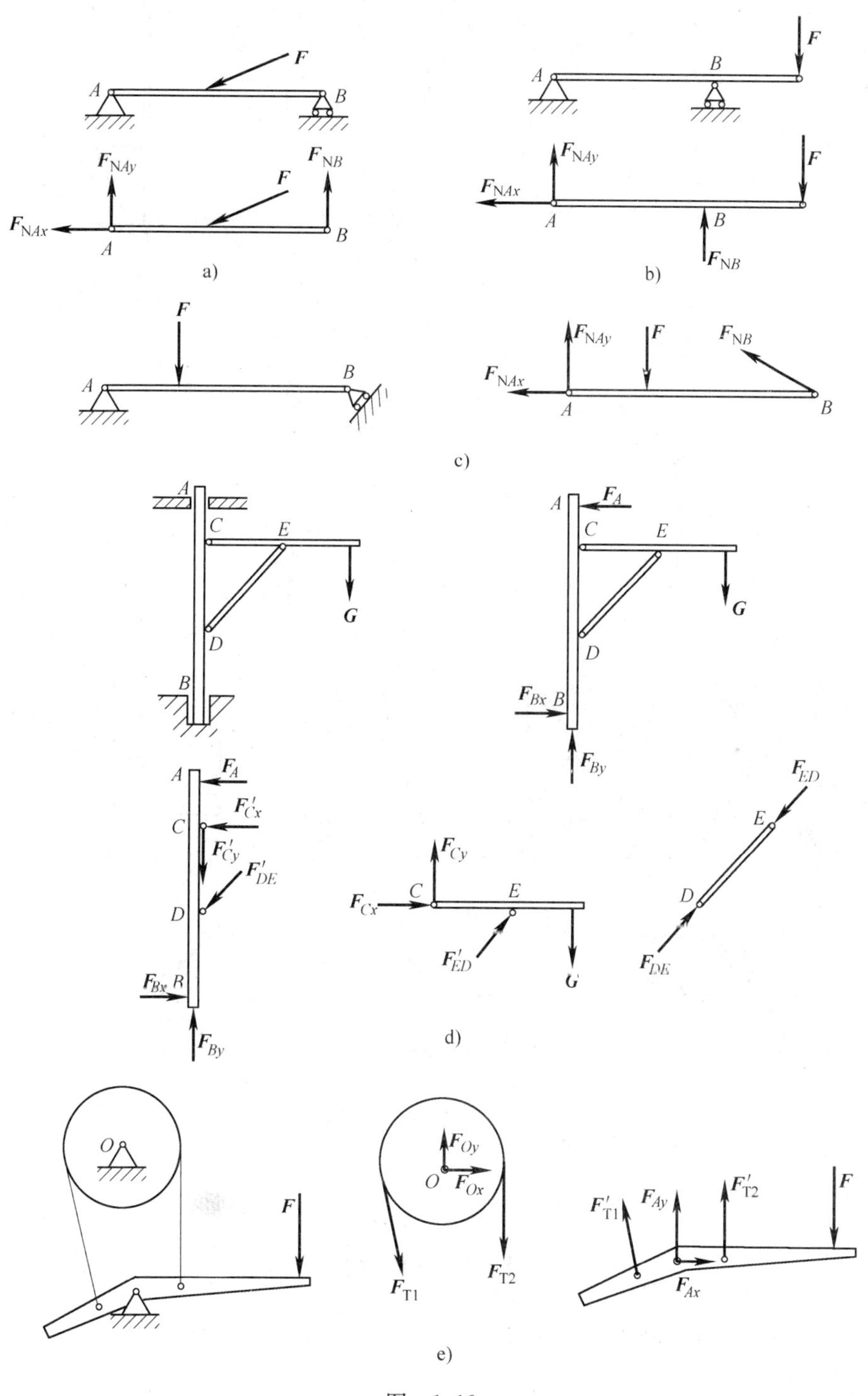

图 1-12

1-10　试画出图 1-13 所指定的分离体的受力图。

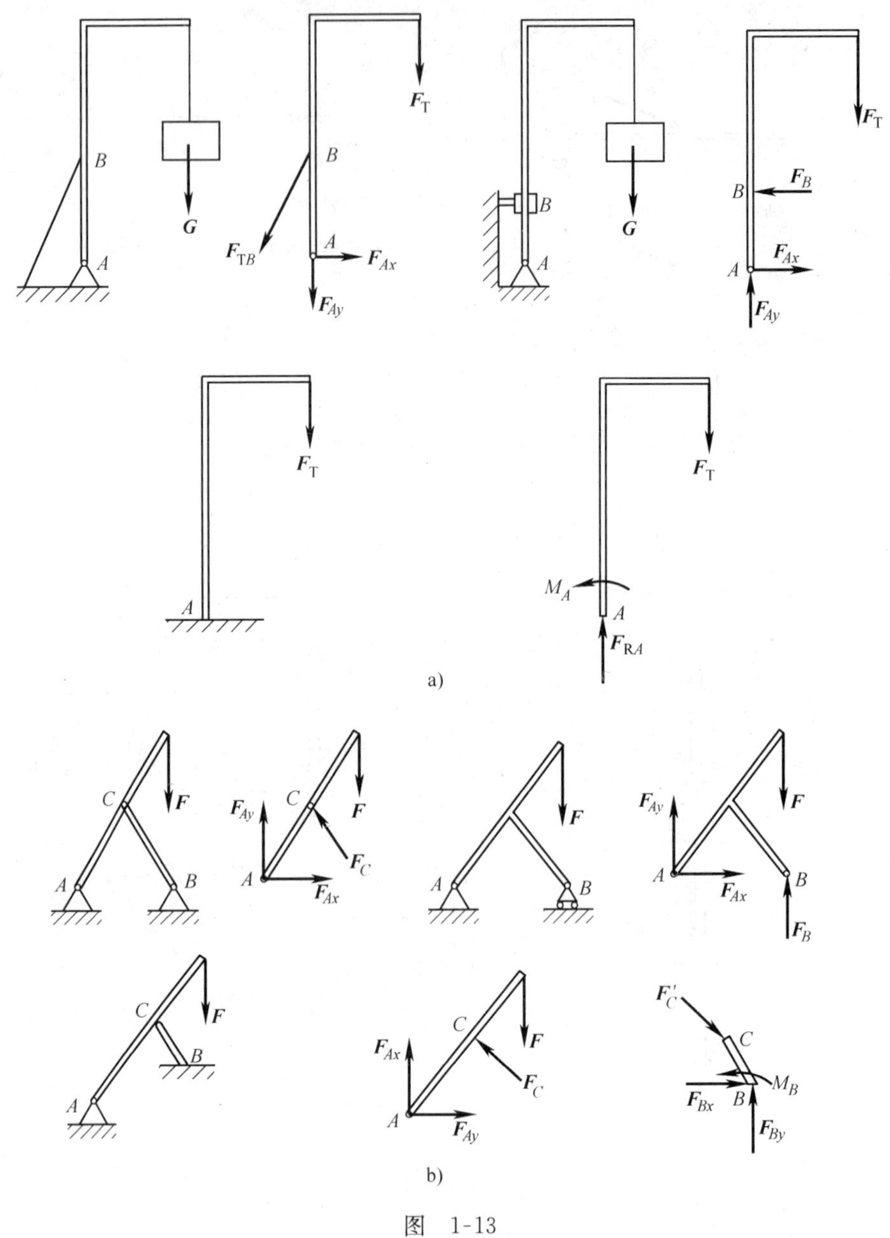

图　1-13

自 测 练 习

1-1　画出图 1-14 所示结构中各构件的受力图。各接触面及铰链均光滑，未画重力的物体，其重量忽略不计。

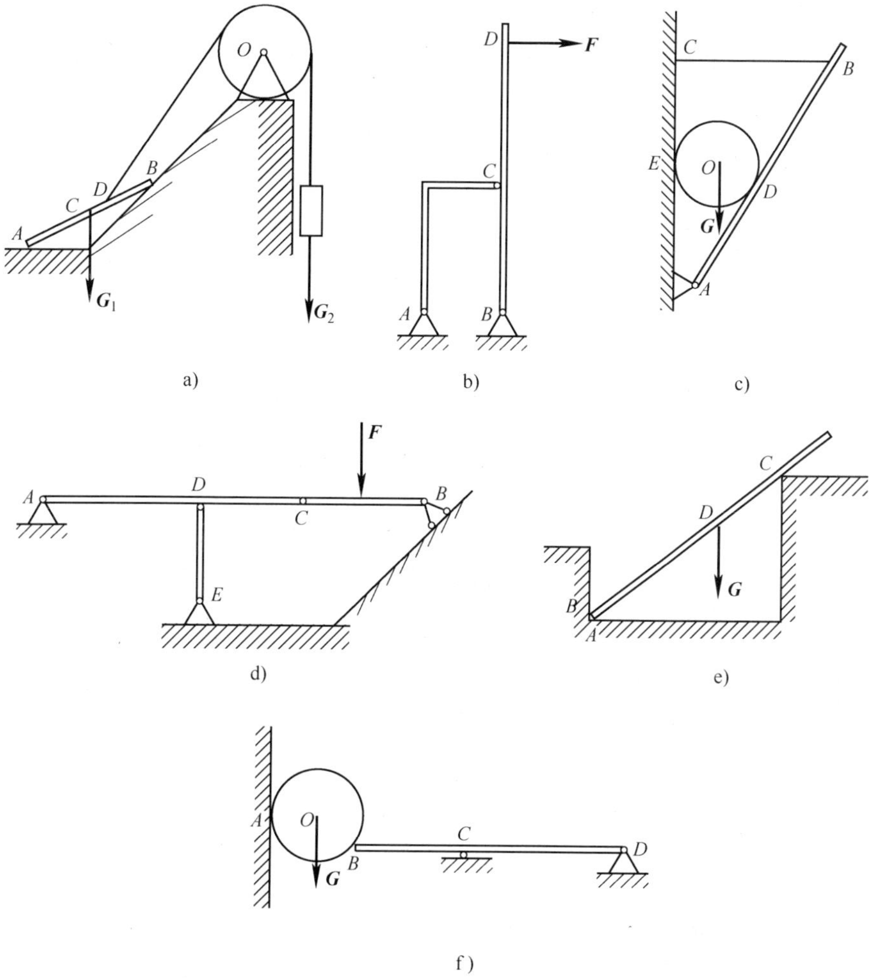

a) b) c)

d) e)

f)

图 1-14

1-2 求图 1-15 所示诸力的合力 F_R。已知 $F_1=100\text{N}$，$F_2=100\sqrt{2}\text{N}$，$F_3=200\text{N}$，$F_4=400\text{N}$。

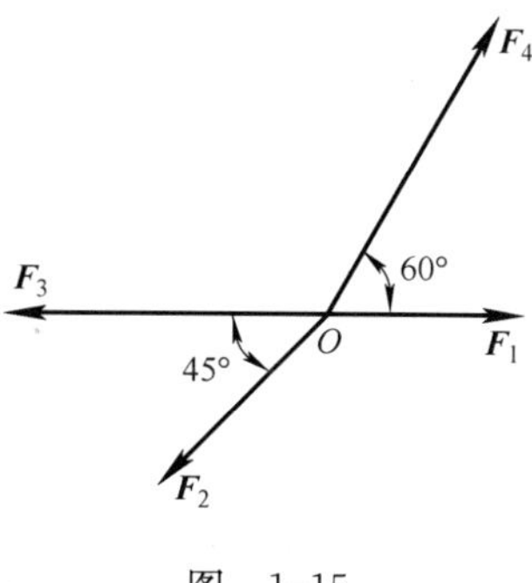

图 1-15

1-3 求图 1-16 所示各力对 O 点及 A 点的力矩。$F_1=10\text{N}$，$F_2=5\text{N}$，$F_3=4\text{N}$，$F_4=8\text{N}$，$F_5=6\text{N}$。图中坐标轴上每格的长度为 100mm。

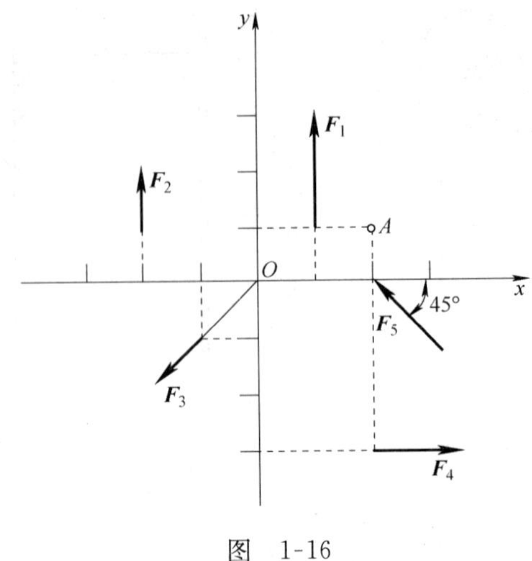

图 1-16

自测练习答案

1-2 F_R=246N

1-3 M_O=3248N·mm；M_A=586N·mm

第二章　平面问题的受力分析

知识要点

1. 平面任意力系的简化：

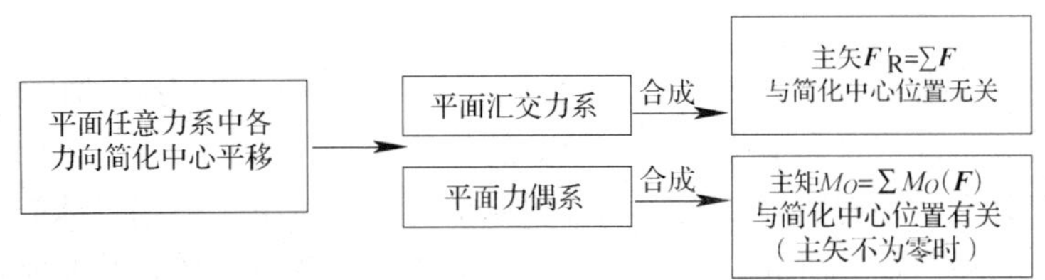

2. 平面任意力系平衡方程有三种形式：

(1) 基本形式　　$\sum M_O(\boldsymbol{F})=0$；　$\sum F_x=0$；　$\sum F_y=0$

(2) 二力矩式　　$\sum M_A(\boldsymbol{F})=0$；　$\sum M_B(\boldsymbol{F})=0$；$\sum F_x=0$ 或 $\sum F_y=0$

(3) 三力矩式　　$\sum M_A(\boldsymbol{F})=0$；　$\sum M_B(\boldsymbol{F})=0$；　$\sum M_C(\boldsymbol{F})=0$

后两种形式有附加条件，否则三个方程不相互独立。由此，一个物体在平面任意力系作用下，可求解三个未知量。平面汇交力系和平面平行力系是平面任意力系中的特殊力系，所以，以上平衡方程也适用，只是有的方程已自动满足，不能求出新的未知量。

3. 由 n 个物体组成的物体系统，以不同的物体为研究对象，如平面任意力系作用下，可列出 $3n$ 个独立的平衡方程。

4. 如未知量小于或等于独立的平衡方程数目的平衡问题，称为静定问题。反之，如大于，则称为超静定问题。

5. 桁架是由若干直杆用圆柱铰链连接且外力均施于节点，因此杆件皆为二力构件，其内力都是拉力或压力，可用节点法或截面法来求解。

6. 滑动摩擦力是在两个物体相互接触面之间有相对滑动趋势或有相对滑动时出现的阻碍力。前者为静摩擦力，后者为动摩擦力。

(1) 静摩擦力的方向与接触面间相对滑动趋势的方向相反，其大小在零与静摩擦力的最大值之间，随外力作用变化而变化，即 $0<F_f\leqslant F_{fm}$，具体数值可由平衡条件来确定。最大静摩擦力由静滑动摩擦定律确定，即 $F_{fm}=f_sF_N$，其中 f_s为静摩擦因数。只有当物体处于平衡的临界状态时，摩擦力才达到最大值。

(2) 动摩擦力的方向与接触面间相对滑动的方向相反，其大小由动滑动摩擦定律确定，即 $F'_f=fF_N$，其中 f 为动摩擦因数。

7. 当滑动即将开始时，全约束力 $\boldsymbol{F}_R$与接触面的法线间的夹角 α，达到它的最大值 φ，称为摩擦角。摩擦角与静摩擦因数的关系是 $\varphi=\arctan f_s$。不管主动力的合力的大小如何，只要它的作用线在摩擦角之内，物体总是能平衡的，这种现象称为自锁。

8. 阻止物体滚动的为一力偶，称为滚动摩阻力偶。其力偶矩 M_f的转向与相对滚动的趋向相反，大小在零与最大值之间，即 $0 \leqslant M_f \leqslant M_{fmax}$。最大滚动摩阻力偶矩 $M_{fmax}=\delta F_N$，其中 δ 为滚动摩阻系数，它的单位为长度单位。

解题要领

1. 在受力图上标明坐标方向：坐标方向的确定可依据 1）便于确定力和坐标之间的夹角；2）坐标和未知力垂直；3）利用受力图的对称性，等几个方面来确定，这样便于列出投影方程并使投影方程中未知力数目尽可能少。力矩方程的矩心应选择多个未知力的交汇点，同样可以简化计算。对于常见以水平和铅直方向的直角坐标系可不画出，其他方向的坐标应用细线标出。

2. 当解决物体系统的平衡问题时，二力构件等只有一个未知力的约束要首先判断出来。如何选择研究对象非常重要，应先以未知量少的物体为研究对象，求出未知量再进一步选择其他物体为研究对象，将物体系统化简成若干单个物体来解决。根据具体问题用尽量少的研究对象和方程来求解问题。研究对象可以是单个物体，也可是整体，必要时选择几个连接在一起的物体。按习惯做法，在未解除约束的情况下，本书整体的受力图一般在原题图上直接画出，其他的必需另外画出研究对象的脱离体图。

3. 考虑摩擦时的平衡问题时，要注意：

（1）物体平衡，但未达到临界状态，用平衡方程求未知力，包括摩擦力。

（2）物体平衡，且处于临界状态，用平衡方程加上摩擦定律求未知因素。

典型例题

例 2-1 试求图 2-1 所示刚架的支座约束力。

解 1）选刚架为研究对象，作出受力图，如图 2-1 所示。

2）列平衡方程

$\Sigma M_A(\boldsymbol{F})=0$，

$F_B \times 4\text{m} - 10\text{kN/m} \times 6\text{m} \times 3\text{m} - 20\text{kN} \cdot \text{m} + 20\text{kN} \times 2\text{m} = 0$

$F_B = 40\text{kN}$ （↑）

$\Sigma F_y = 0$，　$F_{Ay} + F_B - 10\text{kN/m} \times 6\text{m} = 0$

$F_{Ay} = 20\text{kN}$ （↑）

$\Sigma F_x = 0$，　$F_{Ax} - 20\text{kN} = 0$

$F_{Ax} = 20\text{kN}$ （→）

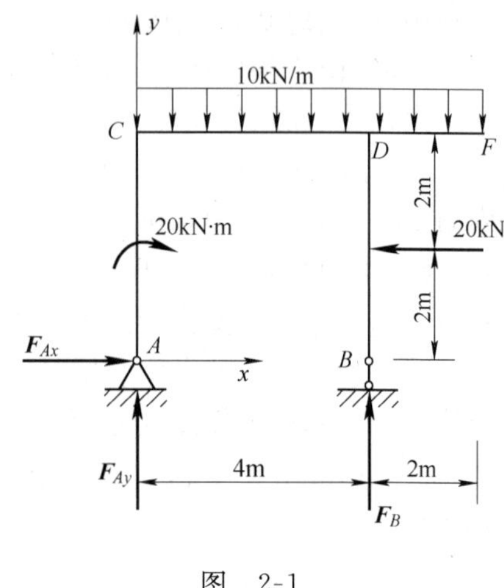

图 2-1

例 2-2 试求图 2-2a 所示多跨静定梁 A、B、E 支座的约束力，已知 $q=2.5\text{kN/m}$、$F=5\text{kN}$、$M=5\text{kN} \cdot \text{m}$、$a=1\text{m}$。

解 1）选 CDE 杆为研究对象，受力图如图 2-2b 所示。

$\Sigma M_C(\boldsymbol{F})=0$，$F_E \times 4a - q \times 2a \times a - M = 0$

$F_E = q \times a/2 + M/4a = 2.5\text{kN/m} \times 1\text{m}/2 + 5\text{kN} \cdot \text{m}/4\text{m} = 2.5\text{kN}$ （↑）

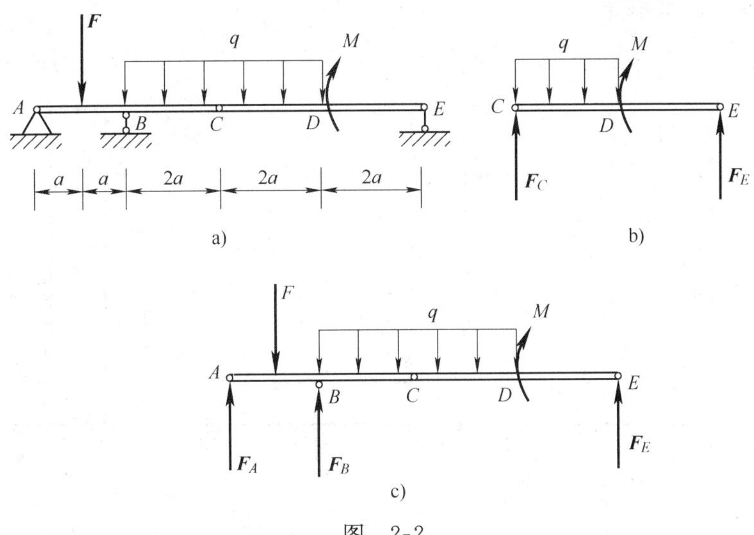

图 2-2

2）选整体为研究对象，受力图如图 2-2c 所示。

$\sum M_A(\boldsymbol{F})=0$，　$F_B\times 2a+F_E\times 8a-q\times 4a\times 4a-M-Fa=0$

$F_B=-F_E\times 4+q\times 8a+M/2a+F/2=15\text{kN}$　（↑）

$\sum F_y=0$，　$F_A+F_B+F_E-q\times 4a-F=0$

$F_A=-F_B-F_E+q\times 4a+F=-2.5\text{kN}$（↓）

例 2-3　图 2-3a 所示结构由梁 ABC 和管道 O 组成，试求梁 A、B 处的支座约束力。

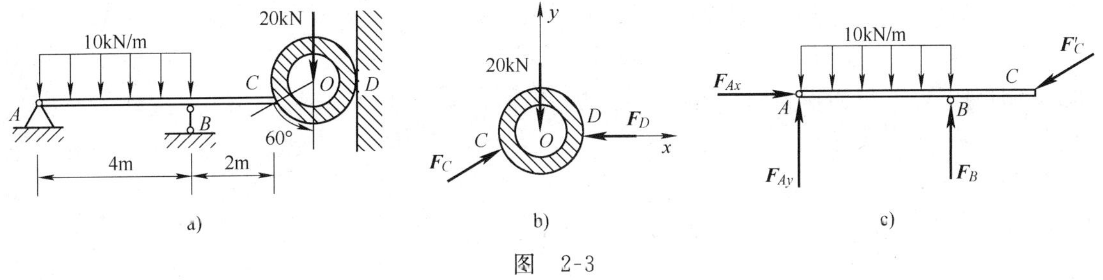

图 2-3

解　1）取管道 O 为研究对象，受力图如图 2-3b 所示。

$\sum F_y=0$，　$F_C\cos 60^\circ-20\text{kN}=0$

$F_C=40\text{kN}$

2）取梁 ABC 为研究对象，受力图如图 2-3c 所示。

$\sum F_x=0$，　$F_{Ax}-F'_C\sin 60^\circ=0$

$F_{Ax}=34.64\text{kN}$（→）

$\sum M_A(\boldsymbol{F})=0$，　$F_B\times 4\text{m}-F'_C\cos 60^\circ\times 6\text{m}-10\text{kN/m}\times 4\text{m}\times 2\text{m}=0$

$F_B=50\text{kN}$（↑）

$\sum F_y=0$，　$F_{Ay}+F_B-F'_C\cos 60^\circ-10\text{kN/m}\times 4\text{m}=0$

$F_{Ay}=10\text{kN}$（↑）

例 2-4　图 2-4a 中所示的推杆可在滑道内滑动，已知滑道的长度为 b，宽为 d，与推杆间的静摩擦因数为 f_s。在推杆上加一力 $\boldsymbol{F}$，问力 $\boldsymbol{F}$ 与推杆轴线的距离 a 为多大时推杆才不至于被卡住，推杆自重不计。

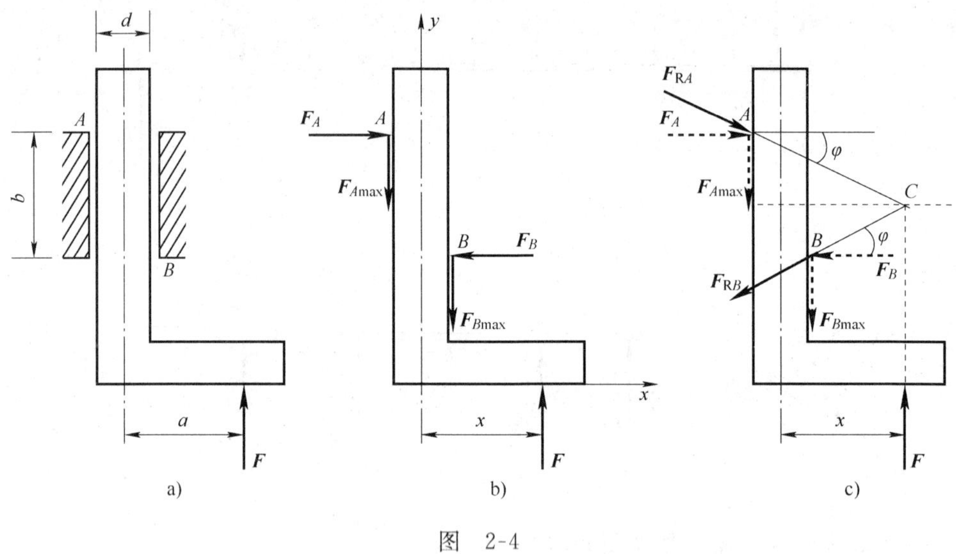

图 2-4

解一 （解析法） 1）推杆处于临界平衡状态，具有向上滑动趋势。

2）取推杆为研究对象作出受力图如图 2-4b 所示，设此时 $\boldsymbol{F}$ 与轴线的距离为 x。

3）列出平衡方程和摩擦定律并求解

$$\sum F_x=0,\quad F_A-F_B=0 \tag{a}$$

$$\sum F_y=0,\quad F-F_{A\max}-F_{B\max}=0 \tag{b}$$

$$\sum M_A=0,\quad F(x+d/2)-F_{B\max}d-F_Bb=0 \tag{c}$$

$$F_{A\max}=f_sF_A;\ F_{B\max}=f_sF_B \tag{d}$$

将式（d）代入式（b），再从式（a）、式（b）中消去 F_A，得

$$F_B=\frac{F}{2f_s}$$

代入式（c）得

$$x=\frac{b}{2f_s}$$

故 $a\leqslant\dfrac{b}{2f_s}$ 时推杆才不至于被卡住。

解二 （几何法）在接触点作出全约束力 $\boldsymbol{F}_{RA}$ 和 $\boldsymbol{F}_{RB}$，延长其作用线交于 C 点，利用三力平衡定理作出力 $\boldsymbol{F}$ 的作用线。根据图 2-4c 所示的几何关系可得

$$(x+d/2)\tan\varphi+(x-d/2)\tan\varphi=b$$

即

$$x=\frac{b}{2\tan\varphi}=\frac{b}{2f_s}$$

习 题 解 答

2-1 平面任意力系如图 2-5 所示，每方格边长为 $a=10\text{mm}$，$F_1=F_2=10\text{kN}$，$F_3=F_4=10\sqrt{2}\text{kN}$。试求力系向 O 点简化的结果。

解 建立直角坐标系，如图 2-5 所示

$F'_{Rx}=\sum F_x=F_{1x}+F_{2x}+F_{3x}+F_{4x}$

$=0+F_2-F_3\dfrac{a}{\sqrt{a^2+a^2}}-F_4\dfrac{a}{\sqrt{a^2+a^2}}=-10\text{kN}$

$F'_{Ry}=\sum F_y=F_{1y}+F_{2y}+F_{3y}+F_{4y}$

$=-F_1+0-F_3\dfrac{a}{\sqrt{a^2+a^2}}+F_4\dfrac{a}{\sqrt{a^2+a^2}}=-10\text{kN}$

主矢大小　　　$F'_R=\sqrt{F'^2_{Rx}+F'^2_{Ry}}=10\sqrt{2}\text{kN}$

主矢与 x 轴夹角 α　　$\tan\alpha=\left|\dfrac{F_{Ry}}{F_{Rx}}\right|=1$；　$\alpha=45°$

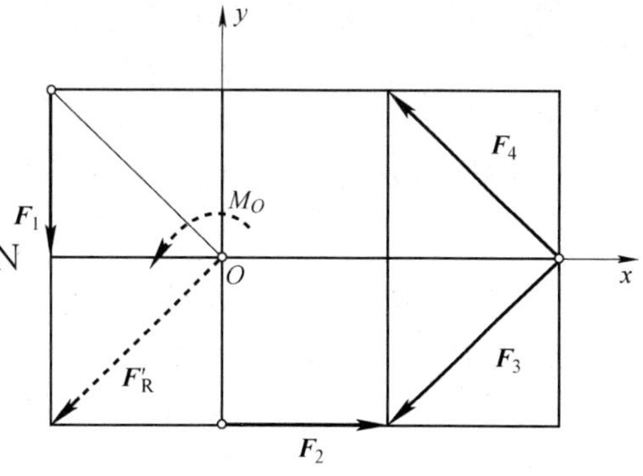

因　$F'_{Rx}<0$，$F'_{Ry}<0$，主矢方向如图 2-5 所示。

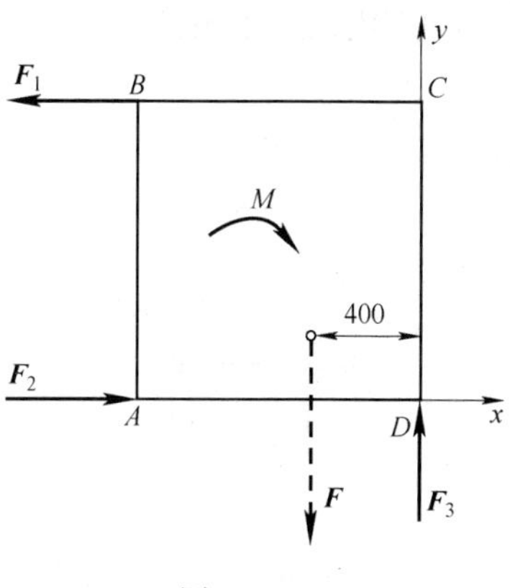

图　2-5

对 O 点取矩得主矩

$$M_O=\sum M_O(\boldsymbol{F})=F_1a+F_2a-F_3\frac{a}{\sqrt{a^2+a^2}}\cdot 2a+F_4\frac{a}{\sqrt{a^2+a^2}}\cdot 2a=200\text{N}\cdot\text{m}\quad(\curvearrowleft)$$

2-2　一边长为 $a=10\text{cm}$ 的正方形，在 B、A、D 处分别有 $\boldsymbol{F}_1$、$\boldsymbol{F}_2$、$\boldsymbol{F}_3$作用，$F_1=F_2=F_3=100\text{N}$，板面上作用一力偶 $M=15\text{N}\cdot\text{m}$，如图 2-6 所示。若在板上加一力 $\boldsymbol{F}$ 使板平衡，求 $\boldsymbol{F}$ 的大小、方向及作用线位置。

图　2-6

解　建立直角坐标系，如图 2-6 所示，设板上加作用力 $\boldsymbol{F}$ 而平衡，则

$\sum F_x=0$，　　$-F_1+F_2+F_x=0$

$F_x=0$

$\sum F_y=0$，　　$F_3+F_y=0$

$F_y=-F_3=-100\text{N}$

所以 $\boldsymbol{F}$ 的大小为 100N，方向竖直向下。

设 $\boldsymbol{F}$ 作用线位置的 x 坐标为 d

$\sum M_D(\boldsymbol{F})=0$，$-Fd+F_1a-M=0$

$d=-4\text{cm}$

$\boldsymbol{F}$ 的作用线位置在 D 点左侧 4cm 处。

2-3　试求图 2-7、图 2-8 所示构架中，各支承点的约束力。已知悬挂物重力 $G=2\text{kN}$，构架自重不计。

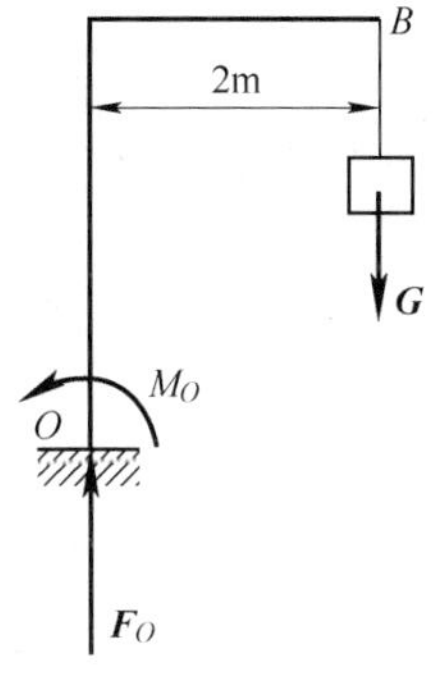

图　2-7

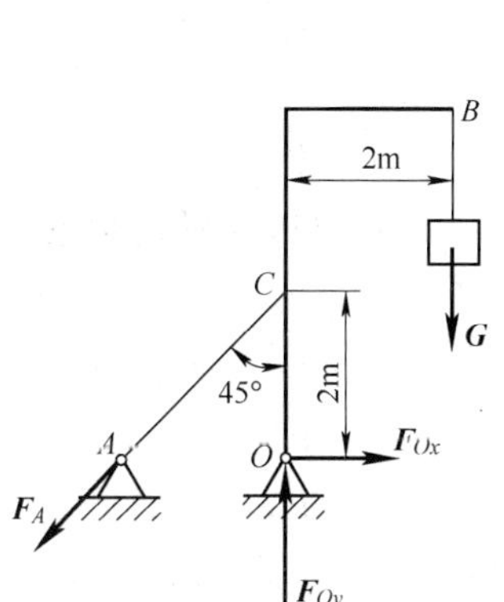

图　2-8

解 （图 2-7）选构架为研究对象，作出受力图，如图 2-7 所示。由平衡方程

$\Sigma F_y=0$，　$F_O-G=0$

$F_O=2\text{kN}$ （↑）

$\Sigma M_O(\boldsymbol{F})=0$，　$M_O-G\times 2\text{m}=0$

$M_O=4\text{kN}\cdot\text{m}$ （↶）

（图 2-8）选构架为研究对象，作出受力图，如图 2-8 所示。由平衡方程

$\Sigma M_O(\boldsymbol{F})=0$，$F_A\sin45^\circ\times 2\text{m}-G\times 2\text{m}=0$

$F_A=G/\sin45^\circ=2.83\text{kN}$ （↙）

$\Sigma F_x=0$，　$F_{Ox}-F_A\sin45^\circ=0$

$F_{Ox}=2\text{kN}$ （→）

$\Sigma F_y=0$，　$F_{Oy}-G-F_A\cos45^\circ=0$

$F_{Oy}=4\text{kN}$ （↑）

2-4　试计算图 2-9、图 2-10 所示两种支架中 A、C 处的约束力。已知悬挂物重力 $G=10\text{kN}$，支架自重不计。

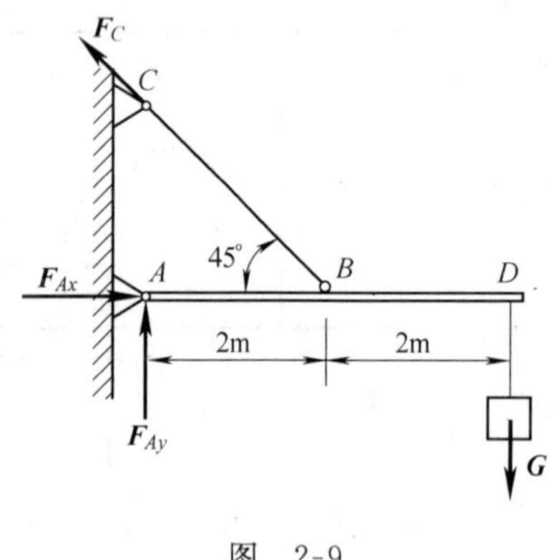

图 2-9

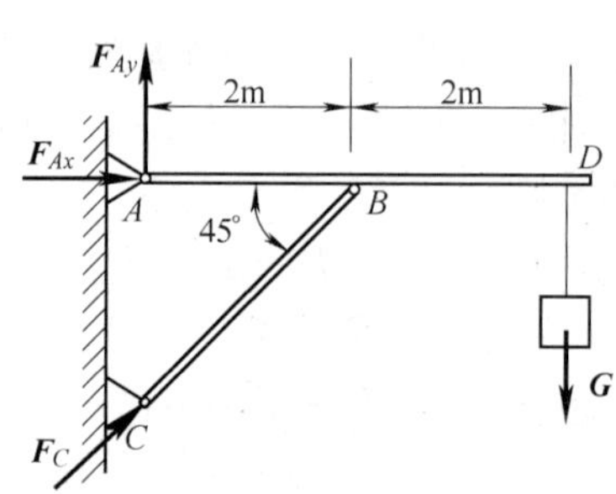

图 2-10

解 （图 2-9）选整体为研究对象，受力分析如图 2-9 所示。由平衡方程

$\Sigma M_A(\boldsymbol{F})=0$，$F_C\sin45^\circ\times 2\text{m}-G\times 4\text{m}=0$

$F_C=2G/\sin45^\circ=28.28\text{kN}$ （↖）

$\Sigma F_x=0$，　$F_{Ax}-F_C\cos45^\circ=0$

$F_{Ax}=F_C\cos45^\circ=20\text{kN}$ （→）

$\Sigma F_y=0$，　$F_{Ay}+F_C\sin45^\circ-G=0$

$F_{Ay}=G-F_C\sin45^\circ=-10\text{kN}$ （↓）

（图 2-10）选整体为研究对象，受力分析如图 2-10 所示。由平衡方程

$\Sigma M_A(\boldsymbol{F})=0$，$F_C\sin45^\circ\times 2\text{m}-G\times 4\text{m}=0$

$F_C=2G/\sin45^\circ=28.28\text{kN}$ （↗）

$\Sigma F_x=0$，　$F_{Ax}+F_C\cos45^\circ=0$

$F_{Ax}=-F_C\cos45^\circ=-20\text{kN}$ （←）

$\Sigma F_y=0$，　$F_{Ay}+F_C\sin45^\circ-G=0$

$F_{Ay}=G-F_C\sin45^\circ=-10\text{kN}$ （↓）

2-5 压路机碾子的重力为 $G=20\text{kN}$，半径 $r=40\text{cm}$，设碾子在 B 处不打滑。欲将此碾子拉过高 $h=8\text{cm}$ 的石块，在其中作用一水平力 $\boldsymbol{F}$，如图 2-11 所示。求水平力的大小。如使作用力最小，问应沿哪个方向拉？并求此最小拉力的值。

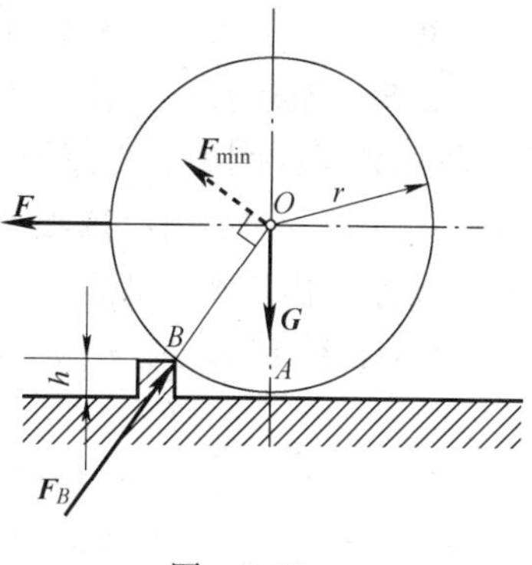

图 2-11

解 1）选碾子为研究对象，处于临界状态处约束力为零，受力分析如图 2-11 所示。由平衡方程

$$\sum M_B(\boldsymbol{F})=0,\quad F(r-h)-G\sqrt{r^2-(r-h)^2}=0$$

$$F=G\frac{\sqrt{r^2-(r-h)^2}}{r-h}=3G/4=15\text{kN}$$

2）如使作用力最小，力 $\boldsymbol{F}_{min}$ 应与 OB 垂直，如图 2-11 虚线所示。由平衡方程

$$\sum M_B(\boldsymbol{F})=0,\quad F_{min}r-G\sqrt{r^2-(r-h)^2}=0$$

$$F_{min}=G\frac{\sqrt{r^2-(r-h)^2}}{r}=3G/5=12\text{kN}$$

2-6 图示起重机支架的 AB、AC 杆用铰链支承在可旋转的立柱上，如图 2-12a所示。并在 A 点用铰链互相连接。由绞车 D 水平引出钢索过滑轮 A 起吊重物。设重物重 $G=2\text{kN}$，各杆和滑轮自重、摩擦及滑轮的大小均不计。求 AB、AC 杆所受的力。

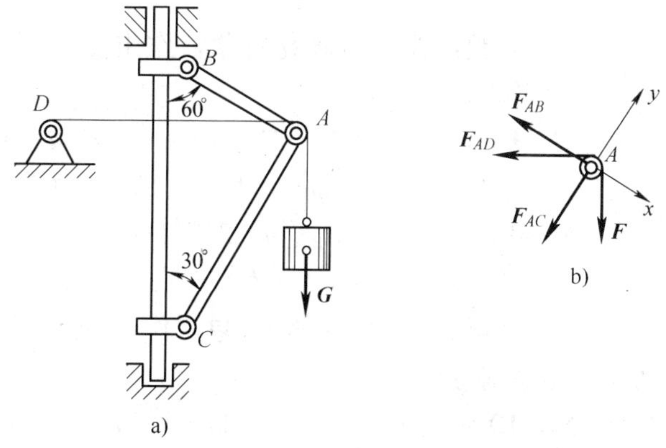

图 2-12

解 选滑轮 A 为研究对象，作受力图并建立坐标，如图 2-12b 所示。因 $\boldsymbol{F}_{AD}$ 和 $\boldsymbol{F}$ 为滑轮上同一根钢索两端的拉力，在平衡时，应相等：$F_{AD}=F=G$，由平衡方程

$\Sigma F_x=0$，$-F_{AB}+F\cos60^\circ-F_{AD}\sin60^\circ=0$

$F_{AB}=-0.732\text{kN}$(压力)

$\Sigma F_y=0$，$-F_{AC}-F\sin60^\circ-F_{AD}\cos60^\circ=0$

$F_{AC}=-2.73\text{kN}$(压力)

2-7 水塔总重量 $W=160\text{kN}$，固定在支架 A、B、C、D 上。A 为固定铰支座，B 为活动铰支座。水箱左侧受风压为 $q=16\text{kN/m}$，如图 2-13 所示。为保证水塔平衡，试求 A、B 间最小距离。

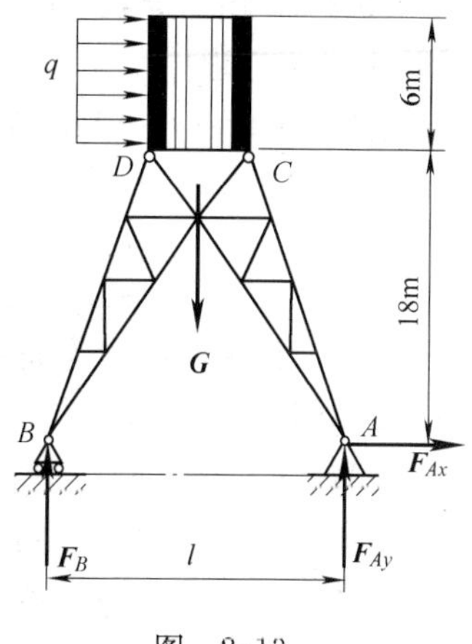

图 2-13

解 选整体为研究对象，受力图如图 2-13 所示。由平衡方程

$\Sigma M_A(\boldsymbol{F})=0$，$G\times l/2-F_Bl-q\times6\text{m}\times(3\text{m}+18\text{m})=0$

当即将翻倒时 $F_B=0$，此时 A、B 间距离为最小。

即 $\quad G\times l_{min}/2-q\times6\text{m}\times(3\text{m}+18\text{m})=0$

得 $l_{min}=126m^2q\times2/G=(252\times16/160)m=25.2m$

2-8 已知 q、a，且 $F=qa$、$M=qa^2$。求图 2-14～图 2-21 所示各梁或刚架的支座约束力。

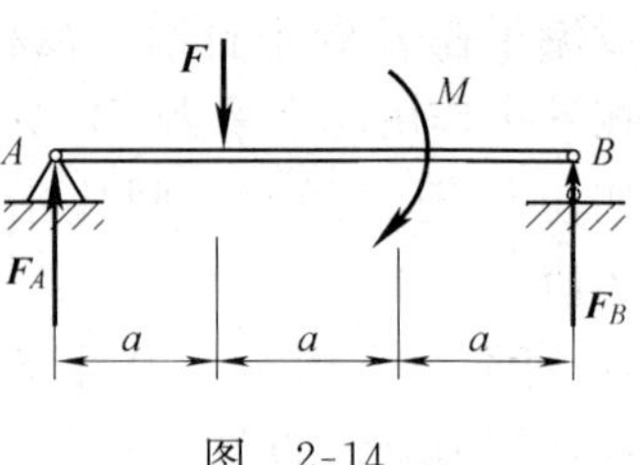

图 2-14

解 图 2-14 题：选梁为研究对象，作出受力图，如图 2-14所示。由平衡方程

$\Sigma M_A(\boldsymbol{F})=0$，$F_B\times3a-Fa-M=0$

$F_B=2qa/3$ （↑）

$\Sigma F_y=0$，$F_A+F_B-F=0$

$F_A=qa/3$ （↑）

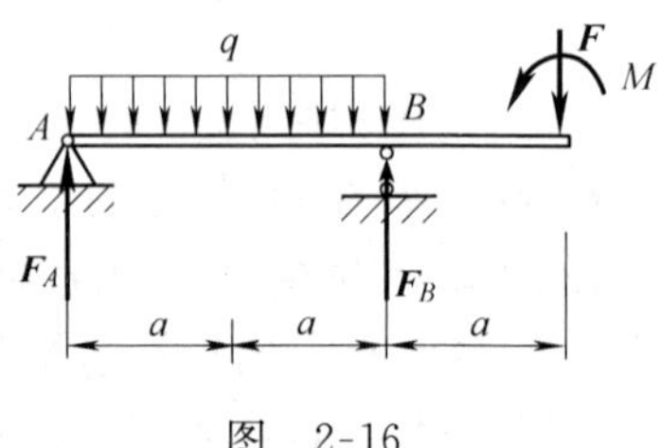

图 2-15

图 2-15 题：选梁为研究对象，作出受力图，如图 2-15 所示。由平衡方程

$\Sigma M_A(\boldsymbol{F})=0$，$F_B\times2a-F\times3a-M=0$

$F_B=2qa$ （↑）

$\Sigma F_y=0$，$F_A+F_B-F=0$

$F_A=-qa$ （↓）

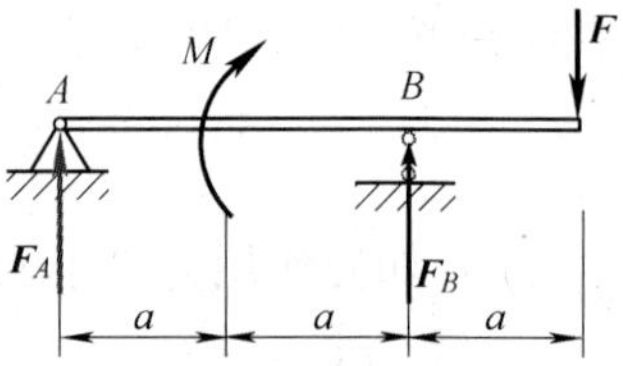

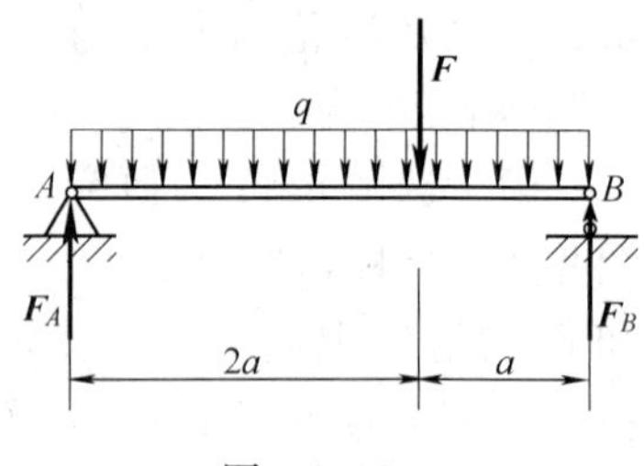

图 2-16

图 2-16 题：选梁为研究对象，作出受力图，如图 2-16 所示。由平衡方程

$\Sigma M_A(\boldsymbol{F})=0$，$F_B\times2a-q\times2a\times a-F\times3a+M=0$

$F_B=2qa$ （↑）

$\Sigma F_y=0$，$F_A+F_B-q\times2a-F=0$

$F_A=qa$ （↑）

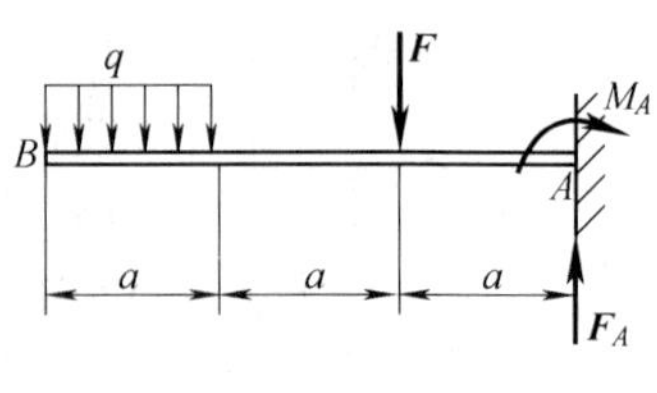

图 2-17

图 2-17 题：选梁为研究对象，作出受力图，如图 2-17 所示。由平衡方程

$\Sigma M_A(\boldsymbol{F})=0$，$F_B\times3a-q\times3a\times1.5a-F\times2a=0$

$F_B=13qa/6$ （↑）

$\Sigma F_y=0$，$F_A+F_B-q\times3a-F=0$

$F_A=11qa/6$ （↑）

图 2-18 题：选梁为研究对象，作出受力图，如图 2-18 所示。由平衡方程

$\Sigma M_A(\boldsymbol{F})=0$，$-M_A+q\times a\times2.5a+Fa=0$

$M_A=3.5qa^2$ （↶）

$\Sigma F_y=0$，$F_A-qa-F=0$

$F_A=2qa$ （↑）

图 2-18

图 2-19 题：选梁为研究对象，作出受力图，如图 2-19 所示。由平衡方程

$\Sigma M_A(\boldsymbol{F})=0$，$M_A-q\times2a\times a-F\times2a+M=0$

$M_A=3qa^2$ （↶）

$\Sigma F_y=0$，$F_A-q\times2a-F=0$

$F_A=3qa$ （↑）

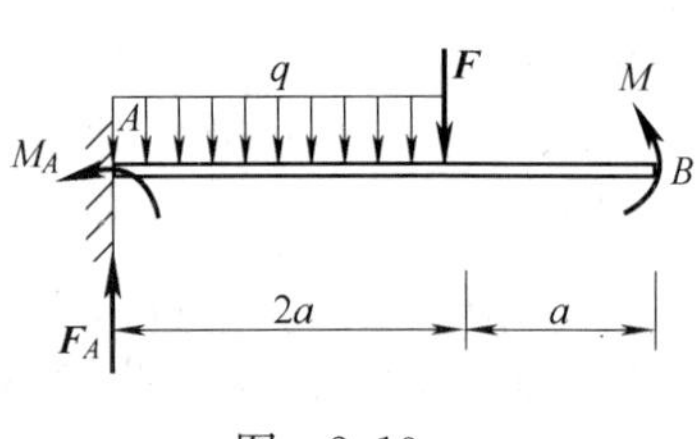

图 2-19

图 2-20 题：选梁为研究对象，作出受力图，如图 2-20 所示。由平衡方程

$\Sigma F_y=0$，　$F_{By}-F=0$

$F_{By}=qa$　（↑）

$\Sigma M_B(\boldsymbol{F})=0$，$-F_Aa+Fa+M=0$

$F_A=2qa$　（→）

$\Sigma F_x=0$，　$F_A-F_{Bx}=0$

$F_{Bx}=2qa$　（←）

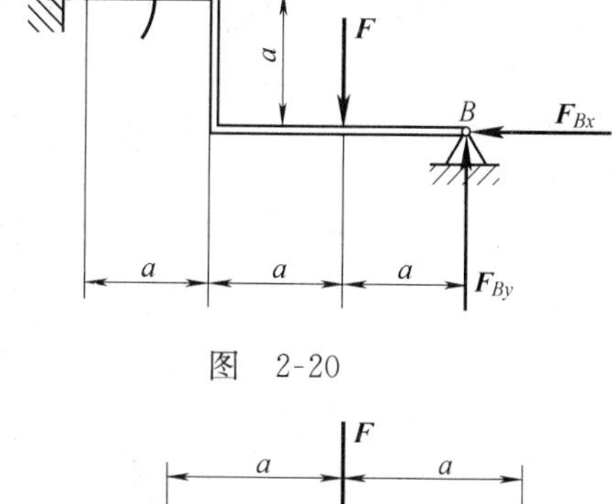

图　2-20

图 2-21 题：选梁为研究对象，作出受力图，如图 2-21 所示。由平衡方程

$\Sigma M_A(\boldsymbol{F})=0$，$F_B\cos30°\times2a-F_B\sin30°\times a-Fa+M=0$

$F_B=0$

$\Sigma F_x=0$，　$F_{Ax}-F_B\sin30°=0$

$F_{Ax}=0$

$\Sigma F_y=0$，　$F_{Ay}-F+F_B\cos30°=0$

$F_{Ay}=qa$　（↑）

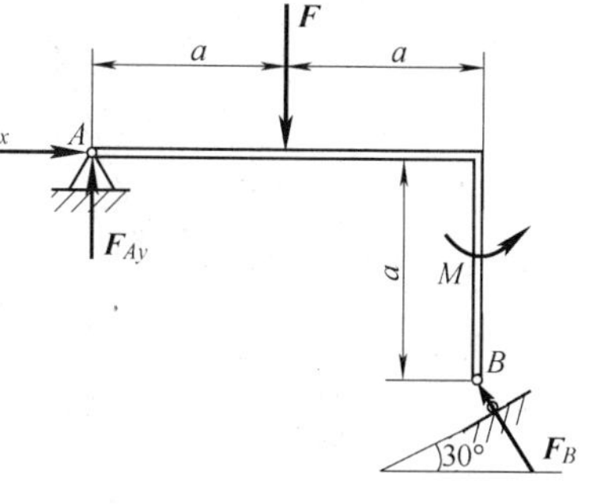

图　2-21

2-9　桥式起重机的跨度为 l，在图 2-22 所示位置时，小车离右轨道距离为 a，大梁 AB 重为 $\boldsymbol{G}$，重物连同小车共重为 $\boldsymbol{W}$，已知 $\boldsymbol{G}$、$\boldsymbol{W}$、a、l。试求 A、B 处的支座约束力。

解　1）选整体为研究对象，受力图如图 2-22 所示。

$\Sigma M_A(\boldsymbol{F})=0$，$F_{NB}l-G\times l/2-W(l-a)=0$

$$F_{NB}=G/2+W(l-a)/l=\frac{Gl+2W(l-a)}{2l}\quad(\uparrow)$$

$\Sigma F_y=0$，　$F_{NA}+F_{NB}-G-W=0$

$$F_{NA}=G+W-F_{NB}=\frac{Gl+2Wa}{2l}\quad(\uparrow)$$

2-10　图 2-23 所示汽车起重机的车重 $W_Q=26\text{kN}$，臂重 $G=4.5\text{kN}$，起重机旋转及固定部分的重量 $W=31\text{kN}$。设伸臂在起重机对称面内。试求图示位置起重机不致翻倒的最大起重载荷 $\boldsymbol{G}_P$。

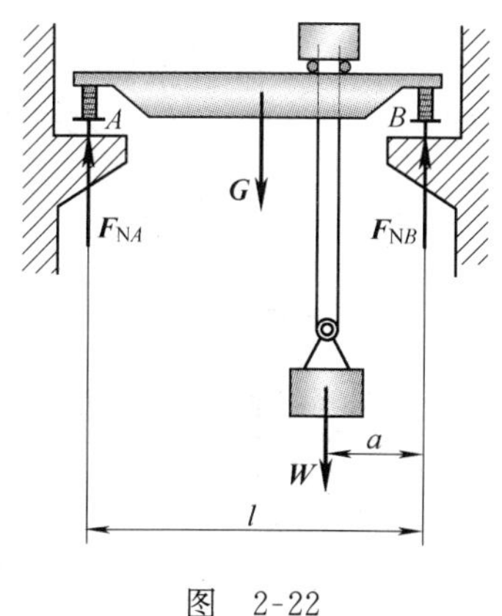

图　2-22

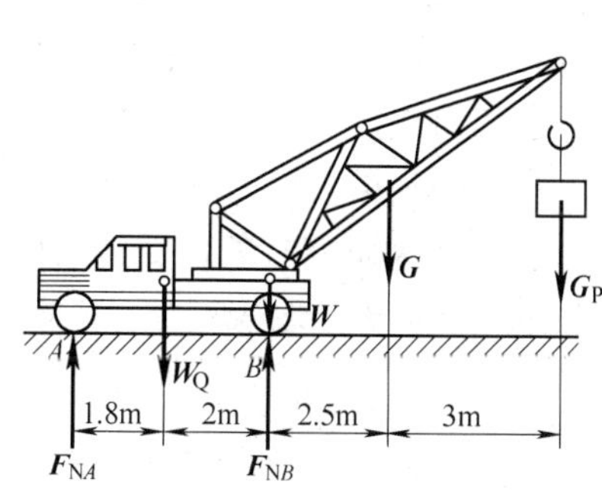

图　2-23

解 选整体为研究对象，受力图如图 2-23 所示。由平衡方程

$\sum M_B(\boldsymbol{F})=0$，$W_Q\times 2\text{m}-F_{NA}\times(2\text{m}+1.8\text{m})-G\times 2.5\text{m}-G_P\times(2.5\text{m}+3\text{m})=0$

临界状态 $$F_{NA}=0$$

故 $$G_P=\frac{2W_Q-2.5G}{5.5}=\frac{2\times 26\text{kN}-2.5\times 4.5\text{kN}}{5.5}=7.41\text{kN}$$

2-11 图 2-24a 中，重量为 $\boldsymbol{G}$ 的球夹在墙和均质杆 AB 之间。AB 杆重量 $G_Q=4G/3$，长为 L，$AD=2l/3$，已知 $\boldsymbol{G}$、$\alpha=30°$。求绳子 BC 的拉力和铰链 A 的约束力。

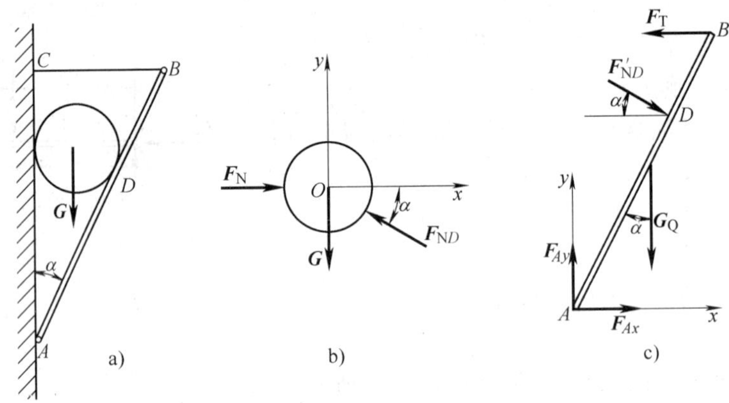

图 2-24

解 1）选球为研究对象，受力图如图 2-24b 所示。

$\sum F_y=0$， $F_{ND}\sin 30°-G=0$

$F_{ND}=2G$

2）选 AB 杆为研究对象，受力图如图 2-24c 所示。

$\sum M_A(\boldsymbol{F})=0$， $F_T L\cos\alpha-F_{ND}\times 2L/3-G_Q\sin\alpha\times L/2=0$

$F_T=(F_{ND}\times 2L/3+G_Q\sin\alpha\times L/2)/L\cos\alpha=1.925G$

$\sum F_x=0$， $F_{Ax}+F_{ND}\cos\alpha-F_T=0$

$F_{Ax}=F_T-F_{ND}\cos\alpha=0.193G$

$\sum F_y=0$， $F_{Ay}-F_{ND}\sin\alpha-G_Q=0$

$F_{Ay}=F_{ND}\sin\alpha+G_Q=2.333G$

2-12 飞机起落架尺寸如图 2-25 所示，A、B、C 为铰链，杆 OA 垂直于 AB。当飞机匀速直线滑行时，地面作用于轮上的铅垂正压力 $F_P=30\text{kN}$。不计摩擦和各杆自重，试求 A、B 处的约束力。

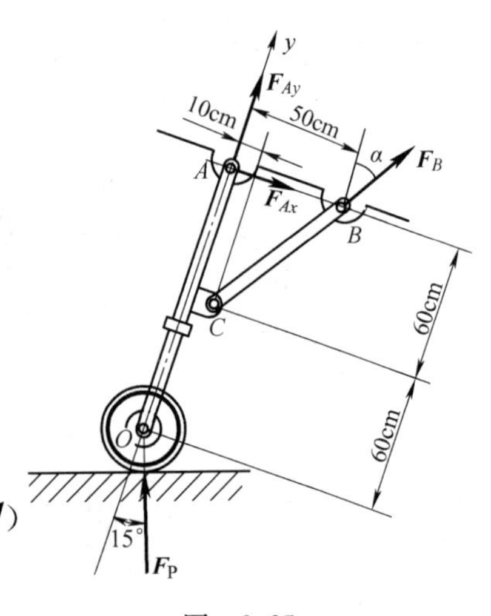

图 2-25

解 选整体为研究对象，受力图如图 2-25 所示。

$\sum M_A(\boldsymbol{F})=0$，$F_B\cos\alpha\times 50\text{cm}-F_P\sin 15°(60\text{cm}+60\text{cm})=0$

$$F_B=\frac{120\times 30\sin 15°}{50\times\dfrac{60}{\sqrt{40^2+60^2}}}\text{kN}=22.38\text{kN}\quad(\nearrow)$$

$\sum F_x=0$， $F_{Ax}+F_B\sin\alpha-F_P\sin 15°=0$

$$F_{Ax}=30\sin15^\circ\text{kN}-F_B\times\frac{40}{\sqrt{40^2+60^2}}=4.64\text{kN}\quad(\searrow)$$

$\sum F_y=0,\quad F_{Ay}+F_B\cos\alpha+F_P\cos15^\circ=0$

$$F_{Ay}=-F_B\times\frac{60}{\sqrt{40^2+60^2}}-30\cos15^\circ\text{kN}=-47.59\text{kN}\quad(\swarrow)$$

2-13　驱动力偶矩使锯床转盘旋转，通过连杆 AB 带动锯弓往复移动，如图 2-26a 所示。已知锯条的切削阻力 $F=2744\text{N}$。试求驱动力偶矩 M 及 O、C、D 三处支承的约束力。

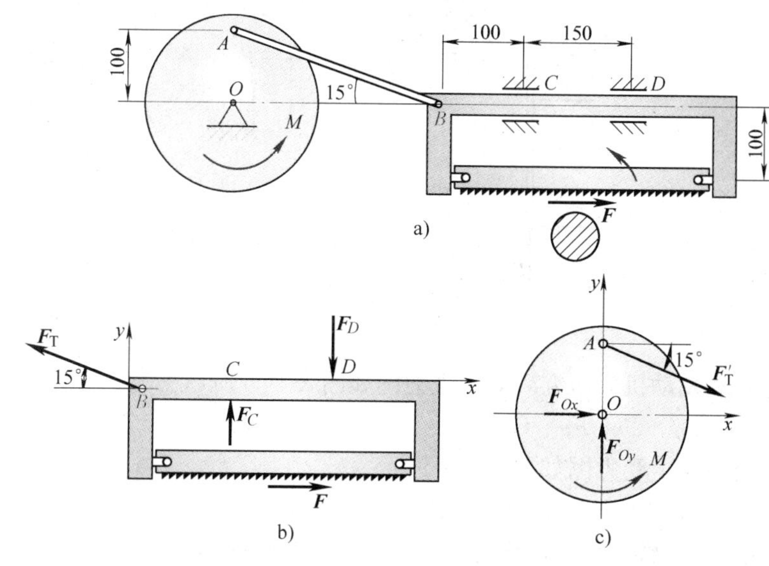

图　2-26

解　1）取锯弓为研究对象，受力如图 2-26b 所示。

$\sum F_x=0,\quad F-F_T\cos15^\circ=0$

$F_T=F/\cos15^\circ=2840\text{N}$

$\sum M_C(\boldsymbol{F})=0,\quad F\times100-F_D\times150-F_T\sin15^\circ\times100=0$

$F_D=(-F_T\sin15^\circ\times100+F\times100)/150=1339\text{N}\quad(\downarrow)$

$\sum F_y=0,\quad -F_D+F_C+F_T\sin15^\circ=0$

$F_C=F_D-F_T\sin15^\circ=604\text{N}\quad(\uparrow)$

2）取转盘为研究对象，受力如图 2-26c 所示。

$\sum F_x=0,\quad F_{Ox}+F'_T\cos15^\circ=0$

$F_{Ox}=-F'_T\cos15^\circ=-2744\text{N}\quad(\leftarrow)$

$\sum F_y=0,\quad F_{Oy}-F'_T\sin15^\circ=0$

$F_{Oy}=F'_T\sin15^\circ=735\text{N}\quad(\uparrow)$

$\sum M_O(\boldsymbol{F})=0,\quad M-F'_T\cos15^\circ\times0.1=0$

$M-F'_T\cos15^\circ\times0.1=274.4\text{N}\cdot\text{m}\quad(\curvearrowleft)$

2-14　图 2-27a 所示为火箭发动机实验台，发动机固定在台上，测力计 M 指示绳子的拉力为 $\boldsymbol{F}_T$，工作台和发动机共重 $\boldsymbol{G}$，火箭推力为 $\boldsymbol{F}$，已知 $\boldsymbol{F}_T$、$\boldsymbol{G}$ 以及尺寸 h、H、a、b。试求推力 $\boldsymbol{F}$ 和 BD 杆所受的力。

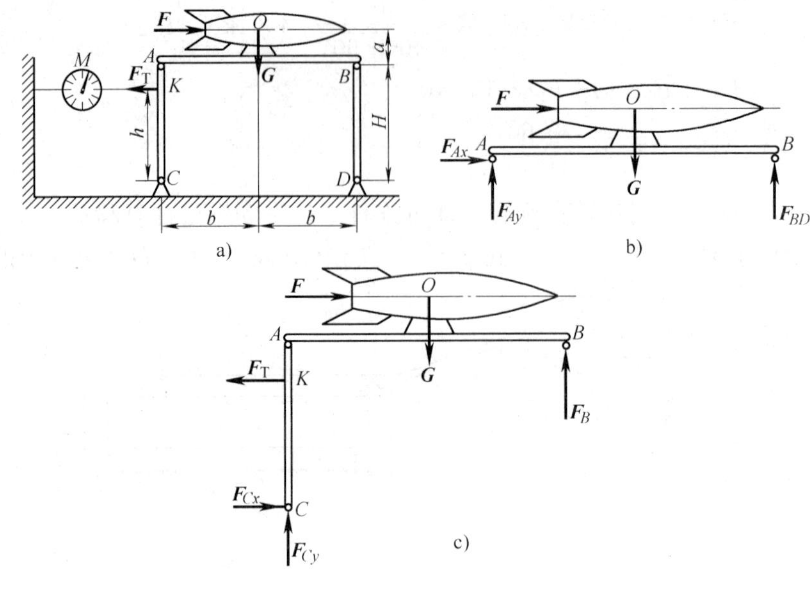

图 2-27

解 选工作台和发动机为研究对象，受力图如图 2-27b 所示。

$$\sum M_A(\boldsymbol{F})=0，F_{BD}\times 2b-Fa-Gb=0 \quad \text{(a)}$$

选整体为研究对象，受力图如图 2-27c 所示。

$$\sum M_C(\boldsymbol{F})=0，F_{BD}\times 2b-F(a+H)-Gb+F_T h=0 \quad \text{(b)}$$

式（a）减式（b），整理得火箭推力　　$F=F_T h/H$

代入到式（a）整理得 BD 杆所受的力　　$F_{BD}=G/2+\dfrac{F_T ah}{2bH}$（压力）

2-15　组合梁及其受力情况如图 2-28a、图 2-29a 所示。梁的自重可忽略不计，试求 A、B、C、D 各处的约束力。

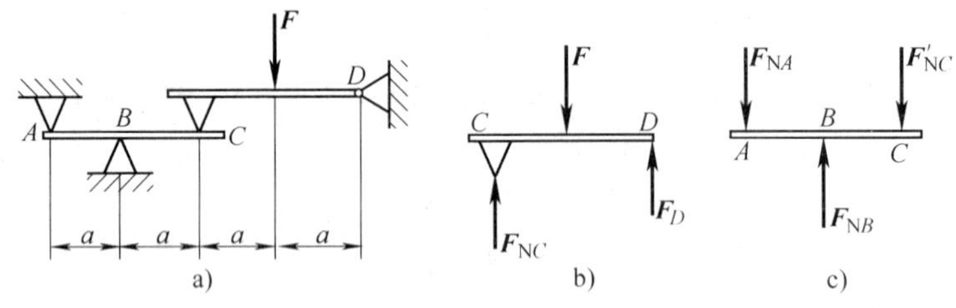

图 2-28

解　（图 2-28a）　选 CD 杆为研究对象，受力图如图 2-28b 所示。由平衡方程

$\sum M_D(\boldsymbol{F})=0$，$F_{NC}\times 2a-Fa=0$

$F_{NC}=F/2$

$\sum F_y=0$，　$F_{NC}-F+F_D=0$

$F_D=F-F_{NC}=F/2$　（↑）

选 ABC 杆为研究对象，受力图如图 2-28c 所示。由平衡方程

$\sum M_A(\boldsymbol{F})=0$，$F_{NB}a-F'_{NC}\times 2a=0$

$F_{NB}=F'_{NC}\times 2a/a=F$ （↑）

$\sum F_y=0$，　$F_{NB}-F_{NA}-F'_{NC}=0$

$F_{NA}=F_{NB}-F'_{NC}=F/2$ （↑）

（图 2-29a）　选 CD 杆为研究对象，受力图如图 2-29b 所示。由平衡方程

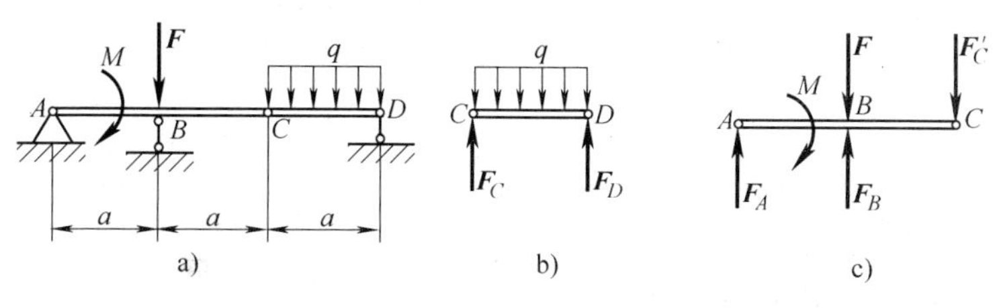

图　2-29

$\sum M_C(\boldsymbol{F})=0$，$F_Da-q\times a\times a/2=0$

$F_D=qa/2$ （↑）

$\sum F_y=0$，　$F_C-qa+F_D=0$

$F_C=qa-F_D=qa/2$

选 ABC 杆为研究对象，受力图如图 2-29c 所示。由平衡方程

$\sum M_A(\boldsymbol{F})=0$，$F_Ba-F'_C\times 2a-M-Fa=0$

$F_B=(F'_C\times 2a+M+Fa)/a=qa+F+M/a$ （↑）

$\sum F_y=0$，　$F_B+F_A-F'_C-F=0$

$F_A=F'_C-F_B-F=-qa/2-M/a$ （↓）

2-16　汽车地秤如图 2-30a 所示，BCE 为整体台面，杠杆 AOB 可绕 O 轴转动，B、C、D 均为光滑铰链，DC 为水平二力构件。已知砝码重 $\boldsymbol{G}_1$ 和 l、a。试求汽车重量 $\boldsymbol{G}_2$，各部分自重不计。

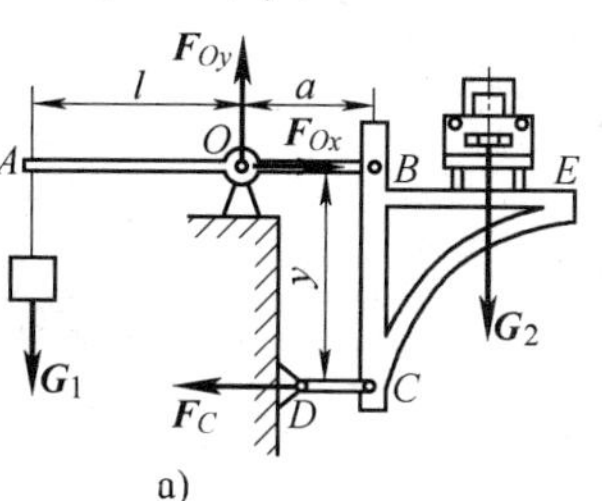

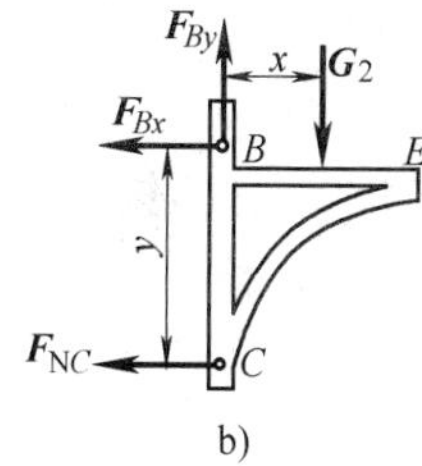

图　2-30

解　1）选整体为研究对象，受力图如图 2-30a 所示。

$\sum M_O(\boldsymbol{F})=0$　$G_1l-G_2(x+a)-F_{NC}y=0$

$F_{NC}y=G_1l-G_2x-G_2a$　　(a)

2）选 BEC 杆为研究对象，受力图如图 2-30b 所示。

$\sum M_B(\boldsymbol{F})=0$　$-F_{NC}y-G_2x=0$

$F_{NC}y=-G_2x$　　(b)

由式（a）、式（b）联解

$$G_1l-G_2x-G_2a=-G_2x$$

$$G_2=G_1l/a$$

2-17　重物的重量为 $\boldsymbol{G}$，杆 AB、CD 与滑轮连接如图 2-31 所示，已知 $\boldsymbol{G}$ 和 $\alpha=45°$，不计滑轮的自重。求支座 A 处的约束力以及 BC 杆所受的力。

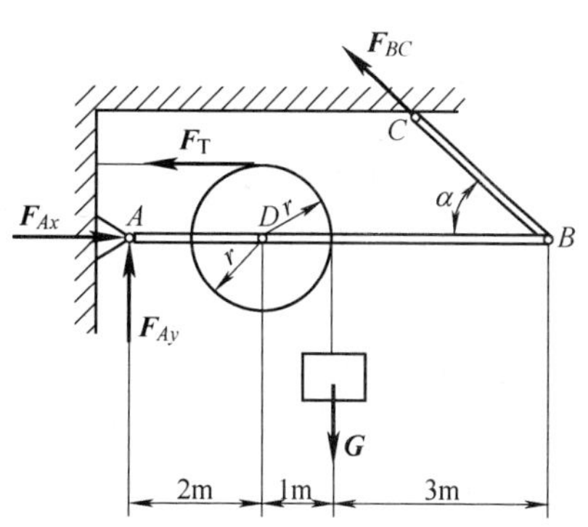

图　2-31

解　选整体为研究对象，受力图如图 2-31 所示。

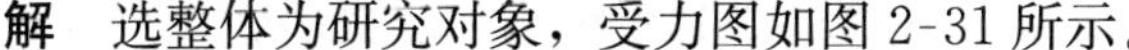

在静态下同一根柔体上的拉力相等，即

$$F_T = G$$

$\sum M_A(\boldsymbol{F})=0$，　$F_T r - G(r+2\text{m}) + F_{BC}\sin\alpha \times 6\text{m} = 0$

$$F_{BC} = [G(r+2\text{m}) - F_T r]/(6\text{m}\times\sin\alpha) = \frac{\sqrt{2}}{3}G \text{（拉力）}$$

$\sum F_x = 0$，　$F_{Ax} - F_T - F_{BC}\cos\alpha = 0$

$$F_{Ax} = F_T + F_{BC}\cos\alpha = 4G/3 \quad (\rightarrow)$$

$\sum F_y = 0$，　$F_{Ay} - G + F_{BC}\sin\alpha = 0$

$$F_{Ay} = G - F_{BC}\sin\alpha = 2G/3 \quad (\uparrow)$$

2-18　图 2-32a 所示构架中，D、F 的中点有一销钉 E 套在 B、C 杆的导槽内，已知 F_P、a。试求 A、C 两支座的约束力。

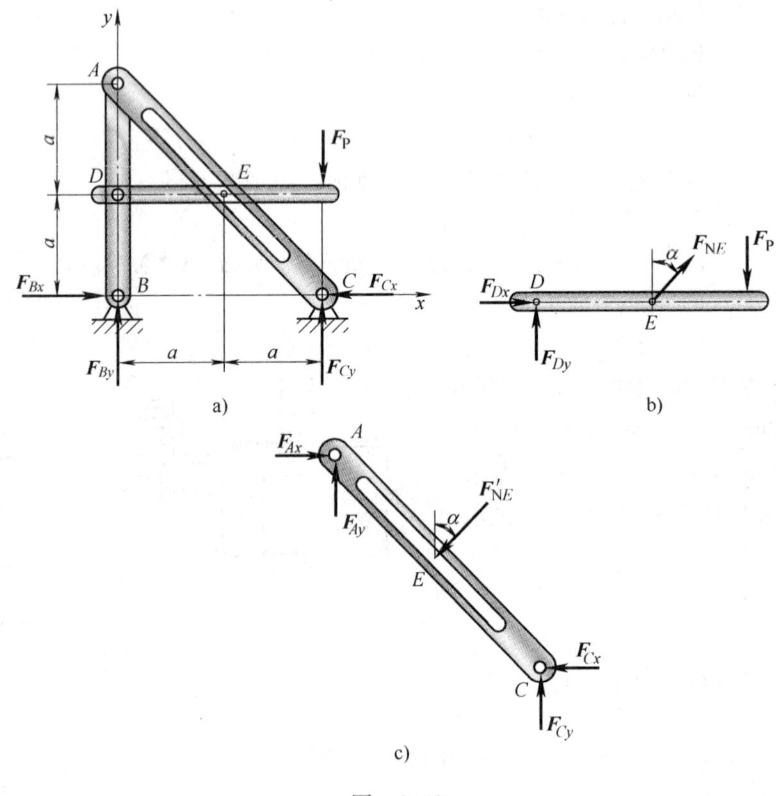

图　2-32

解　1）选整体为研究对象，受力图如图 2-32a 所示。由平衡方程

$\sum M_B(\boldsymbol{F})=0$，　$F_{Cy}\times 2a - F_P \times 2a = 0$

$$F_{Cy} = F_P \quad (\uparrow)$$

$\sum F_y = 0$，　$F_{By} + F_{Cy} - F_P = 0$

$$F_{By} = 0$$

$\sum F_x = 0$，　$F_{Bx} = F_{Cx}$　　(a)

2）选 DE 杆为研究对象，受力图如图 2-32b 所示。由平衡方程

$\sum M_D(\boldsymbol{F})=0$， $F_{NE}\cos45^\circ\times a-F_P\times 2a=0$

$$F_{NE}=2F_P/\cos45^\circ=2\sqrt{2}F_P$$

3）选 AC 杆为研究对象，受力图如图 2-32c 所示。由平衡方程

$\sum M_A(\boldsymbol{F})=0$， $F_{Cy}\times 2a-F_{Cx}\times 2a-F'_{NE}\sqrt{a^2+a^2}=0$

$$F_{Cx}=F_{Cy}-\sqrt{2}F'_{NE}/2=-F_P \quad (\rightarrow)$$

代入式（a），得 $F_{Bx}=-F_P \quad (\leftarrow)$

2-19 图 2-33a 所示为一焊接工作架简图。由于油压筒 AB 伸缩，可使工作台 DE 绕 O 点转动。已知工作台和工件共重 $G_Q=1\text{kN}$，油压筒 AB 可近似看作均质杆，其重力 $G=0.1\text{kN}$。在图示位置时，工作台 DE 成水平，点 O、A 在同一铅垂线上。试求固定铰链 A、O 处的约束力。

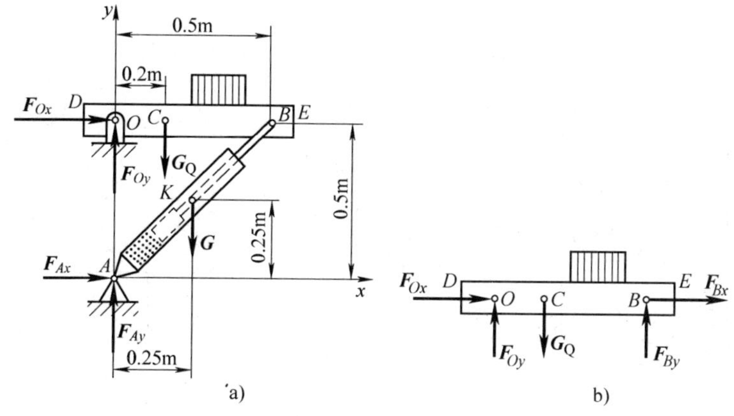

图 2-33

解 1）选整体为研究对象，受力图如图 2-33a 所示。由平衡方程

$\sum M_O(\boldsymbol{F})=0$， $F_{Ax}\times 0.5\text{m}-G_Q\times 0.2\text{m}-G\times 0.25\text{m}=0$

$$F_{Ax}=(G_Q\times 0.2\text{m}+G\times 0.25\text{m})/0.5\text{m}=0.45\text{kN} \quad (\rightarrow)$$

$\sum F_x=0$， $F_{Ax}+F_{Ox}=0$

$$F_{Ax}=-F_{Ox}=-0.45\text{kN} \quad (\leftarrow)$$

$\sum F_y=0$， $F_{Ay}+F_{Oy}-G_Q-G=0$ （a）

2）选工作台 DE 杆为研究对象，受力图如图 2-33b 所示。由平衡方程

$\sum M_B(\boldsymbol{F})=0$， $F_{Oy}\times 0.5\text{m}-G_Q\times 0.3\text{m}=0$

$$F_{Oy}=G_Q\times 0.3/0.5=0.6\text{kN} \quad (\uparrow)$$

代入式（a），得

$$F_{Ay}=G_Q+G-F_{Oy}=0.5\text{kN} \quad (\uparrow)$$

2-20 在图 2-34a 所示构架中，已知 $\boldsymbol{F}$、a。试求 A、B 两支座约束力。

解 1）选 BC 杆为研究对象，受力图如图 2-34b 所示。由平衡方程

$\sum M_C(\boldsymbol{F})=0$， $F_{Bx}\times 3a-Fa=0$

$$F_{Bx}=F/3 \quad (\rightarrow)$$

2）选整体为研究对象，受力图如图 2-34a 所示。由平衡方程

$\sum M_A(\boldsymbol{F})=0$,

$F_{Bx}\times 3a+F_{By}\times 2a-Fa-Fa=0$

$F_{By}=(Fa+Fa-F_{Bx}\times 3a)2a=F/2$ （↑）

$\sum F_x=0$，$F_{Bx}+F+F_{Ax}=0$

$F_{Ax}=-F_{Bx}-F=-4F/3$ （←）

$\sum F_y=0$，$F_{Ay}-F+F_{By}=0$

$F_{Ay}=F-F_{By}=F/2$ （↑）

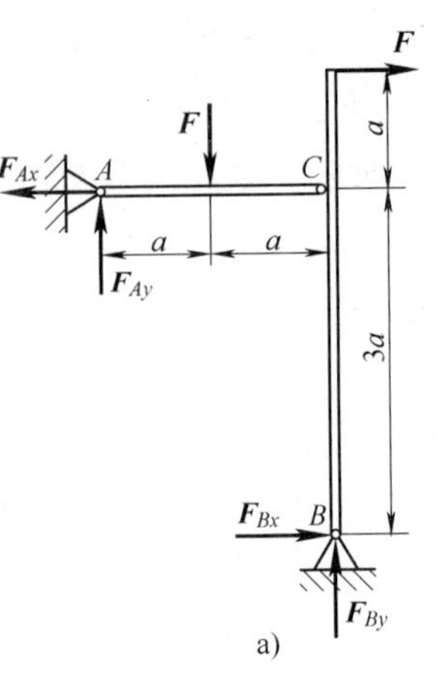

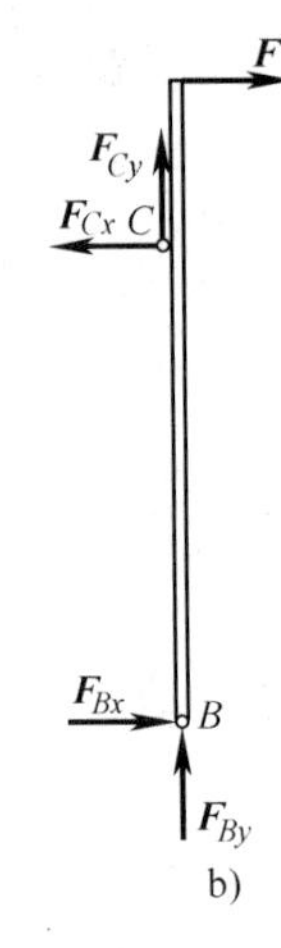

图 2-34

2-21 两个相同的均质球的重力为$\boldsymbol{W}$，半径为r，放在半径为R的两端开口的直圆筒内，如图 2-35a 所示。求圆筒不致翻倒所必需的最小重力$\boldsymbol{G}_{\min}$。又若圆筒有底如图 2-36a 所示，那么不论圆筒多轻都不会翻倒，为什么？

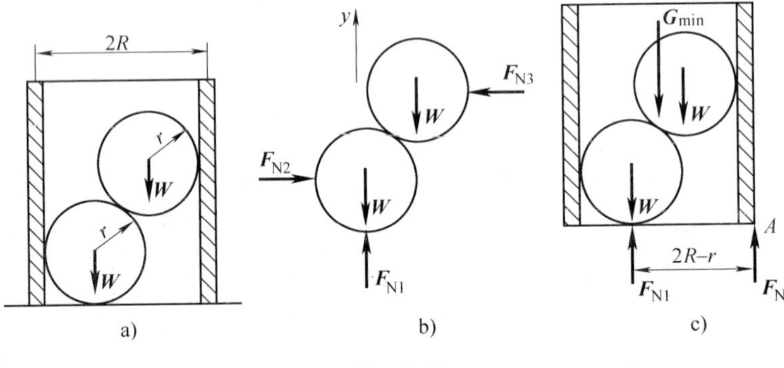

图 2-35

解 1）求筒不翻倒的筒重$G_{\min}$的值，选两小球为研究对象，受力图如图 2-35b 所示。

$\sum F_y=0$，$F_{N1}-W-W=0$

$F_{N1}=2W$

选整体绕A不翻倒的临界状态为研究对象，受力图如图 2-35c 所示。

$\sum M_A=0$，$G_{\min}R+2WR-F_{N1}(2R-r)=0$

$G_{\min}=[F_{N1}(2R-r)-2WR]/R=2W(1-r/R)$

2）若圆筒有底，选整体为研究对象，受力图如图 2-36b 所示。地面对整体的作用力只有一个和整体的合力平衡，两力的大小相等并共线，则两力对筒边的力矩为零，故无论圆筒有多轻都不会翻倒。

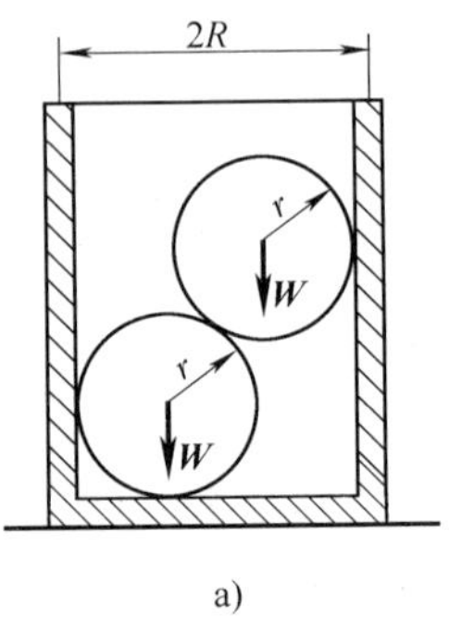

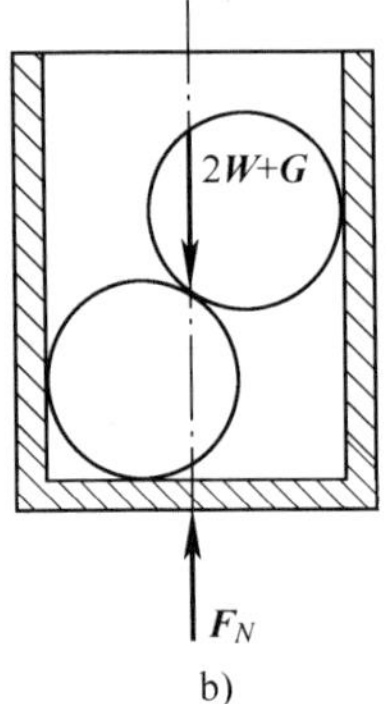

图 2-36

2-22 用节点法试求图 2-37a 所示桁架中各杆的内力。已知$G=10\text{kN}$，$\alpha=45°$。

解 1）选C点为研究对象，受力图如图 2-37b所示。由平衡方程

$\sum F_y=0$，$F_1\sin\alpha-G=0$

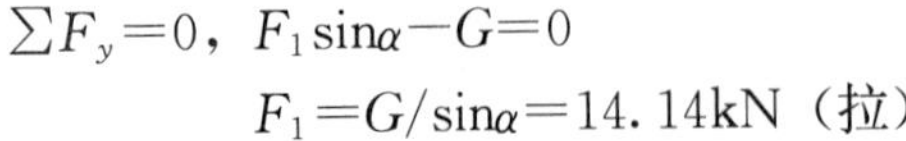

$F_1=G/\sin\alpha=14.14\text{kN}$（拉）

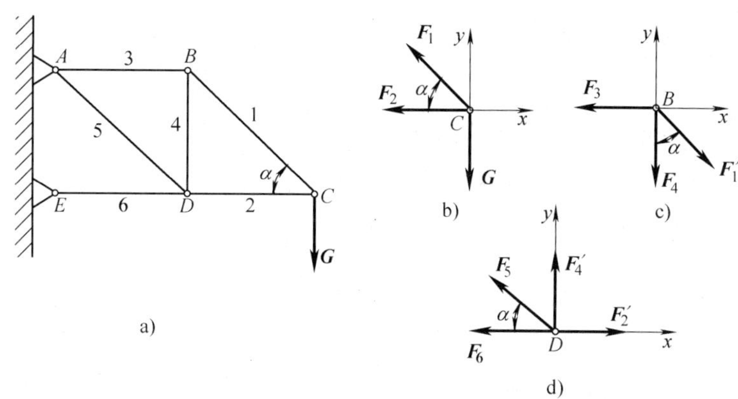

图 2-37

$\sum F_x=0$，$F_2+F_1 cos\alpha=0$

$$F_2=-F_1\cos\alpha=-10\text{kN}\ （压）$$

2）选 B 点为研究对象，受力图如图 2-37c 所示。由平衡方程

$\sum F_x=0$，$F_1'\sin\alpha-F_3=0$

$$F_3=F_1'\sin\alpha=10\text{kN}\ （拉）$$

$\sum F_y=0$，$F_4+F_1'\cos\alpha=0$

$$F_4=-F_1'\cos\alpha=-10\text{kN}\ （压）$$

3）选 D 点为研究对象，受力图如图 2-37d 所示。由平衡方程

$\sum F_y=0$，$F_4'+F_5\sin\alpha=0$

$$F_5=-F_4'/\sin\alpha=14.14\text{kN}\ （拉）$$

$\sum F_x=0$，$F_2'-F_6-F_5\cos\alpha=0$

$$F_6=F_2'-F_5\cos\alpha=-20\text{kN}\ （压）$$

2-23 某人用双手夹一叠书向上提起，如图 2-38 所示，手夹书的力 $F=225\text{N}$，手与书的摩擦因数为 $f_{s1}=0.45$，书与书间摩擦因数为 $f_{s2}-0.35$。如每本书的重力为 10N，问最多能夹几本书?

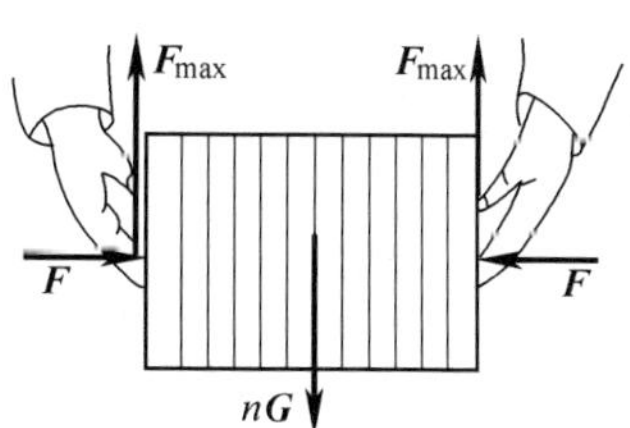

图 2-38

解 综合考虑，有三种临界状态。

1）两边均是手与书接触，则

$\sum F_y=0$， $2F_{max1}-nG=0$

$$n=\frac{2F_{max\,1}}{G}=\frac{2Ff_{s1}}{G}=\frac{2\times225\times0.45}{10}=20.25\ 本$$

2）两边均是书与书接触，则

$\sum F_y=0$， $2F_{max2}-(n-2)G=0$

$$n=\frac{2F_{max\,2}}{G}+2=\frac{2Ff_{s2}}{G}+2=\frac{2\times225\times0.35}{10}+2=17.75\ 本$$

3）一边是手与书接触，另一边是书与书接触，则

$\sum F_y=0$， $F_{max1}+F_{max2}-(n-1)W=0$

$$n=\frac{F_{\max 1}+F_{\max 2}}{W}+1=\frac{F(f_{s1}+f_{s2})}{W}+1=\frac{225\times(0.45+0.35)}{10}+1=18\text{本}$$

故最多能夹 17 本。

2-24　图 2-39a 所示，A、B 两物的重力均为 150N，与水平固定面间的静摩擦因数均为 $f_s=0.2$，弹簧张力为 200N，问使两物体同时开始向右滑动所需之最小力 $\boldsymbol{F}$ 之值？若已知固定面间距 $H=32\text{cm}$，再问力 $\boldsymbol{F}$ 应作用于何处（即 $h=?$）？

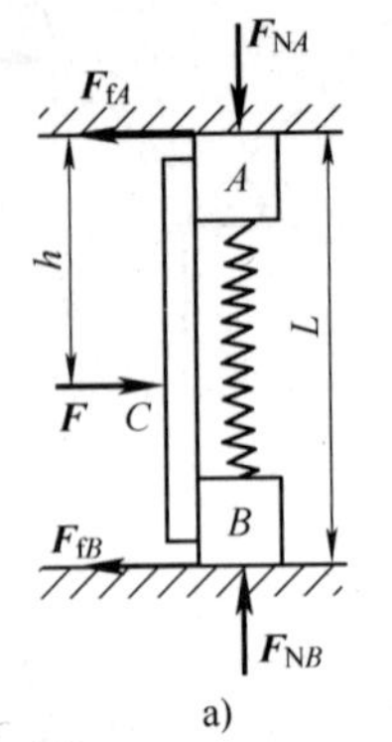

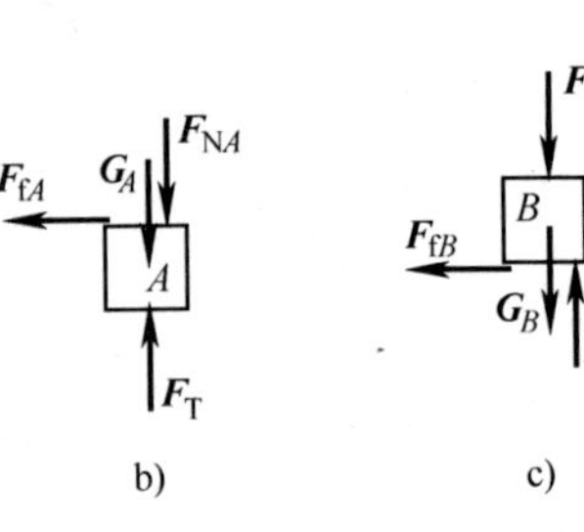

图　2-39

解　1）先对 A、B 进行受力分析如图 2-39b、c 所示，其中

$G_A=G_B=150\text{N}$，$f_s=0.2$，$F_T=200\text{N}$，$H=32\text{cm}$

$$F_{NA}=F_T-G_A=200\text{N}-150\text{N}=50\text{N}$$

$$F_{NB}=(F_T+G_B)=200\text{N}+150\text{N}=350\text{N}$$

$$F_{fB}=f_sF_{NB}=0.2\times350\text{N}=70\text{N}$$

$$F_{fA}=f_sF_{NA}=0.2\times50\text{N}=10\text{N}$$

所以水平推力为

$$F_{\min}\geqslant F_{fB}+F_{fA}=80\text{N}$$

2）以整体为研究对象，求 h 值。由平衡方程

$$\sum M_C=0,\ F_{fB}(L-h)-F_{fA}h=0$$

有
$$h=\frac{F_{fB}L}{F_{fB}+F_{fA}}=\left(\frac{70\times32}{70+10}\right)\text{cm}=28\text{cm}$$

2-25　A、B 两物体的安置如图 2-40a 所示，已知 $W_A=150\text{N}$，$W_B=450\text{N}$，各平面间的静摩擦因数均为 f_s。试求使两物体静止不动所需 f_s 的最小值，并求 A、B 联绳的拉力 $\boldsymbol{F}_T$。

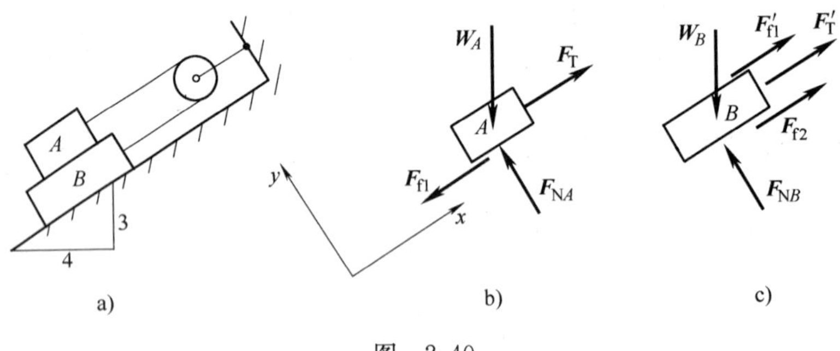

图　2-40

解　作出各物体受力图如图 2-40b、c 所示。

1）对 A 物体（图 2-40b），列平衡方程，即

$$\sum F_x=0,\ W_A\sin\alpha+F_{f1}-F_T=0 \tag{a}$$

即
$$W_A\sin\alpha+f_sW_A\cos\alpha-F_T=0 \tag{a$'$}$$

2）对 B 物体（图 2-40c），列平衡方程，即

$\sum F_x=0$，$W_B\sin\alpha-F_{f1}'-F_{f2}-F_T'=0$ (b)

即 $W_B\sin\alpha-f_sW_A\cos\alpha-f_s(W_A+W_B)\cos\alpha-F_T'=0$ (b)′

3）由式（a）′与式（b）′解出

$$f_s=\frac{W_B-W_A}{3W_A+W_B}\tan\alpha=\frac{450-150}{3\times150+450}\times\frac{3}{4}=0.25$$

$$F_T=W_A\sin\alpha+f_sW_A\cos\alpha=120\text{N}$$

2-26 用逐渐增加的水平力 $\boldsymbol{F}$ 去推一重力 $W=500\text{N}$ 的衣橱，如图 2-41 所示。已知 $h=1.3a$，$f_s=0.4$，问衣橱是先滑动还是先翻倒？

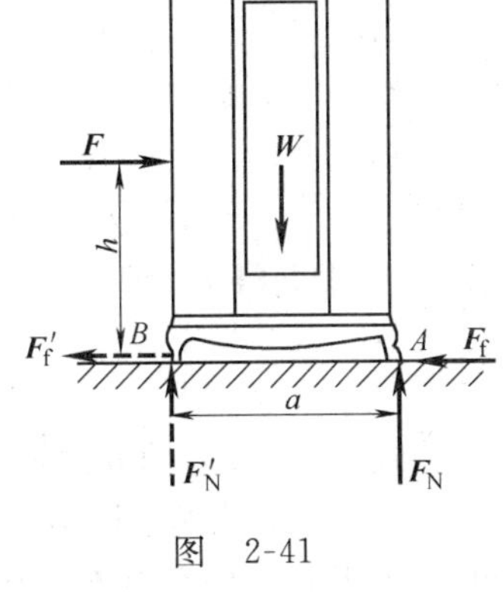

图 2-41

解 1）如先翻倒，由平衡方程，得

$$\sum M_A(\boldsymbol{F})=0，F_{min1}h-W\times\frac{a}{2}=0$$

$$F_{min1}=\frac{Wa}{2h}=\frac{a}{2\times1.3a}W=0.385W=192.5\text{N}$$

2）如先滑动 $F_{min2}=f_sW=0.4W=200\text{N}$

因 $F_{min2}>F_{min1}$，故先翻倒。

2-27 图 2-42 所示铁门的重力 $W=1\text{kN}$，$h=1.5\text{m}$，$a=1\text{m}$，A、B 处装有小轮，可在轨道上滑行。若 A、B 两轮均不能自由转动，两处静摩擦因数各为 $f_{sA}=0.25$，$f_{sB}=0.15$。现用水平力去推门平动：1）作用力 $\boldsymbol{F}$ 在 C 处向左推门；2）作用力 $\boldsymbol{F}$ 在 D 处向右推门。试求需水平力 $\boldsymbol{F}$ 的值。

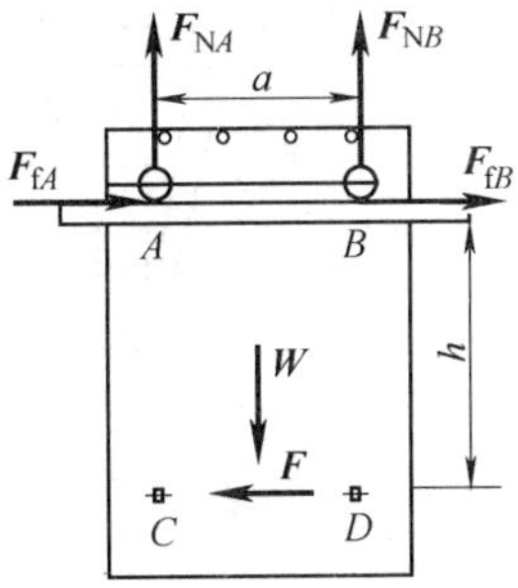

图 2-42

解 1）力 $\boldsymbol{F}$ 在 D 处向左推门，受力图如图 2-42 所示，由平衡方程，得

$\sum F_y=0$，　$F_{NA}+F_{NB}-W=0$ (a)

$\sum F_x=0$，　$F_{fA}+F_{fB}-F=0$ (b)

$\sum M_B(\boldsymbol{F})=0$，$W\times a/2-F_{NA}a-Fh=0$ (c)

$F_{fA}=f_{sA}F_{NA}$，$F_{fB}=f_{sB}F_{NB}$ (d)

由式（a）、式（b）结合式（d）消去 F_{NB} 并代入数值，得

$$0.1F_{NA}-F+0.15W=0$$

再利用式（c）消去 F_{NA}，得

$$F=\frac{2W}{10+1.5}=173.9\text{N}$$

故所需水平力 $F\geqslant173.9\text{N}$。

2）力 $\boldsymbol{F}$ 在 D 处向右推门，同样的方法可得到以上除式（c）以外的各式。而将原式（c）改写为

$\sum M_B(\boldsymbol{F})=0$，$W\times a/2-F_{NA}a+Fh=0$ (c)′

可得 $$F=\frac{2W}{10-1.5}=235.3\text{N}$$

所需水平力 $F\geqslant235.3\text{N}$。

2-28 设一抽屉的尺寸如图 2-43 所示。若拉力 $\boldsymbol{F}$ 偏离其中心线，稍一侧转，往往被卡住而拉不动。设 x 为偏离抽屉中心线的距离，f_s 为抽屉侧转后 A、B 二角与两侧面间的静摩

擦因数。假定抽屉底的摩擦力不计，试求抽屉不致被卡住时 a、b、f_s 与 x 的关系。试问：A、B 两处摩擦力是否同时到达临界值？

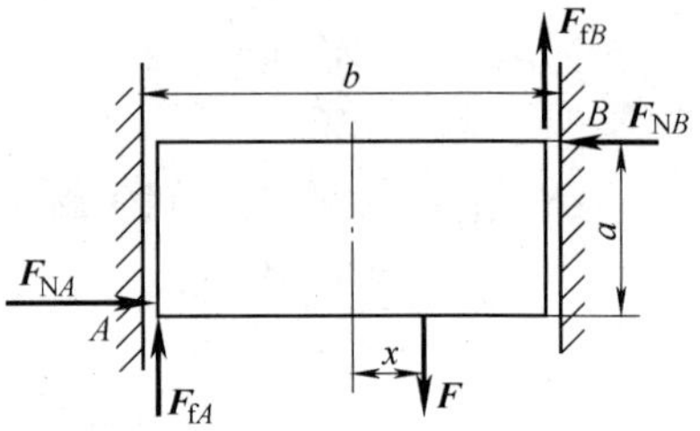

图 2-43

解 作受力图，如图 2-43 所示，由平衡方程

$\sum F_x=0$， $F_{NA}-F_{NB}=0$

$F_{fA}=f_sF_{NA}=f_sF_{NB}=F_{fB}$

$\sum F_y=0$， $F_{fA}+F_{fB}-F=0$

可得 $F_{fA}=F/2$，即 $F_{NA}=F/(2f_s)$

由 $\sum M_B(\boldsymbol{F})=0$， $F(b/2-x)+F_{NA}a-F_{fA}b=0$

可得
$$x=\frac{a}{2f_s}$$

此时，A、B 两处摩擦力同时到达临界值。

2-29 砖夹宽 28cm，爪 AHB 和 $BCED$ 在 B 点铰连，尺寸如图 2-44a 所示。被提起砖的重力为 $\boldsymbol{W}$，提举力 $\boldsymbol{F}$ 作用在砖夹中心线上，已知砖夹与砖之间的静摩擦因数 $f_s=0.5$。问尺寸 b 应多大才能保证砖不滑掉？

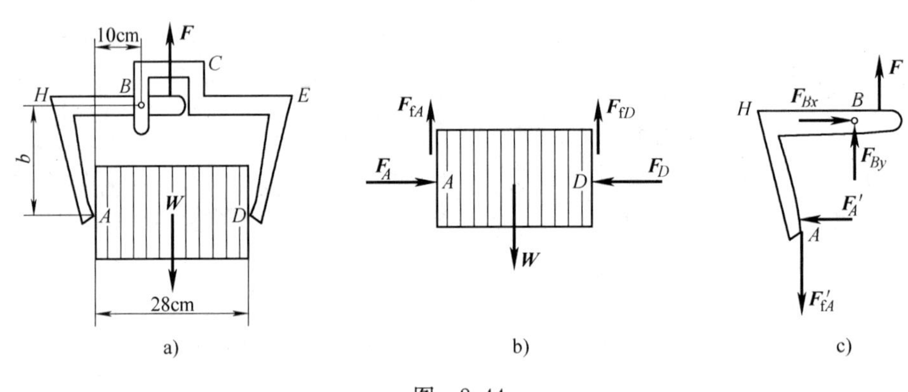

图 2-44

解 由图 2-44a 知，$F=W$；由受力图（图 2-44b）的对称关系和 $\sum F_y=0$，可得

$$F_{fA}=F_{fD}=W/2$$

则
$$F_A=F_{fA}/f_s=W/(2f_s)$$

作受力图（图 2-44c），列平衡方程，则

$\sum M_B(\boldsymbol{F})=0$，$F\times(14-10)\text{cm}-F_A'b+F_{fA}'\times 10\text{cm}=0$

即 $4W-Wb/(2f_s)+10\times W/2=0$

$b=18\text{cm}\times f_s=9\text{cm}$

故 $b\leqslant 9\text{cm}$ 才能保证砖不滑掉。

2-30 图 2-45a 所示斜面夹紧机构中，若已知驱动力 $\boldsymbol{F}$、角度 β 和各接触面间的静摩擦因数 f_s，试求：1）工作阻力 $\boldsymbol{F}_Q$（其大小等于夹紧工件的力）与驱动力 $\boldsymbol{F}$ 的关系式；2）除去 $\boldsymbol{F}$ 后，不产生松动的条件。

解 1）各接触面的静摩擦均处于临界状态，又有相同的静摩擦因数，则各接触面的摩擦角 φ 相同。对 1 物体受力分析如图 2-45b 所示，由平衡方程，得

$\sum F_y=0$， $F_{R12}\sin(\beta+2\varphi)-F\cos\varphi=0$

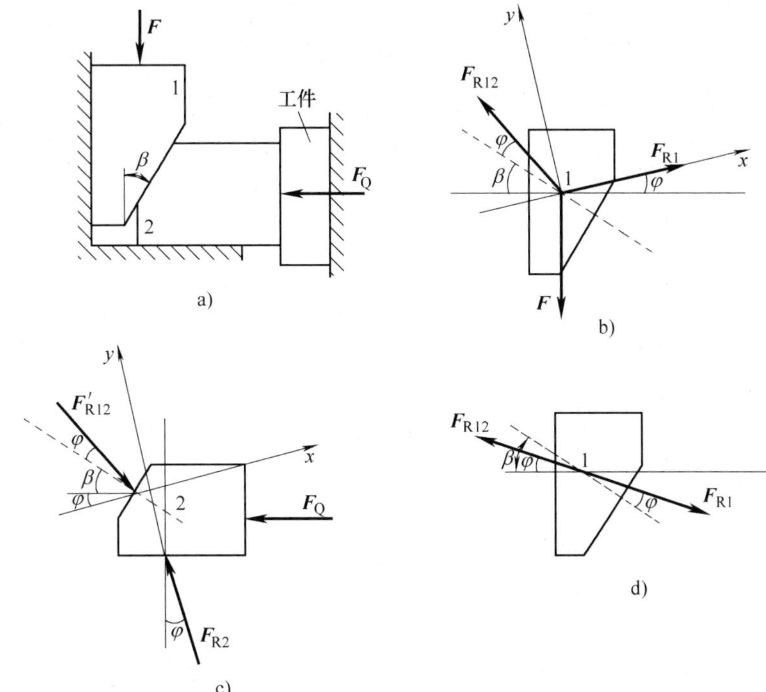

图 2-45

$$F_{R12}=\frac{\cos\varphi}{\sin(\beta+2\varphi)}F$$

对 2 物体受力分析如图 2-45c 所示，由

$\sum F_x=0$，　　$F'_{R12}\cos(\beta+\varphi)-F_Q\cos\varphi=0$

$$F_Q=F'_{R12}\cos(\beta+\varphi)/\cos\varphi=F\tan(\beta+2\varphi)$$

其中　　$\varphi=\arctan f_s$

2）除去 $\boldsymbol{F}$ 后，各物体运动趋势与原来相反，则全约束力在法线的另一侧。而物体 1 必须自锁，受力如图 2-45d 所示，则

$$\varphi\geqslant\beta/2$$

即　　$f_s\geqslant\tan\beta/2$

2-31　楔形块放在 V 形槽内，如图 2-46 所示，槽间夹角为 2α，荷载为 $\boldsymbol{F}_1$，两侧面间的静摩擦因数均为 f_s。求沿槽推动楔块所需的最小水平力 $\boldsymbol{F}$。

解　受力图如图 2-46 所示，由平衡方程，得

$\sum F_y=0$，　　$2F_N\sin\alpha-F_1=0$

$$F_f=f_sF_N=f_sF_1/(2\sin\alpha)$$

$\sum F_z=0$，　　$-2F_f+F=0$

则推动楔块所需的最小水平力 $F\geqslant f_sF_1/\sin\alpha$。

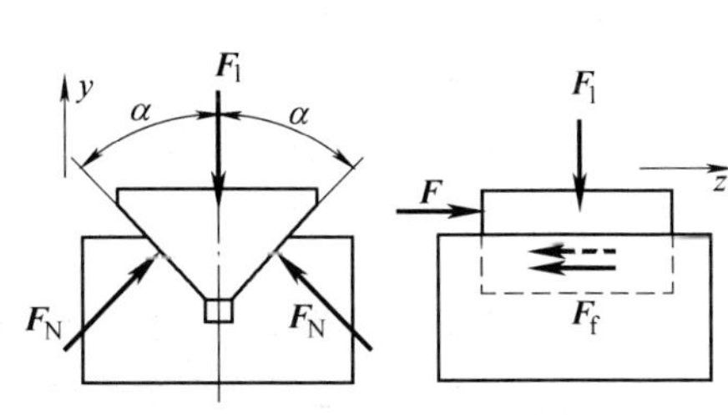

图 2-46

2-32　为了使轮子 A 只能作逆时针的单向定轴转动，将一个重力可忽略不计的小圆柱放在轮子间，如图 2-47a 所示。已知接触处 B、C 的静摩擦因数

$f_s=0.3$，轮子到墙的距离 $a=225\text{mm}$，轮子半径 $R=200\text{mm}$，现在轮子上施加一任意大小的顺时针转向的力偶 M，试确定能阻止轮子转动的小圆柱体的最大半径 r_{max}。

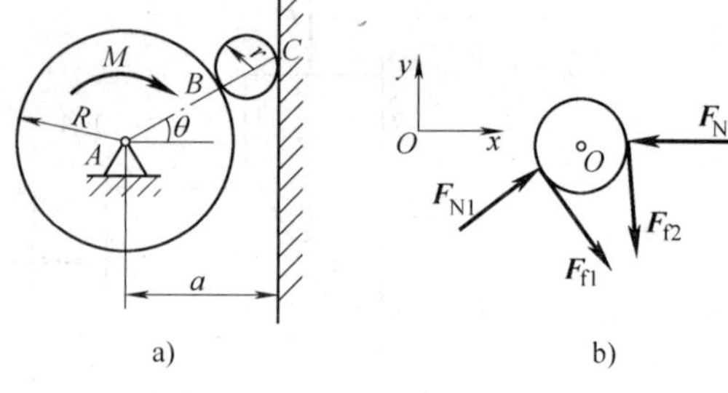

图 2-47

解 以小轮为研究对象（图 2-47b），则

$$F_{f1}=f_sF_{N1},\quad F_{f2}=f_sF_{N2}$$

$$\sum M_O(\boldsymbol{F})=0,\quad F_{f1}r_{max}-F_{f2}r_{max}=0$$

由于 $F_{f1}=F_{f2}$，则 $F_{N1}=F_{N2}$

$$\sum F_x=0,\quad F_{N1}\cos\theta+f_sF_{N1}\sin\theta-F_{N2}=0$$

得

$$\cos\theta+f_s\sin\theta=1 \tag{a}$$

$$\sum F_y=0,\quad F_{N1}\sin\theta-f_sF_{N1}\cos\theta-f_sF_{N2}=0$$

得

$$\sin\theta=f_s+f_s\cos\theta \tag{b}$$

由式（a）和式（b），得

$$\cos\theta=\frac{1-f_s^2}{1+f_s^2}$$

由图可知：$a<(R+2r)$，同时 $a\geqslant(R+r)\cos\theta+r=(R+r)\dfrac{1-f_s^2}{1+f_s^2}+r$，则

$$r_{max}=\frac{a-R\dfrac{1-f_s^2}{1+f_s^2}}{1+\dfrac{1-f_s^2}{1+f_s^2}}=31.625\text{mm}$$

2-33 图 2-48 所示为手动钢筋剪床，用来剪断直径为 d 的钢筋。设钢筋与剪刀间的静摩擦因数为 f_s，操作时为省力应使钢筋位于 l 较小位置，但 l 过小又会使钢筋打滑向左滑出。试求使钢筋不打滑的 l 最小值。

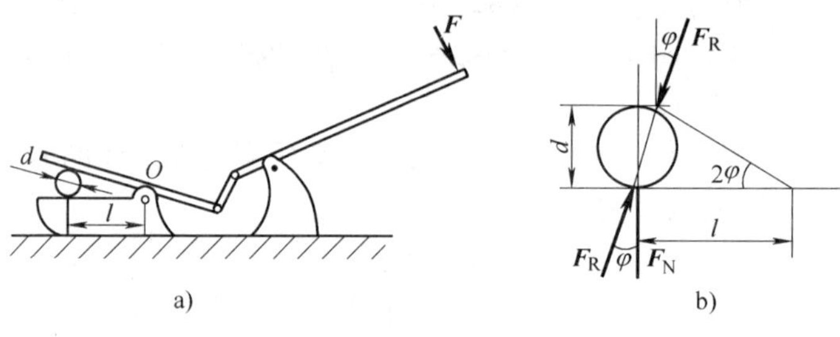

图 2-48

解 对钢筋进行受力分析（图 2-48b）。平衡时，两全约束力大小相等、方向相反，并在同一直线上。

由几何关系得

$$\tan\varphi=f_s=\frac{d}{2l_{min}}$$

则

$$l_{min}=\frac{d}{2f_s}$$

2-34 图 2-49a 所示一直径为 150mm 的圆柱体，由于自重沿斜面匀速向下滚动，斜面的斜率为 $\tan\alpha=0.018$。试求圆柱体与斜面间的滚动摩擦系数 δ 值。

解 对圆柱体进行受力分析（图 2-49b）

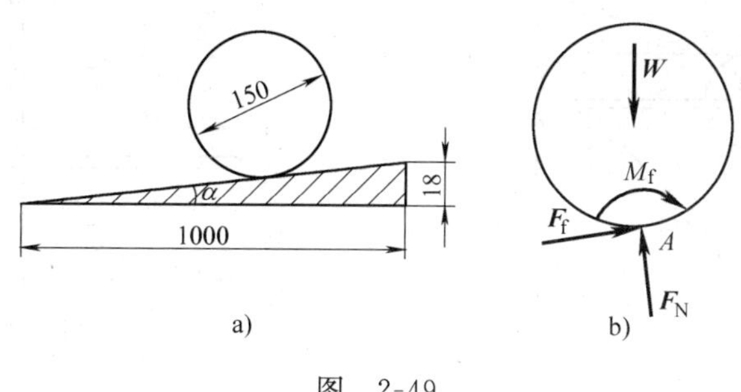

图 2-49

$\sum M_A(\boldsymbol{F})=0$，$Wr\sin\alpha-M_{fmax}=0$

$$M_{fmax}=\delta F_N=\delta W\cos\alpha$$

$$\delta=r\tan\alpha=150\div2\times0.018\text{mm}=1.35\text{mm}$$

自 测 练 习

2-1　已知 $F_1=2$kN、$F_2=4$kN、$F_3=10$kN 三力分别作用在边长为 $a=10$cm 的正方形的 C、B、O 三点上，如图 2-50 所示。求该三力向 O 点简化的结果。

2-2　均质杆 AB 重 $\boldsymbol{G}$，在 A 端用铰链连接在水平地板 AD 上，另一端 B 则用绳子 BC 将其系在铅垂墙上，如图 2-51 所示。已知$\angle CED=\alpha$，$\angle BAD=\beta$。求绳的张力和铰链 A 的约束力。

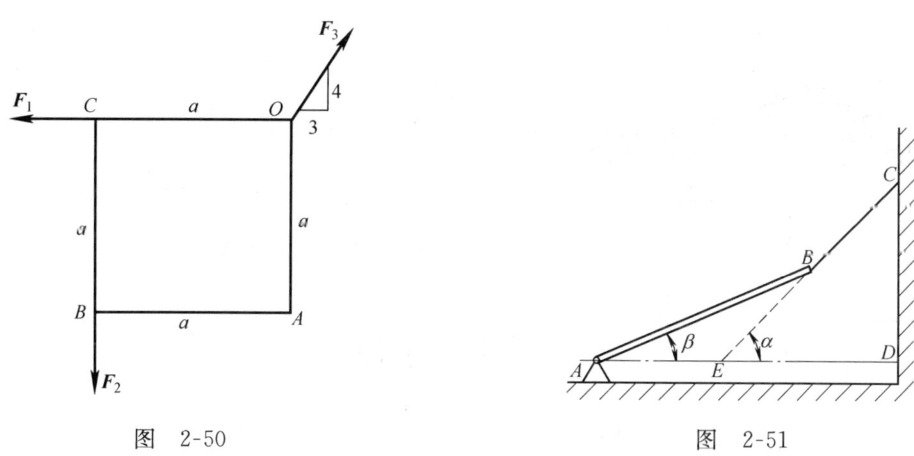

图　2-50　　　　图　2-51

2-3　一构架由杆 AB 和 BC 所组成，载荷 $F=20$kN，如图 2-52 所示。已知 $AD=DB=1$m，$AC=2$m；滑轮半径均为 $r=0.3$m。如不计滑轮和杆的重量，求支座 A 和 C 的约束力。

2-4　物体重 $W=12$kN，由三杆 AB、BC 和 CE 所组成的构架及滑轮 E 支持，如图 2-53所示。已知 $AD=DB=2$m，$CD=DE=1.5$m。不计杆和滑轮重量，求支承 A 和 B 的反力以及 BC 杆的力。

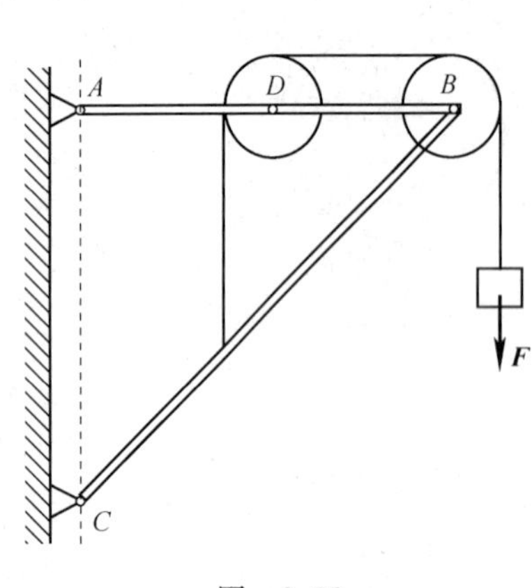

图 2-52

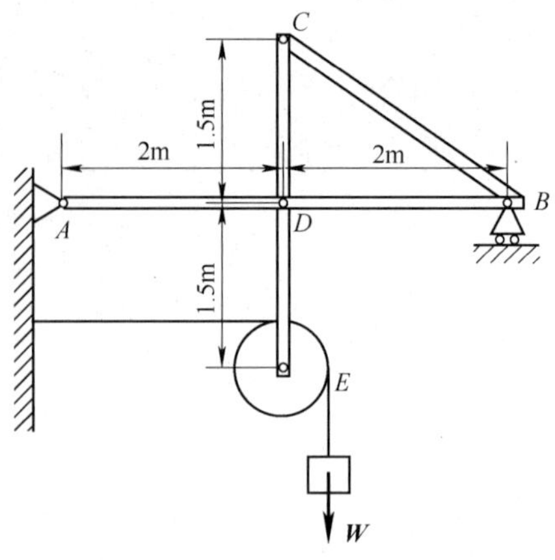

图 2-53

2-5 图 2-54 所示一活塞曲柄连杆机构。在图示位置，活塞上有水平力 $F=4000\text{N}$ 作用，曲柄 OA 重 $W_1=20\text{N}$，连杆 AB 重 $W_2=40\text{N}$。不计摩擦，问在曲柄上应加多大的力偶 M 才能平衡。

2-6 如图 2-55 所示，均质正方体木箱 A 的重力 $W=200\text{kN}$，放置在粗糙的地面上，木箱与地面间摩擦因数 $f_s=0.25$。工人通过光滑的定滑轮的绳子试图移滑箱子。求当箱子处于临界运动状态时绳子的张力 $\boldsymbol{F}_T$。

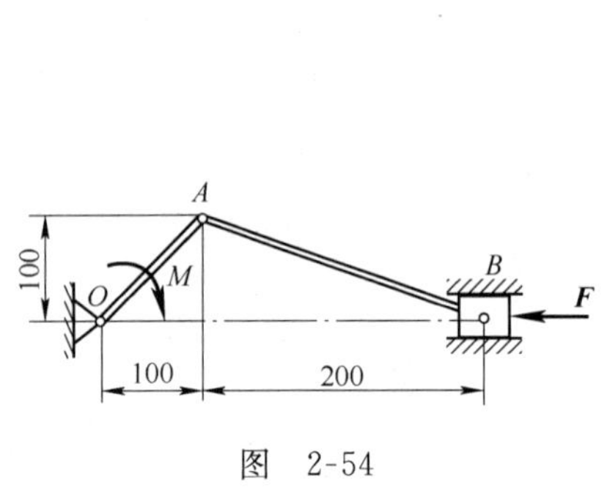

图 2-54

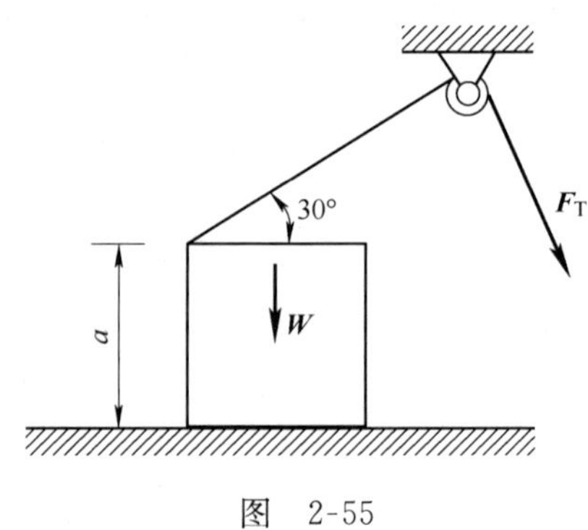

图 2-55

自测练习答案

2-1 $F_R'=4\sqrt{2}\text{kN}$；$\alpha=45°$；$M_O=0.4\text{kN}\cdot\text{m}$

2-2 $F_T=\dfrac{\cos\beta}{2\sin(\alpha-\beta)}F$；$F_{Ax}=\dfrac{\cos\alpha\cos\beta}{2\sin(\alpha-\beta)}F$ （←）；$F_{Ay}=\left[1-\dfrac{\sin\alpha\cos\beta}{2\sin(\alpha-\beta)}\right]F$ （↑）

2-3 $F_{Ax}=-23\text{kN}$ （←），$F_{Ay}=10\text{kN}$ （↑），$F_{Cx}=23\text{kN}$ （→），$F_{Cy}=10\text{kN}$ （↑）

2-4 $F_{Ax}=12\text{kN}$ （→），$F_{Ay}=1.5\text{kN}$ （↑），$F_B=10.5\text{kN}$ （↑），$F_T=15\text{kN}$（压）

2-5 $M=597\text{N}\cdot\text{m}$ （↷）。

2-6 滑动的临界状态 $F_{T1}=50.45\text{kN}$，倾翻的临界状态 $F_{T2}=73.2\text{kN}$，F_{T1} 小于 F_{T2}，所以先滑动

第三章　空间问题的受力分析

知 识 要 点

1. 空间力系的基本运算

空间力系的基本运算是解决空间力系平衡问题的基础。

（1）计算力在直角坐标轴上的投影

1）直接投影法　如知力 $\boldsymbol{F}$ 及其 x、y、z 轴之间的夹角分别为 α、β、γ，如图 3-1 所示，可直接用下式得到该力在三个坐标轴上的投影：

$$F_x = F\cos\alpha;\quad F_y = F\cos\beta;\quad F_z = F\cos\gamma$$

2）二次投影法　若已知力 $\boldsymbol{F}$ 与某一轴（z 轴）的夹角（γ）和力 $\boldsymbol{F}$ 在此垂直面内的分量（$\boldsymbol{F}_{xy}$）与另一坐标轴（x）的夹角（φ）时，如图 3-2 所示，可将力 $\boldsymbol{F}$ 在空间的投影转换成平面投影问题，可直接用下式得到该力在三个坐标轴上的投影，即

$$F_x = F\sin\gamma\cos\varphi;\quad F_y = F\sin\gamma\sin\varphi;\quad F_z = F\cos\gamma$$

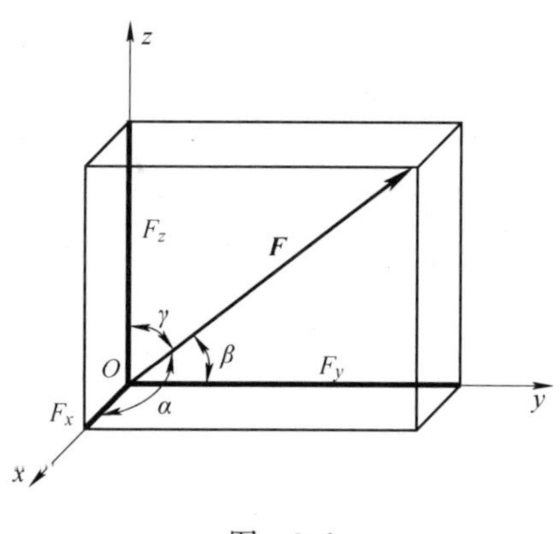

图　3-1

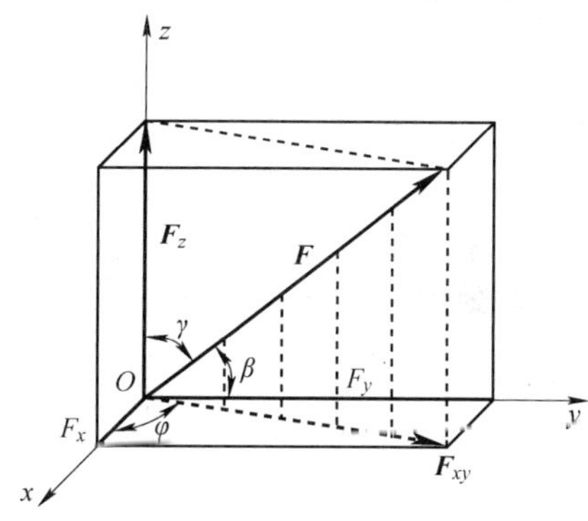

图　3-2

（2）力对轴之矩

力对轴之矩是力使物体绕该轴转动效应的量度，在计算力对轴取矩时应注意，力若与轴平行或力通过该轴则力对该轴之矩为零。

1）空间转化为平面计算方法　将空间问题中力对轴之矩转化为与轴（z 轴）垂直平面内的分力（$\boldsymbol{F}_{xy}$），而轴在此平面上的投影为一点（O），这样就将空间问题中力对轴之矩转化为平面问题中力对点之矩来计算，即

$$M_z(F) = M_O(\boldsymbol{F}_{xy})$$

2）应用合力矩定理　先将力在作用点沿坐标方向分解，再应用合力矩定理，求分力对某轴力矩之代数和，即为对该轴之矩，即

$M_x(\boldsymbol{F}) = M_x(\boldsymbol{F}_y) + M_x(\boldsymbol{F}_z)$

$M_y(\boldsymbol{F})=M_y(\boldsymbol{F}_z)+M_y(\boldsymbol{F}_x)$

$M_z(\boldsymbol{F})=M_z(\boldsymbol{F}_x)+M_z(\boldsymbol{F}_y)$

2. 空间力系平衡问题的计算

空间力系的平衡方程是

$$\left.\begin{array}{lll}\sum F_x=0; & \sum F_y=0; & \sum F_z=0 \\ \sum M_x(\boldsymbol{F})=0; & \sum M_y(\boldsymbol{F})=0; & \sum M_z(\boldsymbol{F})=0\end{array}\right\}$$

空间汇交力系的平衡方程通常是

$$\sum F_x=0;\quad \sum F_y=0;\quad \sum F_z=0$$

空间平行力系的平衡方程通常是

$$\sum F_z=0;\quad \sum M_x(\boldsymbol{F})=0;\quad \sum M_y(\boldsymbol{F})=0$$

3. 物体重心与图形形心的求法

确定物体的重心位置是常见的工程问题，确定形心的位置对以后的学习也很重要。物体的重心位置通常可用理论计算和实验的方法确定，对匀质物体其重心和形心是重合的，通常用对称法或分割法求得。

解题要领

空间力系相对于平面力系的难点是空间概念的建立，解决这个问题有效的手段是如何将空间问题转化为平面问题来解决，如二次投影法等。

1. 空间力系平衡问题的计算

1）受力分析，画出受力图，建议受力图就直接画在原题图上，有利于建立空间关系。

2）建立合适的坐标系，坐标系的建立应在习惯的建立方法基础上，考虑到问题的对称性以及尽量将坐标轴通过成平行较多的未知力作用线。再根据需要作出各力在平面各分力的图形。

3）平衡方程并求解。

2. 匀质物体重心位置的理论计算

通常求解匀质物体重心位置的理论计算采用的是对称法和有限分割法。

1）建立坐标系，通常以物体的对称轴，或底边等为坐标轴。

2）将物体分割为若干已知形心的基本形体（可通过查表）。

3）用公式

$$x_C=\frac{\sum(\Delta A_k)\cdot x_k}{A};\quad y_C=\frac{\sum(\Delta A_k)\cdot y_k}{A};\quad z_C=\frac{\sum(\Delta A_k)\cdot z_k}{A}$$

计算（平面图形用上式中的两式）。

典型例题

例 3-1 水平轴上装有两个凸轮，如图 3-3a 所示，凸轮上分别作用已知水平力 $F_1=800\mathrm{N}$ 和未知铅直力 F_2。如轴处于平衡状态，求力 F_2 和 A、B 轴承的约束力。

解 1）作出受力图。

2）利用原题图中的坐标，作出 xz 平面各分力的图形（图 3-3b）。

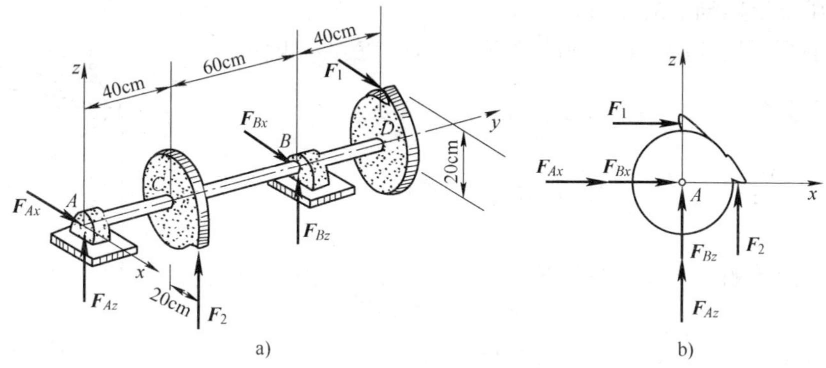

图 3-3

3）列平衡方程并求解

$\sum M_y(\boldsymbol{F})=0$，$F_1\times0.2\text{m}-F_2\times0.2\text{m}=0$

$F_2=F_1=800\text{N}$

$\sum M_x(\boldsymbol{F})=0$，$F_2\times0.4\text{m}+F_{Bz}\times1\text{m}=0$

$F_{Bz}=-F_2\times0.4=-320\text{N}$（和图示方向相反）

$\sum M_z(\boldsymbol{F})=0$，$-F_1\times1.4\text{m}-F_{Bx}\times1\text{m}=0$

$F_{Bx}=-F_1\times1.4=-1120\text{N}$（和图示方向相反）

$\sum F_x=0$，$F_1+F_{Ax}+F_{Bx}=0$

$F_{Ax}=-F_1-F_{Bx}=320\text{N}$（和图示方向相同）

$\sum F_y=0$，$F_{Ay}=0$

$\sum F_z=0$，$F_2+F_{Az}+F_{Bz}=0$

$F_{Az}=-F_2-F_{Bz}=-480\text{N}$（和图示方向相反）

例 3-2 试求图 3-4 所示平面图形的形心坐标。已知 $a=400\text{mm}$，$b=300\text{mm}$，$r_1=100\text{mm}$，$r_2=50\text{mm}$。

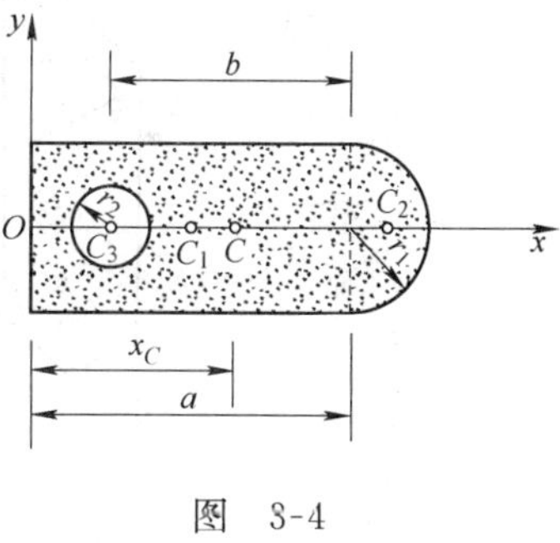

图 3-4

解 因 x 轴是图形的对称轴，图形的形心必在轴上，即 $y_C=0$。将平面图形视为一个矩形和一个半圆形组合后挖去一个圆孔而成，则圆孔的面积应视为负值。

矩形面 $A_1=a\cdot2r_1=400\text{mm}\times2\times100\text{mm}=80000\text{mm}^2$，$x_1=a/2=200\text{mm}$

半圆形面 $A_2=\pi r_1{}^2/2=\pi(100\text{mm})^2/2=15700\text{mm}^2$，$x_2=a+4r_1/3\pi=443\text{mm}$

圆孔 $A_3=-\pi r_2{}^2=-\pi(50\text{mm})^2=-7850\text{mm}^2$，$x_3=a-b=100\text{mm}$

$$x_C=\frac{\sum(\Delta A_k)\cdot x_k}{A}=\frac{A_1x_1+A_2x_2+A_3x_3}{A_1+A_2+A_3}$$

$$=\frac{80000\times200+15700\times443-7850\times100}{80000+15700-7850}\text{mm}=252\text{mm}$$

习题解答

3-1 已知在边长为 a 的正六面体上有 $F_1=6\text{kN}$，$F_2=4\text{kN}$，$F_3=2\text{kN}$，如图 3-5 所示，

试计算各力在三坐标轴上的投影。

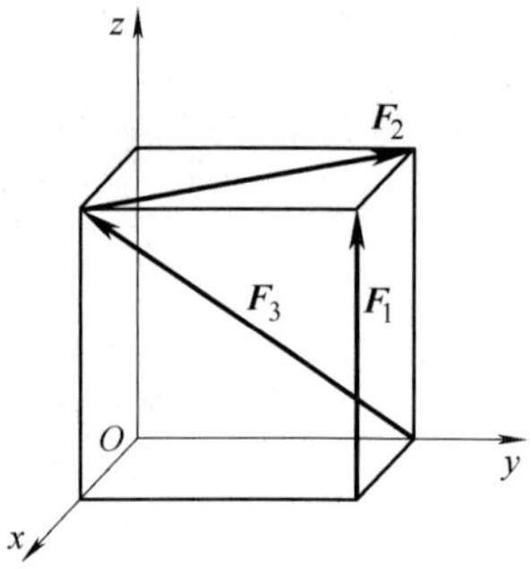

解 F_1平行 z 轴，故 $F_{1x}=0$， $F_{1y}=0$， $F_{1z}=6\text{kN}$

F_2平行 xy 平面，故 $F_{2x}=-\dfrac{\sqrt{2}}{2}F_2=-1.414\text{kN}$

$$F_{2y}=\frac{\sqrt{2}}{2}F_2=1.414\text{kN}，F_{2z}=0$$

F_3沿正六面体的对角线，故 $F_{3xy}=F_3\dfrac{\sqrt{a^2+a^2}}{\sqrt{a^2+a^2+a^2}}=\dfrac{\sqrt{2}}{\sqrt{3}}F_3$

图 3-5

$$F_{3z}=F_3\frac{a}{\sqrt{a^2+a^2+a^2}}=\frac{\sqrt{3}}{3}F_3=2.31\text{kN}$$

$$F_{3x}=\frac{\sqrt{2}}{2}F_{3xy}=\frac{\sqrt{2}}{2}\times\frac{\sqrt{2}}{\sqrt{3}}F_3=2.31\text{kN}$$

$$F_{3y}=-\frac{\sqrt{2}}{2}F_{3xy}=-\frac{\sqrt{2}}{2}\times\frac{\sqrt{2}}{\sqrt{3}}F_3=-2.31\text{kN}$$

3-2 若图 3-6a 所示支架的杆重不计，两端铰接，其中 $\alpha=30°$，$\beta=45°$，已知 $G=1\text{kN}$，试求三支承杆的内力。

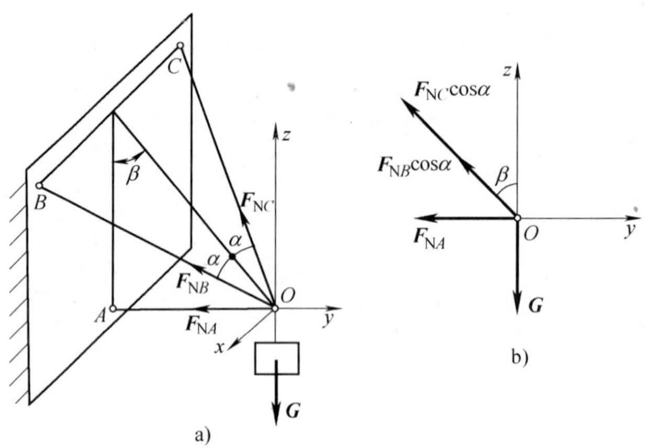

图 3-6

	G	F_{NA}	F_{NB}	F_{NC}	序
F_x	0	0	$F_{NB}\sin\alpha$	$-F_{NC}\sin\alpha$	1
F_y	0	$-F_{NA}$	$-F_{NB}\cos\alpha\sin\beta$	$-F_{NC}\cos\alpha\sin\beta$	3
F_z	$-G$	0	$F_{NB}\cos\alpha\cos\beta$	$F_{NC}\cos\alpha\cos\beta$	2

解 以 O 点为研究对象，在原题图上作出受力图，并标上直角坐标系，如图 3-6a 所示。因 $\boldsymbol{G}$ 和 $\boldsymbol{F}_{NA}$在 yz 平面，由平衡方程

$\sum F_x=0$，$F_{NB}\sin\alpha-F_{NC}\sin\alpha=0$

$$F_{NB}=F_{NC}$$

再各力在 xy 平面，各分力的图形如图 3-6b 所示。

$\sum F_z=0$，$F_{NB}\cos\alpha\cos\beta+F_{NC}\cos\alpha\cos\beta-G=0$

$F_{NB}=F_{NC}=G/2\cos\alpha\cos\beta=0.817\text{kN}$（杆件受拉）

$\sum F_y=0$，$-F_{NB}\cos\alpha\sin\beta-F_{NC}\cos\alpha\sin\beta-F_{NA}=0$

$F_{NA}=-F_{NB}\cos\alpha\sin\beta-F_{NC}\cos\alpha\sin\beta=-1\text{kN}$（杆件受压）

3-3　桅杆 OA 在 O 点处铰接，A 处用 AB、AC 两绳拉住，$BO\perp CO$。在 A 处有一水平力 $F=10\text{kN}$，与 BO 的平行线成 30°，如图 3-7a 所示，试求绳 AB、AC 的拉力及桅杆 OA 的内力。

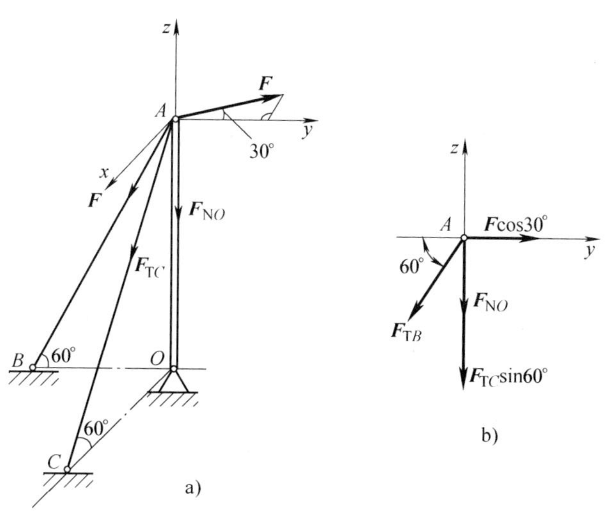

图　3-7

	F	F_{NO}	F_{TB}	F_{TC}	序
F_x	$-F\sin30°$	0	0	$F_{TC}\cos60°$	1
F_y	$F\cos30°$	0	$-F_{TB}\cos60°$	0	2
F_z	0	$-F_{NO}$	$-F_{TB}\sin60°$	$-F_{TC}\sin60°$	3

解　以 A 点为研究对象，在原题图上作出受力图，并标上直角坐标系，如图 3-7a 所示，各力在 yz 平面的分力的图形如图 3-7b 所示，由平衡方程

$\sum F_x=0$，$F_{TC}\cos60°-F\sin30°=0$

$F_{TC}=10\text{kN}$（拉）

$\sum F_y=0$，$-F_{TB}\cos60°+F\cos30°=0$

$F_{TB}=17.3\text{kN}$（拉）

$\sum F_z=0$，$-F_{NO}-F_{TB}\sin60°-F_{TC}\sin60°=0$

$F_{NO}=-23.6\text{kN}$（杆件受压）

3-4　若图 3-8a 所示空间桁架的杆重不计，两端铰接，已知 $\alpha=45°$，$F=10\text{kN}$。试求各杆的内力。

解　此题是空间汇交力系的系统平衡问题。

先以 A 点为研究对象，在原题图上作出受力图，并标上直角坐标系，如图 3-8a 所示，作出各力在 yz 平面分力的图（图 3-8b）。由平衡方程

$\sum F_y=0$，$F\sin\alpha+F_{N3}=0$

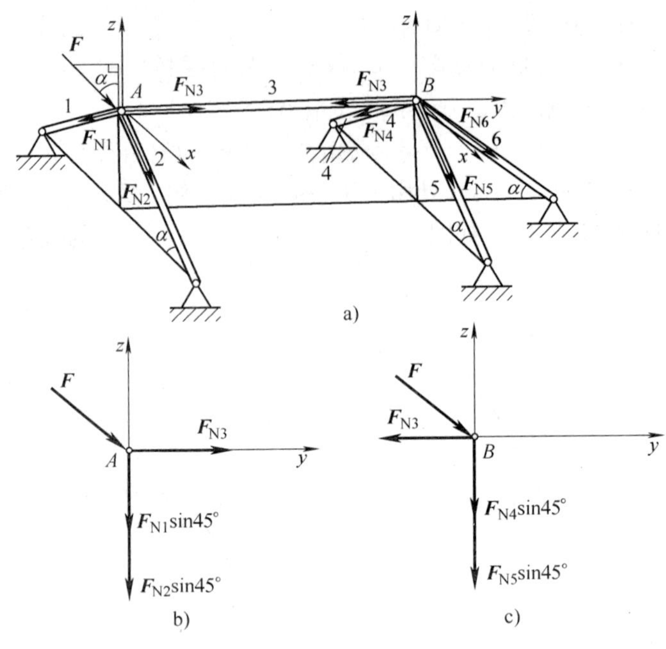

图 3-8

$$F_{N3}=-F\sin\alpha=-7.07\text{kN}\ （杆件受压）$$

$\sum F_x=0$，$F_{N2}\cos\alpha-F_{N1}\cos\alpha=0$

$$F_{N1}=F_{N2}$$

$\sum F_z=0$，$-F_{N1}\sin\alpha-F_{N2}\sin\alpha-F\cos\alpha=0$

$$F_{N1}=F_{N2}=-F\cos\alpha/2\sin\alpha=-5\text{kN}\ （杆件受压）$$

再以 B 点为研究对象，在原题图上作出受力图，并标上直角坐标系，作出各力在 yz 平面分力的图（图 3-8c）。由平衡方程

$\sum F_y=0$，$-F_{N3}+F_{N6}\cos\alpha=0$

$$F_{N6}=F_{N3}/\cos\alpha=-10\text{kN}\ （杆件受压）$$

$\sum F_x=0$，$F_{N5}\cos\alpha-F_{N4}\cos\alpha=0$

$$F_{N4}=F_{N5}$$

$\sum F_z=0$，$-F_{N4}\sin\alpha-F_{N5}\sin\alpha-F_{N6}\sin\alpha=0$

$$F_{N4}=F_{N5}=-F_{N6}/2=5\text{kN}\ （杆件受拉）$$

	$\boldsymbol{F}$	$\boldsymbol{F}_{N1}$	$\boldsymbol{F}_{N2}$	$\boldsymbol{F}_{N3}$	$\boldsymbol{F}_{N3}$	$\boldsymbol{F}_{N4}$	$\boldsymbol{F}_{N5}$	$\boldsymbol{F}_{N6}$	序
F_x	0	$-F_{N1}\cos45°$	$F_{N2}\cos45°$	0	0	$-F_{N4}\cos45°$	$F_{N5}\cos45°$	0	2
F_y	$F\sin45°$	0	0	F_{N3}	$-F_{N3}$	0	0	$F_{N6}\cos45°$	1
F_z	$-F\cos45°$	$-F_{N1}\sin45°$	$-F_{N2}\sin45°$	0	0	$-F_{N4}\sin45°$	$-F_{N5}\sin45°$	$-F_{N6}\sin45°$	3

3-5　水平圆轮上 A 处有一力 $F=1\text{kN}$ 作用，$\boldsymbol{F}$ 在垂直平面内，且与过 A 点的切线形成夹角 $\alpha=60°$，OA 与 y 轴方向的夹角 $\beta=45°$，$h=r=1\text{m}$，如图 3-9a 所示。试计算力 $\boldsymbol{F}$ 在三坐标轴上的投影及对三坐标轴上的力矩。

解　作在 xy 平面的分力的图形如图 3-9b 所示，得

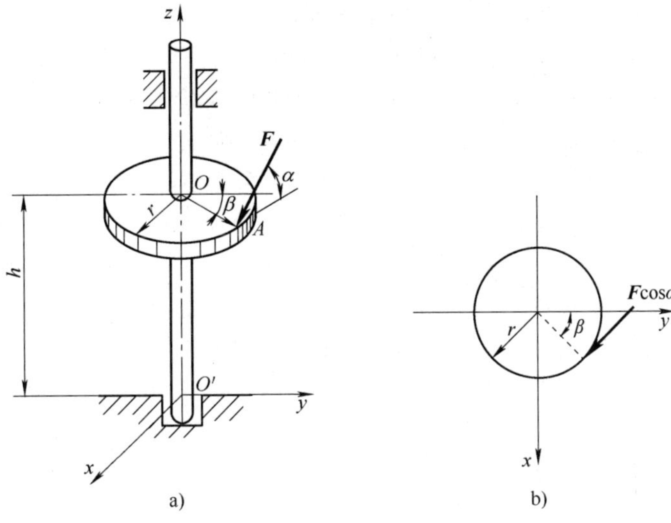

图 3-9

$F_x = F\cos\alpha\cos\beta = 1000\text{N}\cos60^\circ\cos45^\circ = 354\text{N}$

$F_y = -F\cos\alpha\sin\beta = -1000\text{N}\sin60^\circ\cos45^\circ = -354\text{N}$

$F_z = -F\sin\alpha = -1000\text{N}\sin60^\circ = -866\text{N}$

$$M_x(\boldsymbol{F}) = M_x(\boldsymbol{F}_y) + M_x(\boldsymbol{F}_z) = -F_y h + F_z r\cos\beta$$
$$= 354\text{N}\times1\text{m} - 866\text{N}\times1\text{m}\times\cos45^\circ = -258\text{N}\cdot\text{m}$$

$$M_y(\boldsymbol{F}) = M_y(\boldsymbol{F}_z) + M_y(\boldsymbol{F}_x) = -F_z r\sin\beta + F_x h$$
$$= 866\text{N}\times1\text{m}\times\sin45^\circ + 354\text{N}\times1\text{m} = 966\text{N}\cdot\text{m}$$

$$M_z(\boldsymbol{F}) = M_z(\boldsymbol{F}_{xy}) = -F\cos\alpha\cdot r = -1000\text{N}\cos60^\circ\times1\text{m} = -500\text{N}\cdot\text{m}$$

3-6 已知作用于手柄之力 $F=100\text{N}$，$AB=10\text{cm}$，$BC=40\text{cm}$，$CD=20\text{cm}$，$\alpha=30^\circ$，如图 3-10 所示。试求 $\boldsymbol{F}$ 对 y 轴之矩。

解 $M_y(\boldsymbol{F}) = M_y(\boldsymbol{F}_z) + M_y(\boldsymbol{F}_x) = 0 - F_x\cdot BC = -F\sin\alpha\sin\alpha\cdot BC$

$$= -100\text{N}\sin30^\circ\sin30^\circ\times0.4\text{m} = -10\text{N}\cdot\text{m}$$

3-7 简易起重机如图 3-11 所示，已知 $AD=BD=1\text{m}$，$CD=1.5\text{m}$，$CM=1\text{m}$，$ME=4\text{m}$，$MS=0.5\text{m}$，机身重 $G_1=100\text{kN}$，起吊重物重 $G_2=10\text{kN}$。试求 A、B、C 三轮对地面的压力。

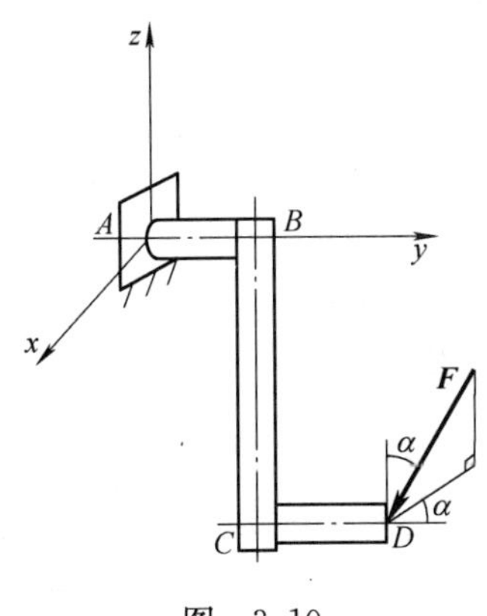

图 3-10

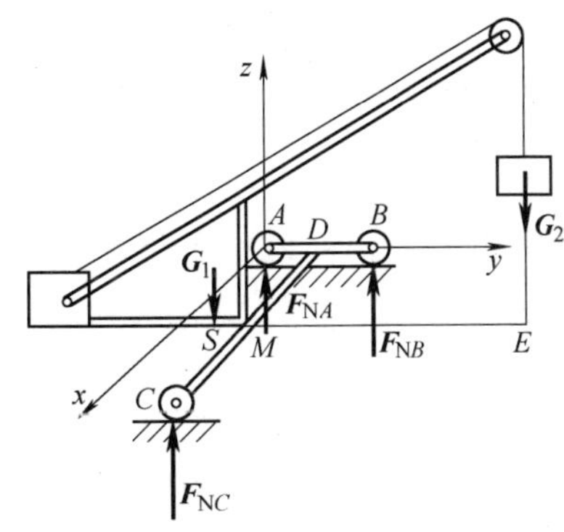

图 3-11

解 标上直角坐标如图 3-11 所示，由平衡方程

$\sum M_y(\boldsymbol{F})=0$，$-F_{NC}\cdot CD+G_1\cdot DM+G_2\cdot DM=0$

$F_{NC}=(G_1+G_2)DM/CD=(100\text{kN}+10\text{kN})\times(1.5-1)/1.5=36.7\text{kN}$

$\sum M_x(\boldsymbol{F})=0$，$F_{NB}\cdot AB+F_{NC}\cdot AD-G_1\cdot(AD-MS)-G_2\cdot(AD+ME)=0$

$F_{NB}=[-F_{NC}\cdot AD+G_1\cdot(AD-MS)+G_2\cdot(AD+ME)]/AB$

$=(-36.7\text{kN}\times1\text{m}+100\text{kN}\times0.5\text{m}+10\text{kN}\times5\text{m})/2\text{m}=63.3\text{kN}$

$\sum F_z=0$，$F_{NA}+F_{NB}+F_{NC}-G_1-G_2=0$

$F_{NA}=-F_{NB}-F_{NC}+G_1+G_2=-36.7\text{kN}-63.3\text{kN}+100\text{kN}+10\text{kN}=10\text{kN}$

3-8 图 3-12a 所示矩形搁板 $ABCD$ 可绕轴线 AB 转动，用 DE 杆支撑成水平位置。撑杆 DE 两端均为铰接，搁板连同其上重物的重力 $G=800\text{N}$，并通过矩形板的几何中心。已知 $AB=1.5\text{m}$，$AD=0.6\text{m}$，$AK=BH=0.25\text{m}$，$ED=0.75\text{m}$，如图所示。不计杆重，试求撑杆的内力及 H、K 处的约束力。

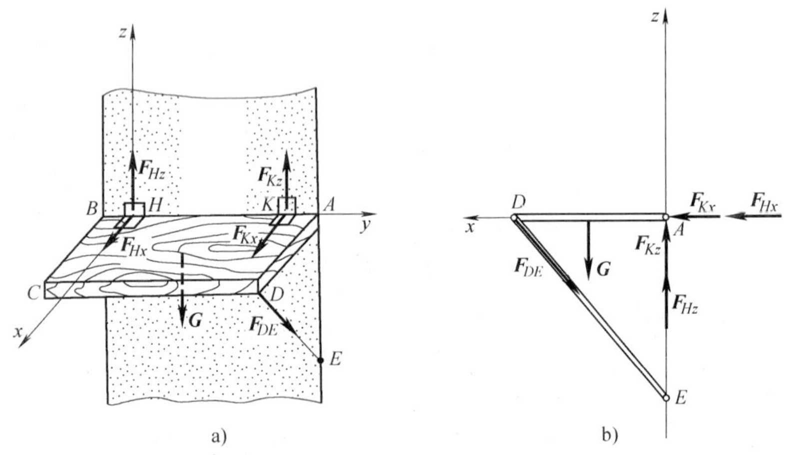

图 3-12

解 作出各力在 zx 平面分力的图（图 3-12b）。由平衡方程

$\sum M_y(\boldsymbol{F})=0$，$F_{DE}\dfrac{AE}{DE}\times AD+G\times\dfrac{AD}{2}=0$

$$F_{DE}=-800\text{N}\frac{0.75}{2\times\sqrt{0.75^2-0.6^2}}=-667\text{N}\text{（杆件受压）}$$

$\sum M_x(\boldsymbol{F})=0$，$F_{Kz}\times HK-F_{DE}\dfrac{AE}{DE}\times AH-G\times\ (AB/2-BH)\ =0$

$F_{Kz}=-667\text{N}\times0.6\times1.25+800\text{N}\times0.5=-100\text{N}$（和图示方向相反）

$\sum M_z(\boldsymbol{F})=0$，$-F_{Kx}\times HK+F_{DE}\dfrac{AD}{DE}\times AH=0$

$F_{Kx}=-667\text{N}\times0.8\times1.25=-667\text{N}$（和图示方向相反）

$\sum F_x=0$，$F_{Kx}+F_{Hx}-F_{DE}\dfrac{AD}{DE}=0$

$F_{Hx}=667\text{N}-667\text{N}\times0.8=133\text{N}$（和图示方向相同）

$\sum F_z=0$，$F_{Kz}+F_{Hz}-F_{DE}\dfrac{AE}{DE}-G=0$

$$F_{Kz}=100\text{N}-667\text{N}\times0.6+800\text{N}=500\text{N}\ (\text{和图示方向相同})$$

3-9　图 3-13 所示齿轮机构中圆周力 $\boldsymbol{F}_1$ 和 $\boldsymbol{F}_2$ 分别作用在齿轮 1、2 的最低与最高位置，齿轮压力角 $\alpha=20°$，已知 $r_1=100\text{mm}$，$r_2=72\text{mm}$，$F_1=1.58\text{kN}$。试求机构平衡时作用在齿轮 2 上的圆周力 $\boldsymbol{F}_2$ 及 A、B 处的约束力。

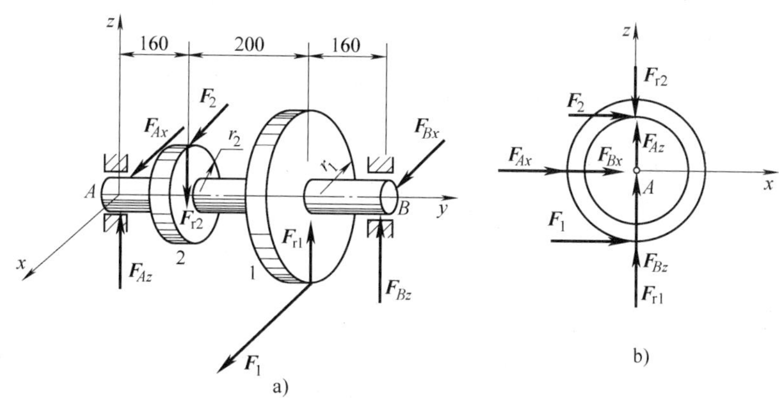

图　3-13

解　在原题图上作出受力图，并标上直角坐标系，如图 3-13a 所示，作出各力在 zx 平面分力的图（图 3-13b）。由平衡方程

$$F_{r1}=F_1\tan\alpha=1.58\text{kN}\times\tan20°=0.575\text{kN}$$

$\sum M_y(\boldsymbol{F})=0$，$F_2r_2-F_1r_1=0$

$$F_2=F_1r_1/r_2=1.58\text{kN}\times100\text{mm}/72\text{mm}=2.19\text{kN}$$

$$F_{r2}=F_2\tan\alpha=2.19\text{kN}\times\tan20°=0.797\text{kN}$$

$\sum M_x(\boldsymbol{F})=0$，$F_{Bz}\times520\text{mm}+F_{r1}\times360\text{mm}-F_{r2}\times160\text{mm}=0$

$$F_{Bz}=(F_{r2}\times160\text{mm}-F_{r1}\times360\text{mm})/520\text{mm}$$

$$=-0.153\text{kN}\ (\text{和图示方向相反})$$

$\sum M_z(\boldsymbol{F})=0$，$-F_{Bx}\times520\text{mm}-F_1\times360\text{mm}-F_2\times160\text{mm}=0$

$$F_{Bx}=(-F_2\times160\text{mm}-F_1\times360\text{mm})/520\text{mm}$$

$$=(-2.19\text{kN}\times160\text{mm}-1.58\text{kN}\times360\text{mm})/520\text{mm}=-1.77\text{kN}\ (\text{和图示方向相反})$$

$\sum F_x=0$，　$F_{Ax}+F_{Bx}+F_1+F_2=0$

$$F_{Ax}=-F_{Bx}-F_1-F_2=-2.0\text{kN}\ (\text{和图示方向相反})$$

$\sum F_z=0$，　$F_{Az}+F_{Bz}+F_{r1}-F_{r2}=0$

$$F_{Az}=-F_{Bz}-F_{r1}+F_{r2}=0.375\text{kN}\ (\text{和图示方向相同})$$

3-10　电动卷扬机如图 3-14a 所示，两带轮中心线是水平线，胶带两边都与水平线的夹角为 30°，鼓轮半径 $r=10\text{cm}$，带轮半径 $R=20\text{cm}$，起重物的重力 10kN。设胶带紧边拉力为松边拉力的两倍，尺寸如图 3-14a 所示。试求胶带的拉力及 A、B 两轴承的约束力。

解　在原题图上作出受力图，并标上直角坐标系，如图 3-14a 所示，作出各力在 zx 平面分力的图（图 3-14b）。

$$F_{T1}=2F_{T2}$$

$\sum M_y(\boldsymbol{F})=0$，$F_{T1}R-F_{T2}R-Gr=0$

$$F_{T1}=10\text{kN},\quad F_{T2}=5\text{kN}$$

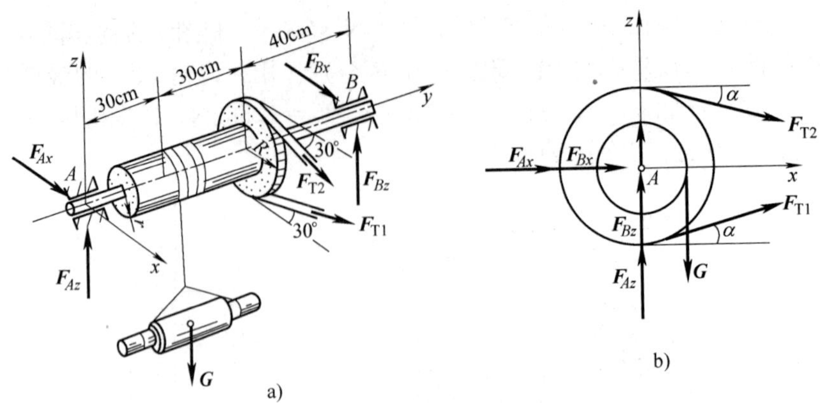

图 3-14

$\sum M_x(\boldsymbol{F})=0$，$F_{Bz}\times 100\text{cm}-G\times 30\text{cm}+(F_{T1}-F_{T2})\sin\alpha\times 60\text{cm}=0$

$F_{Bz}=G\times 0.3-(F_{T1}-F_{T2})\sin 30^\circ\times 0.6=1.5\text{kN}$（和图示方向相同）

$\sum M_z(\boldsymbol{F})=0$，$F_{Bx}\times 100\text{cm}-(F_{T1}+F_{T2})\cos\alpha\times 60\text{cm}=0$

$F_{Bx}=(F_{T2}+F_{T1})\cos 30^\circ\times 0.6=7.79\text{kN}$（和图示方向相同）

$\sum F_x=0$，　$F_{Ax}+F_{Bx}-(F_{T1}+F_{T2})\cos\alpha=0$

$F_{Ax}=-F_{Bx}+(F_{T1}+F_{T2})\cos 30^\circ=5.2\text{kN}$（和图示方向相同）

$\sum F_z=0$，　$F_{Az}+F_{Bz}+(F_{T1}-F_{T2})\sin\alpha-G=0$

$F_{Az}=-F_{Bz}-(F_{T1}-F_{T2})\sin 30^\circ+G=6\text{kN}$（和图示方向相同）

3-11　图 3-15 所示为一绞车的正、侧视图。已知 $G=2\text{kN}$，试问垂直作用于手柄的力应多大才能保持平衡？并求两轴承的约束力。

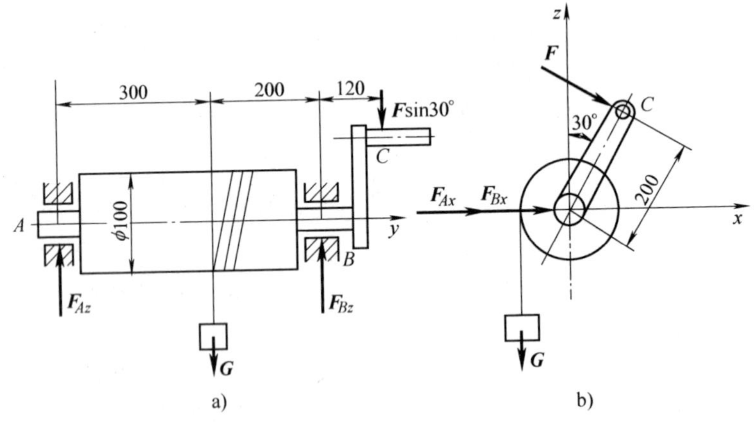

图 3-15

解　在原题图上作出受力图，并标上直角坐标系，如图 3-15 所示。由平衡方程

$\sum M_y(\boldsymbol{F})=0$，$F\times 200\text{mm}-G\times 50\text{mm}=0$

$F=0.5\text{kN}$

$\sum M_x(\boldsymbol{F})=0$，$F_{Bz}\times 500\text{mm}-G\times 300\text{mm}-F\sin 30^\circ\times 620\text{mm}=0$

$F_{Bz}=G\times 0.6+F\sin 30^\circ\times 1.24=1.51\text{kN}$（和图示方向相同）

$\sum M_z(\boldsymbol{F})=0$，$-F_{Bx}\times500\text{mm}+F\cos30^\circ\times620\text{mm}=0$

$F_{Bx}=F\cos30^\circ\times1.24=0.537\text{kN}$（和图示方向相同）

$\sum F_x=0$，$F_{Ax}+F_{Bx}-F\cos30^\circ=0$

$F_{Ax}=-F_{Bx}+F\cos30^\circ=-0.104\text{kN}$（和图示方向相反）

$\sum F_z=0$，$F_{Az}+F_{Bz}-F\sin30^\circ-G=0$

$F_{Az}=-F_{Bz}+F\sin30^\circ+G=0.74\text{kN}$（和图示方向相同）

3-12　货车重力 $G_1=10\text{kN}$，利用图 3-16a 所示绞车匀速地沿斜面提升，绞车鼓轮重力 $G_2=1\text{kN}$，直径 $d=24\text{cm}$，A 为径向推力轴承，B 为径向轴承，十字杠杆的四臂各长 1m，在每臂端点作用一圆周力 $\boldsymbol{F}$。试求 $\boldsymbol{F}$ 大小及 A、B 两轴承的约束力。

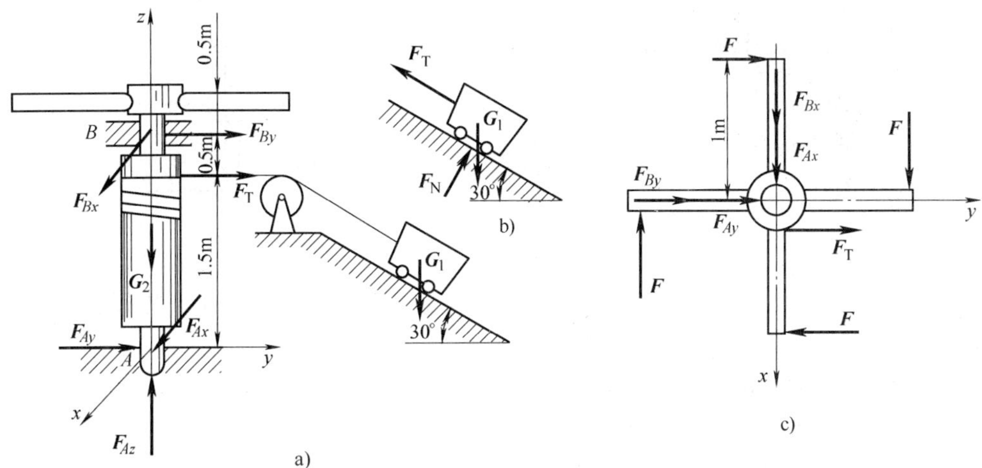

图　3-16

解　在原题图上作出受力图，并标上直角坐标系，如图 3-16a、c 所示，对货车分析（图 3-16b）由平衡方程，可得

$$F_T=G_1\sin30^\circ$$

以绞车为研究对象，由平衡方程

$\sum F_z=0$，$F_{Az}-G_2=0$

$F_{Az}=G_2=1\text{kN}$（和图示方向相同）

$\sum M_z(\boldsymbol{F})=0$，$-4F\times1\text{m}+F_T\times0.12\text{m}=0$

$F=F_T\times0.3=G_1\sin30^\circ\times0.3=1.5\text{kN}$

$\sum M_y(\boldsymbol{F})=0$，$F_{Bx}\times2\text{m}=0$

$F_{Bx}=0$

$\sum M_x(\boldsymbol{F})=0$，$-F_{By}\times2\text{m}-F_T\times1.5\text{m}=0$

$F_{By}=-F_T\times0.75=-G_1\sin30^\circ\times0.75=-3.75\text{kN}$（和图示方向相反）

$\sum F_x=0$，$F_{Ax}+F_{Bx}=0$

$F_{Ax}=-F_{Bx}=0$

$\sum F_y=0$，$F_{Ay}+F_{By}+F_T=0$

$F_{Ay}=-F_{By}-F_T=-F_{By}-G\sin30^\circ=1.25\text{kN}$（和图示方向相同）

3-13　图 3-17a 所示为一杠杆机构，若已知 F=200N，其余尺寸如图所示。杆重不计，试求平衡时 $\boldsymbol{F}_1$之值及 A、B 两轴承的约束力。

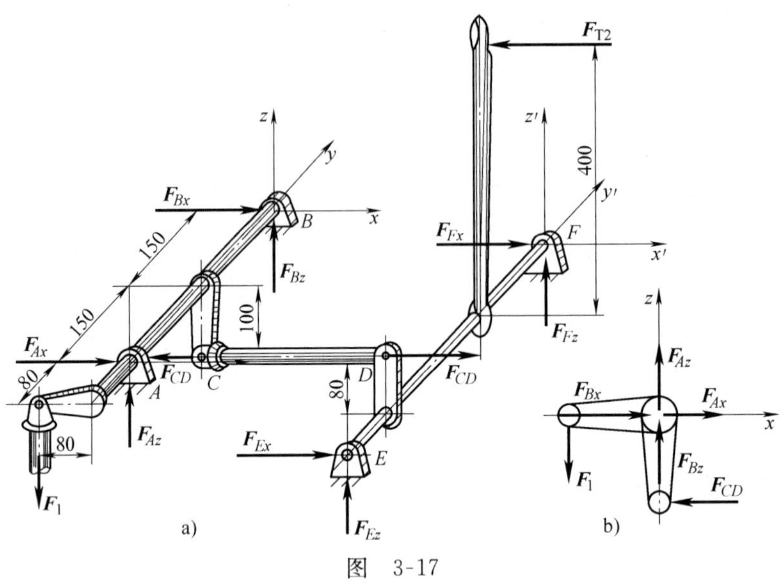

图　3-17

解　在原题图上作出受力图，并标上直角坐标系，如图 3-17a 所示，先以轴 EF 研究对象（图 3-17b），由平衡方程，求出压杆的压力

$\sum M_{y'}(\boldsymbol{F})=0$，$F\times400-F_{CD}\times80=0$

$F_{CD}=F\times5=1000\text{N}$

再以轴 AB 研究对象，由平衡方程

$\sum M_y(\boldsymbol{F})=0$，$F_1\times80-F_{CD}\times100=0$

$F_1=F_{CD}\times1.25=1250\text{N}$

$\sum M_x(\boldsymbol{F})=0$，$-F_{Az}\times300+F_1\times380=0$

$F_{Az}=F_1\times380/300=1583\text{N}$（和图示方向相同）

$\sum M_z(\boldsymbol{F})=0$，$F_{Ax}\times300-F_{CD}\times150=0$

$F_{Ax}=F_{CD}\times0.5=500\text{N}$（和图示方向相同）

$\sum F_x=0$，　$F_{Ax}+F_{Bx}-F_{CD}=0$

$F_{Bx}=-F_{Ax}+F_{CD}=500\text{N}$（和图示方向相同）

$\sum F_z=0$，　$F_{Az}+F_{Bz}-F_1=0$

$F_{Bz}=F_1-F_{Az}=-333\text{N}$（和图示方向相反）

3-14　试确定图 3-18 所示阴影面的形心坐标。

	A	x	y
1	$4a^2$	a	a
2	$-a^2$	$1.5a$	$1.5a$

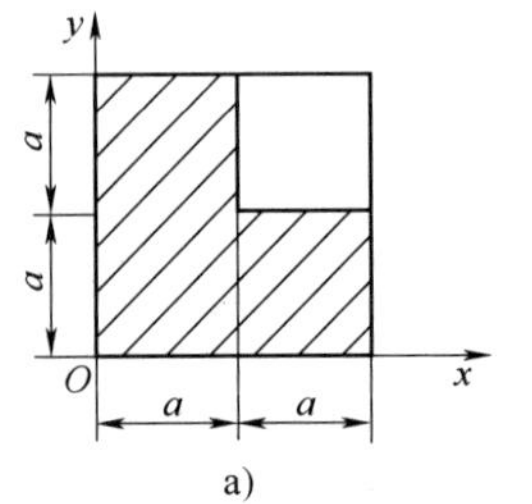

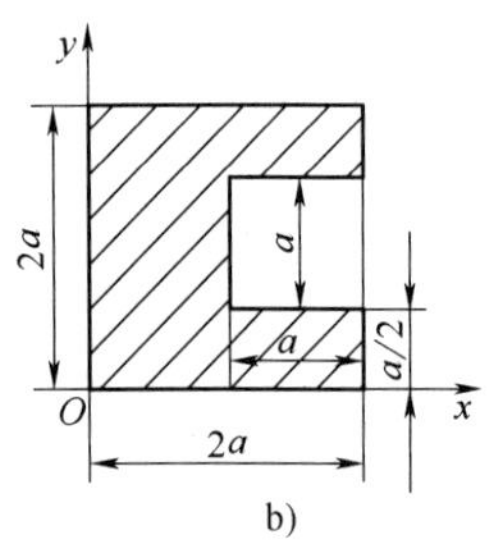

图　3-18

解 图 3-18a 所示图形的形心为

$$x_C=\frac{\sum(\Delta A_k)\cdot x_k}{A}=\frac{A_1x_1+A_2x_2}{A_1+A_2}$$

$$=\frac{4a^2a-a^2\times1.5a}{4a^2-a^2}=0.83a$$

$$y_C=\frac{\sum(\Delta A_k)y_k}{A}=\frac{A_1y_1+A_2y_2}{A_1+A_2}$$

$$=\frac{4a^2a-a^2\times1.5a}{4a^2-a^2}=0.83a$$

图 3-18b 所示图形的形心为

$$x_C=\frac{\sum(\Delta A_k)\cdot x_k}{A}=\frac{A_1x_1+A_2x_2}{A_1+A_2}$$

$$=\frac{4a^2a-a^2\times1.5a}{4a^2-a^2}=0.83a$$

	A	x	y
1	$4a^2$	a	a
2	$-a^2$	$1.5a$	a

$$y_C=\frac{\sum(\Delta A_k)y_k}{A}=\frac{A_1y_1+A_2y_2}{A_1+A_2}=\frac{4a^2a-a^2a}{4a^2-a^2}=a$$

3-15 试确定图 3-19 所示各图形的形心位置，设 O 点为坐标原点。

解 如图 3-19a 所示，因 y 轴为对称轴，故 $x_C=0$，则

$$y_C=\frac{\sum(\Delta A_k)\cdot y_k}{A}=\frac{A_1y_1+A_2y_2}{A_1+A_2}$$

$$=\frac{20\times1+20\times7}{20+20}\text{cm}=4\text{cm}$$

	A	x	y
1	20cm^2	0	1cm
2	20cm^2	0	7cm

图 3-19b 所示图形的形心为

$$x_C=\frac{\sum(\Delta A_k)\cdot x_k}{A}=\frac{A_1x_1+A_2x_2}{A_1+A_2}$$

$$=\frac{80\times4-36\times5}{80-36}\text{cm}=3.18\text{cm}$$

	A	x	y
1	80cm^2	4cm	5cm
2	-36cm^2	5cm	5cm

$$y_C-\frac{\sum(\Delta A_k)\cdot y_h}{A}=\frac{A_1y_1+A_2y_2}{A_1+A_2}=\frac{80\times5-36\times5}{80-36}\text{cm}=5\text{cm}$$

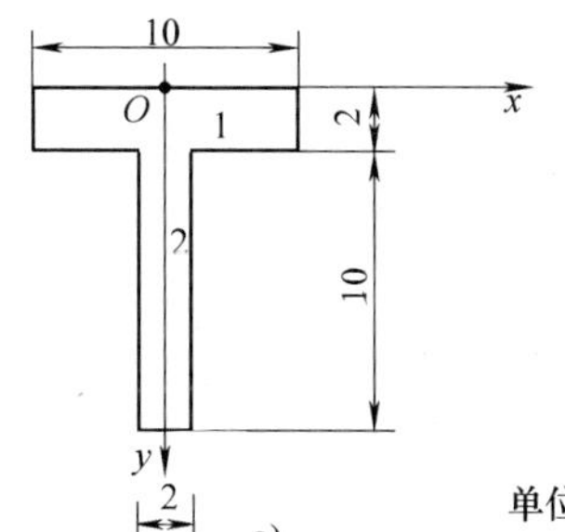

a)

单位:cm

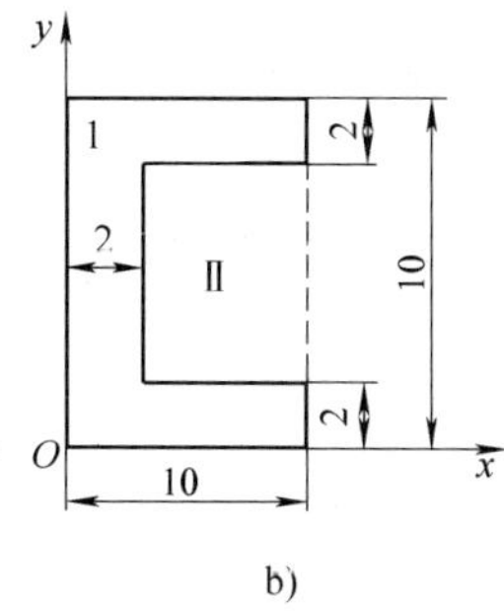

b)

图 3-19

3-16 图 3-20 所示平面桁架由杆组成，各杆每米长等重。试求出桁架的重心位置。

解 建立坐标如图 3-20 所示，则

杆　号	L	x	y
1	4	0	0
2	2	$-\frac{\sqrt{2}}{2}$	$-\frac{\sqrt{2}}{2}$
3	$2\sqrt{2}$	0	$-\sqrt{2}$

$$x_C=\frac{\sum(\Delta L_k)\cdot x_k}{L}=\frac{L_1x_1+L_2x_2+L_3x_3}{L_1+L_2+L_3}$$

$$=\frac{0-2\times\frac{\sqrt{2}}{2}+0}{4+2+2\sqrt{2}}\text{m}=-0.16\text{cm}$$

$$y_C=\frac{\sum(\Delta L_k)\cdot y_k}{L}=\frac{L_1y_1+L_2y_2+L_3y_3}{L_1+L_2+L_3}$$

$$=\frac{0-2\times\frac{\sqrt{2}}{2}-2\sqrt{2}\times\sqrt{2}}{4+2+2\sqrt{2}}\text{m}=-0.613\text{cm}$$

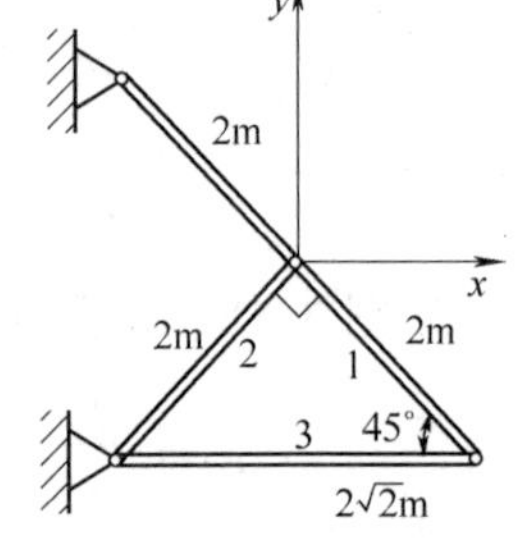

图　3-20

3-17　图 3-21 所示机床总重量为 25kN，$\theta=0°$时，拉力计上的读数为 17.5kN；$\theta=20°$时，拉力计上的读数为 15kN。机身长为 2.4m，试确定床身的重心位置。

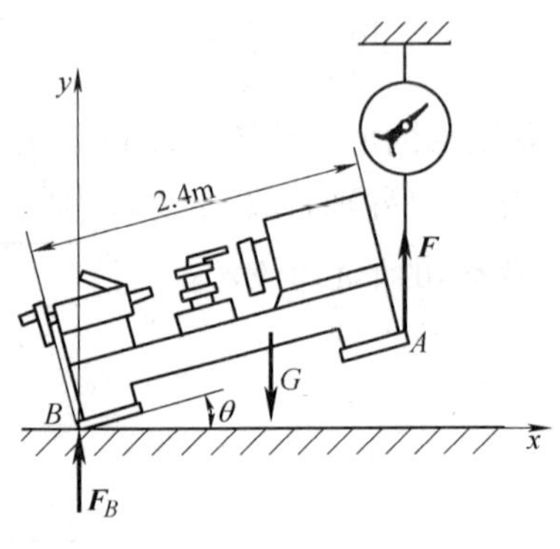

图　3-21

解　建立坐标如图 3-21 所示。

1）$\theta=0°$时

$\sum M_B(\boldsymbol{F})=0$，$F_1l-Gx_C=0$

$$x_C=F_1l/G=(17.5\times2.4/25)\text{m}=1.68\text{m}\ (\text{距}\ B\ \text{端})$$

2）$\theta=20°$时

$\sum M_B(\boldsymbol{F})=0$，$F_2l\cos\theta-G\cos\theta x_C+G\sin\theta y_C=0$

$$y_C=(G\cos\theta x_C-F_2l\cos\theta)/G\sin\theta$$

$$=(25\text{kN}\times0.94\times1.68\text{m}-15\text{kN}\times0.94\times2.4\text{m})/25\text{kN}\times0.342=0.66\text{m}\ (\text{距底边})$$

自 测 练 习

3-1　图 3-22 所示曲柄上受力 $\boldsymbol{F}$ 作用，已知 $F=1\text{kN}$、$\alpha=30°$、$l=400\text{mm}$、$r=50\text{mm}$，试求力 $\boldsymbol{F}$ 在三坐标轴上的投影和对三坐标轴的力矩。

3-2　AB、AC、AD 三杆支承一重物如图 3-23 所示。杆端均为球铰连接，杆的自重不计。已知 $G=10\text{kN}$，$AB=4\text{m}$，$AC=3\text{m}$，且 $ABEC$ 在同一水平面内，试求三支承杆的内力。

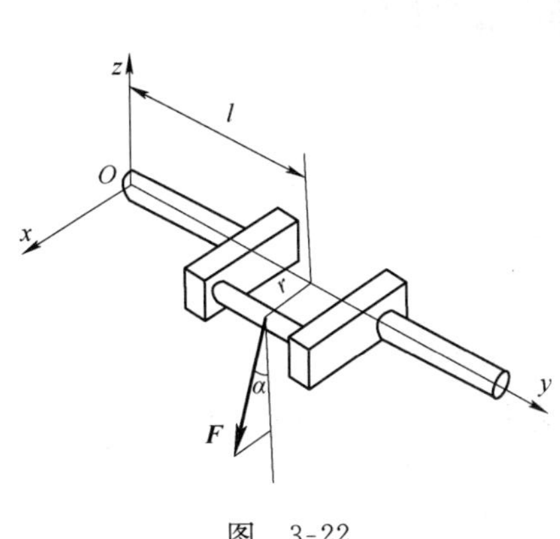

图　3-22

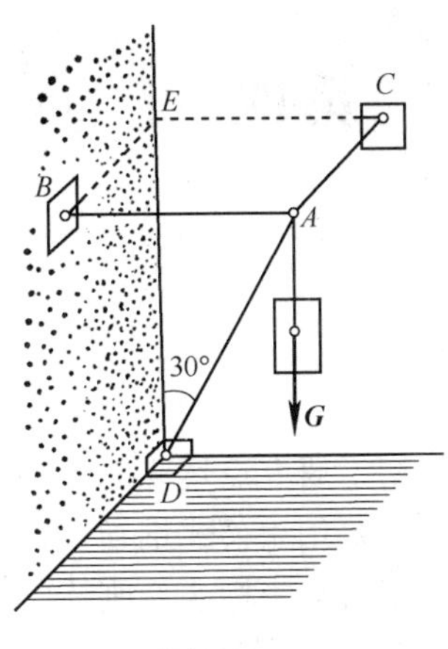

图　3-23

3-3　空心楼板 $ABCD$ 重 G＝2.8kN，一端支承在 AB 中点 E，在另一端 H、G 两处用绳悬挂，如图 3-24 所示。其中 $DH=CG=AD/8$，求两处绳索的拉力及 E 处的约束力。

3-4　图 3-25 所示曲柄 AE 在 E 端挂重为 G_1 的重物，杆中 C 处固定一滑轮，滑轮线与垂线成角 α，通过定滑轮 H 挂重 G_2 的重物，此曲柄轴正好达到平衡状态。若已知 $\sin\alpha$＝0.6，R＝20cm，AB＝30cm，BC＝40cm，CD＝50cm，AE＝60cm，不计自重与摩擦，求在 G_2＝270N 作用下，平衡时 G_1 的大小及 B、D 两轴承的约束力。

3-5　试确定图 3-26 所示阴影面的形心坐标。

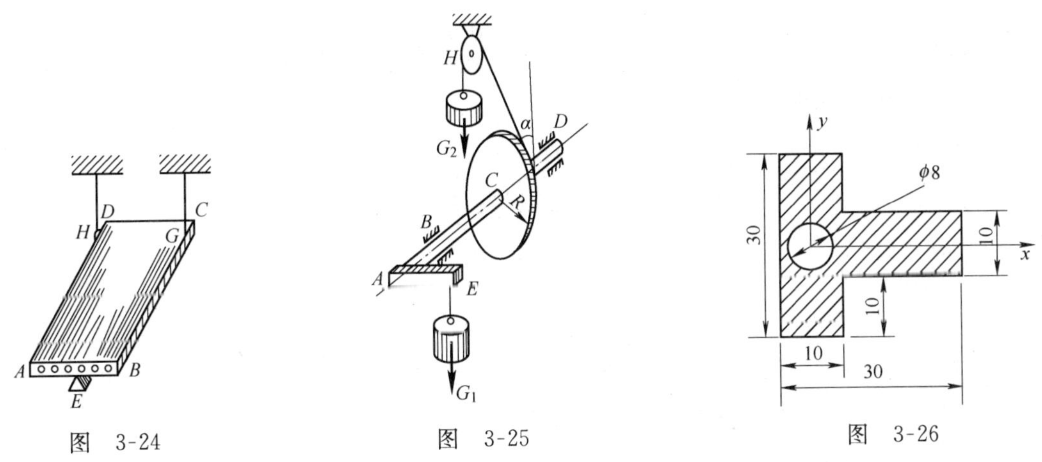

图　3-24　　图　3-25　　图　3-26

自测练习答案

3-1　F_x＝500N，F_y＝0，F_z＝866N，$M_x(\boldsymbol{F})$＝－346N・m，$M_y(\boldsymbol{F})$＝43.3N・m，$M_z(\boldsymbol{F})$＝－200N・m

3-2　F_{AB}＝4.26kN（拉），F_{AC}＝3.46kN（拉），F_{AB}＝11.55kN（压）

3-3　F_{NE}＝1.2kN，$F_{TG}=F_{TH}$＝0.8kN

3-4　G_1＝90N，F_{Bx}＝90N，F_{Bz}＝0，F_{Dx}＝72N，F_{Dz}＝－126N

3-5　x_C＝6.67cm，y_C＝0

第四章　点的运动与刚体的基本运动

知识要点

本章介绍了研究点运动的三种方法，即矢径法、直角坐标法和自然坐标法，矢径法表达形式简单，主要用于公式推导；自然坐标法用于动点轨迹为已知的运动分析；当动点轨迹未知时，则采用直角坐标法。刚体的基本运动仅两种，即平动和定轴转动。

1. 点运动的矢径法：

运动方程 $$r=r(t)$$

速度 $$\boldsymbol{v}=\frac{\mathrm{d}\boldsymbol{r}}{\mathrm{d}t}$$

加速度 $$\boldsymbol{a}=\frac{\mathrm{d}\boldsymbol{v}}{\mathrm{d}t}=\frac{\mathrm{d}^2\boldsymbol{r}}{\mathrm{d}t^2}$$

2. 点运动的直角坐标法：

运动方程 $$\boldsymbol{r}=x\boldsymbol{i}+y\boldsymbol{j}+z\boldsymbol{k}$$

速度 $$\boldsymbol{v}=\frac{\mathrm{d}x}{\mathrm{d}t}\boldsymbol{i}+\frac{\mathrm{d}y}{\mathrm{d}t}\boldsymbol{j}+\frac{\mathrm{d}z}{\mathrm{d}t}\boldsymbol{k}=v_x\boldsymbol{i}+v_y\boldsymbol{j}+v_z\boldsymbol{k}$$

加速度 $$\boldsymbol{a}=\frac{\mathrm{d}v_x}{\mathrm{d}t}\boldsymbol{i}+\frac{\mathrm{d}v_y}{\mathrm{d}t}\boldsymbol{j}+\frac{\mathrm{d}v_z}{\mathrm{d}t}\boldsymbol{k}=\frac{\mathrm{d}^2x}{\mathrm{d}t^2}\boldsymbol{i}+\frac{\mathrm{d}^2y}{\mathrm{d}t^2}\boldsymbol{j}+\frac{\mathrm{d}^2z}{\mathrm{d}t^2}\boldsymbol{k}$$

3. 点运动的自然坐标法：

运动方程 $$s=f(t)$$

速度 $$\boldsymbol{v}=\frac{\mathrm{d}s}{\mathrm{d}t}\boldsymbol{\tau}$$

加速度 $$\boldsymbol{a}=a_\tau\boldsymbol{\tau}+a_\mathrm{n}\boldsymbol{n}$$

$$a_\tau=\frac{\mathrm{d}v}{\mathrm{d}t}=\frac{\mathrm{d}^2s}{\mathrm{d}t^2};\ a_\mathrm{n}=\frac{v^2}{\rho}$$

4. 刚体平动时，刚体上任一直线始终保持与原来的位置平行，刚体上各点的轨迹形状相同且平行；同一瞬时各点的速度和加速度相同。

5. 刚体定轴转动时，刚体上（或其扩大体上）始终有一条直线位置不变，此直线即为定轴。这时，刚体上各点的运动轨迹为圆，一般用自然法来研究，其弧坐标、速度、切向加速度、法向加速度分别为 $s=R\varphi$、$v=R\omega$、$a_\tau=R\alpha$、$a_\mathrm{n}=R\omega^2$，并有相同的转角方程 $\varphi=\varphi(t)$、角速度 $\omega=\frac{\mathrm{d}\varphi}{\mathrm{d}t}$和角加速度 $\alpha=\frac{\mathrm{d}\omega}{\mathrm{d}t}=\frac{\mathrm{d}^2\varphi}{\mathrm{d}t^2}$。

解题要领

1. 建立动点的运动方程，首先要选择适当的坐标系，如果已知动点运动的轨迹，往往选用自然坐标。根据已知的运动条件和几何关系把动点的坐标表示为时间 t 的单值连续函数，从而得到动点的运动方程。

2. 在动点的直角坐标形式的运动方程中，把参数 t 消去即得动点的轨迹方程。

3. 将运动方程对时间求导数后，就可得到速度和加速度的表达式。如果已知动点的加速度和运动初始条件，通过积分运算可得到动点的速度和运动方程，积分常数由动点运动的初始条件确定。

4. 有些问题要综合应用自然法和直角坐标法求解，因此要通过例题和习题认真领会两种方法的相互联系和转换。

5. 刚体平动时各点的运动相同，因此可以归结为点的运动来研究。

6. 研究刚体定轴转动时，可将其转角方程 φ、角速度 ω 和角加速度 α 分别和点的直线运动中位移 s、速度 v 和加速度 a 对应可得到相同的运算规律。

典 型 例 题

例 4-1 椭圆规机构如图 4-1a 所示，滑块 A、B 可固定在杆 MN 的适当位置，滑块 B 可在水平槽内滑动，滑块 A 可在铅垂槽内滑动。已知：$MA=c$，$MB=b$，杆 MN 的转动规律为 $\varphi=\omega t$，其中 ω 为常量。求 1）杆端点 M 的运动方程及轨迹方程；2）点 M 在瞬时 $t=0$ 及 $t=\dfrac{\pi}{2\omega}$ 时的速度和加速度。

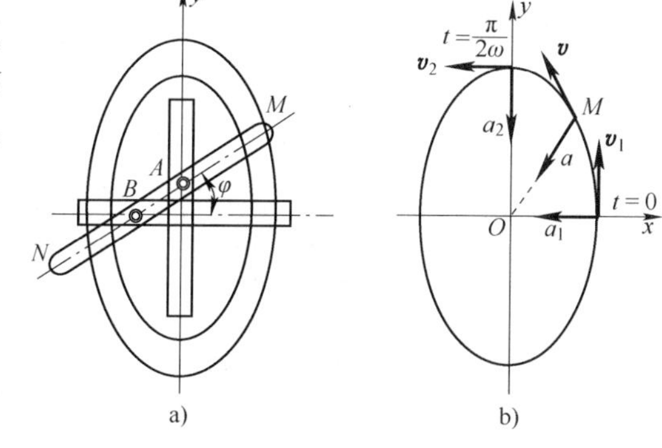

图 4-1

解 1）取水平槽为 x 轴，铅垂槽为 y 轴，列出点 M 的运动方程，任一瞬时点 M 的坐标为

$$x=MA\cos\varphi=c\cos\omega t$$

$$y=MB\sin\varphi=b\sin\omega t$$

两式平方相加，消去时间 t 得轨迹方程

$$\frac{x^2}{c^2}+\frac{y^2}{b^2}=1$$

点 M 的轨迹为一椭圆。

2）点 M 的速度方程为

$$v_x=\frac{\mathrm{d}x}{\mathrm{d}t}=\quad c\omega\sin\omega t$$

$$v_y=\frac{\mathrm{d}y}{\mathrm{d}t}=b\omega\cos\omega t$$

速度 v 的大小为

$$v=\sqrt{v_x^2+v_y^2}=\omega\sqrt{c^2\sin^2\omega t+b^2\cos^2\omega t}$$

当 $t=0$ 时，$v_1=b\omega$，$\alpha_1=\arctan|v_y/v_x|=90°$。因此时 v_y 为正值，所以 $\boldsymbol{v}_1$ 的指向向上。

当 $t=\dfrac{\pi}{2\omega}$ 时，$v_2=c\omega$，$\alpha_2=\arctan|v_y/v_x|=0°$。因此时 v_x 为负值，所以 $\boldsymbol{v}_2$ 的指向向左，

如图 4-1b 所示。

点 M 的加速度方程为

$$a_x=\frac{\mathrm{d}v_x}{\mathrm{d}t}=-c\omega^2\cos\omega t;\qquad a_y=\frac{\mathrm{d}v_y}{\mathrm{d}t}=-b\omega^2\sin\omega t$$

加速度 a 的大小为

$$a=\sqrt{a_x^2+a_y^2}=\omega^2\sqrt{c^2\cos^2\omega t+b^2\sin^2\omega t}$$

当 $t=0$ 时，$a_1=c\omega^2$，$\beta_1=\arctan|a_y/a_x|=0°$。因此时 a_x 为负值，所以 $\boldsymbol{a}_1$ 的指向向左。

当 $t=\dfrac{\pi}{2\omega}$ 时，$a_2=b\omega^2$，$\beta_2=\arctan|a_y/a_x|=90°$。因此时 a_y 为负值，所以 $\boldsymbol{a}_2$ 的指向向下，如图 4-1b 所示。

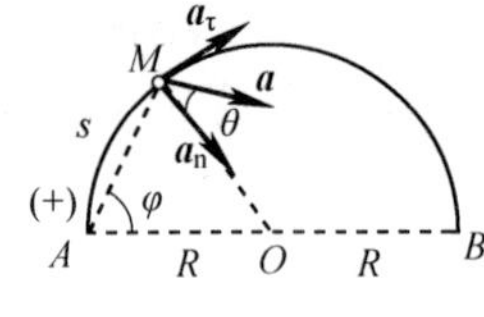

图 4-2

例 4-2 动点 M 由 A 点开始作以 R 为半径的圆弧运动，且它到 A 点的距离 AM 以 u 匀速增加，求 M 点沿轨迹的运动方程和以 u，φ 表示的它的加速度。φ 为连线 AM 与 AB 直径间的夹角，如图 4-2 所示。

解 点 M 沿已知的轨迹曲线运动，故可利用自然法。

选 A 为弧坐标原点并规定正向如图所示。则 M 点的弧坐标为

$$s=R(\pi-2\varphi)$$

由题意知 $AM=2R\cos\varphi=ut$，故所求运动方程为

$$s=R\left(\pi-2\arccos\frac{ut}{2R}\right)$$

$$\omega=\frac{\mathrm{d}\varphi}{\mathrm{d}t}=-\frac{u}{2R\sin\varphi}$$

ω 是 M 点运动时，φ 角对时间的变化率。从而有

$$v=\frac{\mathrm{d}s}{\mathrm{d}t}=-2R\omega=\frac{u}{\sin\varphi}$$

$$a_\tau=\frac{\mathrm{d}v}{\mathrm{d}t}=-\frac{\cos\varphi}{\sin^2\varphi}\omega=\frac{u^2\cos\varphi}{2R\sin^3\varphi};\quad a_n=\frac{v^2}{\rho}=\frac{u^2}{R\sin^2\varphi}$$

M 点加速度 $\boldsymbol{a}$ 的大小和方向为

$$a=\sqrt{a_\tau^2+a_n^2}=\frac{u^2}{2R\sin^3\varphi}\sqrt{\cos^2\varphi+4\sin^2\varphi}$$

$$\tan\theta=\frac{|a_\tau|}{a_n}=\frac{1}{2}\cot\varphi$$

式中，θ 为 $\boldsymbol{a}$ 与半径 OM 间的夹角。

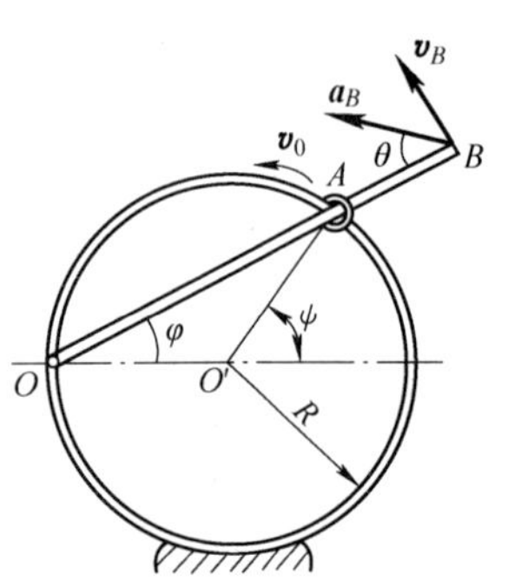

图 4-3

例 4-3 图 4-3 所示小环 A 沿半径为 R 的固定圆环以速度 $v=ct$ 运动，带动穿过小环的摆杆 OB 绕 O 轴转动。求 t 时刻瞬时摆杆 OB 的角速度和角加速度的大小。若 $OB=l$，求 B 点的速度和加速度。

解 连 $O'A$ 得 $\varphi=\psi/2$，又 $v=ct=R\dfrac{\mathrm{d}\psi}{\mathrm{d}t}$

则 OB 杆角速度大小为 $\omega_{OB}=\dfrac{\mathrm{d}\varphi}{\mathrm{d}t}=\dfrac{\mathrm{d}\psi}{2\mathrm{d}t}=\dfrac{ct}{2R}$

角加速度大小为 $\alpha_{OB}=\dfrac{\mathrm{d}\omega_{OB}}{\mathrm{d}t}=\dfrac{c}{2R}$

B 点的速度大小为 $v_B = l\omega_{OB} = \dfrac{ctl}{2R}$方向如图 4-3 所示

B 点的切向加速度大小为 $$a_{\tau B} = \alpha_{OB} l = \frac{cl}{2R}$$

B 点的法向加速度大小为 $$a_{nB} = l\omega_{OB}^2 = \frac{c^2 t^2 l}{4R^2}$$

B 点的加速度大小为 $$a_B = \sqrt{a_{\tau B}^2 + a_{nB}^2} = \frac{cl}{2R}\sqrt{1 + \frac{c^2 t^4}{4R^2}}$$

方向如图 4-3 所示，其中 B 点加速度和 OB 夹角的正切为

$$\tan\theta = \frac{|a_{\tau B}|}{a_{nB}} = \frac{|\alpha_{OB}|}{\omega_{OB}^2} = \frac{2R}{ct^2}$$

习 题 解 答

4-1 在图 4-4 所示的机构中，曲柄 $OA = r$，其初始位置与铅垂线的夹角为 α，且以 $\varphi = \omega t$ 绕 O 轴转动。试求导杆上 M 点的运动方程、速度和加速度。

解 取水平线为 x 轴，点 M 的运动方程为

$$x = OM = OA\sin(\alpha + \varphi) = r\sin(\alpha + \omega t)$$

点 M 的速度方程为

$$v_M = \frac{dx}{dt} = -r\omega\cos(\alpha + \omega t)$$

点 M 的加速度方程为

$$a_M = \frac{dv_M}{dt} = -r\omega^2\sin(\alpha + \omega t) = -\omega^2 x$$

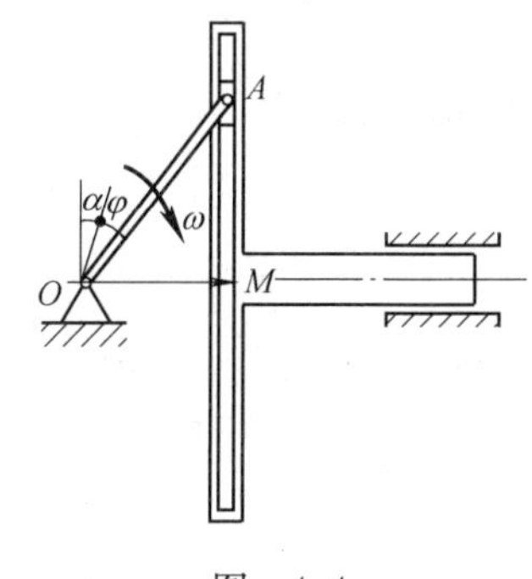

图 4-4

4-2 已知点的运动方程 $x = 2t^2 + 4$，$y = 3t^2 - 3$，求其轨迹方程，并计算在 $t = 1$s 和 2s 时的速度和加速度的大小（位移以 m 计，时间以 s 计，角度以 rad 计）。

解 1）轨迹方程为 $$y = \frac{3}{2}x - 9$$

2） $$v_x = \frac{dx}{dt} = 4t; \qquad v_y = \frac{dy}{dt} = 6t$$

$$a_x = \frac{dv_x}{dt} = 4\text{m/s}^2; \qquad a_y = \frac{dv_y}{dt} = 6\text{m/s}^2$$

速度 v 的大小为

$$v = \sqrt{v_x^2 + v_y^2} = \sqrt{(4t)^2 + (6t)^2} = 2\sqrt{13}t$$

加速度 a 的大小为

$$a = \sqrt{a_x^2 + a_y^2} = 2\sqrt{13}\text{m/s}^2$$

当 $t = 1$s 时，$v_1 = 2\sqrt{13}$m/s，$a_1 = 2\sqrt{13}$m/s^2。

当 $t = 2$s 时，$v_2 = 4\sqrt{13}$m/s，$a_2 = 2\sqrt{13}$m/s^2。

4-3 图 4-5 所示曲柄 OA 以 $\varphi = 2t$ 绕 O 轴转动，OA 与 MB 在 A 处铰接。$OA = AB = 30$cm，$AM = 10$cm，初始时 OA 处于水平位置。求连杆上点 M 的运动方程和轨迹方程。

解 取水平线为 x 轴，铅垂线为 y 轴，列出点 M 的运动方程，$\triangle OAB$ 是等腰三角形，则任一瞬时点 M 的坐标为

$$x=OA\cos\varphi-MA\cos\varphi=20\cos\omega t\text{cm}=20\cos 2t\text{cm}$$

$$y=AB\sin\varphi+MA\sin\varphi=40\sin\omega t\text{cm}=40\sin 2t\text{cm}$$

两式分别除以 20cm 和 40cm，再平方相加，消去时间 t 得轨迹方程

$$\frac{x^2}{20^2}+\frac{y^2}{40^2}=1$$

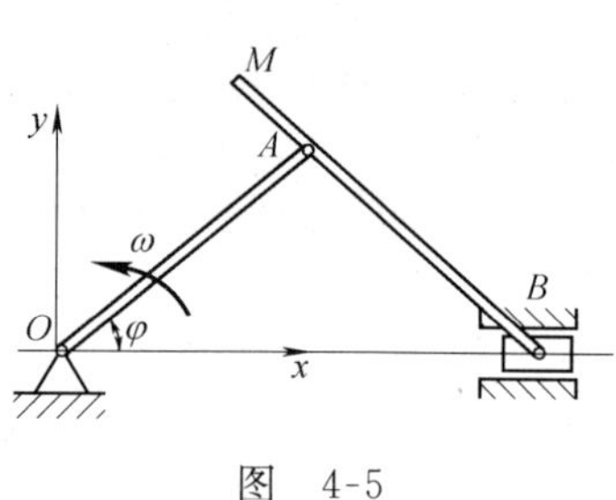

图 4-5

故点 M 的轨迹为一椭圆。

4-4 图 4-6 所示半圆形凸轮以匀速 $v_0=1\text{cm/s}$ 水平向左运动，使活塞杆 AB 沿铅垂方向运动。已知开始时，活塞杆 A 端在凸轮的最高点。凸轮半径 $R=8\text{cm}$。求杆端 A 点的运动方程和 $t=4\text{s}$时的速度及加速度。

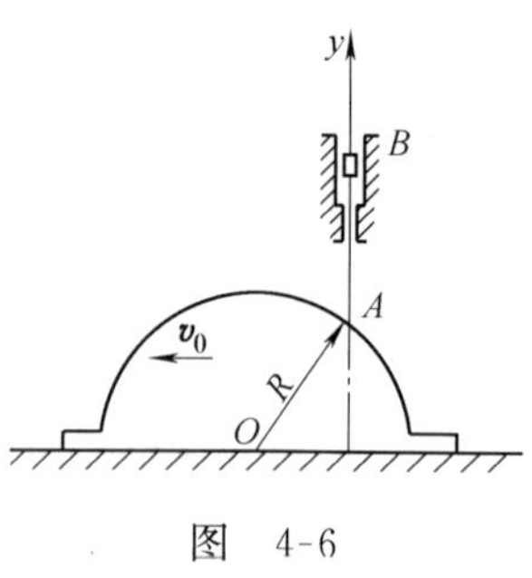

图 4-6

解 运动方程为 $y=\sqrt{R^2-(v_0t)^2}=\sqrt{64-t^2}(\text{cm})$

速度方程为 $$v_A=\frac{\mathrm{d}y}{\mathrm{d}t}=-\frac{t}{\sqrt{64-t^2}}(\text{cm/s})$$

加速度方程为 $$a_A=\frac{\mathrm{d}v_A}{\mathrm{d}t}=-\frac{64}{\sqrt{(64-t^2)^3}}(\text{cm/s}^2)$$

当 $t=4s$ 时，$v_A=-0.577\text{cm/s}$（方向向下），$a_A=-0.192\text{cm/s}^2$（方向向下）。

4-5 如图 4-7 所示，AB 杆以 $\varphi=\omega t$ 绕 A 轴转动，并带动套在水平杆 OC 上的小环 M 运动。开始时 AB 杆在铅直位置，且 $OA=h$。求小环 M 沿 OC 杆滑动的速度和相对于 AB 杆的运动速度。

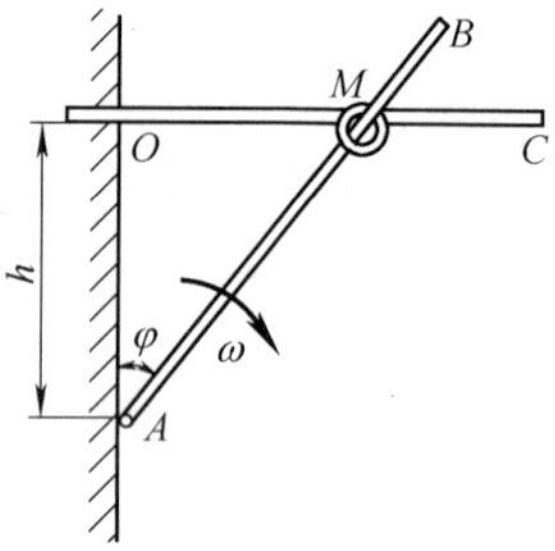

图 4-7

解 1）M 沿 OC 杆滑动的运动方程为

$$x=OM=h\tan\varphi=h\tan\omega t$$

速度方程为 $$v_M=\frac{\mathrm{d}x}{\mathrm{d}t}=\frac{h\omega}{\cos^2\omega t}$$

2）M 相对于 AB 杆的运动方程为

$$s=AM=\frac{h}{\cos\omega t}$$

$$v_r=\frac{\mathrm{d}s}{\mathrm{d}t}=\frac{h\omega\sin\omega t}{\cos^2\omega t}$$

4-6 一人在岸上自 O 点出发以匀速 $\boldsymbol{v}_0$ 拉着在静水中的船向前行走，如图 4-8 所示。设 $OM_0=l$，人、绳子、船均在同一铅垂面内运动，且水平段绳子距水面高度为 h，试列出小船的运动方程，并求出小船的速度与加速度。

解 1）小船作直线运动，建立坐标如图 4-8 所示，由几何关系 $OM=OM_0-v_0t$ 得运动方程为

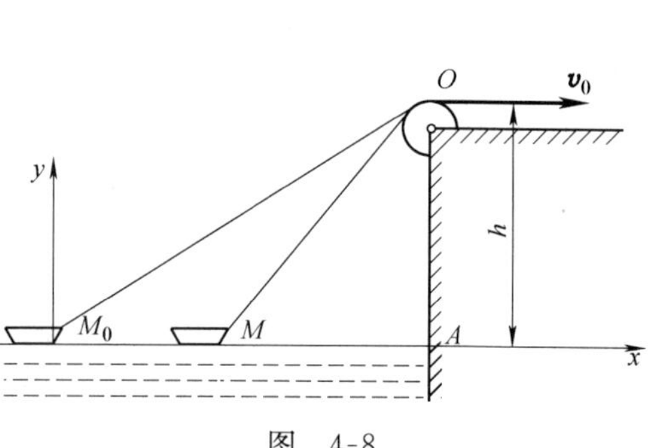

图 4-8

$$x(t)=M_0M=\sqrt{l^2-h^2}-\sqrt{OM^2-h^2}$$

$$=\sqrt{l^2-h^2}-\sqrt{(OM_0-v_0t)^2-h^2}=\sqrt{l^2-h^2}-\sqrt{(l-v_0t)^2-h^2}$$

2）小船速度为

$$v=\frac{dx}{dt}=\frac{(l-v_0t)v_0}{\sqrt{(l-v_0t)^2-h^2}}$$

3）小船加速度为

$$a=\frac{dv}{dt}=\frac{h^2}{[(l-v_0t)^2-h^2]^{\frac{3}{2}}}$$

4-7　点作平面曲线运动，在 x 方向的运动方程为 $x=3t^3-2t$，式中长度以 m 计，时间以 s 计。若点的加速度在 y 方向的投影 $a_y=8t$，且 $t=0$ 时，$v_{0y}=6\text{m/s}$。求当 $t=1\text{s}$ 时 M 点的速度和加速度的大小和方向。

解　　$v_x=\frac{dx}{dt}=9t^2-2$（m/s）；　　$a_x=\frac{dv_x}{dt}=18t$（m/s²）

$$v_y=\int a_y dt+C=\int 8t dt+C=4t^2+C\ (\text{m/s})$$

由 $t=0$ 时，$v_{0y}=6\text{m/s}$，得　$C=6\text{m/s}$，则 $v_y=4t^2+6$（m/s）。

当 $t=1\text{s}$ 时，速度 v 的大小为

$$v=\sqrt{v_x^2+v_y^2}=\sqrt{(9t^2-2)^2+(4t^2+6)^2}(\text{m/s})=12.21\text{m/s}$$

$$\alpha=\arctan|v_y/v_x|=\arctan(10/7)=55°$$

因此时 v_x、v_y 均为正值，所以 $\boldsymbol{v}$ 的指向向上。

加速度 $\boldsymbol{a}$ 的大小为

$$a=\sqrt{a_x^2+a_y^2}=\sqrt{(18t)^2+(8t)^2}(\text{m/s}^2)=\sqrt{18^2+8^2}\text{m/s}^2=19.70\text{m/s}^2$$

$$\beta=\arctan|a_y/a_x|=\arctan(8/18)=23.96°$$

因此时 a_x、a_y 均为正值，所以 $\boldsymbol{a}$ 的指向向上。

4-8　列车沿曲线轨道行驶，其轨迹如图 4-9 所示，在 M_1 处速度 $v_0=18\text{km/h}$，设速度均匀增加，经过 $s=1\text{km}$ 后到达 M_2，此时速度为 $v=54\text{km/h}$。若轨迹在 M_2 处的曲率半径 $\rho=800\text{m}$，试求列车从 M_1 到 M_2 所需的时间以及在 M_2 处的切向、法向加速度。

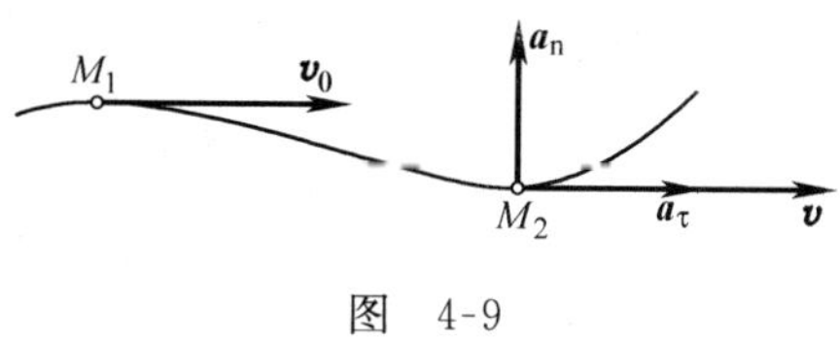

图　4-9

解

$$s=\frac{v_0+v}{2}t$$

$$t=\frac{2s}{v_0+v}=100\text{s}$$

$$a_\tau=\frac{v-v_0}{t}=0.1\text{m/s}^2$$

$$a_n=\frac{v^2}{\rho}=\frac{(15\text{m/s})^2}{800\text{m}}=0.281\text{m/s}^2$$

4-9　飞轮以 $\varphi=4t^2$ 绕轴转动，飞轮的半径 $R=0.75\text{m}$。求轮缘上点 M 的运动方程和当 $t=1\text{s}$ 时点的位置、速度和加速度。

解　1）运动方程为

$$s(t)=R\varphi=4Rt^2=3t^2$$

2）当 $t=1\text{s}$ 时

位置　　$\varphi=4\text{rad}$

速度　　$v=\dfrac{\mathrm{d}s}{\mathrm{d}t}=6t=6\text{m/s}$　　沿圆周的切线方向

切向加速度　　$a_\tau=\dfrac{\mathrm{d}v}{\mathrm{d}t}=6\text{m/s}^2$

法向加速度　　$a_n=v^2/R=48\text{m/s}^2$

全加速度大小　　$a=\sqrt{a_\tau^2+a_n^2}=48.37\text{m/s}^2$

全加速度方向　　$\tan\theta=\dfrac{|a_\tau|}{a_n}=\dfrac{6}{48}=0.125$，$\theta=7.13°$

4-10　如图 4-10 所示，两平行摆杆 $O_1B=O_2C=5\text{cm}$，且 $BC=O_1O_2$。若在某一瞬时，摆杆的角速度 $\omega=2\text{rad/s}$，角加速度 $\alpha=3\text{rad/s}^2$，试求钩尖端 A 点的速度和加速度。

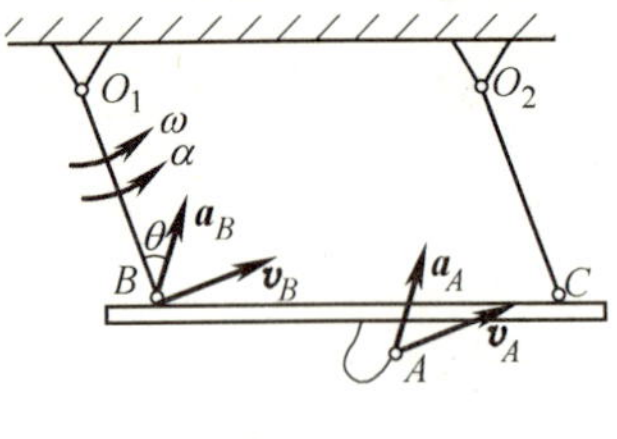

图　4-10

解　O_1B 杆绕 O_1 作定轴转动，则

$$v_B=\omega O_1B=2\text{rad/s}\times0.5\text{m}$$
$$=0.1\text{m/s}\ (\text{方向如图 4-10 所示})$$
$$a_B=\sqrt{a_{\tau B}^2+a_{nB}^2}=O_1B\sqrt{\alpha^2+\omega^4}$$
$$=0.1\text{m}\times\sqrt{(3\text{rad/s}^2)^2+(2\text{rad/s})^4}$$
$$=0.25\text{m/s}^2\ (\text{方向如图 4-10 所示})$$

其中加速度和 O_1B 夹角的正切

$$\tan\theta=\frac{|a_{\tau B}|}{a_{nB}}=\frac{|\alpha|}{\omega^2}=\frac{3\text{rad/s}^2}{(2\text{rad/s})^2}=0.75$$

$\theta=36.87°$，方向如图 4-10 所示。

因 $O_1B=O_2C$ 和 $BC=O_1O_2$，在任何瞬时 O_1O_2BC 为平行四边形，所以 BC 作平动。则：$\boldsymbol{v}_A=\boldsymbol{v}_B$；$\boldsymbol{a}_A=\boldsymbol{a}_B$。

4-11　滚子传送带如图 4-11 所示，已知滚轮直径 $d=200\text{mm}$，转速 $n=50\text{r/min}$。求钢板运动的速度、加速度，并求滚轮与钢板接触点的加速度。

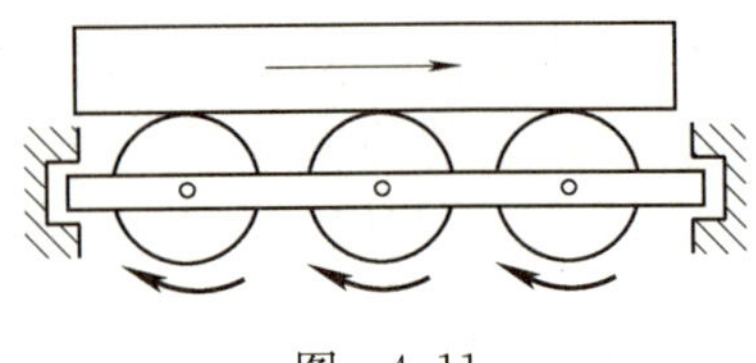
图　4-11

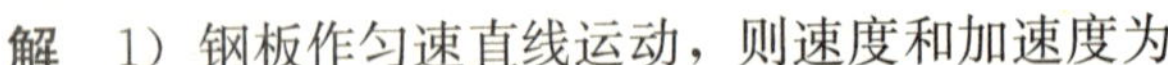
解　1）钢板作匀速直线运动，则速度和加速度为

$$v=\omega d/2=\frac{\pi n}{30}\cdot\frac{d}{2}=\frac{\pi\times50\times200}{30\times2}\text{mm/s}=52.36\text{mm/s}$$

$a=0$

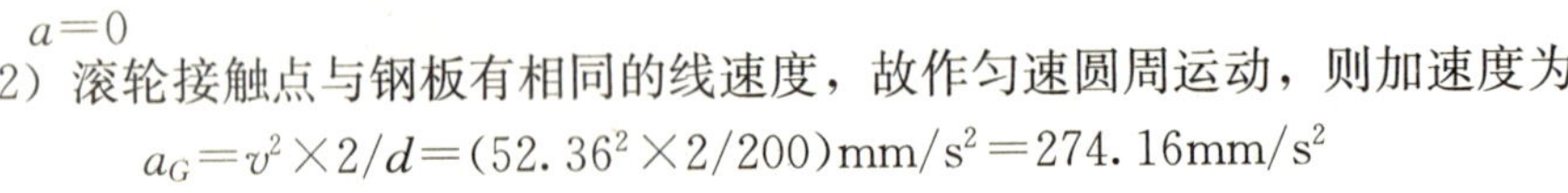
2）滚轮接触点与钢板有相同的线速度，故作匀速圆周运动，则加速度为

$$a_G=v^2\times2/d=(52.36^2\times2/200)\text{mm/s}^2=274.16\text{mm/s}^2$$

4-12　图 4-12 所示为固连在一起的两滑轮，其半径分别为 $r=5\text{cm}$，$R=10\text{cm}$，A、B 两物体与滑轮以绳相连，设物体 A 以运动方程 $s=80t^2$ 向下运动（s 以 cm 计，t 以 s 计）。试求：1）滑轮的转动方程及第 2s 末大滑轮轮缘上一点的速度、加速度大小；2）物体 B 的运动方程。

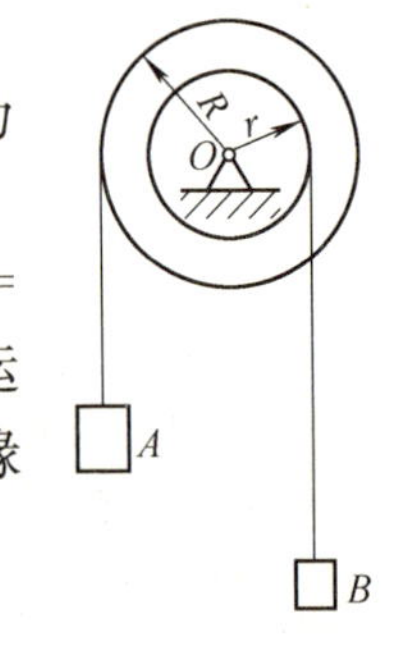

图　4-12

解　1）$v=\dfrac{\mathrm{d}s}{\mathrm{d}t}=160t=320\text{cm/s}$

$$a_\tau = \frac{\mathrm{d}v}{\mathrm{d}t} = 160\mathrm{cm/s^2}$$

$$a_n = v^2/R = 10240\mathrm{cm/s^2}$$

$$a = \sqrt{a_\tau^2 + a_n^2} = 10241\mathrm{cm/s^2}$$

2) $s_B(t) = r\varphi(t) = rs(t)/R = 40t^2(\mathrm{cm})$

4-13 电动绞车由带轮Ⅰ、Ⅱ、鼓轮Ⅲ组成，鼓轮Ⅲ与带轮Ⅰ固定在同一轴上，如图 4-13 所示。各轮的半径分别为 $R_1 = 30\mathrm{cm}$，$R_2 = 75\mathrm{cm}$，$R_3 = 40\mathrm{cm}$，轮Ⅰ的转速 $n_1 = 100\mathrm{r/min}$。设带轮与胶带间无相对滑动，求重物 Q 上升的速度和胶带上各段点的加速度大小。

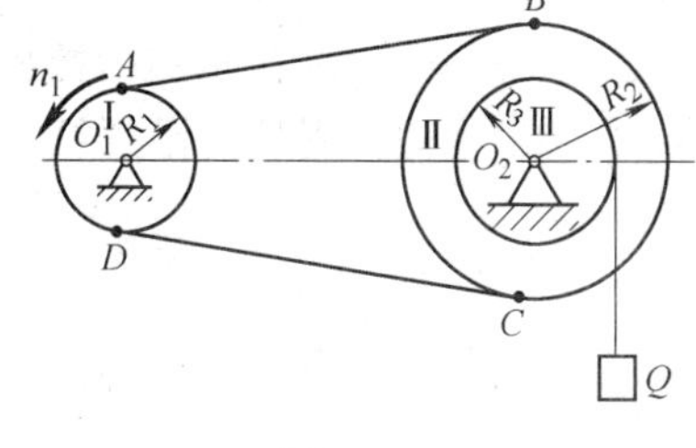

图 4-13

解 由带轮Ⅰ、Ⅱ上线速度相同

得 $\omega_1 = v_1/R_1 = v_2R_2/(R_1R_2) = \omega_2R_2/R_1$

鼓轮Ⅲ与带轮Ⅰ角速度相同得

$$v_Q = \omega_2R_3 = \omega_1R_3R_1/R_2$$

$$= \frac{\pi n_1}{30}\frac{R_1R_3}{R_2} = \frac{\pi\times100\times30\times40}{30\times75}\mathrm{cm/s} = 167.55\mathrm{cm/s}$$

$$a_{AB} = 0$$

$$a_{AD} = \omega_1^2R_1 = \left(\frac{\pi n_1}{30}\right)^2R_1 = \left[\left(\frac{\pi\times100}{30}\right)^2\times30\right]\mathrm{cm/s^2} = 3290\mathrm{cm/s^2}$$

$$a_{BC} = \omega_2^2R_2 = \omega_1^2R_1^2/R_2 = a_{AD}R_1/R_2 = (33\times30/75)\mathrm{cm/s^2} = 1316\mathrm{cm/s^2}$$

$$a_{CD} = 0$$

自 测 练 习

4-1 半径为 0.5m 的机车车轮只滚不滑，滚动角速度 $\omega = 40\mathrm{rad/s}$，角度 $\varphi = \omega t$。将轮缘上的点在轨道上的起始位置取为坐标原点，并将轨道取为 x 轴，如图 4-14 所示。求 M 点的运动方程及其在任一瞬时的速度与加速度，并求 M 点与轨道接触瞬时的速度。

4-2 如图 4-15 所示，摇杆 AB 在一定范围内以 $\theta = \omega t$ 绕 A 轴转动，其中 $\omega = \pi/10\mathrm{rad/s}$。销钉 M 在固定的圆弧形滑道中滑动，同时又在摇杆的直线槽中滑动。若固定圆弧半径 $R = 10\mathrm{cm}$，试求销钉 M 的速度和加速度。

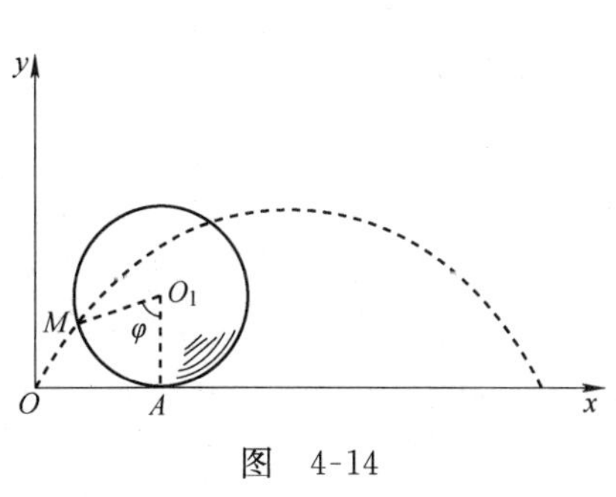

图 4-14

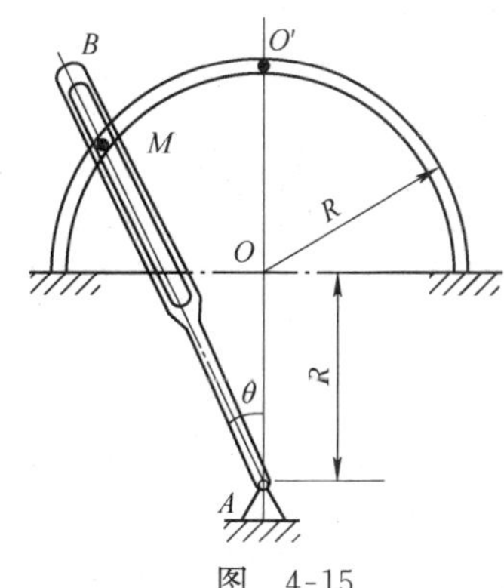

图 4-15

4-3　图 4-16 所示揉茶机的揉桶由三个曲柄支持，曲柄的支座 A、B、C 与支轴 a、b、c 都恰成等边三角形。曲柄各长 $l=15\text{cm}$，并均以匀转速 $n=45\text{r/min}$ 分别绕其支座转动，试求揉桶中心 O 点的速度和加速度。

4-4　图 4-17 所示飞轮的半径 $R=1\text{m}$，在某瞬时边缘上一点的全加速度 $\boldsymbol{a}$ 与半径的夹角为 60°，$\boldsymbol{a}$ 的大小为 20m/s^2，求该瞬时飞轮的角速度与角加速度以及距转动轴 0.5m 的一点的加速度。

4-5　图 4-18 所示曲柄摇杆机构，曲柄长 $AO=r$，以匀角速 ω_0 绕 O 转动，其 A 端用铰链与滑块相连，滑块可沿摇杆 O_1B 的槽子滑动。已知 $OO_1=a$，求摇杆的转动方程及角速度方程。

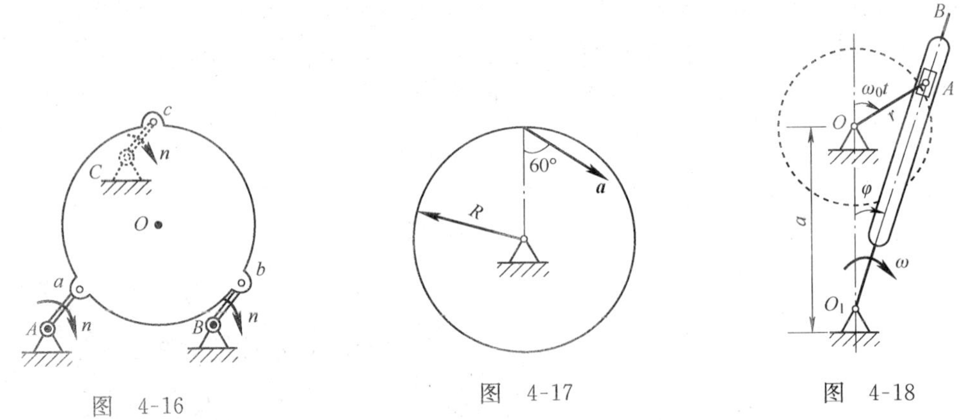

图　4-16　　图　4-17　　图　4-18

自测练习答案

4-1　$x=(20t-0.5\sin 40t)\text{m}$，$y=(0.5-0.5\cos 40t)\text{m}$，$v=20\sqrt{2(1-\cos 40t)}\text{m/s}$，$a_A=800\text{m/s}^2$；$v_A=0$

4-2　$v_M=2\pi\text{cm/s}$，$a_M=0.4\pi^2\text{cm/s}^2$

4-3　$v_O=70.7\text{cm/s}$，$a_O=333\text{cm/s}^2$

4-4　$\omega=3.16\text{rad/s}$，$\alpha=17.3\text{rad/s}^2$，$a=10\text{m/s}^2$

4-5　$\varphi=\arctan\dfrac{r\sin\omega_0 t}{a+r\cos\omega_0 t}$，$\omega=\dfrac{r^2\omega_0+ar\omega_0\cos\omega_0 t}{r^2+a^2+2ar\cos\omega_0 t}$

第五章　点的合成运动与刚体的平面运动

知 识 要 点

1. 点的速度合成定理

$$\boldsymbol{v}_a = \boldsymbol{v}_e + \boldsymbol{v}_r$$

绝对速度$\boldsymbol{v}_a$：动点相对于定参考系运动的速度；

相对速度$\boldsymbol{v}_r$：动点相对于动参考系运动的速度；

牵连速度$\boldsymbol{v}_e$：动参考系上与动点重合的那一点相对于定参考系运动的速度。

2. 点的加速度合成定理

$$\boldsymbol{a}_a = \boldsymbol{a}_e + \boldsymbol{a}_r + \boldsymbol{a}_k$$

绝对加速度 $\boldsymbol{a}_a$：动点相对于定参考系运动的加速度；

相对加速度 $\boldsymbol{a}_r$：动点相对于动参考系运动的加速度；

牵连加速度 $\boldsymbol{a}_e$：动参考系上与动点重合的那一点相对于定参考系运动的加速度；

哥氏加速度 $\boldsymbol{a}_k$：牵连运动为转动时，牵连运动和相对运动相互影响而出现的一项附加的加速度。$\boldsymbol{a}_k = 2\omega \times \boldsymbol{v}_r$，其大小为 $a_k = 2\omega v_r \sin\theta$，方向由右手法则决定。

3. 刚体平面运动的概念

刚体内任意一点在运动过程中始终与某一固定平面保持不变的距离，这种运动称为刚体的平面运动。平行于固定平面所截出的任意平面图形都可代表此刚体的运动。刚体的平面运动可分解为随基点的平动和绕基点的转动，平动与基点选择的选取有关，转动与基点选择无关。

4. 刚体作平面运动时，刚体上各点速度的求法

（1）基点法平面图形上任意两点 A 点和 B 点的速度关系为

$$\boldsymbol{v}_B = \boldsymbol{v}_A + \boldsymbol{v}_{BA}$$

式中，$\boldsymbol{v}_A$是刚体上点 A 的绝对速度；$\boldsymbol{v}_B$是刚体上点 B 的绝对速度；$\boldsymbol{v}_{BA}$是 B 点相对于 A 点的速度，其大小为$\boldsymbol{v}_{BA} = \omega_{BA} AB$，方向与 AB 连线垂直，指向与 ω_{AB}转向一致。

（2）速度投影法。平面图形上任意两点 A 点和 B 点的速度$\boldsymbol{v}_A$与$\boldsymbol{v}_B$在其连线上的投影相等，即

$$(\boldsymbol{v}_A)_{AB} = (\boldsymbol{v}_B)_{AB}$$

（3）速度瞬心法。

平面图形内某一瞬时绝对速度为零的点称为该瞬时的瞬时速度中心，简称为速度瞬心。平面图形上任意一点 B 的速度等于该点绕瞬心转动的速度，其大小为

$$v_B = CB\omega$$

式中，C 点为速度瞬心；$\boldsymbol{v}_B$方向垂直于CB 连线，指向图形转动的方向。平面图形绕速度瞬心转动的角速度 ω 等于绕任意基点转动的角速度。

5. 刚体作平面运动时，刚体上各点加速度的求法

基点法　平面图形上任意两点 A 点和 B 点的加速度关系为

$$\boldsymbol{a}_B=\boldsymbol{a}_A+\boldsymbol{a}_{BA}=\boldsymbol{a}_A+\boldsymbol{a}_{BA}^{n}+\boldsymbol{a}_{BA}^{\tau}$$

式中，$\boldsymbol{a}_A$ 是刚体上点 A 的绝对加速度；$\boldsymbol{a}_B$ 是刚体上点 B 的绝对加速度；$\boldsymbol{a}_{BA}^{n}$ 的大小为 $a_{BA}^{n}=\dfrac{v_{BA}^2}{AB}=AB\omega_{BA}^2$，方向沿连线 AB，并由点 B 指向基点 A；$\boldsymbol{a}_{BA}^{\tau}$ 的大小为 $a_{BA}^{\tau}=AB\alpha_{BA}$，方向垂直于连线 AB，指向与 α_{BA} 一致。

解 题 要 领

1. 在解决点的合成运动的具体问题时，其关键在于：

（1）正确地选取动点和动参考系。

动点和动参考系的选取必须遵循的原则是：

1）动点和动参考系不能在同一物体上。

2）动点和动参考系的选取应以相对运动轨迹易于辨认为准，以瞬时接触点所在的物体固连动系，常接触点为动点。

（2）正确地分析三种运动的速度和加速度。

1）正确地分析三种运动的速度，按照点的速度合成定理完成速度平行四边形并进行速度的求解。

2）正确地分析三种运动中四类加速度的方向和大小。如果运动为曲线运动，则应将其加速度分解为法向加速度和切向加速度。按照点的加速度合成定理完成加速度矢量图并进行加速度的求解。

2. 刚体的平面运动适用于同一刚体上不同点的速度分析。在解决刚体的平面运动的具体问题时，其关键在于：

（1）正确地选取基点：基点应是刚体上速度已知的点。

（2）正确地分析速度和加速度表达式中每一个矢量。

1）正确地分析速度和加速度表达式中每一个矢量的物理意义，判断出各个矢量已知的方向和大小。

2）按照速度和加速度表达式正确地作出速度平行四边形和加速度矢量图，并进行速度和加速度的求解。

3. 用矢量分析速度或加速度方向，再选择合适的直角坐标系，结合投影即解析的方法，可简化计算。

典 型 例 题

例 5-1　图 5-1 所示曲柄滑道机构中，曲柄长 $OA=10\text{cm}$，以匀角速度 $\omega=20\text{rad/s}$ 绕 O 轴转动，通过滑块带动杆 BC 运动，求当 $\varphi=30°$时，杆 BC 的速度。

解　1）动点和动参考系：取与杆 BC 固接的坐标系为动参考系，曲柄 OA 上 A 点为动点。

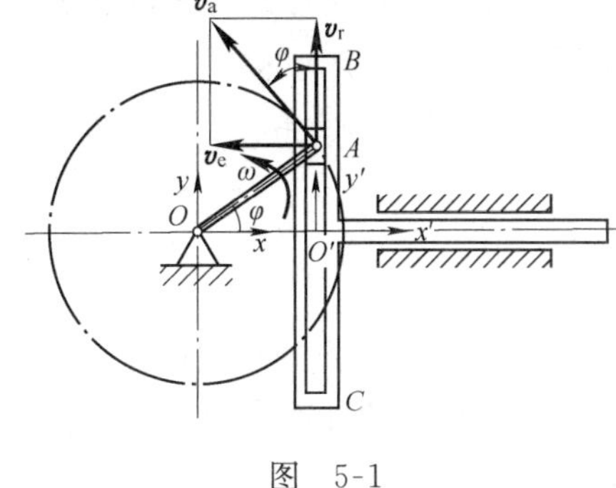

图 5-1

2）运动和速度分析：动点 A 的绝对运动为绕 O 轴的圆周运动，$\boldsymbol{v}_a$方向垂直杆 OA，$v_a = r\omega = 20\times 10\text{cm/s} = 200\text{cm/s}$；动系的牵连运动为杆 BC 的水平移动，牵连点为该瞬时杆 BC 上与曲柄 OA 上 A 点重合的点，$\boldsymbol{v}_e$大小未知，方向水平向左；动点的相对运动为沿杆 BC 的竖直直线滑动，$\boldsymbol{v}_r$大小指向未知。

3）完成速度平行四边形，由几何关系得

$$v_e = v_a\cos60^\circ = 200\text{cm/s}\times\frac{1}{2} = 100\text{cm/s}$$

此即杆 BC 的速度。

例 5-2 图 5-2a 所示平面机构中，曲柄 $OA = r$，以匀角速度 ω_0转动，套筒 A 可沿杆 BC 滑动，已知 $BC = DE$，$BD = CE = l$。求：图示位置时，杆 BD 的角速度和角加速度。

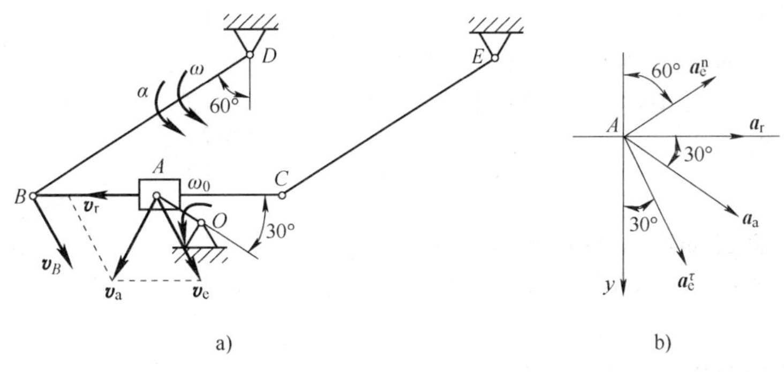

图 5-2

解 1）动点和动参考系：取与杆 BC 固接的坐标系为动参考系，套筒 A 为动点。

2）运动和速度分析：动点 A 的绝对运动为绕 O 轴的圆周运动，$v_a = \omega_0 r$，方向垂直于杆 OA；动点 A 的牵连运动为杆 BC 的平动，牵连点为该瞬时杆 BC 上与套筒上 A 点重合的点，因为杆 BC 作平动，所以杆 BC 上 A 点的速度与杆 BC 上 B 点的速度相同，$\boldsymbol{v}_e$大小指向未知，方向垂直于杆 BD；动点 A 的相对运动为沿杆 BC 的滑动，$\boldsymbol{v}_r$大小指向未知，方向沿杆 BC。

3）完成速度平行四边形如图 5-2a 所示，由几何关系得

$$v_e = v_r = v_a = r\omega_0$$

此即杆 BC 上 B 点的绝对速度 $\qquad v_B = v_r = r\omega_0$

所以杆 BD 的角速度为 $\qquad \omega = \dfrac{v_B}{l} = \dfrac{\omega_0 r}{l}$

4）加速度分析：因为牵连运动为平动，所以动点 A 的绝对加速度为相对加速度、牵连加速度两项的合成。其中动点 A 绝对加速度 $\boldsymbol{a}_a^n$ 方向由点 A 指向点 O，$a_a^\tau = 0$，$a_a = a_a^n r\omega_0^2$。因为杆 BC 作平动，所以 A 点的牵连加速度等于该瞬时杆 BD 上 B 点的加速度，可分解为 $\boldsymbol{a}_e^n$ 和 $\boldsymbol{a}_e^\tau$，其中 $a_e^n = \omega^2 l = \dfrac{\omega_0^2 r^2}{l}$，方向由点 B 指向点 D。$\boldsymbol{a}_e^\tau$ 方向垂直于杆 BD，大小指向未知。动点的相对加速度 $\boldsymbol{a}_r$ 沿杆 BC，大小指向未知。

5）完成加速度矢量图如图 5-2b 所示。这时加速度合成定理为

$$\boldsymbol{a}_a = \boldsymbol{a}_e^n + \boldsymbol{a}_e^\tau + \boldsymbol{a}_r$$

由于在方程中加速度矢量多于三个，故用矢量投影法求解，将上面的矢量式向 y 方向投影得

$$a_a \sin 30° = a_e^\tau \cos 30° - a_e^n \sin 30°$$

代入得

$$a_e^\tau = \frac{(a_a + a_e^n)\sin 30°}{\cos 30°} = \frac{\sqrt{3}\omega_0^2 r(l+r)}{3l}$$

此即杆 BD 上 B 点的切向速度。

所以杆 BD 的角加速度为

$$\varepsilon = \frac{a_e^\tau}{l} = \frac{\sqrt{3}\omega_0^2 r(l+r)}{3l^2}$$

例 5-3 图 5-3 所示机构，滑块 A 以速度$\boldsymbol{v}_A$沿 x 轴负方向运动，$AB=l$，试求滑块 B 的速度和杆 AB 的角速度。

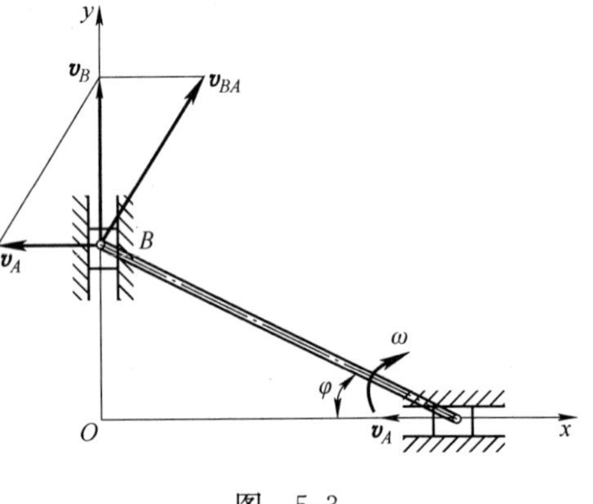

图 5-3

解 因为杆 AB 作平面运动，点 A 的运动已知，选点 A 为基点、用基点分析法分析点 B 的速度。B 点的速度为

$$\boldsymbol{v}_B = \boldsymbol{v}_A + \boldsymbol{v}_{BA}$$

式中，$\boldsymbol{v}_A$大小方向已知；$\boldsymbol{v}_B$的方向因受滑道限制，竖直向上，大小未知；$\boldsymbol{v}_{BA}$的方向垂直于杆 AB，大小指向未知。

完成速度平行四边形如图 5-3 所示，由几何关系得滑块 B 的速度为

$$v_B = v_A \cot\varphi$$

此外

$$v_{BA} = \frac{v_A}{\sin\varphi}$$

所以杆 AB 的角速度为

$$\omega_{AB} = \frac{v_{BA}}{AB} = \frac{v_A}{l\sin\varphi}$$

例 5-4 图 5-4 所示机构，$AB=BD=DE=l=300\text{mm}$，杆 AB 以匀角速度 $\omega=5\text{rad/s}$ 转动。试求在图示位置杆 BD 平行于杆 AE 瞬时，杆 DE 的角速度和角加速度。

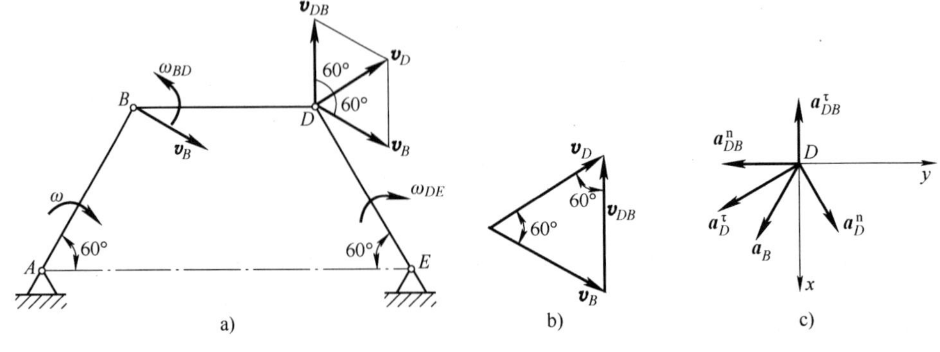

图 5-4

解 1）杆 DE 的角速度分析。因为杆 BD 作平面运动，点 B 的运动已知，选点 B 为基点，用基点分析法分析点 D 的速度。D 点的速度为

$$\boldsymbol{v}_D=\boldsymbol{v}_B+\boldsymbol{v}_{DB}$$

式中，$v_B=AB\cdot\omega=300\times5\text{mm/s}=1500\text{mm/s}$，方向垂直于杆 AB 向下；$\boldsymbol{v}_D$的方向垂直于杆 DE，大小指向未知；$\boldsymbol{v}_{DB}$的方向垂直于杆 BD，大小指向未知。完成速度平行四边形如图 5-4a所示，作速度矢量图，如图 5-4b 所示，由图中的几何关系得

$$v_D=v_B=v_{DB}=1500\text{mm/s}$$

所以此瞬时杆 DE 的角速度为

$$\omega_{DE}=\frac{v_D}{l}=\frac{1500}{300}\text{rad/s}=5\text{rad/s}$$

且此瞬时杆 BD 的角速度为

$$\omega_{DB}=\frac{v_{DB}}{l}=\frac{1500}{300}\text{rad/s}=5\text{rad/s}$$

2）杆 DE 的角加速度分析。杆 BD 作平面运动，所以 D 点的加速度公式为

$$\boldsymbol{a}_D=\boldsymbol{a}_B+\boldsymbol{a}_{DB}$$

式中，因为杆 DE 作定轴转动，所以 $\boldsymbol{a}_D$可分解为$\boldsymbol{a}_D^{\text{n}}$ 和$\boldsymbol{a}_D^{\tau}$，其中 $\boldsymbol{a}_D^{\tau}$ 方向垂直杆于DE，大小指向未知，$a_D^{\text{n}}=\omega_{DE}^2l=5^2\times300\text{mm/s}^2=7500\text{mm/s}^2$，方向由点 D 指向点 E；杆 AB 作匀速定轴转动，所以点 B 绝对加速度 $a_B=a_B^{\text{n}}=\omega^2l=7500\text{mm/s}^2$，方向由点 B 指向点 A。杆 BD 作平面运动，所以 $\boldsymbol{a}_{DB}$ 可分解为 $\boldsymbol{a}_{DB}^{\text{n}}$ 和 $\boldsymbol{a}_{DB}^{\tau}$，其中 $\boldsymbol{a}_{DB}^{\tau}$ 方向垂直杆于 BD，大小指向未知，$a_{DB}^{\text{n}}=\omega_{DB}^2DB=5^2\times300\text{mm/s}^2=7500\text{mm/s}^2$，方向由点 D 指向点 B。

3）计算滑块 B 的加速度。加速度合成定理变为

$$\boldsymbol{a}_D^{\text{n}}+\boldsymbol{a}_D^{\tau}=\boldsymbol{a}_B+\boldsymbol{a}_{DB}^{\text{n}}+\boldsymbol{a}_{DB}^{\tau}$$

完成加速度矢量图，如图 5-4c 所示，由于在方程中加速度矢量多于三个，故用矢量投影法求解。将上面的矢量式向 y 方向投影得

$$a_D^{\text{n}}\cos 60^\circ-a_D^{\tau}\cos 30^\circ=-a_B\cos 60^\circ-a_{DB}^{\text{n}}$$

代入得

$$a_D^{\tau}\cos 30^\circ=a_{DB}^{\text{n}}+a_D^{\text{n}}\cos 60^\circ+a_B\cos 60^\circ$$

$$a_D^{\tau}=\frac{15000}{\sqrt{3}/2}\text{mm/s}^2$$

所以此瞬时杆 DE 的角加速度为

$$\alpha_{DE}=\frac{a_D^{\tau}}{l}=57.7\text{rad/s}^2$$

习 题 解 答

5-1 试在图 5-5 所示机构中，选取动点、动系，并指出动点的绝对运动，动点相对于动系的相对运动，动系的牵连运动与动点的牵连运动（即牵连点的运动）。

解 1）如图 5-5a 所示，取杆 1 上 A_1点为动点，取与杆 2 固接的坐标系为动参考系。动点 A_1的绝对运动为绕 O 点的圆周运动，$v_{\text{a}}=OA\cdot\omega$，方向垂直杆 OA 向上；动点 A_1的相对运动为沿杆 2 的直线运动，$\boldsymbol{v}_{\text{r}}$方向竖直向上，大小未知；动系的牵连运动为 2 杆的水平滑

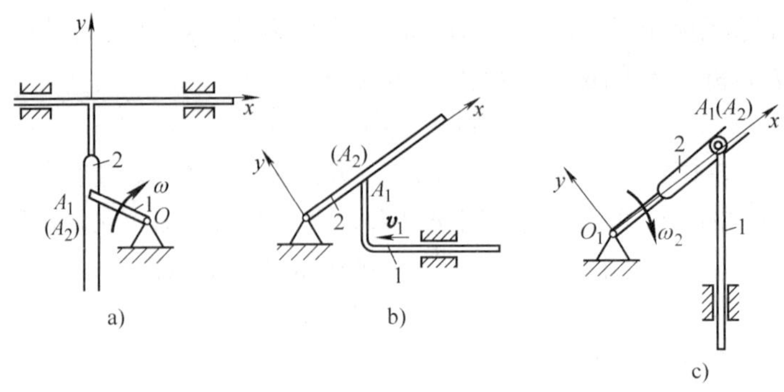

图 5-5

动，牵连点为该瞬时杆 2 上的 A_2点，$\boldsymbol{v}_e$的方向水平向右，大小未知。

2）如图 5-5b 所示，取杆 1 上点 A_1为动点，取与杆 2 固接的坐标系为动参考系。动点 A_1的绝对运动为水平运动，$v_a=v_1$，方向水平向左。动点的相对运动为沿杆 2 的滑动，相对速度沿杆 2，大小未知。牵连运动为杆 2 的定轴转动，牵连点为该瞬时杆 2 上的 A_2点，$\boldsymbol{v}_e$大小未知，方向垂直杆 2。

3）如图 5-5c 所示，取杆 1 上点 A_1为动点，取与杆 2 固接的坐标系为动参考系。动点 A_1的绝对运动为垂直运动，$\boldsymbol{v}_a$方向向下，大小未知；动点的相对运动为沿杆 2 的直线运动，相对速度沿杆 2，大小未知；牵连运动为杆 2 的定轴转动，牵连点为该瞬时 2 杆上的 A_2 点，$v_e=O_1A_2\cdot\omega_2$，方向垂直杆 2 向下。

5-2　车厢以速度$\boldsymbol{v}_1$沿水平线轨道行驶。雨点铅直落下，滴在车厢的玻璃上，流下与铅直线成 α 角的雨痕。求雨滴的绝对速度。

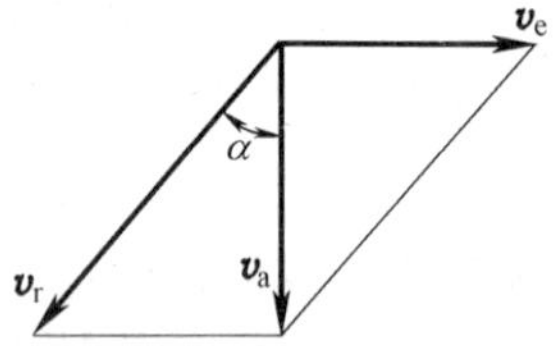

解　取与车厢固接的坐标系为动参考系，如图 5-6 所示。雨滴的绝对速度$\boldsymbol{v}_a$为方向铅直向下；雨滴的相对速度与铅直线成 α 角。牵连速度 $v_e=v_1$为水平直线运动，如图 5-6 所示。由几何关系得

图 5-6

$$v_a=\frac{v_e}{\tan\alpha}=v_1\cot\alpha$$

5-3　图 5-7 所示为裁纸机示意图。纸由传送带以速度$\boldsymbol{v}_1$输送，裁纸刀沿固定杆 AB 移动，其速度为 $\boldsymbol{v}_2$。若 $v_1=0.5\mathrm{m/s}$，$v_2=1\mathrm{m/s}$，裁出矩形纸板，求杆 AB 的安装角 θ 应为何值？

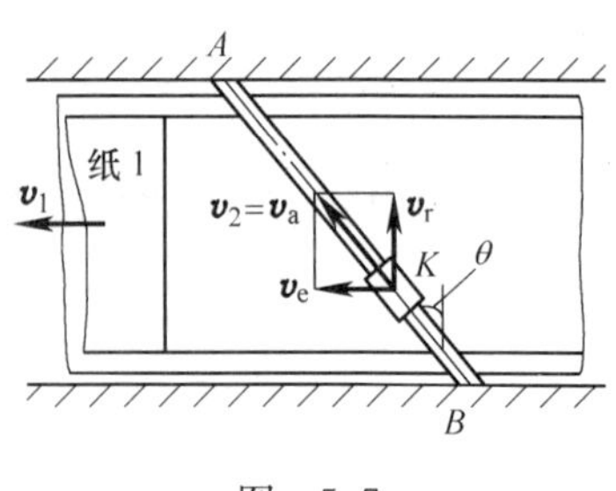

图 5-7

解　动参考系与纸固接，则

$$v_a=v_2=1\mathrm{m/s},\ v_e=v_1=0.5\mathrm{m/s}$$

$\boldsymbol{v}_r$方向铅直。

由图 5-7 速度平行四边形的几何关系得

$$\sin\theta=\frac{v_e}{v_a}=0.5$$

故 AB 杆的安装角的值 $\theta=30°$。

5-4　图 5-8 所示曲柄滑槽机构中，曲柄 $OA=10\mathrm{cm}$，绕轴 O 转动。在某瞬时，$\angle AOB=30°$，角速度 $\omega=1\mathrm{rad/s}$，角加速度 $\alpha=1\mathrm{rad/s^2}$，方向如图所示。求此时导杆上点 C 的加速度和滑块 A

在滑道中相对加速度的大小。

解　动参考系与导杆 BC 固接，其中

$$a_a^n = OA \cdot \omega^2 = (10\times1)\text{cm/s}^2 = 10\text{cm/s}^2$$

$$a_a^\tau = OA \cdot \alpha = (10\times1)\text{cm/s}^2 = 10\text{cm/s}^2$$

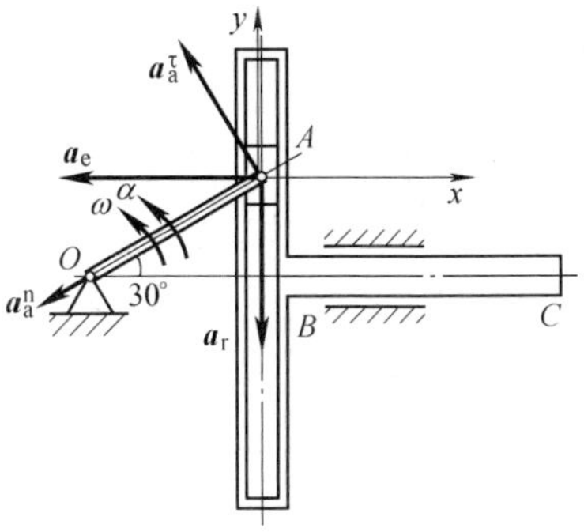

方向如图 5-8 所示，加速度合成定理写成

$$\boldsymbol{a}_a^n + \boldsymbol{a}_a^\tau = \boldsymbol{a}_e + \boldsymbol{a}_r$$

向 x 方向投影得

$$a_a^n \cos 30° + a_a^\tau \cos 60° = a_e$$

得导杆上 C 点的加速度

$$a_e = \left(10\times\frac{\sqrt{3}}{2} + 10\times\frac{1}{2}\right)\text{cm/s}^2 = 13.66\text{cm/s}^2$$

图　5-8

向 y 方向投影得

$$-a_a^n \cos 30° + a_a^\tau \cos 60° = -a_r$$

得滑块 A 在滑道中的相对加速度

$$a_r = \left(10\times\frac{1}{2} - 10\times\frac{\sqrt{3}}{2}\right)\text{cm/s}^2 = -3.66\text{cm/s}^2$$

5-5　带槽圆板以 ω 匀速转动，小球 M 以 $\boldsymbol{v}$ 相对于圆盘绕 O 运动，方向如图 5-9 所示。已知 ω、v、R，试求小球 M 的绝对加速度。

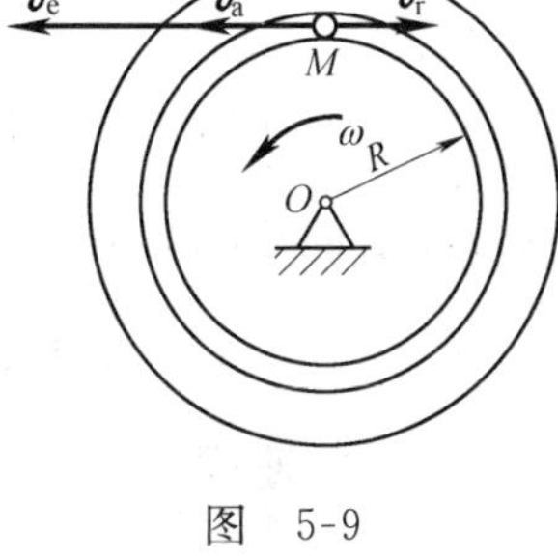

图　5-9

解　(1) 求小环 M 的速度

1) 取小环 M 为动点。与带槽圆板固接的坐标系为动参考系。

2) 运动和速度分析。动点的绝对运动为小球 M 沿带槽圆板的圆周运动，$\boldsymbol{v}_a$方向与大圆环相切，大小指向未知；动点的相对运动为沿带槽圆板的圆周运动，$v_r = v$，方向与大圆环相切；动系的牵连运动为带槽圆板的圆周运动，$v_e = R\omega$，方向与大圆环相切。

3) 完成速度平行四边形。由几何关系得

$$v_a = v_e - v_r = R\omega - v$$

此即小球 M 的速度。

(2) 求小球 M 的加速度

因为小球 M 为匀速运动，所以

$$a_a = \frac{v_a^2}{R} = R\omega^2 - 2\omega v + \frac{v^2}{R}$$

此即小球 M 的加速度的大小，方向指向 O 点。

5-6　图 5-10a 所示盘状凸轮机构中，凸轮的半径 $R=80\text{mm}$，偏心距 $OO_1 = e = 25\text{mm}$，若凸轮的角速度 $\omega = 20\text{rad/s}$，角加速度 $\alpha = 0$，试求在图示位置时推杆 AB 上升的速度和加速度。

解　动参考系与凸轮固接。由于滑道的限制，动点 B 的绝对运动为竖向的直线运动，动点 B 对凸轮的相对运动为点 B 沿凸轮的圆周滑动，牵连运动为凸轮的定轴转动，则

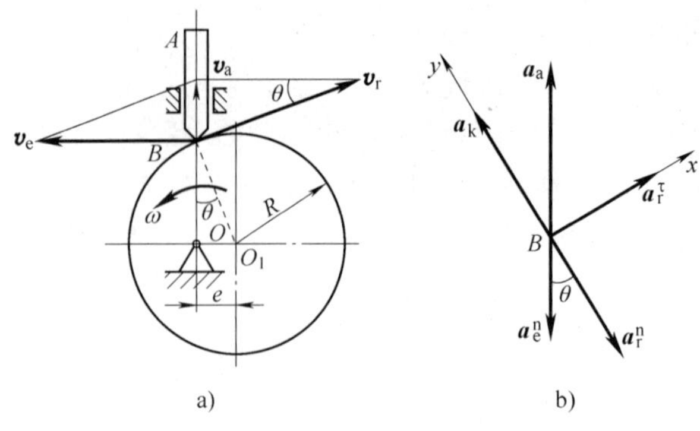

图 5-10

$$v_e = OB \cdot \omega \quad \text{(方向水平向左)}$$

由图 5-10a 所示速度平行四边形中几何关系，得推杆 AB 的上升速度为

$$v_a = v_e \tan\theta = \omega R \sin\theta = \frac{\omega Re}{R} = \omega e = (20 \times 25)\text{mm/s} = 500\text{mm/s}$$

其中相对速度大小为 $$v_r = \frac{v_e}{\cos\theta} = \omega R$$

因为牵连运动为转动，有

$$\boldsymbol{a}_a = \boldsymbol{a}_e + \boldsymbol{a}_r^n + \boldsymbol{a}_r^\tau + \boldsymbol{a}_k$$

其中，$a_e^n = OB \cdot \omega^2 = \omega^2 R\cos\theta$，$a_e^\tau = OB \cdot \alpha = 0$，$a_r^n = \frac{v_r^2}{R} = \omega^2 R$，$a_k = 2\omega v_r = 2\omega^2 R$，动点 B 的加速度方向如图 5-10b 所示，向 y 方向投影得

$$a_a \cos\theta = -a_e^n \cos\theta - a_r^n + a_k = \omega^2 R(-\cos^2\theta - 1 + 2) = \omega^2 R\sin^2\theta = \frac{\omega^2 e^2}{R}$$

杆 AB 的加速度

$$a_a = \frac{\omega^2 e^2}{R\cos\theta} = \frac{\omega^2 e^2}{\sqrt{R^2 - e^2}} = \frac{20^2 \times 25^2}{\sqrt{80^2 - 25^2}}\text{mm/s}^2 = 3289.76\text{mm/s}^2$$

5-7 图 5-11a 所示摇杆 OC 带动齿条 AB 上下移动，齿条又带动直径为 10cm 的齿轮绕轴 O_1 转动。在图示瞬时，OC 的角速度 $\omega_0 = 0.5\text{rad/s}$，角加速度 $\alpha_0 = 0$。求此时齿轮的角速度和角加速度。

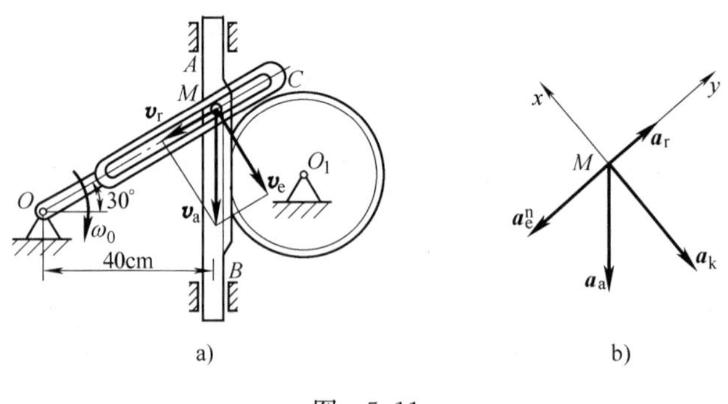

图 5-11

解 动系与摇杆 OC 固接，在图 5-11a 上作速度矢量图。其中

$$v_e = OM \cdot \omega_0 = \left(\frac{40}{\cos 30^\circ} \times 0.5\right)\text{cm/s} = \frac{40}{\sqrt{3}}\text{cm/s}。$$

由几何关系得齿条 AB 的速度为

$$v = v_a = \frac{v_e}{\cos 30^\circ} = \frac{40/\sqrt{3}}{\sqrt{3}/2}\text{cm/s} = \frac{80}{3}\text{cm/s}$$

齿轮的角速度为 $$\omega = \frac{v}{r} = \frac{80/3}{5}\text{rad/s} = 5.34\text{rad/s}$$

相对速度为 $$v_r = v_e \tan 30^\circ = \left(\frac{40}{\sqrt{3}} \times \frac{\sqrt{3}}{3}\right)\text{cm/s} = \frac{40}{3}\text{cm/s}$$

作加速度矢量图（图 5-11b），得

$$\boldsymbol{a}_a = \boldsymbol{a}_e^n + \boldsymbol{a}_e^\tau + \boldsymbol{a}_r + \boldsymbol{a}_k$$

其中，$a_e^n = OM \cdot \omega_0^2$，$a_e^\tau = 0$，$a_k = 2v_r\omega$，方向如图 5-11b 所示。向 x 方向投影得

$$a_a \cos 30^\circ = a_k$$

齿条 AB 的加速度

$$a_a = \frac{a_k}{\cos 30^\circ} = \frac{2v_r\omega}{\cos 30^\circ} = \frac{2 \times 40/3 \times 0.5}{\sqrt{3}/2}\text{cm/s} = \frac{80\sqrt{3}}{9}\text{cm/s}$$

齿轮的角加速度为 $$\alpha = \frac{a_a}{r} = \frac{80\sqrt{3}/9}{5}\text{rad/s} = 3.08\text{rad/s}$$

5-8 椭圆规尺 AB 由曲柄 OC 带动，如图 5-12 所示，曲柄以匀角速度 $\omega = 2\text{rad/s}$ 绕 O 轴转动。已知 $OC = BC = AC = 0.12\text{m}$，求当 $\varphi = 45^\circ$ 时 A 点与 B 点的速度。

解 选点 C 为基点，用基点分析法分析点 A、B 的速度，如图 5-12。由几何关系得

1）A 点的速度为

$$\boldsymbol{v}_A = \boldsymbol{v}_C + \boldsymbol{v}_{AC}$$

式中，$v_C = OC \cdot \omega =$ （0.12×2） m/s，$\boldsymbol{v}_C$、$\boldsymbol{v}_A$、$\boldsymbol{v}_{AC}$、$\boldsymbol{v}_B$ 和 $\boldsymbol{v}_{BC}$ 的方向如图 5-12 所示。

$$v_A = \frac{v_C}{\cos \varphi} = 0.34\text{m/s}$$

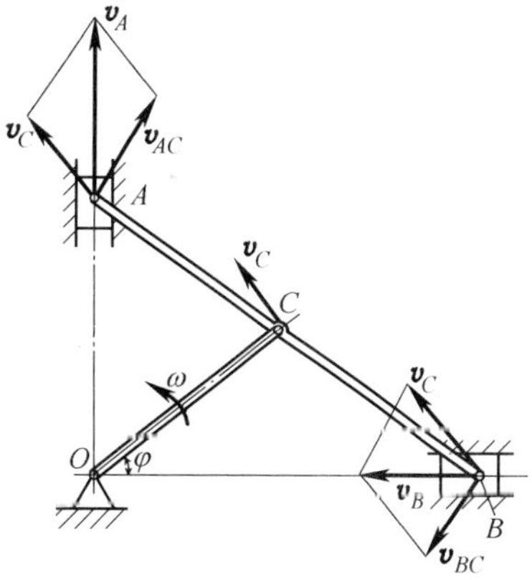

2）点 B 的速度为 $\boldsymbol{v}_B = \boldsymbol{v}_C + \boldsymbol{v}_{BC}$

$$v_B = \frac{v_C}{\cos \varphi} = 0.34\text{m/s}$$

图 5-12

5-9 偏置曲柄滑块机构如图 5-13a 所示，曲柄以匀角速度 $\omega = 1.5\text{rad/s}$ 绕 O 轴转动。如 $OA = 0.4\text{m}$，$AB = 2\text{m}$，$OC = 0.2\text{m}$，求当曲柄在两水平和铅直位置时滑块 B 的速度。

解 选 A 点为基点，由 $\boldsymbol{v}_B = \boldsymbol{v}_A + \boldsymbol{v}_{BA}$ 作出速度矢量图，如图 5-13a 所示，其中，$v_A = OA \cdot \omega = 0.4 \times 1.5\text{m/s} = 0.6\text{m/s}$。

1）当曲柄在两水平位置时（图 5-13b），由几何关系得

$$v_B = v_A \tan\theta = \left(0.6 \times \frac{0.2}{\sqrt{2^2 - 0.2^2}}\right)\text{m/s} \approx 0.06\text{m/s}$$

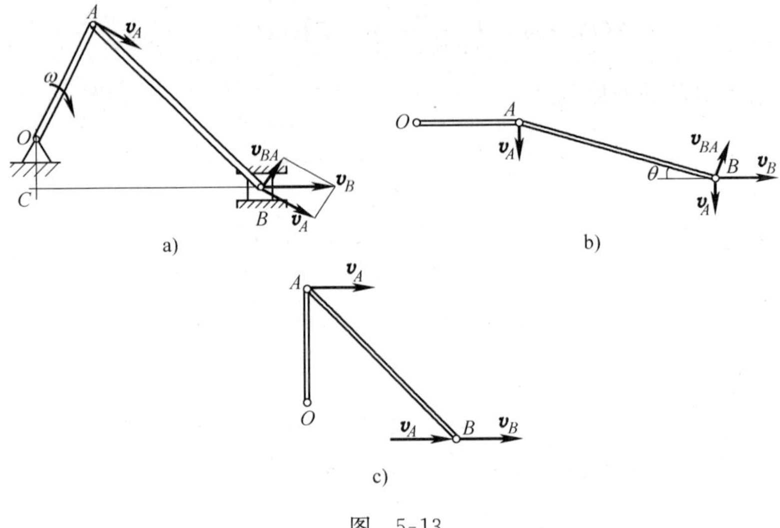

图 5-13

2）当曲柄在铅直位置时（图 5-13c），由几何关系得

$$v_B = v_A = 0.6\text{m/s}$$

5-10 如图 5-14a 所示，A、B 两轮均在地面上作纯滚动。已知轮 A 中心的速度为$\boldsymbol{v}_A$，求当 $\beta=0°$和 $\beta=90°$时，轮中心 B 的速度。

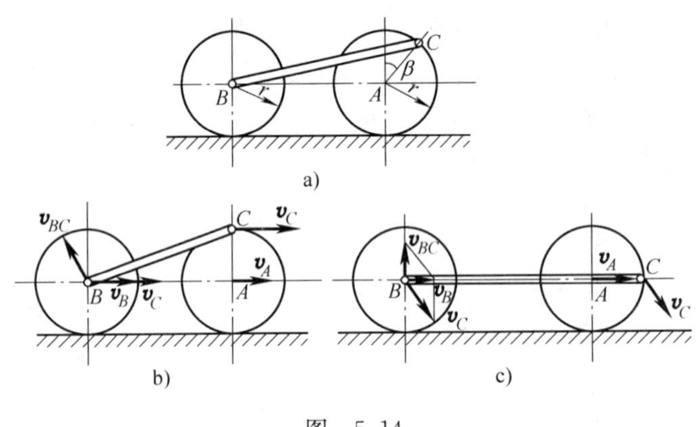

图 5-14

解 轮 A 与地面接触点为轮 A 的速度瞬心，以此判断 BC 杆 C 点的速度。以 BC 杆为研究对象，选点 C 为基点，则

$$\boldsymbol{v}_B = \boldsymbol{v}_C + \boldsymbol{v}_{BC}$$

1）当 $\beta=0°$时，式中，$v_C=2v_A$，方向如图 5-14b 所示，由矢量关系得轮 B 中心的速度

$$v_B = v_C = 2v_A$$

2）当 $\beta=90°$时，式中，$v_C=\sqrt{2}r\omega=\sqrt{2}r\dfrac{v_A}{r}=\sqrt{2}v_A$，方向如图 5-14c 所示，由矢量关系得轮 B 中心的速度

$$v_B = v_C\sin45° = \sqrt{2}v_A\sin45° = v_A$$

5-11 两四杆机构如图 5-15 所示，求该瞬时两机构中 AB 和 BC 的角速度。

解 1）图 5-15a 中$(\boldsymbol{v}_B)_{AB}=(\boldsymbol{v}_A)_{AB}$，则

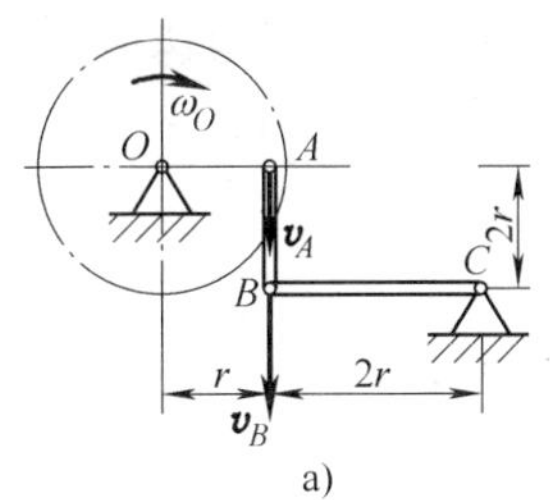

a)

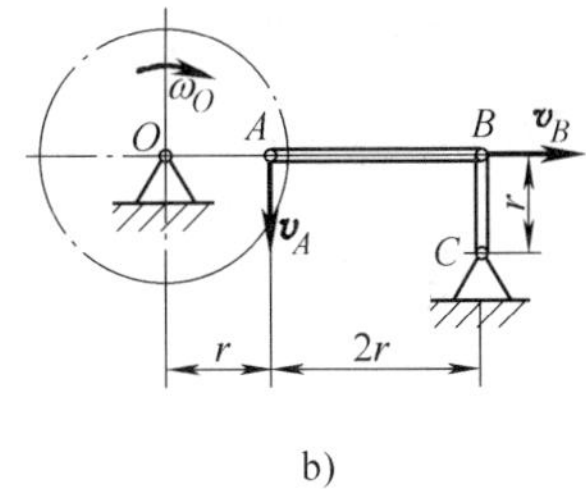

b)

图 5-15

$$v_B = v_A = r\omega_O$$

AB 杆作瞬时平动，则 $\omega_{AB}=0$

$$\omega_{BC} = v_B/(2r) = \omega_O/2 \quad （逆时针）$$

2）图 5-15b 中 B 点为 AB 杆的速度瞬心，则

$$\omega_{AB} = v_A/r = \omega_O$$

$$v_B = 0$$

$$\omega_{BC} = 0$$

5-12 如图 5-16 所示，半径 $r=80\text{cm}$ 的轮子在速度 $v=2\text{m/s}$ 的水平传送带上反向滚动，站在地面上的人测得轮子中心 C 点的速度 $v_C=6\text{m/s}$，其方向向右。求 $\theta=30°$ 的轮缘上一点 P 的绝对速度。

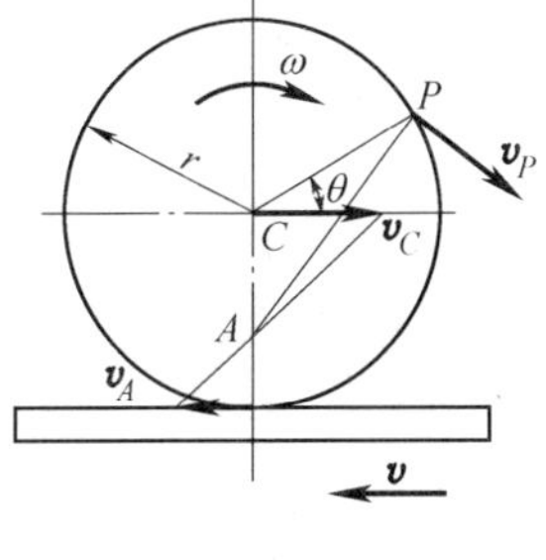

图 5-16

解 作轮子速度矢量图，如图 5-16 所示，速度瞬心在 A 点，由几何关系得

$$AC = 3r/4 = 0.75r$$

则轮子的角速度为

$$\omega = 4v_C/(3r)$$

又 $$AP = \sqrt{AC^2 + CP^2 - 2AC \cdot CP\cos(90°+\theta)}$$

$$= r\sqrt{0.75^2 + 1 + 2\times 0.75\sin 30°} = 1.52r$$

故 $$v_P = \omega \cdot AP = 4AP \cdot v_C/3r = (4\times 1.52\times 6/3)\text{m/s} = 12.17\text{m/s}$$

速度方向如图 5-16 所示。

5-13 如图 5-17 所示，OC 绕 O 转动时，带动滑块 A 和 B 在同一水平槽内滑动。已知 $AC=CB$，求证：$v_A/v_B=OA/OB$。

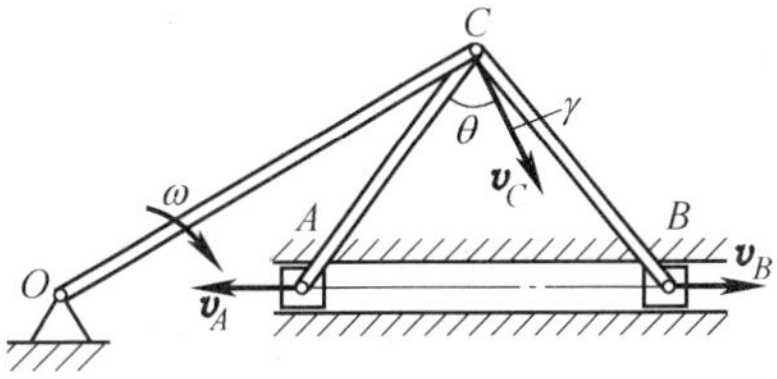

解 速度分析如图 5-17 所示。

图 5-17

根据速度投影定理，$(\boldsymbol{v}_C)_{AC}=(\boldsymbol{v}_A)_{AC}$、$(\boldsymbol{v}_C)_{BC}=(\boldsymbol{v}_B)_{BC}$，又因 $AC=BC$，则 $\angle CAB=\angle CBA$，得

$$v_A/v_B = \frac{v_A\cos\angle CAB}{v_B\cos\angle CBA} = \frac{v_C\cos\theta}{v_C\cos\gamma} = \frac{\sin\angle OCA}{\sin\angle OCB}$$

$$= \frac{OA\sin(180°-\angle CAB)}{OC} : \frac{OB\sin(180°-\angle CBA)}{OC} = OA/OB$$

所以，$v_A/v_B=OA/OB$。

5-14　在图 5-18 所示配气机构中，曲柄 OA 长为 r，以等角速度 ω_O 绕轴 O 转动，$AB=6r$，$BC=\sqrt{3}r$。在某瞬时 $\varphi=60°$，$\alpha=90°$。求此时滑块 C 的速度和 B 加速度。

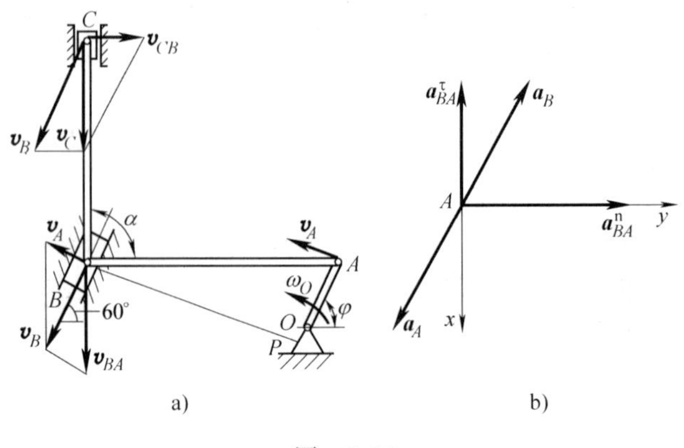

图　5-18

解　1）作 AB 杆及 BC 杆速度矢量图，如图 5-18a 所示。根据 B 点的速度平行四边形可得

$$v_B=\frac{v_A}{\tan 30°}=\sqrt{3}r\omega_O$$

$$v_{BA}=\frac{v_A}{\sin 30°}=2r\omega_O$$

对 BC 杆根据速度投影定理 $(\boldsymbol{v}_B)_{BC}=(\boldsymbol{v}_C)_{BC}$，可得

$$v_C=v_B\sin60°=\sqrt{3}r\omega_O\sin60°=3r\omega_O/2$$

速度方向如图 5-18a 所示。

2）作滑块 B 的加速度矢量图，如图 5-18b 所示。滑块 B 的加速度公式为

$$\boldsymbol{a}_B=\boldsymbol{a}_A+\boldsymbol{a}_{BA}^{n}+\boldsymbol{a}_{BA}^{\tau}$$

式中，$a_A=r\omega_O^2$，方向由 A 点指向 O 点；$a_{BA}^{n}=\dfrac{v_{BA}^2}{BA}=\dfrac{(2r\omega_O)^2}{6r}=\dfrac{2r\omega_O^2}{3}$，方向由 B 点指向 A 点。

将上面的矢量式向 y 方向投影得

$$a_B\cos 60°=a_{BA}^{n}-a_A\cos 60°$$

$$a_B=\frac{\dfrac{2r\omega_O^2}{3}-\dfrac{1}{2}r\omega_O^2}{\dfrac{1}{2}}=\frac{r\omega_O^2}{3}$$

加速度方向如图 5-18b 所示。

5-15　平面机构几何尺寸如图 5-19 所示，滑块 D 的速度、加速度分别为 $v_D=16\text{cm/s}$，$a_D=30\text{cm/s}^2$。求此时滑块 A 的速度和加速度。

解　1）作 ABC 杆速度矢量图，由滑块 A、B 的速度 $\boldsymbol{v}_A$、$\boldsymbol{v}_B$ 确定 ABC 杆的速度瞬心 P，再以此确定 $\boldsymbol{v}_C$ 的速度方向，如图 5-19a 所示。

对 DC 杆，根据速度投影定理
$(\boldsymbol{v}_C)_{DC}=(\boldsymbol{v}_D)_{DC}$ 可得

$$v_D=v_C\sin45°$$

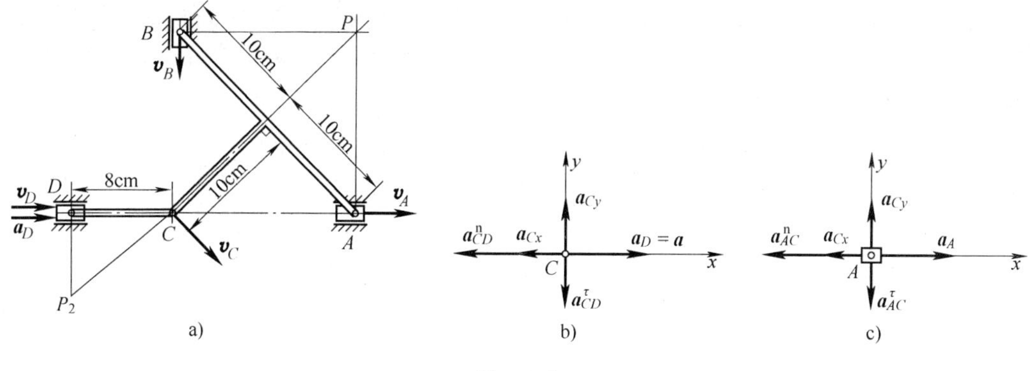

图 5-19

即 $$v_C=\sqrt{2}v_D$$

又 $$v_A=\omega_{ABC}AP=v_C\cdot AP/CP=\sqrt{2}v_D/\sqrt{2}=v_D=16\text{cm/s}$$

速度方向如图 5-19a 所示。

2）DC 杆的速度瞬心为 P_2，如图 5-19a 所示，则其角速度 $\omega_{DC}=v_C$，$CP=2\text{rad/s}$。作 DC 杆以 D 点为基点的、C 点的加速度矢量图（图 5-19b），根据在 x 方向的加速度合成定理

$$-a_{Cx}=a_D-a_{CD}^n=a_D-\omega_{CD}^2\cdot CD$$

$$a_{Cx}=-30\text{cm/s}^2+(2\text{rad/s})^2\times 8\text{cm}=2\text{cm/s}^2$$

3）作 ABC 机构以 C 点为基点的、A 点的加速度矢量图（图 5-19c），根据在 x 方向的加速度合成定理

$$a_A=a_{Cx}+a_{AC}^n=a_{Cx}+\omega_{ABC}^2\cdot AC=2\text{cm/s}^2+(0.8\sqrt{2}\text{rad/s})^2\times 10\sqrt{2}\text{cm}=20.10\text{cm/s}^2$$

加速度方向如图 5-19c 所示。

自 测 练 习

5-1　在图 5-20a、b 所示的两种机构中，已知 $O_1O_2=a=20\text{cm}$，$\omega_1=3\text{rad/s}$，求图示位置时，杆 O_2A 的角速度。

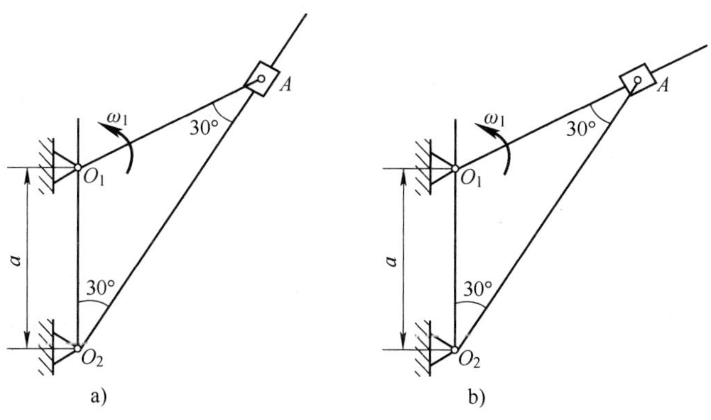

图 5-20

5-2 图 5-21 所示曲柄滑道机构，曲柄 $OA=10\text{cm}$，以匀角速度 $\omega=20\text{rad/s}$ 转动，通过滑块 A 带动杆 $BCDE$（BDC 水平，$BDC\perp DE$）滑动。求：图示位置 $\varphi=30°$时，杆 $BCDE$ 的速度和加速度。

5-3 图 5-22 所示机构，曲柄 $OA=100\text{mm}$，以匀角速度 $\omega=2\text{rad/s}$ 转动。已知 $CD=3CB$。求：图示位置 A、B、E 三点恰在一条水平直线，且 $CD\perp ED$ 时，点 E 的速度。

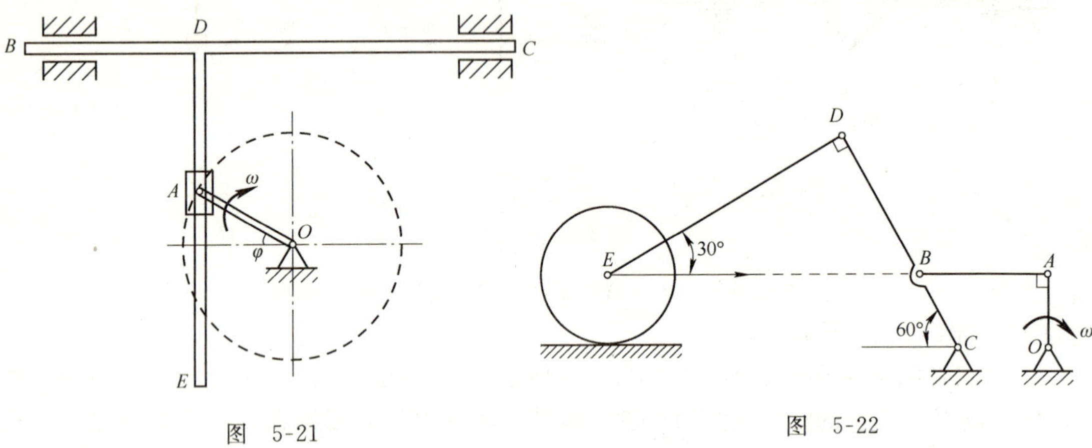

图 5-21

图 5-22

5-4 图 5-23 所示机构，曲柄 $OA=200\text{mm}$，以匀角速度 $\omega=2\text{rad/s}$ 转动。已知 $AB=400\text{mm}$，半径 $r=100\text{mm}$。求：图示位置时，点 B 的速度和加速度。

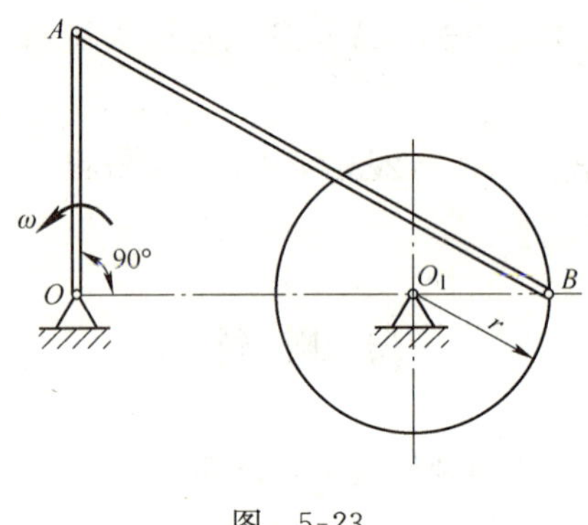

图 5-23

自测练习答案

5-1 a) $\omega_2=1.5\text{rad/s}$，b) $\omega_2=2\text{rad/s}$

5-2 $v=100\text{cm/s}$，$a=34.6\text{cm/s}^2$

5-3 $v_E=0.8\text{m/s}$

5-4 $v_C=0.69\text{m/s}$；$a_B=7.62\text{m/s}^2$

第六章　动力学基本方程与动静法

知 识 要 点

1. 质点动力学基本方程

$$\boldsymbol{F}=m\boldsymbol{a}$$

（1）直角坐标形式的质点运动的微分方程

$$m\frac{\mathrm{d}^2x}{\mathrm{d}t^2}=F_x,\ m\frac{\mathrm{d}^2y}{\mathrm{d}t^2}=F_y,\ m\frac{\mathrm{d}^2z}{\mathrm{d}t^2}=F_z$$

（2）质点作平面运动时，自然形式的质点运动的微分方程

$$m\frac{\mathrm{d}^2s}{\mathrm{d}t^2}=F_\tau,\ m\frac{v^2}{\rho}=F_\mathrm{n}$$

2. 质心运动定理

$$m\boldsymbol{a}_C=\sum\boldsymbol{F}_i^{(\mathrm{e})}$$

（1）直角坐标形式的质点运动的微分方程为

$$ma_{Cx}=\sum F_x^{(\mathrm{e})},\ ma_{Cy}=\sum F_y^{(\mathrm{e})},\ ma_{Cz}=\sum F_z^{(\mathrm{e})}$$

（2）质心运动守恒定理　　当$\sum\boldsymbol{F}_i^{(\mathrm{e})}=0$时，$v_C=$常数。

3. 动静法是解决动力学问题的一种简单有效的方法。惯性力是由于物体（或质点）运动状态的改变而产生的对施力物体的反作用力，作用在施力物体上。其大小与方向可用如下的矢量表达

$$\boldsymbol{F}_\mathrm{Q}=-m\boldsymbol{a}$$

4. 刚体定轴动力学基本方程为　　$J_O\alpha=M=\sum M_O(F_i^{(\mathrm{e})})$

其中转动惯量　　$J_O=\sum m_ir_i^2$

5. 当刚体在平行于质量对称平面内作平面运动时，其惯性力系可向质心简化，所得结果为一主矢和一主矩，其主矢为$\boldsymbol{F}_\mathrm{Q}=-m\boldsymbol{a}_C$，且通过质心，主矩为$T_\mathrm{Q}=-J_C\alpha$。

6. 刚体作平动和定轴转动是刚体作平面运动的特殊情况，平面运动刚体惯性力系的简化结果同样适用。由于平动刚体的$\alpha=0$，所以平动刚体的惯性力系简化结果为一个力$\boldsymbol{F}_\mathrm{Q}=-m\boldsymbol{a}_C$，作用于质心；定轴转动刚体的惯性力系简化结果为一个力和一个力偶，其主矢为$\boldsymbol{F}_\mathrm{Q}=-m\boldsymbol{a}_C$作用于质心，主矩为$T_\mathrm{Q}=-J_C\alpha$。定轴转动刚体的惯性力系还可以进一步向转轴简化，结果为一个力和一个力偶，其主矢为$\boldsymbol{F}_\mathrm{Q}=-m\boldsymbol{a}_C$作用于质心，主矩为$T_\mathrm{Q}=-J_C\alpha$，这里有两点特别要注意：

1）力通过转轴；

2）是刚体对转轴的转动惯量。

7. 动静法在不平衡的质点（质点系）上虚加惯性力（惯性力系），就可以使其处于虚拟的平衡状态，从而使较复杂的动力学问题得以转化成静力平衡问题，这是动静法的特点。用动静法来求解约束力较为方便。

解 题 要 领

1. 动力学是研究作用于物体上力与物体运动变化的关系，因此动力学的研究方法中有静力学的方法也有运动学的方法，在求解动力学问题时一般应：

1）对研究对象进行受力分析，作出必要的受力图。

2）对研究对象的运动状态进行分析，找出加速度和其他运动参量之间的关系。

3）根据已知条件和需求问题，确定是动力学两类问题中的哪一类。

4）选择合适的动力学基本定理进行求解。

2. 动力学基本方程大都是矢量方程，在具体解题时常常用解析的方法将问题转化为多个一维的动力学问题进行求解，通常根据需要采用直角坐标系或自然坐标系来简化运算。

3. 动力学问题在哪一方向上符合守恒定律，就可以在这一方向上运用相应的守恒定律。

4. 动力学问题中同一个问题有时有多个动力学基本方程可以使用，这时应选择运算简捷的方法运算。

5. 求解动力学问题，对数学知识有一定要求，必要时需要用到微积分知识。

6. 动静法是建立在牛顿第二定律基础上，将动力学问题转化为静力平衡问题进行运算的一种行之有效的方法。正确在受力图上虚加经简化后的惯性力与惯性力偶是正确运用动静法的关键。

7. 对定轴（O点处）转动刚体的惯性力系的问题，可以向转轴简化，结果为一个通过转轴和作用于质心主矢 $\boldsymbol{F}_Q=-m\boldsymbol{a}_C$相等的力（主矢）和一个力偶（主矩），其主矩为 $T_Q=-J_O\alpha$（J_O是刚体对转轴的转动惯量）。

8. 用动静法求解动力学问题的步骤：

1）根据问题的已知条件和需求问题选定研究对象。

2）对研究对象进行静力分析，作出必要的受力图，并标上主动力和约束力。

3）对研究对象的运动状态进行分析，并在受力图上虚加经简化后的惯性力与惯性力偶，在形式上构成一平衡力系。

4）用静力学平衡方程进行求解。

典 型 例 题

例 6-1 质量为 m 的质点带有负电荷 e，以速度 $\boldsymbol{v}_0$ 进入强度按 $E=A\sin kt$（其中 A 与 k 均为已知常数）变化的均匀电场中，初速度 $\boldsymbol{v}_0$ 的方向与电场强度的方向成 θ 角，如图6-1所示。质点在电场中受力 $\boldsymbol{F}=-e\boldsymbol{E}$，不计重力影响，试求质点运动的轨迹。

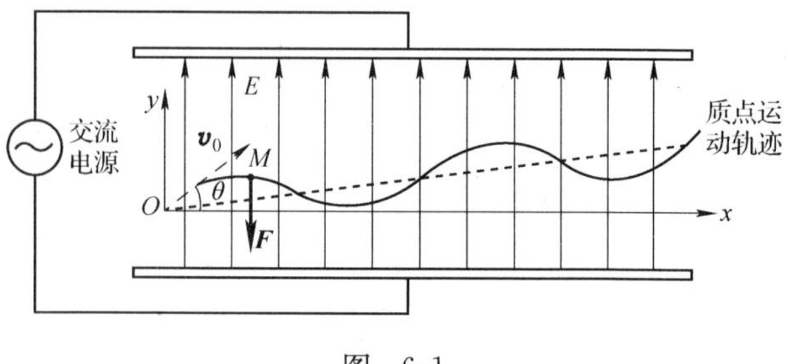

图 6-1

解 取质点进入电场时的初位置为坐标原点，x 轴垂直于电场强度方向，y 轴平行于电场强度方向。质点在任一位置受力 $\boldsymbol{F}=-e\boldsymbol{E}$，该力在坐标轴上的投

影为

$$F_x=F_z=0,\ F_y=-eA\sin kt$$

因为质点所受的力在轴上的投影等于零，初速度$\boldsymbol{v}_0$又在Oxy平面内，所以质点必定在坐标平面Oxy内运动。质点的运动微分方程是

$$m\frac{\mathrm{d}^2x}{\mathrm{d}t^2}=0,\ m\frac{\mathrm{d}^2y}{\mathrm{d}t^2}=-eA\sin kt$$

即
$$\frac{\mathrm{d}^2x}{\mathrm{d}t^2}=0,\ \frac{\mathrm{d}^2y}{\mathrm{d}t^2}=-\frac{eA}{m}\sin kt$$

积分两次，得
$$\frac{\mathrm{d}x}{\mathrm{d}t}=C_1,\ \frac{\mathrm{d}y}{\mathrm{d}t}=\frac{eA}{mk}\cos kt+C_2$$

$$x=C_1t+C_3;\ y=\frac{eA}{mk^2}\sin kt+C_2t+C_4$$

当$t=0$时
$$\frac{\mathrm{d}x}{\mathrm{d}t}=v_0\cos\theta,\ \frac{\mathrm{d}y}{\mathrm{d}t}=v_0\sin\theta;\ x=0,\ y=0$$

代入上式，可求得
$$C_1=v_0\cos\theta,\ C_2=v_0\sin\theta-\frac{eA}{mk};\ C_3=C_4=0$$

于是，质点的运动方程为

$$x=v_0t\sin\theta;\ y=\left(v_0\sin\theta-\frac{eA}{mk}\right)t+\frac{eA}{mk^2}\sin kt$$

消去t，即得质点运动轨迹

$$y=\left(v_0\sin\theta-\frac{eA}{mk}\right)\frac{x}{v_0\cos\theta}+\frac{eA}{mk^2}\sin\frac{kx}{v_0\cos\theta}$$

例 6-2　小车A的重力为$\boldsymbol{G}_1$，下悬一摆。摆按规律$\varphi=\varphi_0\sin kt$摆动，如图6-2所示。设摆锤的重力为$\boldsymbol{G}_2$，摆长为l，摆杆重量及各处摩擦均忽略不计，试求小车的运动方程。

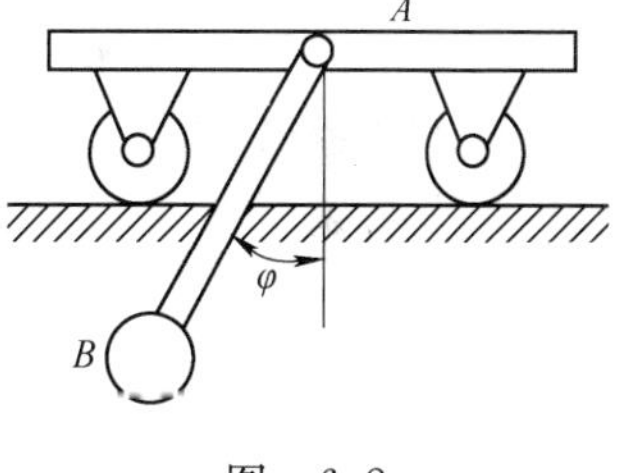

图　6-2

解　系统在水平方向上合外力为零，初速度为零，则质心位置不变。设质心到B点的水平距离为x，则

$$G_2x=G_1(l\sin\varphi-x)$$

$$x=\frac{G_1l}{G_1+G_2}\sin\varphi=\frac{G_1l}{G_1+G_2}\sin(\varphi_0\sin kt)$$

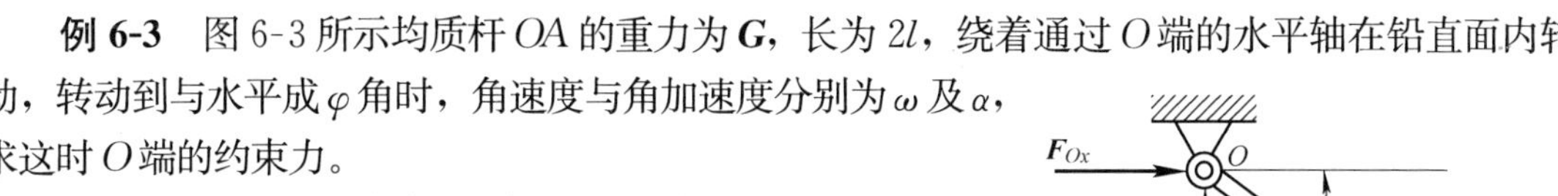

例 6-3　图6-3所示均质杆OA的重力为$\boldsymbol{G}$，长为$2l$，绕着通过O端的水平轴在铅直面内转动，转动到与水平成φ角时，角速度与角加速度分别为ω及α，求这时O端的约束力。

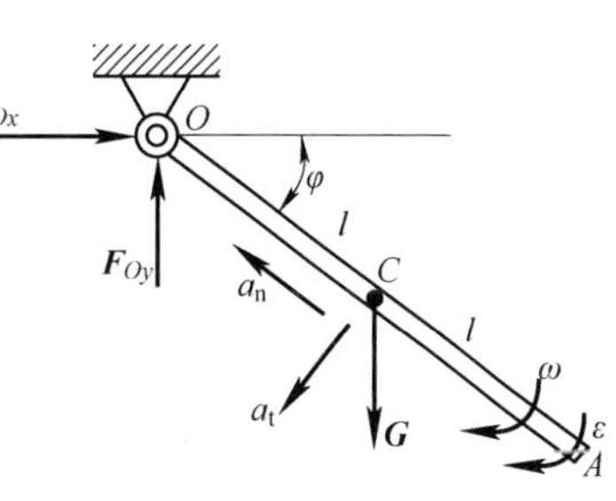

图　6-3

解　质心处的法向加速度和切向加速度分别为a_n，a_t，即

$$a_n=\omega^2l;\ a_t=\alpha l$$

$\sum F_x=ma_x$

$F_{Ox}=-Gl(\omega^2\cos\varphi+\alpha\sin\varphi)/g$　（←）

$\sum F_y=ma_y$

$F_{Oy}-G=Gl(\omega^2\sin\varphi-\alpha\cos\varphi)/g$

$F_{Oy}=G+Gl(\omega^2\sin\varphi-\alpha\cos\varphi)/g$　（↑）

例 6-4 均质圆盘的重力为 G，半径为 r，以角速度 ω 绕水平轴转动。在闸杆的一端加一铅直力 F_P，以使圆盘停止转动（图 6-4a）。设杆与盘间的动摩擦因数为 f，问圆盘转动多少周后才停止转动？

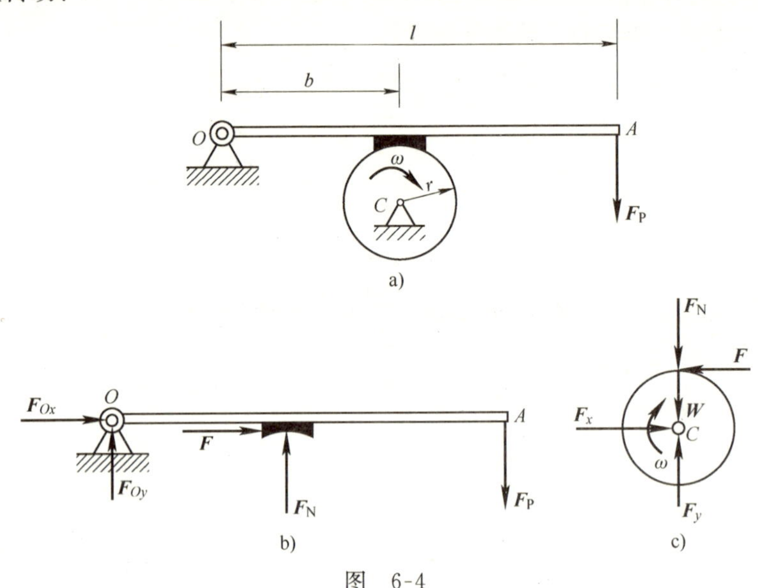

图 6-4

解 以 OA 杆为研究对象（图 6-4b）

$$\sum M_O(F)=0,\quad F_N b-F_P l=0$$

$$F_N=F_P l/b$$

$$F=fF_N=fF_P l/b$$

以圆盘为研究对象（图 6-4c），则

$$J_C\alpha=M$$

$$\alpha=M/J_C=Fr(2g/Gr^2)$$

$$=fF_P l[2g/(Grb)]$$

有

$$n=\frac{\varphi}{2\pi}=\frac{\omega^2}{4\pi\alpha}=\frac{\omega^2 Grb}{8\pi fF_P lg}$$

例 6-5 火车沿曲线轨道行驶时，若使轨道上没有侧向的压力，可将外轨适当垫高，如图 6-5a、b 所示。设铁路曲线的曲率半径为 R，轨距为 s，火车行驶的速率为 v，求外轨垫高的高度 h。

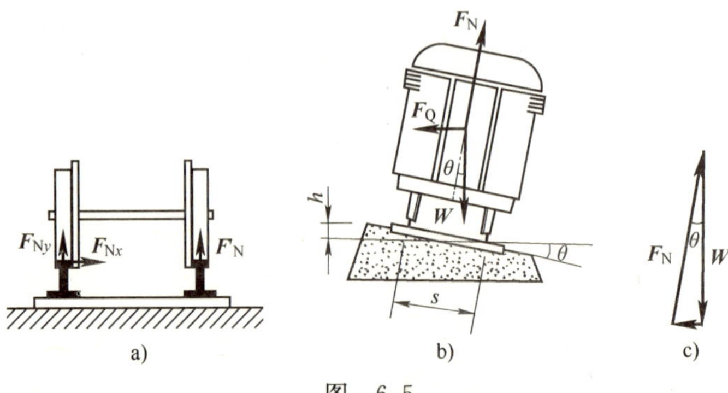

图 6-5

解 将火车当作质点来研究，作出受力图。火车作曲线运动，在水平方向上有向心加速度 v^2/R，则惯性力 $\boldsymbol{F}_Q$的大小为

$$F_Q = mv^2/R$$

由受力图（图 6-5b、c）可得

$$\tan\theta = F_Q/mg = v^2/(Rg)$$

因通常的值很小，则

$$\tan\theta \approx h/s$$

于是得

$$h = \frac{sv^2}{gR}$$

例 6-6 图 6-6a 所示机构中 OA 杆位于水平面内。轮半径为 r，OA 杆长为 $3r$。轮 A 与 OA 杆都是均质的，质量同为 m。在 OA 杆上作用一力偶矩为 M 的力偶，带动轮 A 在圆形轨道上作纯滚动。机构由静止开始运动，求开始瞬时轮 A 与轨道间的摩擦力。

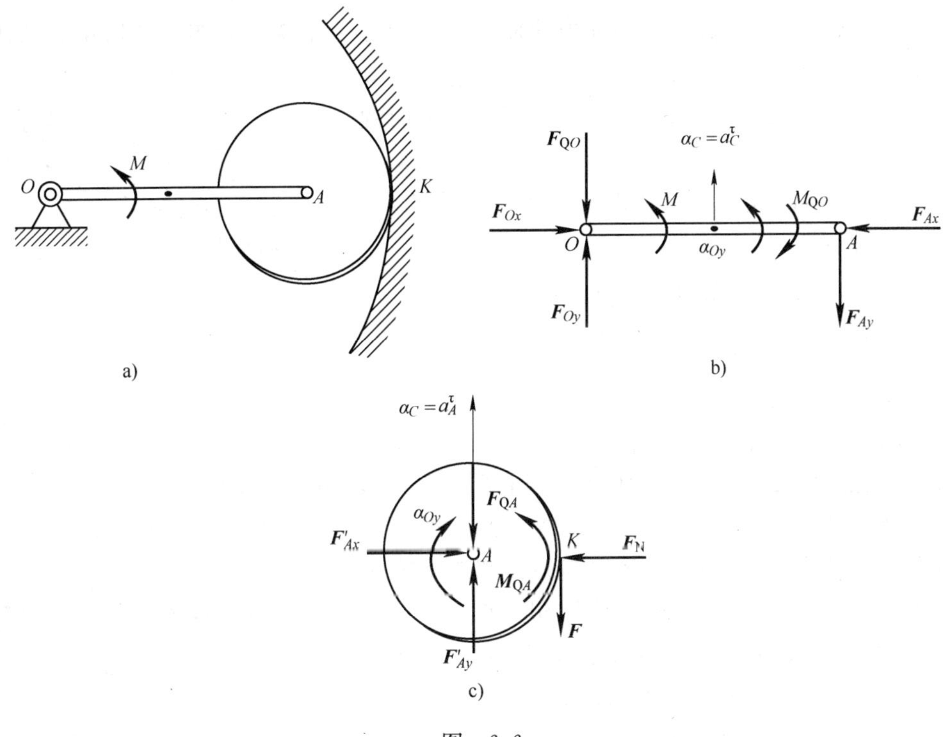

图 6-6

解 以 OA 杆为研究对象，作出受力图（图 6-6b），惯性力系对 O 点的主矢和主矩的大小分别为

$$F_{QO} = ma_C = ma_C^\tau = 1.5mr\alpha_{AO}$$

$$M_{QO} = J_O\alpha_{OA} = m(3r)^2\alpha_{OA}/3 = 3mr^2\alpha_{OA}$$

$$\sum M_O\ (\boldsymbol{F}) = 0,\ M - M_{QO} - 3rF_{Ay} = 0 \quad \text{(a)}$$

再取轮 A 作研究对象（图 6-6c），惯性力系对质心 A 点的主矢和主矩的大小分别为

$$F_{QA} = ma_A = ma_A^\tau = 3mr\alpha_{AO}$$

$$M_{QA} = J_A\alpha_A = mr^2\alpha_A/2$$

其中 $$a_A^{\tau}=r\alpha_A=AO\cdot\alpha_{AO};\ \alpha_A=3\alpha_{AO}$$

$$\sum M_K(\boldsymbol{F})=0,\ M_{QA}+F_{QA}r-rF'_{Ay}=0 \tag{b}$$

由式（a）和式（b）得

$$M-M_{QO}-3M_{QA}-3F_{QA}r=0$$

解得 $$\alpha_A=\frac{2M}{11mr^2}$$

最后，对轮 A 的 A 点取矩

$$\sum M_A(\boldsymbol{F})=0,\ M_{QA}-Fr=0$$

得摩擦力 $$F=\frac{M_{QA}}{r}=\frac{1}{2}mr\alpha_A=\frac{M}{11r}$$

习 题 解 答

6-1　缆车质量为 700kg，沿斜面以初速度 $v=1.6\mathrm{m/s}$ 下降，如图 6-7 所示。已知轨道倾角 $\alpha=15°$，摩擦因数 $f=0.015$。欲使缆车静止，设制动时间为 $t=4\mathrm{s}$，在制动时缆车作匀减速运动，求此时缆绳的拉力。

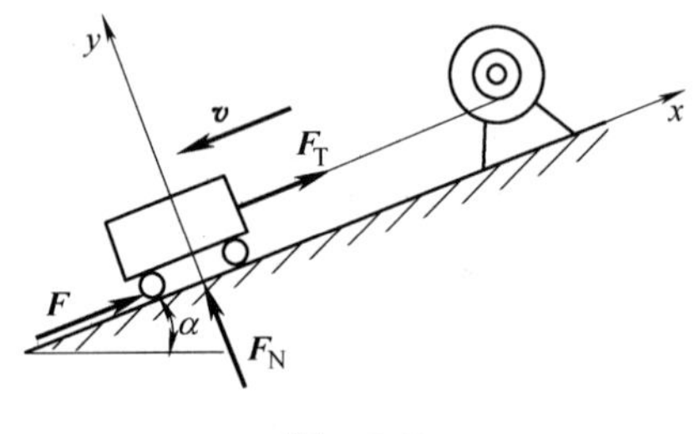

图　6-7

解　以小车为研究对象，在图 6-7 上作出受力图，并标上直角坐标系，即

$$a=v/t=\frac{1.6\mathrm{m/s}}{4\mathrm{s}}=0.4\mathrm{m/s^2}$$

由　$\sum F_x=ma$

得　$fmg\cos\alpha-mg\sin\alpha+F_T=ma$

$$F_T=ma-fmg\cos\alpha+mg\sin\alpha$$
$$=700\mathrm{kg}\times(0.4\mathrm{m/s^2}-0.015\times9.8\mathrm{m/s^2}\cos15°+9.8\mathrm{m/s^2}\sin15°)=1956\mathrm{N}$$

6-2　物块由静止开始沿倾角为 α 的斜面下滑，如图 6-8a 所示。设物块重为 mg，物块与斜面间的摩擦因数 f 为常数，求物块下滑 s 距离时所需的时间。

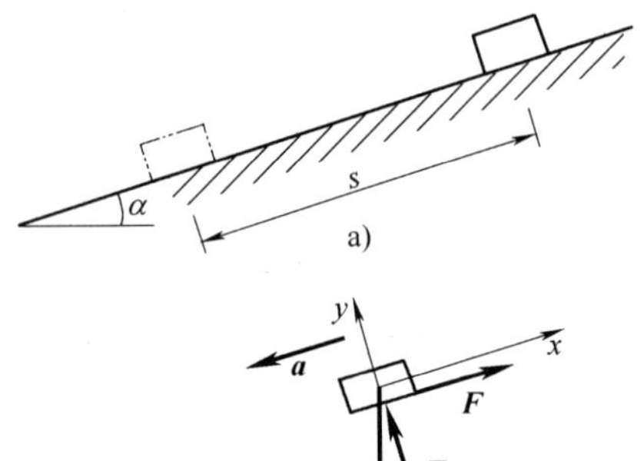

图　6-8

解　以物块为研究对象，作出受力图（图 6-8b），并标上直角坐标系，物块作匀变速直线运动，有

$$\sum F_x=ma,\ Fmg\cos\alpha-mg\sin\alpha=-ma$$

$$t=\sqrt{\frac{2s}{a}}=\sqrt{\frac{2s}{g(\sin\alpha-f\cos\alpha)}}$$

6-3　质量为 m 的物块放在匀速转动的水平台上，其重心距转轴距离为 r，物块与台面之间的摩擦因数为 f，如图 6-9a 所示。求使物体不因转台旋转而滑出的最大转速 n。

解　作物块的受力图（图 6-9b）

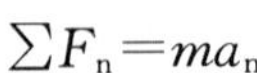

$$\sum F_n=ma_n$$

$$F=ma_{\mathrm{n}}=m\omega^2 r=m\pi^2 n^2 r/30^2$$

$$n=\frac{30}{\pi}\sqrt{\frac{F}{mr}}=\frac{30}{\pi}\sqrt{\frac{fmg}{mr}}=\frac{30}{\pi}\sqrt{\frac{fg}{r}}$$

6-4　质量为 m 的小球 M 用两根各长为 l 的无重细杆支承，如图 6-10a 所示。小球与细杆一起以匀角速度 ω 绕铅垂轴 AB 转动。设 $AB=l$，求两杆所受的拉力。

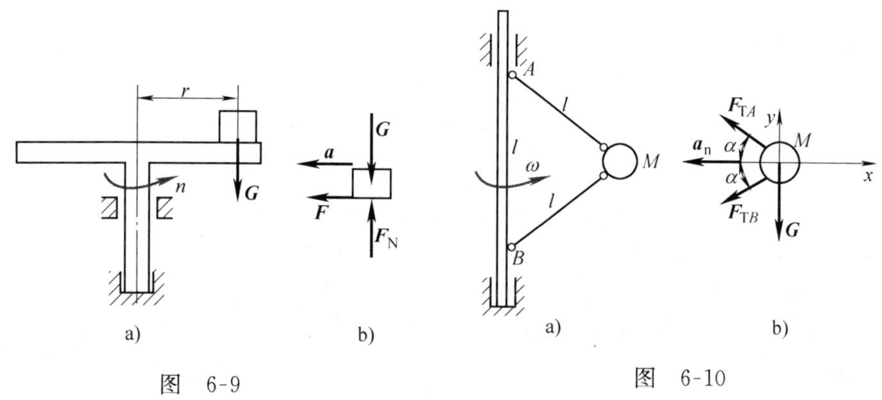

图　6-9　　　　　图　6-10

解　作小球的受力图（图 6-10b），列平衡方程有

$\sum F_y=0$，$F_{\mathrm{TA}}\sin\alpha-F_{\mathrm{TB}}\sin\alpha-mg=0$

$\sum F_x=ma_x$，$-F_{\mathrm{TA}}\cos\alpha-F_{\mathrm{TB}}\cos\alpha=-ma_{\mathrm{n}}=-m\omega^2 l\cos\alpha$

$$F_{\mathrm{TA}}=m(\omega^2 l/2+g)$$

$$F_{\mathrm{TB}}=m(\omega^2 l/2-g)$$

6-5　如图 6-11 所示，质量为 m_1 的电动机，在转动轴上带动一质量为 m_2 的偏小轮，偏心矩为 e。如电动机的角速度 ω 为，试求：

1）如电动机外壳用螺杆扣在基础上，求作用在螺杆上最大的水平约束力 $\boldsymbol{F}_x$。

2）如不用螺杆固定，求角速度 ω 为多大时，电动机会跳离地面？

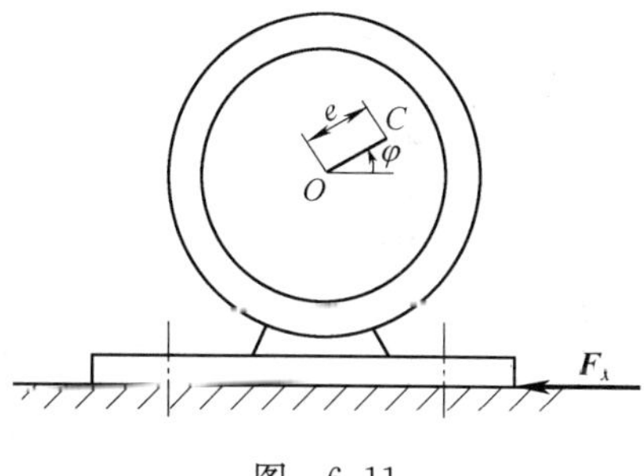

图　6-11

解　1）偏小轮在水平位置时，螺杆上有最大的水平约束力 $\boldsymbol{F}_x$

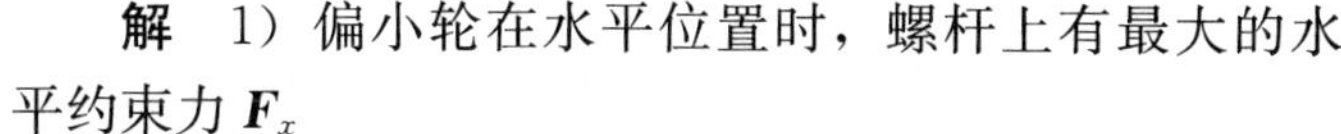

$$F_x=m_2 a_x=m_2 e\omega^2\quad(\rightarrow)$$

2）偏小轮在最高位置时，电动机最易跳离地面，此时地面的支撑力为零，即

$$(m_1+m_2)g\leqslant m_2 a_y=m_2 e\omega^2$$

$$\omega\geqslant\sqrt{\frac{(m_1+m_2)g}{m_2 e}}$$

6-6　图 6-12 所示框架质量为 m_1，置于光滑的水平面上，框架上单摆的摆长为 l，质量为 m_2，在摆角为 θ_0 时自由释放，此时框架处于静止状态。求单摆运动到铅垂位置时框架的位移。

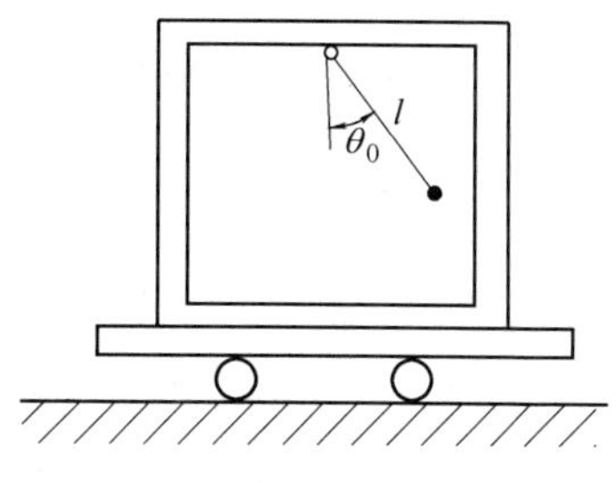

图　6-12

解　系统在水平方向上合外力为零，初速度为零，则质

心位置不变

$$\frac{-m_1\Delta x+m_2(-\Delta x+l\sin\theta_0)}{m_1+m_2}=0$$

$$\Delta x=m_2 l\sin\theta_0/(m_1+m_2)\quad（向右移动）$$

6-7　重力 $\boldsymbol{G}_1$ 为 8N，半径 R 为 6.5cm 的圆柱体无滑动地沿棱柱体的斜面滚下两圈（图 6-13）。已知：$AB=50\text{cm}$，$BC=120\text{cm}$。求在这段时间内，重力 $\boldsymbol{G}_2$ 为 16N 的棱柱体沿光滑水平面移动了多少距离？

解　系统在水平方向上合外力为零，初速度为零，则质心位置不变，即

$$G_1\left(4R\pi\times\frac{BC}{\sqrt{BC^2+AB^2}}-x\right)-G_2x=0$$

$$x=\frac{4G_1R\pi\cdot BC}{(G_1+G_2)\sqrt{BC^2+AB^2}}=\frac{4\pi\times8\times6.5\times120}{(8+16)\sqrt{120^2+50^2}}\text{cm}=25.12\text{cm}$$

6-8　匀质圆盘如图 6-14 所示，外径 $D=60\text{cm}$，厚 $h=10\text{cm}$，其上钻有四个圆孔，直径均为 $d_1=30\text{cm}$，尺寸 $d=30\text{cm}$，钢的密度 $\rho=7.9\times10^{-3}\text{kg/cm}^3$。求此圆盘对过其中心 O 并与盘面垂直的轴的转动惯量。

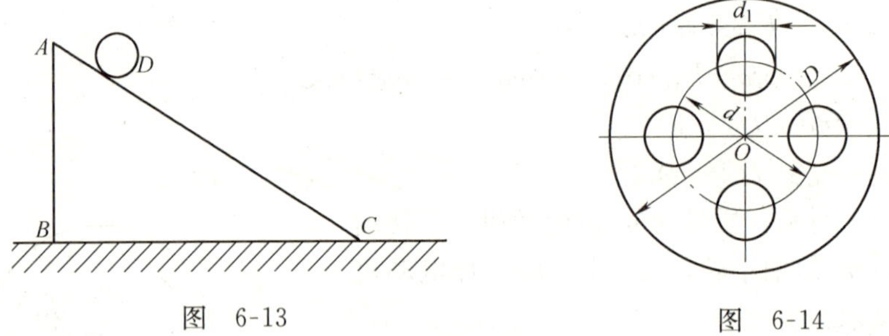

图　6-13　　　　图　6-14

解　匀质圆盘由一直径 D 的大圆，除去掉四个直径 d 的小圆，则对中心 O 的转动惯量为

$$J_O=m_1D^2/8-4m_2({d_1}^2/8+m_2d^2/4)=\rho h\pi\left[\frac{D^4}{32}-4\left(\frac{d_1^4}{32}+\frac{d^2}{4}\times\frac{d_1^2}{4}\right)\right]$$

$$=\left\{7.9\times10^{-3}\times10\times\pi\left[\frac{60^4}{32}-4\times\left(\frac{10^4}{32}+\frac{30^2}{4}\times\frac{10^2}{4}\right)\right]\right\}\text{kg}\cdot\text{cm}^2$$

$$=9.46\times10^4\text{kg}\cdot\text{cm}^2$$

6-9　冲击摆如图 6-15 所示，由摆杆 OA 及摆锤组成，若将 OA 看成质量为 m，长为 l 的均质细长杆；将 B 看成质量为 m_2，半径 R 的等厚均质量圆盘，求整个摆对转轴 O 的转动惯量。

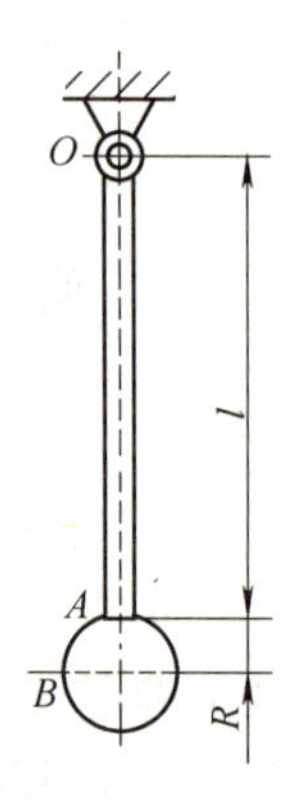

图　6-15

解

$$J_O=ml^2/3+m_2R^2/2+m_2(l+R)^2$$
$$=ml^2/3+m_2[R^2+2(l+R)^2]/2$$

6-10　如图 6-16 所示，均质圆盘的质量为 m，半径为 r，该圆盘绕 x 轴的转动惯量 $J_x=0.26mr^2$。试求圆盘绕轴 x' 的转动惯量。x 与 x' 轴平行，均不通过质心，相距 $0.3r$。

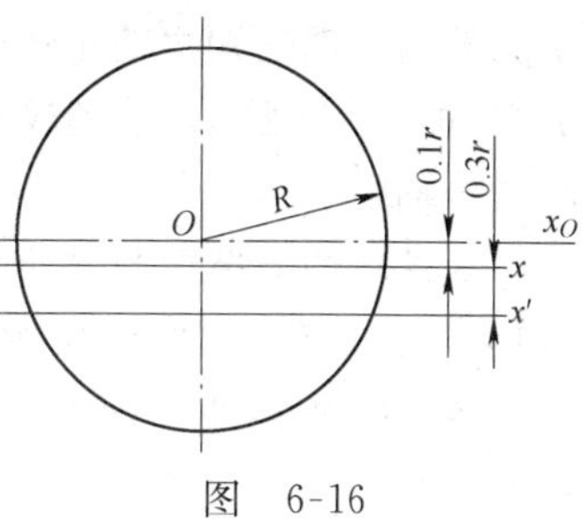

图 6-16

解 因 x 与 x' 轴平行又都不通过质心，运用两次平行移轴公式，得

$J_x = J_{xO} + m(0.1r)^2$

$J_{x'} = J_{xO} + m(0.4r)^2 J_x = J_x - m(0.1)^2 r + m(0.4r)^2 J_x = mr^2(0.26 - 0.1^2 + 0.4^2) = 0.41mr^2$

6-11 在车厢顶上悬挂一单摆，当车厢作等加速运动时，摆将偏向一方，与铅垂线成不变角 θ_0。求车厢的加速度 $\boldsymbol{a}$ 与角 θ_0 的关系。

解 车厢向左加速运动，以单摆为研究对象，作出受力图，并标上直角坐标系，如图 6-17 所示。

惯性力大小为 $F_Q = ma$，由平衡方程得

$\sum F_x = 0$，$F_Q\cos\theta_0 - mg\sin\theta_0 = 0$

$ma = mg\tan\theta_0$

$a = g\tan\theta_0$

6-12 缆车质量为 700kg，沿斜面以初速度 $v = 1.6\text{m/s}$ 下降，如图 6-18 所示。已知轨道倾角 $\alpha = 15°$，摩擦因数 $f = 0.015$。欲使缆车静止，设制动时间为 $t = 4\text{s}$，在制动时缆车作匀减速运动，求此时缆绳的拉力。

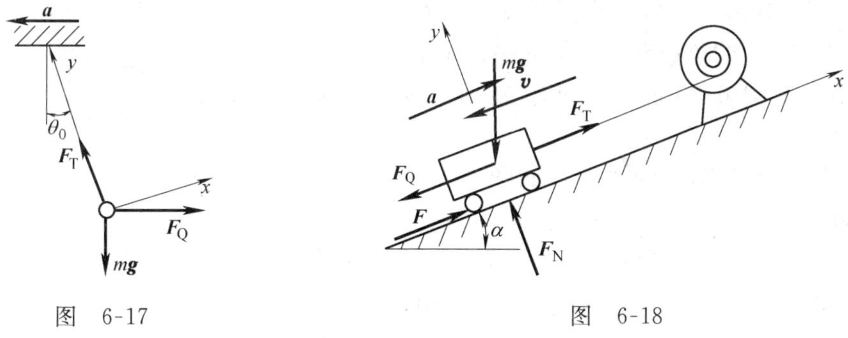

图 6-17　　图 6-18

解 以小车为研究对象，在图 6-18 上作出受力图，并标上直角坐标系，则

$$a = v/t = \frac{1.6\text{m/s}}{4\text{s}} = 0.4\text{m/s}^2$$

$$F_Q = ma$$

由平衡方程，得

$\sum F_y = 0$，$F_N - mg\cos\alpha = 0$

$F = fF_N = fmg\cos\alpha$

$\sum F_x = 0$，$F - mg\sin\alpha + F_T - F_Q = 0$

$F_T = ma - fmg\cos\alpha + mg\sin\alpha$

$= 700\text{kg} \times (0.4\text{m/s}^2 - 0.015 \times 9.8\text{m/s}^2\cos15° + 9.8\text{m/s}^2\sin15°)$

$= 1956\text{N}$

6-13 如图 6-19a 所示，在空气压缩机的惯性离合器中，有四个惯性块 C，每个惯性能块由弹簧拉住，但能沿着轮的径向滑动。当惯性块压紧从动轮时，活套在主动轮上的从动轮

就被带动。现已知主动轮转速 $n=960\mathrm{r/min}$，每个惯性块 C 的质量为 2kg，从动轮直径 $D=0.44\mathrm{m}$，惯性块质心到转轴中心的距离（正常运转时）$r_C=0.19\mathrm{m}$，惯性块与从动轮的摩擦因数 $f_s=0.3$，每根弹簧拉力为 $F=960\mathrm{N}$。试求离合器能传递的最大转矩。

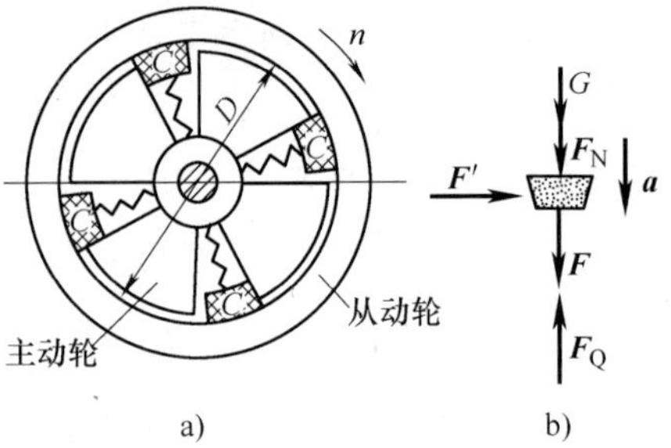

a)　　b)

图 6-19

解　以惯性块为研究对象，作受力图如图 6-19b 所示，则

$$F_Q=ma=m\omega^2 r_C=m(\pi n/30)^2 r_C$$

由平衡方程，得

$$\sum F_x=0,\quad -F-F_N+F_Q=0$$

$$F_N=-F+F_Q$$

$$M=2F'D=2f_sF_ND=2f_s(-F+F_Q)D$$

$$=2f_s[-F+m(\pi n/30)^2 r_C]D$$

$$=\{2\times 0.3[-960+2\times(\pi\times 960/30)^2\times 0.19]\times 0.44\}\mathrm{N\cdot m}$$

$$=760.4\mathrm{N\cdot m}$$

6-14　汽车连同货物的质量共为 8000kg，在直线道路上以速度 $v=36\mathrm{km/h}$ 行驶，因遇突然情况而紧急制动，作匀减速运动后停止。路面与轮胎间的摩擦因数为 $f_s=0.8$，车的重心在 C 处，$h=1.2\mathrm{m}$，$l_1=2.6\mathrm{m}$，$l_2=1.4\mathrm{m}$，如图 6-20 所示。试求制动后前后轮对地面的压力。

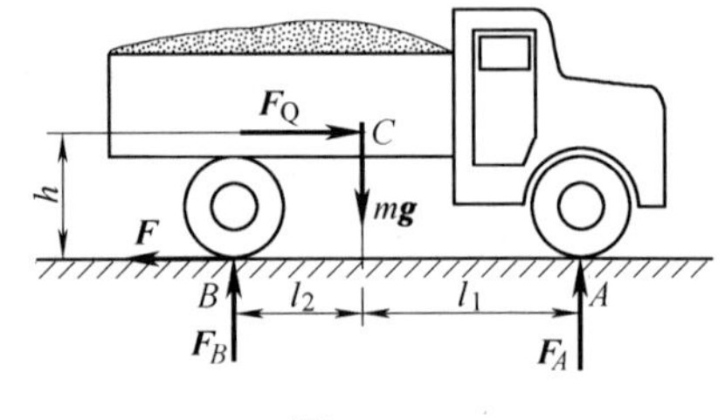

图 6-20

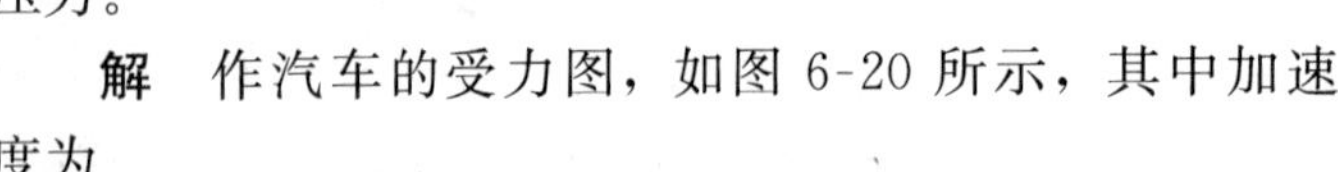

解　作汽车的受力图，如图 6-20 所示，其中加速度为

$$a_C=F/m=f_sF_N/m=f_sg=0.8\times 9.8\mathrm{m/s^2}=7.84\mathrm{m/s^2}$$

则惯性力　$F_Q=ma_C=8000\mathrm{kg}\times 7.84\mathrm{m/s^2}=62720\mathrm{N}$

由平衡方程，得

$$\sum M_A(\boldsymbol{F})=0,\ mgl_1-F_B(l_1+l_2)-F_Qh=0$$

$$F_B=(mgl_1-F_Qh)/(l_1+l_2)$$

$$=[(8000\times 9.8\times 2.6-62720\times 1.2)/(2.6+1.4)]\mathrm{N}=32144\mathrm{N}$$

$$\sum F_y=0,\quad F_A+F_B-mg=0$$

$$F_A=mg-F_B=(8000\times 9.8-32144)\mathrm{N}=46256\mathrm{N}$$

6-15　电动绞车装在梁的中点，绞车提起质量为 2000kg 的重物 B，以 $1\mathrm{m/s^2}$ 的加速度上升，绞车和梁的质量共为 800kg，其他尺寸如图 6-21 所示。试求支座 C 与 D 处的约束力。

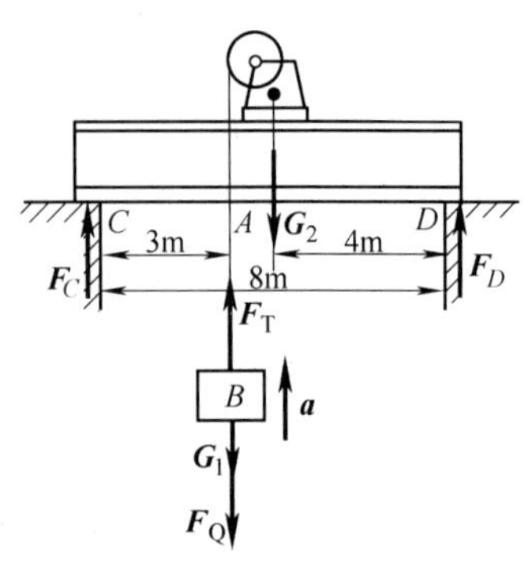

图 6-21

解　作受力图，如图 6-21 所示，惯性力

$$F_Q=m_1a=2000\mathrm{kg}\times 1\mathrm{m/s^2}=2000\mathrm{N}$$

由平衡方程，得

$$\sum M_C(\boldsymbol{F})=0,\quad F_D\times 8\mathrm{m}-m_2g\times 4\mathrm{m}-m_1g\times 3\mathrm{m}-F_Q\times 3\mathrm{m}=0$$

$$F_D = m_2 g/2 + m_1 g \times 3/8 + F_Q \times 3/8$$
$$= (800 \times 9.8 \times 0.5 + 2000 \times 9.8 \times 0.375 + 2000 \times 0.375)\text{N} = 12020\text{N} \quad (\uparrow)$$

$\sum F_y = 0$，$F_C + F_D - m_2 g - m_1 g - F_Q = 0$

$$F_C = -F_D + m_2 g + m_1 g + F_Q$$
$$= (-12020 + 800 \times 9.8 + 2000 \times 9.8 + 2000)\text{N} = 17420\text{N} \quad (\uparrow)$$

6-16　一平板车运送钢锭，已知钢锭与平板的摩擦因数 $f_s = 0.2$，钢锭的重心在 C 处，其他尺寸如图 6-22 所示，求使钢锭在车上既不滑动又不翻转时，平板车的最大加速度。

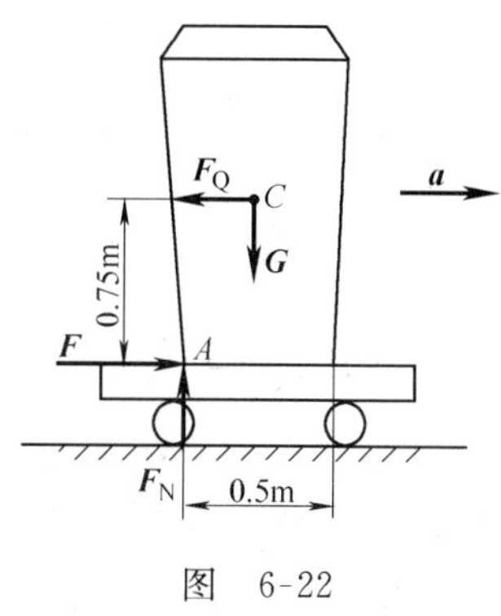

图　6-22

解　作受力图，如图 6-22 所示，惯性力 $F_Q = ma$，由平衡方程，得

$\sum F_x = 0$，$f_s mg - F_Q = 0$

$$a_1 = f_s g = 0.2g$$

$\sum M_A(\boldsymbol{F}) = 0$，$F_Q \times 0.75\text{m} - mg \times 0.25\text{m} = 0$

$$a_2 = g \times 0.25/0.75 = 0.33g$$
$$a_{max} = 0.2g$$

6-17　直径为 0.2m 的钢管置于小车上，设钢管与不小车平板的滚动摩擦系数为 0.5cm，如图 6-23a 所示。问小车以多大的加速度运动时，钢管将在车上开始滚动。

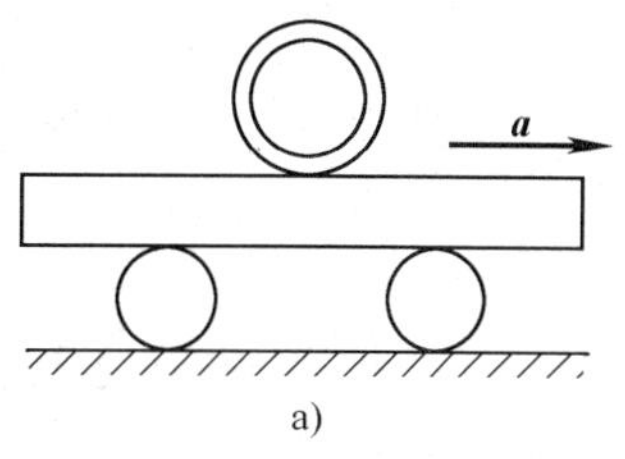

a)

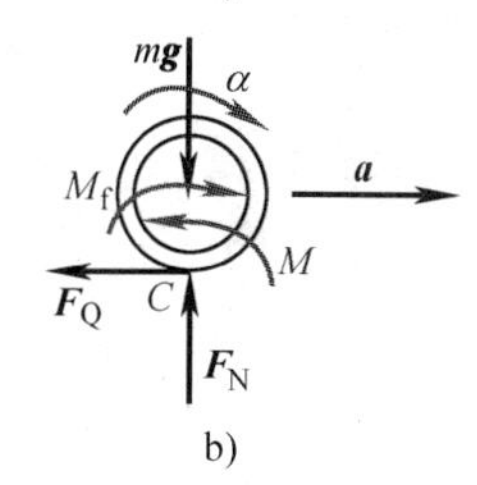

b)

图　6-23

解　以钢管为研究对象，将惯性力系向 C 点简化（图 6-23b），得

$$F_Q = ma$$
$$M_Q = J_C \alpha = mr^2 \alpha = mra$$
$$M_f = \delta F_N = \delta mg$$

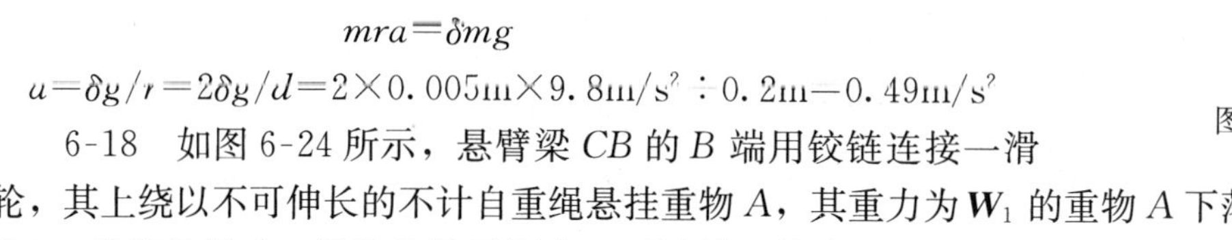
由平衡方程，得

$\sum M_C$（$\boldsymbol{F}$）$= 0$，$M_Q - M_f = 0$

$$mra = \delta mg$$

$$a = \delta g / r = 2\delta g / d = 2 \times 0.005\text{m} \times 9.8\text{m/s}^2 \div 0.2\text{m} = 0.49\text{m/s}^2$$

6-18　如图 6-24 所示，悬臂梁 CB 的 B 端用铰链连接一滑轮，其上绕以不可伸长的不计自重绳悬挂重物 A，其重力为 $\boldsymbol{W}_1$ 的重物 A 下落时，带动重力为 $\boldsymbol{W}_2$ 的滑轮转动，滑轮为均质圆盘，不计轴上的摩擦及梁的自重。若已知杆长 $CB = l$，试求固定端 C 的约束力。

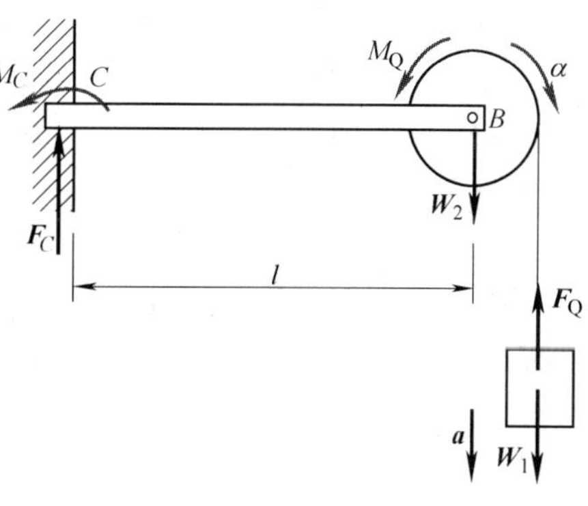

图　6-24

解　设圆盘半径为 r 作整体受力图，如图 6-24 所示。惯性力、力矩分别为

$$F_Q = W_1 a / g$$
$$M_Q = J_B \alpha = \alpha W_2 r^2 / 2g = a W_2 r / 2g$$

以滑轮和重物为研究对象（受力图略），由平衡方程，得

$\sum M_B(\boldsymbol{F}) = 0$，$M_Q - W_1 r + F_Q r = 0$

$$aW_2r/2g-W_1r+aW_1r/g=0$$

$$a=\frac{2W_1}{2W_1+W_2}g$$

以整体为研究对象，由平衡方程，得

$\sum F_y=0$，$F_C+F_Q-W_1-W_2=0$

$$F_C=-F_Q+W_1+W_2=\frac{W_2(W_2+3W_1)}{2W_1+W_2}\quad(\uparrow)$$

$\sum M_C(\boldsymbol{F})=0$，$M_C+M_Q-W_2l-(W_1-F_Q)(l+r)=0$

$$M_C=W_2l+(W_1-F_Q)(l+r)-M_Q=\frac{W_2(W_2+3W_1)}{2W_1+W_2}l\quad(\circlearrowleft)$$

6-19　图6-25所示凸轮导板机构，其偏心轮的偏心距$OA=e$，偏心轮绕O轴以匀角速度ω转动。如当导板CD在最低位置时，弹簧的伸长量为b，导板质量为m，试求弹簧的弹性系数k为多大时，方使导板在运动过程中始终与偏心轮保持接触。

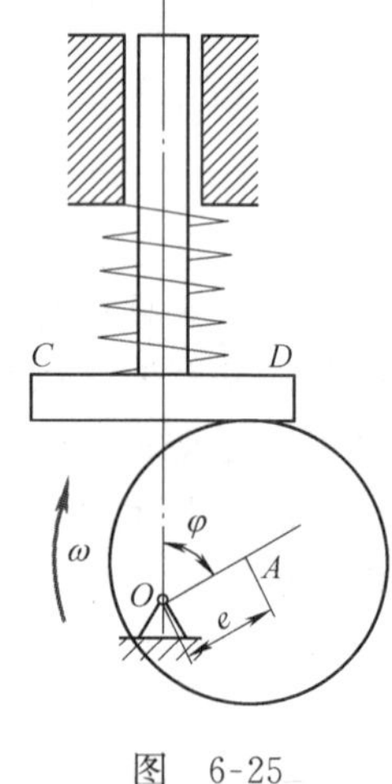

图　6-25

解　建立导板CD的运动方程

$$y=r+e\cos\omega t$$

$$v=\frac{\mathrm{d}y}{\mathrm{d}t}=-e\omega\sin\omega t$$

$$a=\frac{\mathrm{d}v}{\mathrm{d}t}=-e\omega^2\cos\omega t$$

导板CD在最低位置时，$\varphi=\pi$，$a=e\omega^2$方向向上，则导板CD与偏心轮不易分离。

导板CD在最高位置时，$\varphi=0$，$a=e\omega^2$方向向下，则导板CD与偏心轮最易分离，要保持接触必须满足

$\sum F_y=0$，$F_Q-F-mg=0$

$$m\omega^2e-k(b+2e)-mg=0$$

则　$$k=m(\omega^2e-g)/(b+2e)$$

6-20　如图6-26a所示打桩机支架质量为$m_1=2000\text{kg}$，质心在C点。已知$a=4\text{m}$，$b=1\text{m}$，$h=10\text{m}$，锤质量$m_2=700\text{kg}$，绞车鼓轮质量$m_3=500\text{kg}$，半径$r=0.28\text{m}$，回转半径$\rho=0.2\text{m}$，钢绳与水平面夹角$\alpha=60°$，鼓轮上作用着转矩$M=1960\text{N}\cdot\text{m}$。不计滑轮的大小和质量，求支座$A$和$B$的约束力。

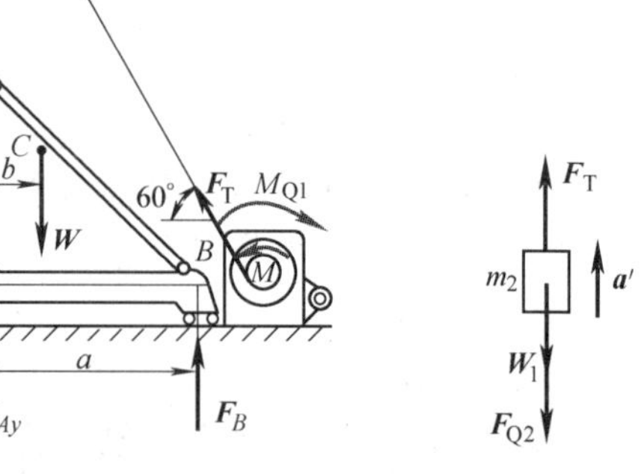

图　6-26

解　以绞车鼓轮为研究对象（图6-26a），对其中心O点取矩，其中

$$M_{Q1}=\alpha J_{z1}=m_3\rho^2\alpha=m_3\rho^2a'/r$$

由平衡方程，得

$\sum M_O(\boldsymbol{F})=0$，$M-M_{Q1}-F_Tr=0$

$$M-m_3\rho^2 a'/r-F_T r=0 \tag{a}$$

以锤为研究对象（图 6-26b）

$$F_{Q2}=m_2 a'$$

$\sum F_y=0$，$F_T-F_{Q2}-m_2 g=0$

$$F_T-m_2 a'-m_2 g=0 \tag{b}$$

综合式（a）和式（b），得

$$a=\frac{(M-m_2 gr)r}{m_2 r^2+m_3\rho^2}=2.45\text{m/s}^2$$

$$F_T=\frac{(M-m_2 gr)r}{m_2 r^2+m_3\rho^2}m_2+m_2 g=6.13\text{kN}$$

以打桩机为研究对象，由平衡方程，得

$\sum M_A(\boldsymbol{F})=0$，$F_B a-Wb-F_T\cos60°h=0$

$$F_B=(m_1 gb+F_T\cos60°h)/a=12.56\text{kN}\quad(\uparrow)$$

$\sum F_y=0$，$F_{Ay}+F_B-m_1 g-m_2 g-F_T\sin60°=0$

$$F_{Ay}=-F_B+m_1 g+F_T\sin60°=20.03\text{kN}\quad(\uparrow)$$

$\sum F_x=0$，$F_{Ax}+F_T\cos60°=0$

$$F_{Ax}=-F_T\cos60°=-3.06\text{kN}\quad(\leftarrow)$$

6-21　长方形均质平板长为 20cm，宽为 15cm，质量为 27kg，由两个铰链 A 和 B 悬挂，如图 6-27 所示，如果突然撤去铰链 B，求铰链 A 的约束力。

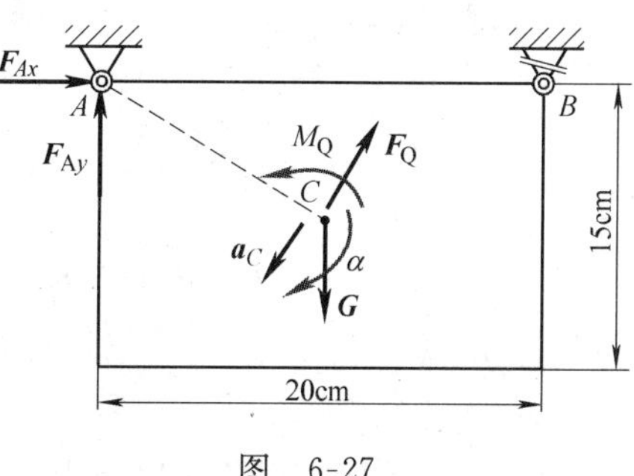

图　6-27

解

$$J_C=\frac{h^2+b^2}{12}m$$

$$F_Q=ma_C=\sqrt{\frac{h^2+b^2}{4}}m\alpha$$

$$M_{QC}=J_C\alpha=\frac{h^2+b^2}{12}m\alpha$$

由平衡方程

$$\sum M_A(\boldsymbol{F})=0, M_{QC}-Gb/2+F_Q\sqrt{\frac{h^2+b^2}{4}}=0$$

得角加速度

$$\alpha=\frac{3bg}{2(h^2+b^2)}\text{rad/s}^2$$

得加速度

$$a_C=\frac{3bg}{4\sqrt{h^2+b^2}}=\frac{3\times0.2}{4\times\sqrt{0.2^2+0.15^2}}g=0.6g$$

$$\sum F_y=0,\quad F_{Ay}-mg+F_Q\frac{b}{\sqrt{h^2+b^2}}=0$$

$$F_{Ay}=mg-ma_C\frac{b}{\sqrt{h^2+b^2}}=137.6\text{N}\quad(\uparrow)$$

$$\sum F_x=0,\quad F_{Ax}+F_Q\frac{h}{\sqrt{h^2+b^2}}=0$$

$$F_{Ax}=-ma_C\frac{h}{\sqrt{h^2+b^2}}=-95.3\text{N}\quad(\leftarrow)$$

6-22　重 G_1 的电梯挂在卷筒的绳子上以加速度 $\boldsymbol{a}$ 上升，在电梯中有梁 AB 重 $\boldsymbol{G}_2$、长 l，以倾角 θ 斜搁，如图 6-28a 所示，卷筒重 $\boldsymbol{G}_3$、半径 r，绕轴旋转的转动惯量 $J_O=\frac{G_3}{g}\rho^2$。求电动机作用于卷筒的驱动力矩，绳的拉力和电梯中梁 A、B 端处的约束力。

解　以整体为研究对象作出受力图，如图 6-28a 所示，其中卷筒作定轴转动，电梯及梁作直线运动，其中 $\alpha=a/r$，卷筒的惯性力矩 $M_Q=\alpha J_O=G_3\rho^2\alpha/g=G_3\rho^2 a/(gr)$ 电梯及梁的惯性力 $F_Q=(G_1+G_2)a/g$，方向如图 6-28a 所示。对卷筒的中心 O 点取力矩平衡方程

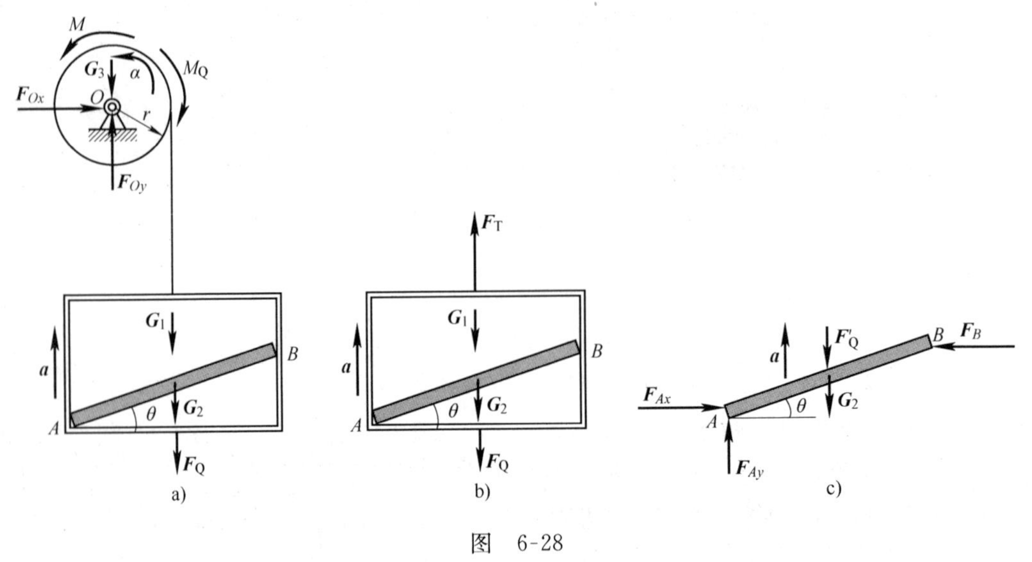

图　6-28

$$\sum M_O(\boldsymbol{F})=0,\ M-M_Q-(G_1+G_2+F_Q)r=0$$

驱动力矩

$$M=M_Q+(G_1+G_2+F_Q)r$$
$$=G_3\rho^2 a/(gr)+(G_1+G_2)(g+a)r/g$$

以电梯为研究对象作出受力图，如图 6-28b 所示，

$$\sum F_y=0,\ F_T-G_1-G_2-F_Q=0$$

绳的拉力　$F_T=G_1+G_2+F_Q=(G_1+G_2)(g+a)/g$

以梁为研究对象作出受力图（图 6-28c），其中 $F'_Q=G_2a/g$，以平衡方程

$$\sum M_A(\boldsymbol{F})=0,\ F_B l\sin\theta-(G_2+F'_Q)\cdot\frac{l}{2}\cos\theta=0$$

得　$F_B=G_2(1+a/g)\cot\theta/2$　（←）

$$\sum F_x=0,\ F_{Ax}-F_B=0$$

得　$F_{Ax}=G_2(1+a/g)\cot\theta/2$　（→）

$$\sum F_y=0,\ F_{Ay}-G_2-F'_Q=0$$

得　$F_{Ay}=G_2(1+a/g)$　（↑）

6-23　图 6-29 中，沿斜面作纯滚动的圆柱体 O' 和鼓轮 O 皆为匀质物体，其重力分别为 $\boldsymbol{W}_1$ 和 $\boldsymbol{W}_2$，半径均为 R，绳子不能伸长，质量忽略不计。粗糙斜面的倾角为 θ。只计滑动

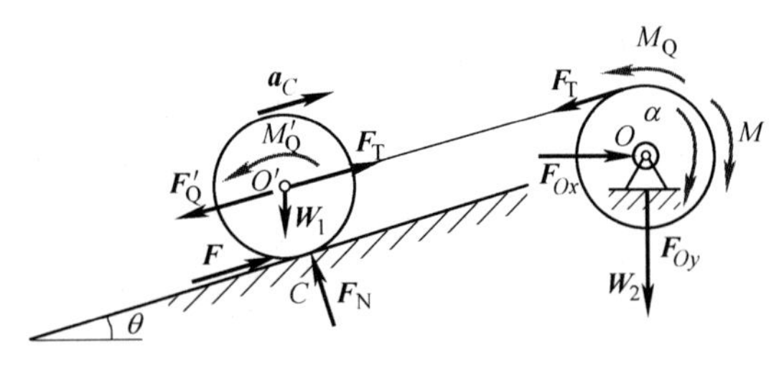

图　6-29

摩擦，不计滚动摩擦。如在鼓轮上作用一常力偶矩 M，求鼓轮的角加速度和轴承 O 的水平约束力。

解 以为鼓轮 O 研究对象，则

$$M_Q=\alpha J_O=W_2R^2\alpha/2g$$

由平衡方程，得

$$\sum M_O(\boldsymbol{F})=0,\ M-M_Q-F_TR=0$$

$$M-W_2R^2\alpha/2g-F_TR=0 \tag{a}$$

以圆柱体为研究对象，其中

$$a_C=\alpha R;\ F'_Q=W_1a_C/g;\ M'_Q=\alpha' J_{O'}=a_CJ_{O'}/R=W_1R^2\alpha/2g$$

由平衡方程，得

$$\sum M_C(\boldsymbol{F})=0,\ F_QR+M'_Q-F_TR+W_1\sin\theta R=0$$

$$W_1R^2\alpha/g+W_1R^2\alpha/2g-F_TR+W_1\sin\theta R=0 \tag{b}$$

解式（a）和式（b），得

$$\alpha=\frac{2(M-W_1R\sin\theta)}{R^2(3W_1+W_2)}g$$

$$F_T=(M-M_Q)/R=(M-W_2R^2\alpha/2g)/R=\frac{3W_1M+W_1W_2R\sin\theta}{R(3W_1+W_2)}$$

再以为鼓轮 O 研究对象，由平衡方程，得

$$\sum F_x=0,\ F_{Ox}-F_T\cos\theta=0$$

$$F_{Ox}=F_T\cos\theta=\frac{3W_1M+W_1W_2R\sin\theta}{R(3W_1+W_2)}\cos\theta$$

自 测 练 习

6-1 如图 6-30 所示，两物体的质量分别为 m_1 和 m_2，用长为 l 的绳连接，此绳跨过一半径为 r 的滑轮，如在开始时两物体间的高差为 c，且 $m_1>m_2$，试求将重物由静止释放后，两物体达到相同高度时所需的时间。假设绳和滑轮的质量不计。

6-2 如图 6-31 所示，球磨机的圆筒转动时，带动钢球一起运动，使球转到一定角度 α 时下落撞击矿石。已知钢球转到 $\alpha=35°20'$ 时脱离圆筒，可得到最大打击力。设圆筒内径 $d=3.2\text{m}$，求圆筒应有的转速 n。

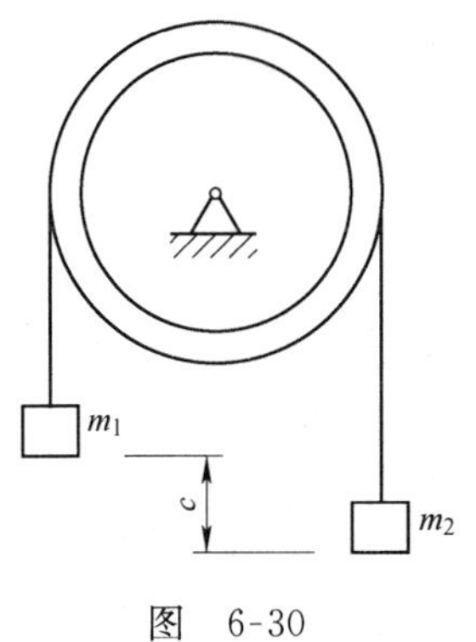

图 6-30

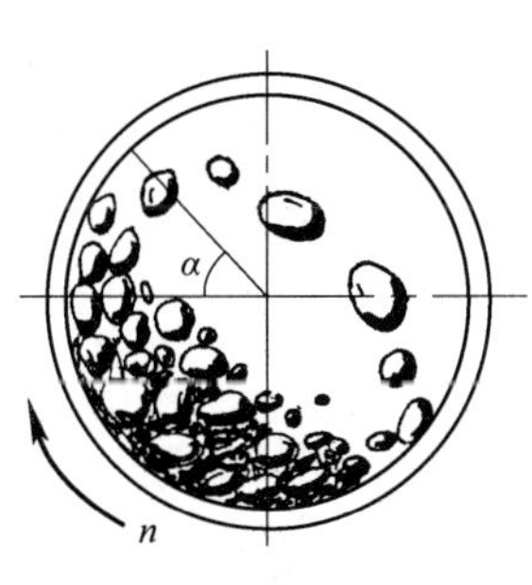

图 6-31

6-3　如图 6-32 所示，水平面上放一均质三棱柱 A，此三棱柱上又放一均质三棱柱 B，两三棱柱的横截面均为直角三角形，又三棱柱 A 的质量为三棱柱 B 的 3 倍，设三棱柱与水平支承面都是光滑的，求当三棱柱 B 沿三棱柱 A 滑下至其在下边的棱刚接触支承面时，三棱柱 A 所移动的距离 d。

6-4　如图 6-33 所示，已知带轮 O_1 和 O_2 的半径为 R，质量为 m，对转动轴的回旋半径为 ρ，主动轮 O_1 带动从动轮 O_2 的下皮带的拉力 $\boldsymbol{F}_{T1}$ 和上皮带的拉力 $\boldsymbol{F}_{T2}$，求带轮的角加速度。

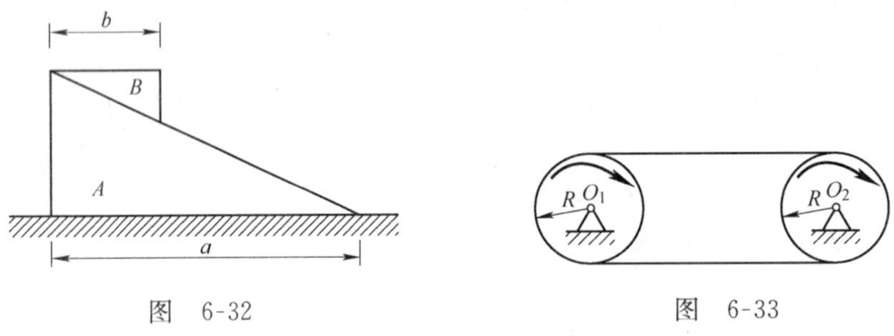

图　6-32　　　图　6-33

6-5　如图 6-34 所示，有一轮子，轴直径为 5cm，无初速度地沿倾角 $\alpha=20°$ 的轨道滚下，5s 内滚过的距离 $s=3$m，设轮子只滚动不滑动，试求轮子对轮心的惯性半径。

6-6　如图 6-35 所示，重力为 $\boldsymbol{W}$ 的一物块，自点 A 在铅垂面内沿半径为的半圆滑下，初速为零，不计摩擦，试求物块在半圆的任意位置上所受的约束力。

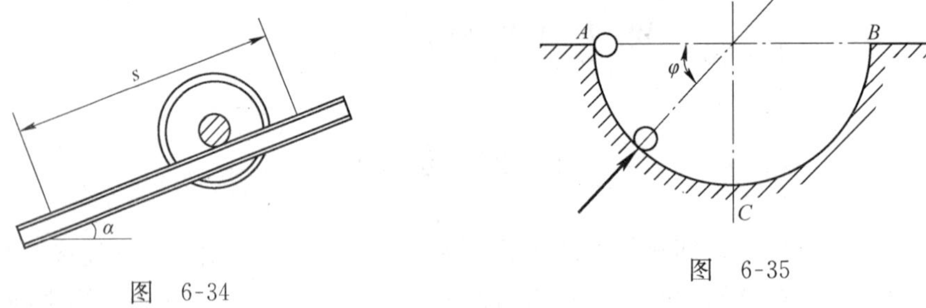

图　6-34　　　图　6-35

6-7　如图 6-36 所示，物块 A 放在倾角为 θ 的斜面上，物块与斜面间的摩擦因数为 $f=\tan\varphi$，如斜面向左作加速度运动，试问加速度 a 为何值时，物块 A 不会沿斜面滑动。

6-8　均质杆的重力为 $\boldsymbol{W}$，长 l，悬挂如图 6-37 所示，求一绳突然断开时，杆的质心的加速度及另一绳的拉力。

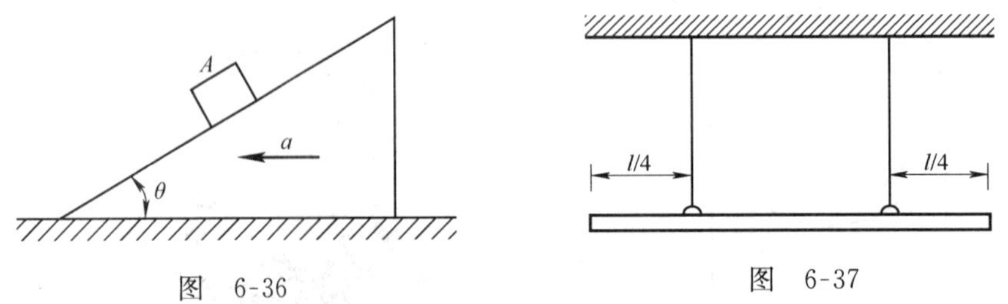

图　6-36　　　图　6-37

6-9　图 6-38 所示半径为 r、重力为 $\boldsymbol{W}$ 的滑轮上绕有软绳，将绳的一端固定于 A 点而令滑轮自由下降，求轮心向下的加速度及绳子拉力。

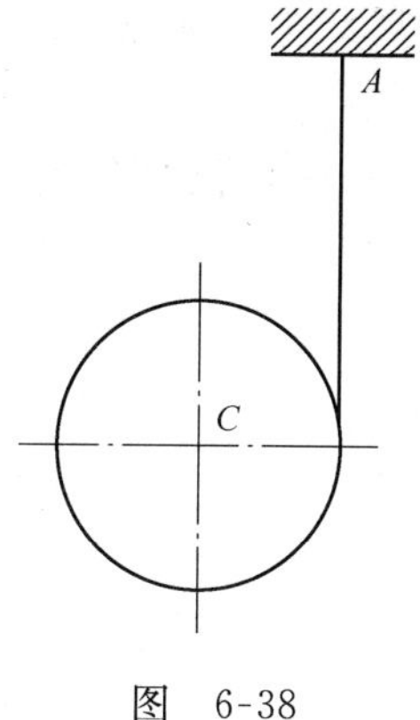

图 6-38

自测练习答案

6-1 $t=\sqrt{\dfrac{c(m_1+m_2)}{(m_1-m_2)g}}$

6-2 $n=18\text{r/min}$

6-3 $x=\dfrac{a-b}{4}$

6-4 $\alpha=\dfrac{F_{T1}-F_{T2}}{m\rho^2}R$

6-5 $\rho=9\text{cm}$

6-6 $F_N=3W\sin\varphi$

6-7 $g\tan(\theta-\varphi)\leqslant a\leqslant g\tan(\theta+\varphi)$

6-8 $a=3g/7$；$F_T=4W/7$

6-9 $a=2g/3$；$F_T=W/3$

第七章　动力学普遍定理

知 识 要 点

1. 动量定理：

(1) 质点动量定理　　微分形式：$\frac{\mathrm{d}}{\mathrm{d}t}(m\boldsymbol{v})=\boldsymbol{F}$

积分形式：$m\boldsymbol{v}_2-m\boldsymbol{v}_1=\int_{t_1}^{t_2}\boldsymbol{F}\mathrm{d}t=\boldsymbol{I}$

(2) 质点系动量定理　　微分形式：$\frac{\mathrm{d}\boldsymbol{p}}{\mathrm{d}t}=\sum F_i^{(e)}$

积分形式：$\boldsymbol{p}_2-\boldsymbol{p}_1=\sum\int_{t_1}^{t_2}\boldsymbol{F}_i^{(e)}\mathrm{d}t=\sum\boldsymbol{I}^{(e)}$

(3) 质点系动量守恒定理　　当 $\sum\boldsymbol{F}_i^{(e)}=0$ 时，$\boldsymbol{p}=m\boldsymbol{v}_C=$常矢量。

2. 动量矩定理：

(1) 质点系对 z 轴的动量矩　　$L_z=\sum M_z(m\boldsymbol{v})$

(2) 刚体对 z 轴的动量矩　　$L_z=J_z\omega$

(3) 转动惯量　　$J_z=\sum m_i r_i{}^2$；$J_z=m\rho^2$

(4) 质点动量矩定理　　$\frac{\mathrm{d}}{\mathrm{d}t}M_z(m\boldsymbol{v})=M_z(\boldsymbol{F})$

(5) 质点系动量矩定理　　$\frac{\mathrm{d}L_z}{\mathrm{d}t}=T_z^{(e)}$

(6) 质点系动量矩守恒定理　　当 $T_z^{(e)}=0$ 时，$L_z=\sum M_z(m\boldsymbol{v})=$常量。

3. 作用于物体的力在一段路程中做的功，是用来度量在此路程中力对物体作用的累积效果。功是代数量。

常力的功：$W=Fs\cos\alpha$

变力的功：$W=\int_{M_1}^{M_2}(F_x\mathrm{d}x+F_y\mathrm{d}y+F_z\mathrm{d}z)$ 或 $W=\int_{M_1}^{M_2}F_\tau\mathrm{d}s$

变力的功：$W=\sum W_i$

工程中常见力的功

重力的功：$W=Gh$

弹性力的功：$W=\frac{1}{2}k(\delta_1^2-\delta_2^2)$

常力矩的功：$W=M(\varphi_2-\varphi_1)$

4. 物体由于本身运动而具有的能量，称为动能。

质点的动能：$E_\mathrm{k}=\frac{1}{2}mv^2$

质点系的动能：$E_k=\frac{1}{2}\sum mv^2$

刚体的动能：$E_k=\frac{1}{2}mv_C{}^2+\frac{1}{2}J_C\omega^2=\frac{1}{2}J_P\omega^2$

5. 动能定理：

质点：$\frac{1}{2}mv_2^2-\frac{1}{2}mv_1^2=W$

质点系：$E_{k2}-E_{k1}=\sum W_F$

6. 功率方程：

$$\frac{\mathrm{d}E_k}{\mathrm{d}t}=P_0-P_1-P_2$$

解题要领

1. 动量定理是动力学基本方程的另一种形式，所以动量定理也可解决动力学问题，一般说求动力学问题中以下几种情况比其他方法较为方便。

（1）求碰撞时平均力和变质量质点系的运动。

（2）质点系合外力为零时，求质点的速度。

（3）刚体合外力矩为零时，求刚体的角速度。

2. 动量、冲量都是矢量，运算时需加以注意。尤其外力在某个方向为零时，在此方向上动量投影和为零。

3. 动能定理是从能量的角度来解决动力学问题，关系到始末的运动状态和位置以及力的功，是进行的代数运算，避免了繁杂的矢量运算。在条件合适时动能定理是可以简化解题过程的。

4. 动能定理涉及速度、力和路程等三种量，其中力是常量或是路程的函数。因此由路程表示的运动过程都可以考虑使用动能定理求解。在工程中常常遇到理想约束的情况，它们的约束力不做功或元功之和等于零，因此可以取整个系统为研究对象，由主动力的功求系统的运动，给运算带来方便。但是另一方面也给动能定理带来了局限性，不能用动能定理求出理想约束的约束力。

5. 求解动力学问题有多种方法，可根据具体情况选用合适的方法计算，也可将几种方法结合起来使用。因动力学包含了静力学和运动学，因此求解问题时需运用静力学和运动学的原理。

典型例题

例 7-1 台阶形鼓轮如图 7-1 所示装在水平轴上，已知小头重力为 $\boldsymbol{G}_2$，大头重力为 $\boldsymbol{G}_1$，半径分别为 r_2 和 r_1，分别挂一重物，物体的 A 重力为 $\boldsymbol{G}'_2$，物体的 B 重力为 $\boldsymbol{G}'_1$，且 $G'_1>G'_2$。求鼓轮的角加速度。

解 由质点系动量矩定理

$$\frac{dL_z}{dt}=J_z\frac{d\omega}{dt}=J_z\alpha=T_z^{(e)}$$

$$\alpha=\frac{T_z^{(e)}}{J_z}=\frac{(G_1'\cdot r_1-G_2'\cdot r_2)g}{\frac{G_1r_1^2}{2}+\frac{G_2r_2^2}{2}+G_1'\cdot r_1^2+G_2'\cdot r_2^2}$$

$$=\frac{2(G_1'\cdot r_1-G_2'\cdot r_2)g}{(G_1+2G_1')r_1^2+(G_2+2G_2')r_2^2}$$

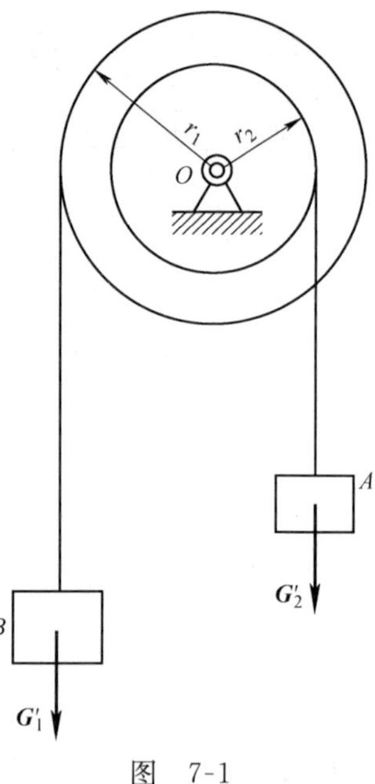

图 7-1

例 7-2 如图 7-2 所示，一绳绕过轮 D 和轮 C 与一放置在水平面上的物块 B 相连，绳的另一端固定于 O 点，在轮 D 中心悬挂一重物 A。若重物 A 和 B 的质量均为 m_1；轮 C 和轮 D 的半径均为 r，质量均为 m_2，且均可视为均质圆盘。初始时系统静止，重物与水平面的动摩擦因数为 f，求物体 A 下降 s 时的速度 $\boldsymbol{v}_A$ 和加速度 $\boldsymbol{a}_A$ 以及物块 B 上的拉力 $\boldsymbol{F}_{TB}$ 大小。

解 取整个系统为研究对象。由于是刚体系统且绳轮之间无相对滑动，故内力之功的和为零。作用在系统的外力有：重力 $m_1\boldsymbol{g}$，$m_2\boldsymbol{g}$；约束力 $\boldsymbol{F}_{Cx}$，$\boldsymbol{F}_{Cy}$，$\boldsymbol{F}_{NB}$，$\boldsymbol{F}_T$ 以及摩擦力 $\boldsymbol{F}_B$。若将摩擦力视为主动力，则约束力不做功，因而只有主动力做功。当重物 A 下降时，由运动学可知，B 重物移动的距离为 $2s$。故主动力的总功为

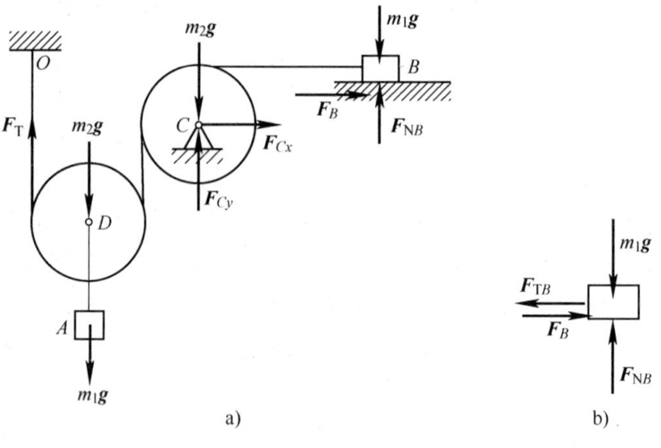

图 7-2

$$W=(m_1g+m_2g)s-F_B\cdot 2s=[m_1g(1-2f)+m_2g]s$$

在运动中，重物 A、B 作平动，轮 C 作转动，而轮 D 作平面运动。由运动学可知

$$v_B=2v_A;\quad \omega_D=\frac{v_A}{r};\quad \omega_C=\frac{2v_A}{r};\quad v_D=2v_A$$

于是系统在此位置时的动能为

$$E_k=\frac{1}{2}m_Av_A^2+\frac{1}{2}m_Dv_D^2+\frac{1}{2}J_D\omega_D^2+\frac{1}{2}J_C\omega_C^2+\frac{1}{2}m_Bv_B^2$$

$$=\frac{1}{2}m_1v_A^2+\frac{1}{2}m_2v_D^2+\frac{1}{2}\cdot\frac{1}{2}m_2r^2\omega_D^2+\frac{1}{2}\cdot\frac{1}{2}m_2r^2\omega_C^2+\frac{1}{2}m_1v_B^2$$

$$=\frac{10m_1+7m_2}{4}v_A^2$$

根据动能定理 $E_{k2}-E_{k1}=\sum W_F$，并注意到初动能为零，得

$$\frac{10m_1+7m_2}{4}v_A^2=[m_1g(1-2f)+m_2g]s$$

解得重物 A 的速度为

$$v_A=2\sqrt{\frac{m_1(1-2f)+m_2}{10m_1+m_2}gs}$$

重物 A 的加速度

$$a_A=\frac{\mathrm{d}v_A}{\mathrm{d}t}=\frac{\mathrm{d}v_A}{\mathrm{d}s}\frac{\mathrm{d}s}{\mathrm{d}t}=v_A\frac{\mathrm{d}v_A}{\mathrm{d}s}=2\frac{m_1(1-2f)+m_2}{10m_1+m_2}g$$

以重物 B 为研究对象，根据运动学可知 $a_B=2a_A$，由受力图（图 7-2b）得

$$F_B-F_{TB}=-m_1a_B$$

$$F_{TB}=m_1a_B+F_B=m_1a_B+fm_1g=\frac{2m_1(2+f)+m_2(4+f)}{10m_1+m_2}m_1g$$

例 7-3 如图 7-3 所示，匀质杆 AB 质量为 m，杆长为 l，在光滑水平面上从铅垂位置无初速地倒下，求当杆 A 端在没离水平面前与铅垂线成 φ 角时的角速度、角加速度。

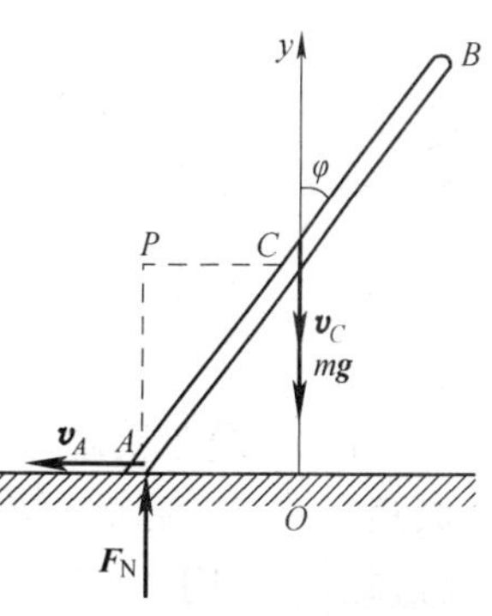

图 7-3

解 杆 AB 只受到重力和水平面的支撑力作用，均为铅垂方向，故杆件的质心没有水平运动。杆 AB 作平面运动，速度瞬心位于 P 点，初动能 $E_{k1}=0$；末动能

$$E_{k2}=\frac{1}{2}J_P\omega^2$$

其中

$$J_P=\frac{ml^2}{12}+m(\frac{l}{2}\sin\varphi)^2$$

外力只有重力做功，则

$$W=mg\frac{l}{2}(1-\cos\varphi)$$

由动能定理得

$$\frac{1}{2}\left[\frac{ml^2}{12}+m(\frac{l}{2}\sin\varphi)^2\right]\omega^2=mg\frac{l}{2}(1-\cos\varphi)$$

整理得角速度

$$\omega=\sqrt{\frac{(1-\cos\varphi)\cdot 12g}{l(1+3\sin^2\varphi)}}$$

角加速度

$$\alpha=\frac{\mathrm{d}\omega}{\mathrm{d}t}=\frac{\mathrm{d}\omega}{\mathrm{d}\varphi}\frac{\mathrm{d}\varphi}{\mathrm{d}t}=\omega\frac{\mathrm{d}\omega}{\mathrm{d}\varphi}=\frac{6g}{l}\frac{(1+3\sin^2\varphi)\sin\varphi-3(1-\cos\varphi)\cdot 3\sin 2\varphi}{(1+3\sin^2\varphi)^2}$$

例 7-4 如图 7-4 所示，匀质圆盘质量为 m，半径为 r，可绕通过边缘且垂直于盘面的水平轴 O 转动。设圆盘从最高位置无初速地开始绕轴 O 转动，求圆盘中心 C 与轴 O 的连线转过 φ 角时的角速度、角加速度以及轴的约束力。

解 圆盘初动能为

$$E_{k1}=0$$

末动能为

$$E_{k2}=\frac{1}{2}J_P\omega^2$$

其中 $$J_P=\frac{mr^2}{2}+mr^2=\frac{3mr^2}{2}$$

重力做功 $$W=mgr(1-\cos\varphi)$$

由动能定理 $$\frac{3mr^2}{4}\omega^2=mgr(1-\cos\varphi)$$

得角速度 $$\omega=\sqrt{\frac{4(1-\cos\varphi)g}{3r}}$$

角加速度 $$\alpha=\frac{\mathrm{d}\omega}{\mathrm{d}t}=\frac{\mathrm{d}\omega}{\mathrm{d}\varphi}\frac{\mathrm{d}\varphi}{\mathrm{d}t}=\omega\frac{\mathrm{d}\omega}{\mathrm{d}\varphi}=\frac{2g\sin\varphi}{3r}$$

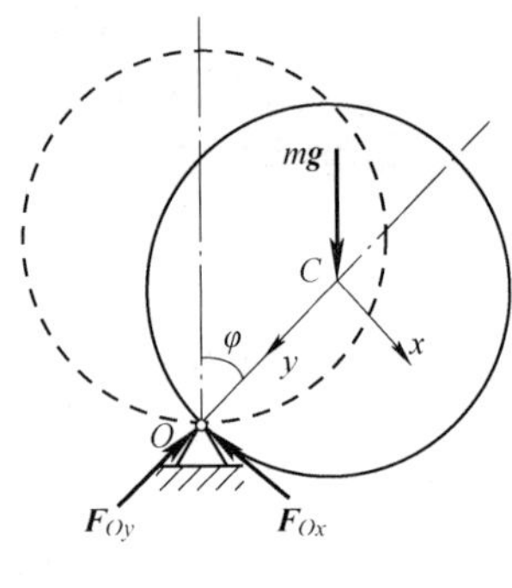

图 7-4

也可由刚体定轴动力学基本方程 $J_O\alpha=M$，取 O 为转轴，得

$$\alpha=M/J_O=\frac{mgr\sin\varphi}{3mr/2}=\frac{2g\sin\varphi}{3r}$$

作出受力力图，并建立坐标，如图 7-4 所示。其中质心加速度 $a_C=\alpha r$。由 $m\boldsymbol{a}_C=\Sigma\boldsymbol{F}$，即

$$mg\sin\varphi-F_{Ox}=ma_C$$

得 $$F_{Ox}=mg\sin\varphi-2mg\sin\varphi/3=mg\sin\varphi/3$$

$$mg\cos\varphi-F_{Oy}=r\omega^2$$

得 $$F_{Oy}=mg\cos\varphi-mr\omega^2=(7\cos\varphi-4)mg/3=\sqrt{\frac{4(1-\cos\varphi)g}{3r}}$$

习 题 解 答

7-1 缆车质量为 700kg，沿斜面以初速度 $v=1.6\mathrm{m/s}$ 下降，如图 7-5 所示。已知轨道倾角 $\alpha=15°$，摩擦因数 $f=0.015$。欲使缆车静止，设制动时间为 $t=4\mathrm{s}$，在制动时缆车作匀减速运动，用动量定理求此时缆绳的拉力。

解 以小车为研究对象，在图 7-5 上作出受力图，并标上直角坐标系，其初动量 $p_1=-mv$，末动量 $p_2=0$，x 方向上

$$p_2-p_1=mv=(F_T+fmg\cos\alpha-mg\sin\alpha)t$$

$$F_T=mv/t-fmg\cos\alpha+mg\sin\alpha$$

$$=[700\times(1.6/4-0.015\times9.8\cos15°+9.8\sin15°)]\mathrm{N}=1956\mathrm{N}$$

7-2 物块由静止开始沿倾角为 α 的斜面下滑，如图 7-6a 所示。设物块重为 $m\boldsymbol{g}$，物块

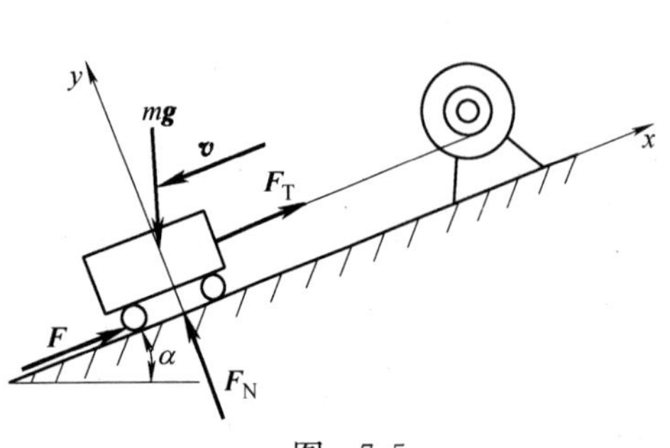

图 7-5

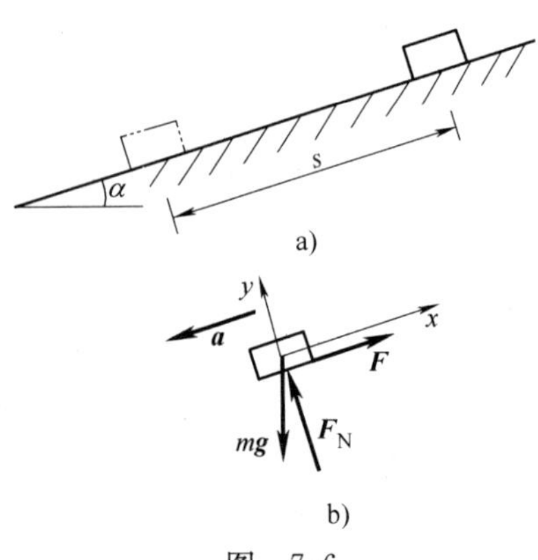

图 7-6

与斜面间的摩擦因数 f 为常数，求物块下滑 s 距离时所需的时间。

解 以物块为研究对象，作出受力图（图 7-6b）。合力是常数，故物块作匀变速直线运动，则

$$s=(v_2-v_1)t/2=vt/2$$

其初动量 $p_1=0$，末动量 $p_2=-mv$，x 方向上

$$p_2-p_1=-mv=-2ms/t=(fmg\cos\alpha-mg\sin\alpha)t$$

$$t=\sqrt{\frac{2s}{a}}=\sqrt{\frac{2s}{g(\sin\alpha-f\cos\alpha)}}$$

7-3 计算下列情况下质点系的动量：1）质量为 m 的匀质圆盘，圆心具有水平速度 $\boldsymbol{v}_0$，沿水平面滚动（图 7-7a）；2）非均匀圆盘，质量为 m，质心 C 距转轴 $OC=e$，以角速度 ω 绕 O 轴转动（图 7-7b）；3）带传动机构中，带轮及胶带都是均质的，质量分别为 m_1、m_2 和 m，带轮半径分别为 r_1、r_2，带轮 O_1 转动的角速度为 ω（图 7-7c）；4）质量为 m 的匀质杆，长度为 l，角速度为 ω（图 7-7d）。

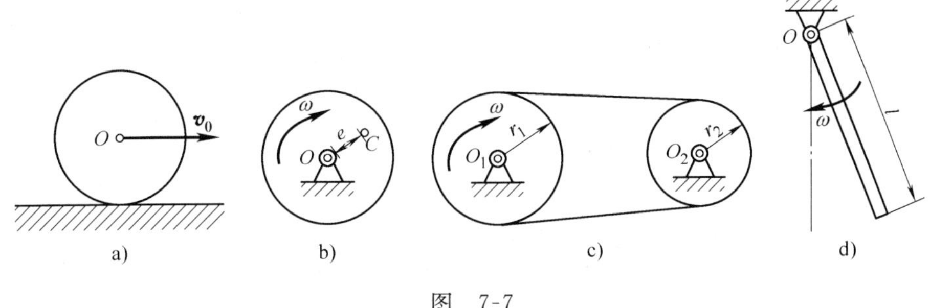

图 7-7

解 1）$p=mv_C=mv_0$ →

2）$p=mv_C=m\omega e$ ↘

3）$\boldsymbol{p}=\boldsymbol{p}_1+\boldsymbol{p}_2+\boldsymbol{p}_3=\boldsymbol{0}$（带轮和胶带的质心都没有运动）

4）$p=mv_C=m\omega l/2$ ↙

7-4 质量 $m=1\text{kg}$ 的小球，以速度 $v_1=25\text{m/s}$ 铅直落到地板上，又以速度 $v_2=15\text{m/s}$ 铅直向上弹起。试求：1）小球与地板碰撞期间，碰撞力作用在小球上的冲量；2）若小球与地板碰撞时间 $\tau=0.02\text{s}$，求小球作用于地板上的平均压力。

解 1）$I=mv_2-(-mv_1)=1\text{kg}(15\text{m/s}+25\text{m/s})=40\text{kg}\cdot\text{m/s}=40\text{N}\cdot\text{s}$

2）$F_N=I/\tau=40\text{N}\cdot\text{s}/0.02\text{s}=2000\text{N}$

7-5 龙门刨床的工作台连同上面的工件质量共为 5000kg，切削行程的速度为 6m/min，空回行程的速度为 12m/min（方向相反）。若改变行程方向时工作台水平方向受力的平均值为 1000N，求改变行程方向所需的时间。

解

$$I=Ft=\Delta mv$$

$$t=\Delta mv/F=m(v_2-v_1)/F$$

$$=5000\text{kg}\times(0.2\text{m/s}+0.1\text{m/s})/1000\text{N}=1.5\text{s}$$

7-6 如图 7-8 所示，小车Ⅰ的质量为 m_1，以速度 $\boldsymbol{v}_1$ 与静止的小车连接，小车Ⅱ的质量为 m_2。忽略地面的阻力，求连接后两车共同的速度。

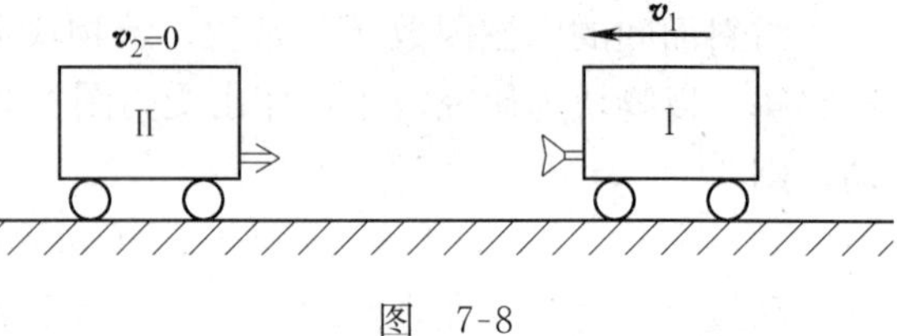

图　7-8

解　系统在水平方向上合外力为零，则水平方向上动量守恒，即

$$m_1v_1=(m_1+m_2)v$$

$$v=m_1v_1/(m_1+m_2)\quad(\leftarrow)$$

7-7　如图 7-9 所示，自动传送带运煤量 Q 恒为 20kg/s，传送带速度为 1.5m/s。试确定在等速传送时，传送带作用于煤块总的水平推力。

解

$$I=Ft=\Delta mv$$

$$F=\Delta mv/t=Qv=(20\times1.5)\text{N}=30\text{N}$$

7-8　如图 7-10 所示，计算下列情况下系统对固定点 O 的动量矩。

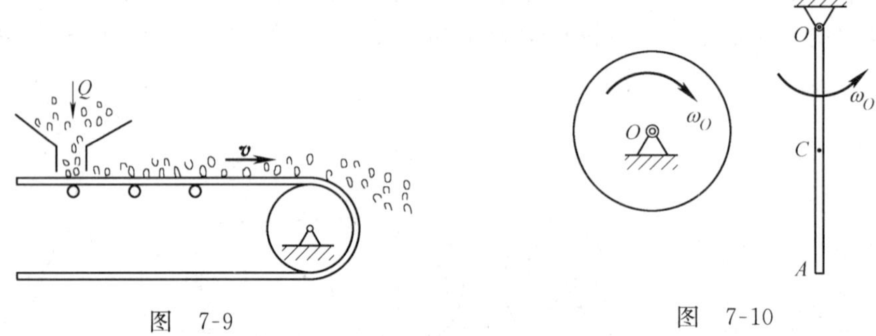

图　7-9　　　　图　7-10

1）质量为 m，半径 R 的均质圆盘以匀角速度 ω_O 转动。

2）质量为 m，长为 l 的均质杆以角速度 ω_O 绕定轴转动。

解　1）$L_O=J_O\omega_O=mR^2\omega_O/2$

2）$L_O=J_O\omega_O=ml^2\omega_O/3$

7-9　匀质圆盘轮，质量为 m，半径为 r，以角速度 ω 绕水平轴 O 转动，如图 7-11a 所

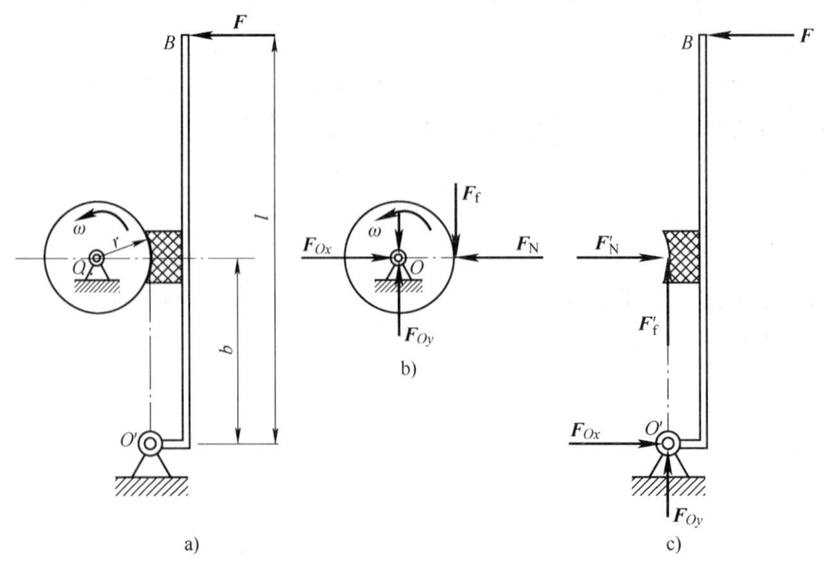

图　7-11

示。今用闸杆 AB 制动，使得圆轮在 ts 内停止转动，设闸块与圆轮间的动摩擦因数为 f（常数），不计轴承处摩擦，求所需力 $\boldsymbol{F}$ 的大小。

解 1）以圆盘为研究对象作受力图（图 7-11b），由动量矩定理

$$\frac{\mathrm{d}L_z}{\mathrm{d}t}=(0-mr^2\omega/2)/t=T_z^{(e)}=-F_f r$$

$$F_f=mr^2\omega/(2rt)$$

2）以 $O'B$ 杆为研究对象作受力图（图 7-11c）

$\sum M_{O'}(\boldsymbol{F})=0$，$F'_N b-Fl=0$

$$F'_N=Fl/b$$

$$F'_f=fF'_N=fFl/b$$

$$F=F'_f b/(lf)=mr\omega b/(2tlf)$$

7-10 小球 M 连于线 MOA 的一端，线的另一端穿过一铅垂小管，小球绕管轴沿半径 $MC=R$ 的圆周运动，转速为 120r/min，将线段 OA 慢慢向下拉，使外面的线段缩短到长度 OM_1，此时小球沿半径 $C_1M_1=R/2$ 的圆周运动，如图 7-12 所示。求小球的转速。

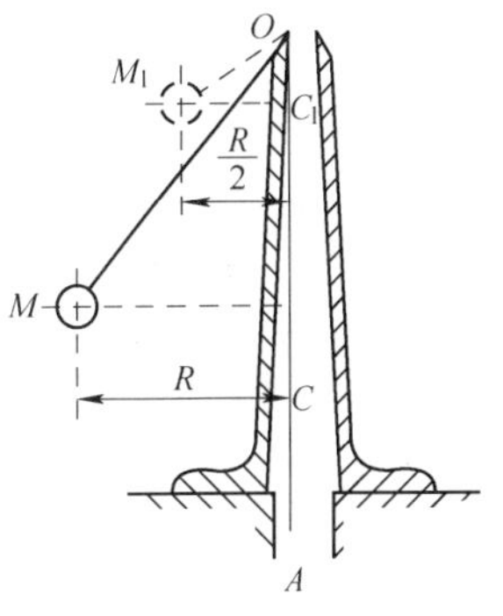

图 7-12

解 小球受到平行轴线 OA 的重力和通过轴线 OA 的拉力，所以外力对轴线 OA 的动量矩为零，由动量矩守恒定理，得

$$mR^2\omega_0=m(R/2)^2\omega$$

转速 $$n=n_0\cdot\omega/\omega_0=4n_0=480\text{r/min}$$

7-11 一质点在力 $\boldsymbol{F}$ 作用下，沿光滑水平面作直线运动，作用力变化规律为 $F=(10+2s+0.6s^2)$，式中 s 以 m 计，F 以 N 计，初始时 $s=0$。求质点运动路程为 10m 的过程中，$\boldsymbol{F}$ 所做的功。

解 $$W=\int_{M_1}^{M_2}F_\tau \mathrm{d}s=\int_0^{10}(10+2s+0.6s^2)\mathrm{d}s=400\text{J}$$

7-12 重力为 2kN 的刚体在已知力 $F=500$N 的作用下沿水平面滑动，$\boldsymbol{F}$ 与水平面夹角 $\alpha=30°$。如接触面间的动摩擦因数 $f=0.2$，求刚体滑动距离 $s=50$m 时，作用于刚体的各力所做的功及合力所做的总功。

解 $$W_F=Fs\cos\alpha=21650\text{J}$$

$$W_f=-fF_Ns=-f(G-F\sin\alpha)s=-17500\text{J}$$

$$\sum W=W_F+W_f=4150\text{J}$$

7-13 如图 7-13 所示，与弹簧相连的滑块 M，可沿固定的光滑圆环滑动，圆环和弹簧都在同一铅直平面内。已知滑块的重量 $G=100$N，弹簧原长为 $l=15$cm，弹簧刚度系数 $k=400$N/m。求滑块 M 从位置 A 运动到位置 B 的过程中，其上各力所做的功及合力的总功。

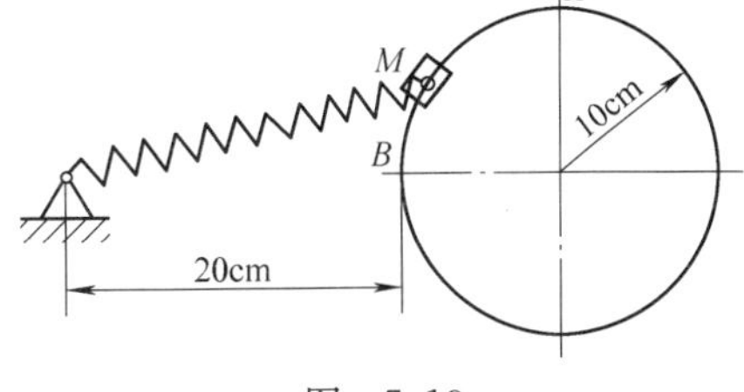

图 7-13

解 重力的功为

$$W_G=Gh=GR=100\text{N}\times0.1\text{m}=10\text{J}$$

弹力的功为

$$W_F=\frac{1}{2}k(\delta_1^2-\delta_2^2)$$

$$=\frac{1}{2}\times 400\text{N/m}\times[(\sqrt{0.3^2+0.1^2}-0.15)^2-(0.2-0.15)^2]\text{m}^2=5.03\text{J}$$

合力的总功为

$$\sum W=W_F+W_G=15.03\text{J}$$

7-14　如图 7-14 所示，计算下列情况下各均质物体的动能：1）重量为 $\boldsymbol{G}$、长为 l 的直杆以角速度 ω 绕 O 轴转动；2）重量为 $\boldsymbol{G}$、半径为 R 的圆盘以角速度 ω 绕 O 轴转动，圆心为 C，$OC=e$；3）重量为 $\boldsymbol{G}$、半径为 R 的圆盘在水平面上作纯滚动，质心 C 的速度为 $\boldsymbol{v}_C$。

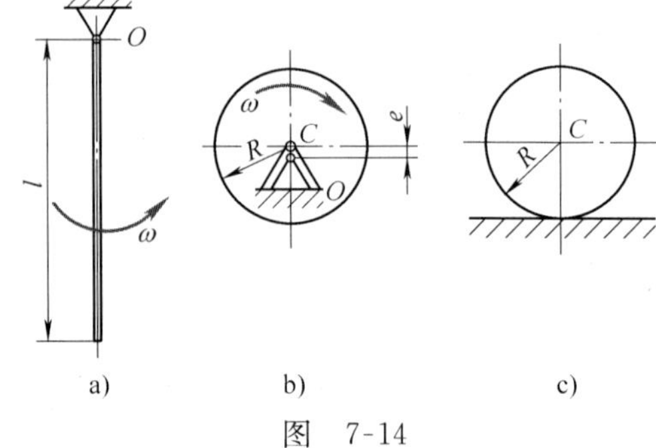

图　7-14

解　1）$E_k=\frac{1}{2}J_O\omega^2=\frac{1}{2}\times\frac{ml^2}{3}\omega^2=\frac{G\omega^2l^2}{6g}$

2）$E_k=\frac{1}{2}J_O\omega^2=\frac{1}{2}\left(\frac{mR^2}{2}+me^2\right)\omega^2=\frac{G\omega^2}{4g}(R^2+2e^2)$

3）$E_k=\frac{1}{2}mv_C{}^2+\frac{1}{2}J_C\omega^2$

$$=\frac{1}{2}mv_C{}^2+\frac{1}{2}\times\frac{mR^2}{2}\omega^2=\frac{3Gv_C^2}{4g}$$

$$(v_C=\omega R)$$

7-15　计算图 7-15 中各机构系统的动能。（图中 r 为半径，ω 为角速度，$OA=l$，m_i 为构件质量）

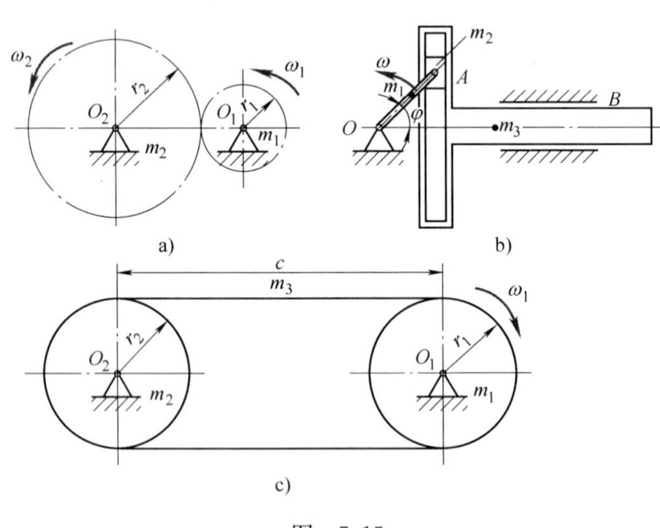

图　7-15

解　1）图 7-15a 中，因轮缘上线速度相同，则

$$r_1\omega_1=r_2\omega_2$$

$$E_k=\frac{1}{2}J_{O1}\omega_1^2+\frac{1}{2}J_{O2}\omega_2^2=\frac{1}{2}\times\frac{m_1r_1^2}{2}\omega_1^2+\frac{1}{2}\times\frac{m_2r_2^2}{2}\omega_2^2=\frac{1}{4}(m_1+m_2)r_1^2\omega_1^2$$

2）图 7-15b 中，由运动学可知 $v_A=\omega l$，$v_B=\omega l\cos\varphi$，则

$$E_k=\frac{1}{2}J_O\omega^2+\frac{1}{2}m_2v_A^2+\frac{1}{2}m_3v_B^2=\frac{1}{6}(m_1+3m_2+3m_3\cos^2\varphi)l^2\omega^2$$

3）图 7-15c 中，因轮缘上线速度相同，则

$$v=r_1\omega_1=r_2\omega_2$$

$$E_k=\frac{1}{2}J_{O1}\omega_1^2+\frac{1}{2}J_{O2}\omega_2^2+\frac{1}{2}m_3v^2=\frac{1}{4}(m_1+m_2+2m_3)r_1^2\omega_1^2$$

7-16　汽车质量为 1.5×10^3kg，通过 A 至 B 为 900m 的路程，运行阻力为 280N，阻力方向与速度方向相反，B 点比 A 点高 $h=20$m（图 7-16）。求汽车克服重力以及阻力所做的功。

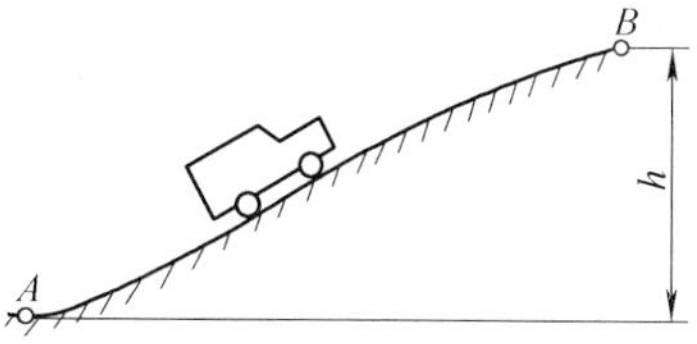

图　7-16

解　$W_G=mgh=(1.5\times10^3\times9.8\times20)\text{J}=294\text{kJ}$

$W_F=-F's=-280\text{N}\times900\text{m}=-252\text{kJ}$

7-17　斜面与水平面成 30°角，重物沿斜面下滑，其初速度为零。若滑动摩擦因数 $f=0.1$，试求重物滑行 2m 后的速度。

解
$$\frac{1}{2}mv_2{}^2-\frac{1}{2}mv_1^2=W_G+W_f=sG\sin30^\circ-fsG\cos30^\circ$$

$$v_2=\sqrt{\frac{2Gs}{m}(\sin 30^\circ-f\cos 30^\circ)}$$

$$=\sqrt{2\times9.8\text{m/s}^2\times2\text{m}\times(0.5-0.1\times0.866)}$$

$$=4.03\text{m/s}$$

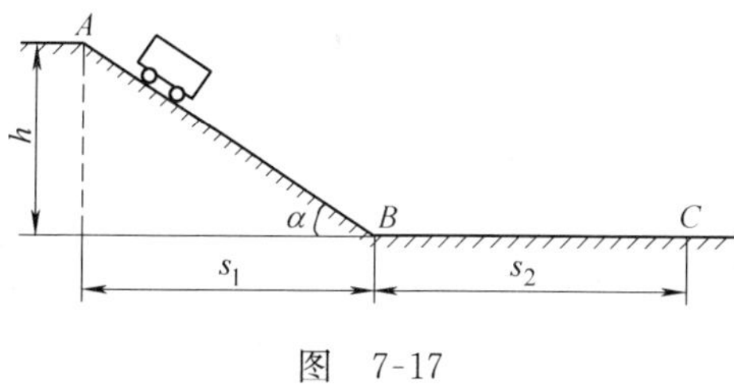

图　7-17

7-18　摩擦阻力等于正压力与滑动摩擦因数的乘积。为测定动摩擦因数，把料车置于斜坡顶 A 处，让其无初速度地下滑，料车最后停止在 C 处（图 7-17）。已知 h、s_1、s_2，试求料车运行时的动摩擦因数 f。

解　AB 段　$mv_B{}^2/2=mgh-fmg\cos\alpha(s_1/\cos\alpha)=mgh-fmgs_1$　(a)

BC 段　$mv_B{}^2/2=fmgs_2$　(b)

综合式（a）和式（b）得

$$f=\frac{h}{s_2+s_1}$$

7-19　图 7-18 所示鼓轮质量 $m=150$kg，半径 $r=0.34$m，回转半径 $\rho=0.3$m，以角速度 $\omega=31.4$rad/s 制动，制动时制动块与轮缘的摩擦因数 $f=0.2$。求作用于制动块上的压力 $\boldsymbol{F}_N$ 应该多大才能使鼓轮经 10 转后停止。

$$J\omega^2/2=M\varphi$$

即
$$m\rho^2\omega^2/2=fF_Nr2\pi n$$

$$F_N=\frac{m\rho^2\omega^2}{4\pi nrf}=\frac{150\times0.3^2\times31.4^2}{4\pi\times10\times0.34\times0.2}\text{N}=1558\text{N}$$

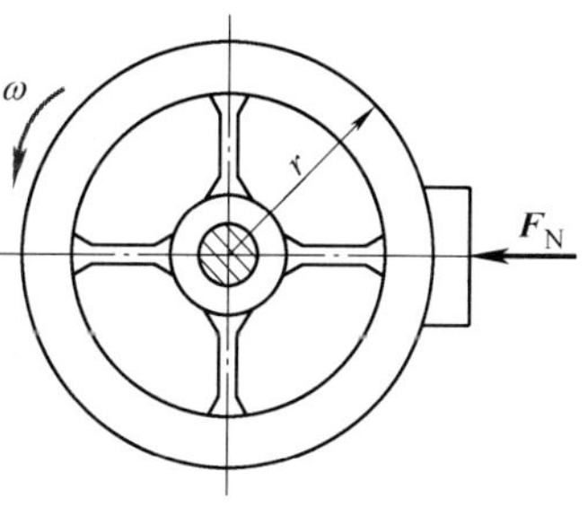

图　7-18

7-20　矿井升降机的罐笼质量为 6000kg，以速度 $v=12$m/s

下降，由于吊起罐笼的钢绳突然断裂，问欲使罐笼在 $s=10\text{m}$ 的路程内停止，安全装置应在矿井壁与罐笼间产生多大的摩擦力（摩擦力可视为常量）？

解
$$0-\frac{1}{2}mv^2= Gs-Fs$$

$$F=\frac{1}{2}mv^2/s+mg=[6000\times(12)^2/(2\times10)+6000\times9.8]\text{N}=102\text{kN}$$

7-21　自动卸料车连同料重为 $\boldsymbol{G}$，无初速地沿倾角 $\alpha=30°$ 的斜面滑下，料车滑至底端时与一弹簧相撞，通过控制机构使料车在弹簧压缩至最大时就自动卸料，然后依靠被压缩弹簧的弹性力作用，又沿斜面回到原来的位置（图 7-19）。没空车重为 $\boldsymbol{G}_0$，摩擦阻力为车重量的 0.2 倍，求 G 与 $\boldsymbol{G}_0$ 的比值至少应多大。

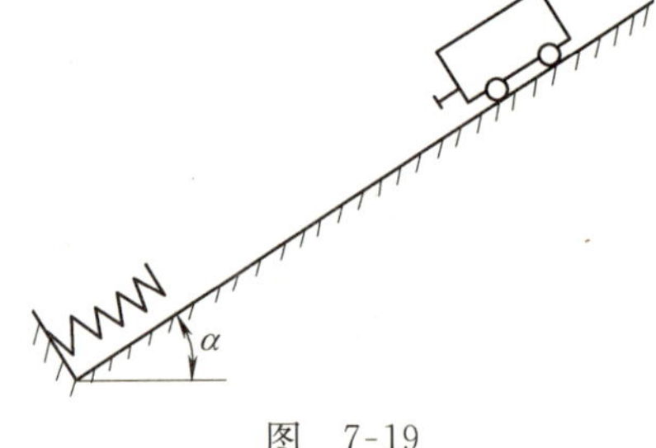

图　7-19

解　由动能定理，得

$$Gh-G_0h-fGh/\sin\alpha-fG_0h/\sin\alpha=0$$

故
$$G/G_0=(\sin\alpha+f)/(\sin\alpha-f)=(0.5+0.2)/(0.5-0.2)=7/3$$

7-22　汽锤的活塞连锤头质量为 $m=3700\text{kg}$，气缸直径 $D=0.5\text{m}$，活塞杆直径 $d=0.18\text{m}$，进气与排气压力分别为 $p_1=0.7\times10^6\,\text{Pa}$，$p_2=0.15\times10^6\,\text{Pa}$，活塞行程 $s=1.45\text{m}$（图 7-20）。若略去摩擦力，试求锻造时锤头的最大速度。

解　由动能定理，得

$$\frac{1}{2}mv^2=Gs+Fs=mgs+[p_1D^2-p_2(D^2-d^2)]\pi s/4$$

$$v=\sqrt{2gs+\frac{[p_1D^2-p_2(D^2-d^2)]\pi}{2m}s}=10.77\text{m/s}$$

7-23　如图 7-21 所示，某高炉采用双料车上料，卷筒在驱动力矩 M 的作用下转动，并通过钢绳和滑轮带动料车在斜桥上上下下运动，装有矿石的料车沿斜桥上行时，空料车沿斜桥下行。已知斜桥倾角 $\alpha=60°$，每个料车质量 $m_1=9.5\times10^3\text{kg}$，矿石质量 $m_2=15\times10^3\text{kg}$，

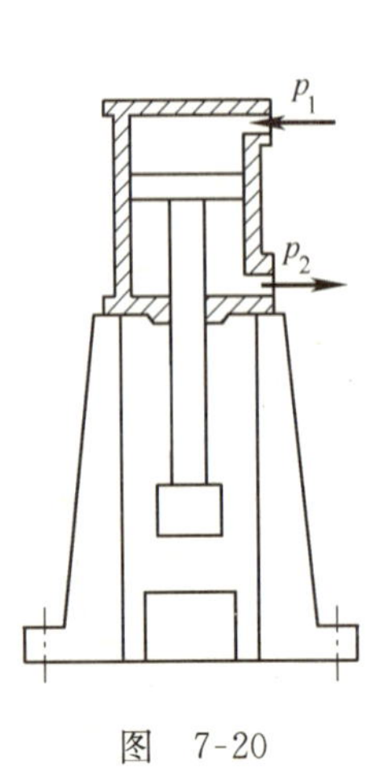

图　7-20

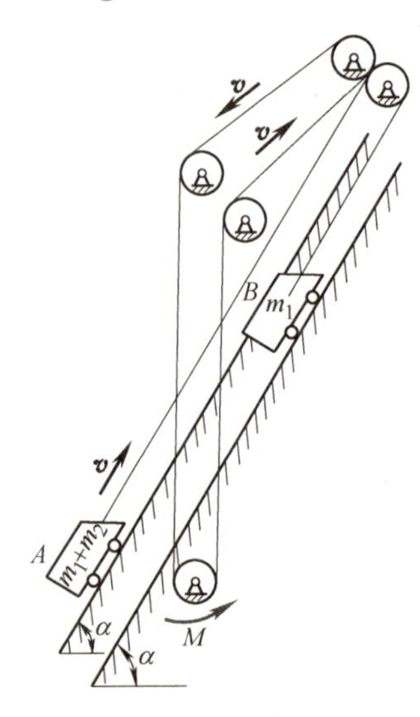

图　7-21

卷筒及轴的转动惯量 $J_1=6670\text{kg}\cdot\text{m}^2$，卷筒半径 $R_1=1\text{m}$，每个绳轮的转动惯量 $J_2=638\text{kg}\cdot\text{m}^2$，其半径 $R=1\text{m}$。在起动阶段，料车速度由 $v_0=0$ 逐渐增加，当行走距离 $s=13\text{m}$ 时，料车速度增至 $v=2.5\text{m/s}$，料车运行阻力为料车对斜桥压力的 0.1 倍。若钢绳不可伸长，并略去质量，求作用在卷筒上的驱动力矩 M。

解 由动能定理，得

$$(m_1+m_2+m_1)v^2/2+J_1\omega_1^2/2+4\cdot J_2{\omega_2}^2/2$$
$$=-f(m_1+m_2+m_1)gs\cos\alpha+(m_1-m_2-m_1)gs\sin\alpha+M\varphi$$

其中
$$\omega_1=v/R_1=v/R=\omega_2;\quad \varphi=s/R_1$$

$$\begin{aligned}M&=[f(2m_1+m_2)gs\cos\alpha+m_2gs\sin\alpha+(2m_1+m_2)v^2/2+(J_1+4J_2)v^2/2R^2]/\varphi\\&=f(2m_1+m_2)R_1g\cos\alpha+m_2g\sin\alpha+[(2m_1+m_2)v^2/2+(J_1+4J_2)v^2/2R^2]R_1/s\\&=154.4\text{kN}\cdot\text{m}\end{aligned}$$

7-24 图 7-22 所示一质量为 m_1 的圆环，放在质量为 m_2 的物体上，该物体由一绳跨过滑轮系在另一质量为 m_3 的物体上，并使 m_3 物体沿不光滑的水平面 BC 由静止开始运动。m_2 物体下降一段距离 s_1 通过孔 D 后，将环 m_1 卸去，此后 m_2 物体又下降一段距离 s_2 而停止。现已知 $m_1=m_2=0.1\text{kg}$，$m_3=0.8\text{kg}$，$s_1=0.5\text{m}$，$s_2=0.3\text{m}$。略去绳与滑轮的质量及滑轮的摩擦，试求物体 m_3 与平面 BC 间的动摩擦因数 f 值。

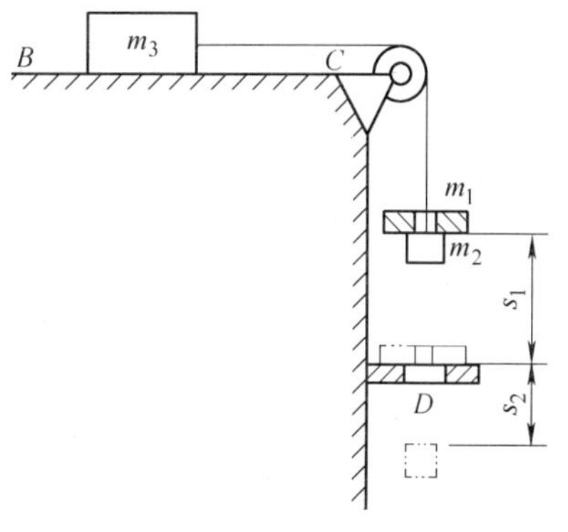

图 7-22

解 由动能定理，得

$$m_1gs_1+m_2g(s_1+s_2)-fm_3g(s_1+s_2)=0$$

$$f=\frac{m_1s_1}{m_3(s_1+s_2)}+m_2/m_3=0.203$$

7-25 已知某带传动系统中，主动轮的角速度 $\omega=152\text{rad/s}$，直径 $D=0.2\text{m}$，传递的功率 $P=6\text{kW}$。试求传送带的速度和圆周力 $\boldsymbol{F}$。若根据需要，在保持轮子角速度 ω 及圆周力 $\boldsymbol{F}$ 不变的情况下，将传送带速度提高至 v—20m/s，此时带轮的直径应改为多大？此时传递的功率为多人？

解
$$v_0=\omega D/2=\frac{152\text{rad/s}\times0.2\text{m}}{2}=15.2\text{m/s}$$

$$F=P/v_0=\frac{6\times10^3\text{W}}{15.2\text{m/s}}=394.74\text{N}$$

$$D_2=2v/\omega=\frac{2\times20\text{m/s}}{152\text{rad/s}}=0.263\text{m}$$

$$P_2=Fv=394.74\text{N}\times0.263\text{m}=7.895\text{kW}$$

7-26 图 7-23 所示上料小车质量 $m=200\text{kg}$，在倾斜 60°的斜桥上匀速上升，速度 $v=0.5\text{m/s}$，阻力为法向压力的 0.1 倍，机器的机械效率为 $\eta=0.85$，主动轮 O_1 和从动轮 O_2 的齿数分别为 $z_1=18$，$z_2=100$。试求主动轮 O_1 轴的功率和转矩。

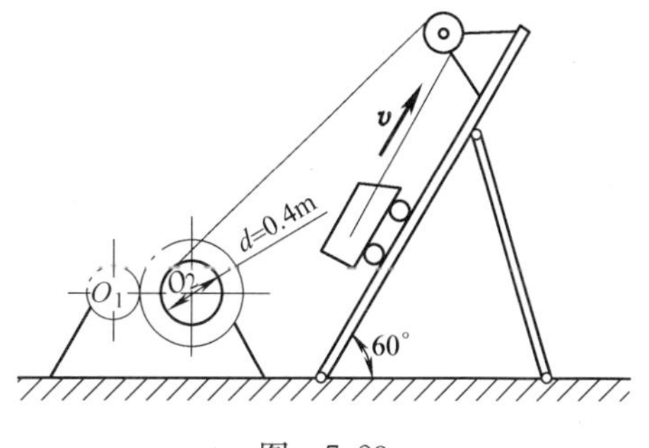

图 7-23

解 由静力学可知，钢索拉力

$$F_T = fmg\cos\alpha + mg\sin\alpha = [0.1 \times 200 \times 9.8 \times 0.5 + 200 \times 9.8 \times 0.866]\text{N} = 1795\text{N}$$

$$P_1 = P_2/\eta = F_T v/\eta = [1795 \times 0.5/0.85]\text{W} = 1056\text{W}$$

$$M_1 = P_1/\omega_1 = P_1 z_1/(\omega_2 z_2) = P_1 z_1 d/(2vz_2) = \frac{1056 \times 18 \times 0.4}{2 \times 0.5 \times 100}\text{N} \cdot \text{m} = 76\text{N} \cdot \text{m}$$

7-27　带式输送机如图 7-24 所示，物体 A 重量为 $\boldsymbol{W}_1$，带轮 B 和 C 的重量为 $\boldsymbol{W}$，半径为 R，视为均质圆盘，轮 B 由电动机驱动，其上受不变转矩 M 作用。系统由静止开始运动，不计传送带的质量，求重物 A 沿斜面上升距离为 s 时的速度和加速度。

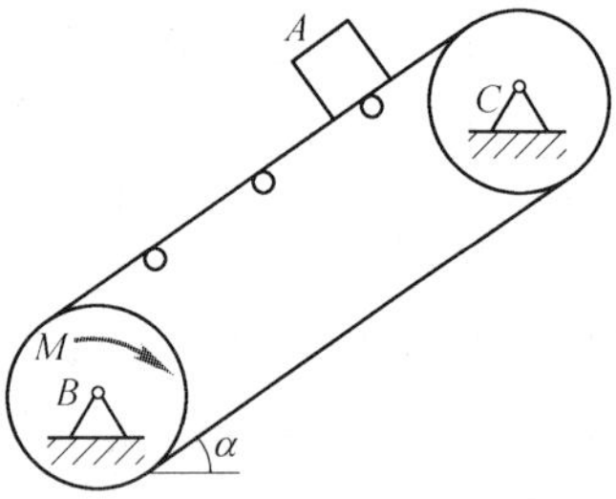

图　7-24

解　由动能定理，得

$$2 \times \frac{1}{2} J_O \omega^2 + \frac{W_1}{2g} v^2 = M\varphi - W_1 s\sin\alpha$$

即
$$2 \times \frac{WR^2}{4g} \cdot \frac{v^2}{R^2} + \frac{W_1}{2g} v^2 = M\frac{s}{R} - W_1 s\sin\alpha$$

得速度
$$v = \sqrt{\frac{2(M - W_1 R\sin\alpha)gs}{(W + W_1)R}}$$

加速度
$$a = \frac{dv}{dt} = \frac{dv}{ds}\frac{ds}{dt} = v\frac{dv}{ds} = \frac{(M - W_1 R\sin\alpha)g}{(W + W_1)R}$$

7-28　如图 7-25a 所示，两个相同的均质滑轮，半径均为 R，重量均为 $\boldsymbol{W}$，用绳缠绕连接。如动滑轮由静止落下，带动定滑轮转动，求动滑轮质心 C 的速度 v_C 与下落距离 h 的关系，并求点 C 的加速度 a_C（请再用动静法解本题，并进行比较）。

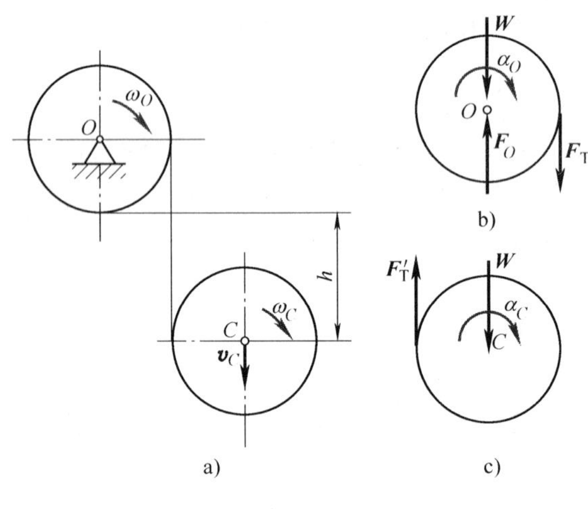

图　7-25

解　1）由图 7-25a 可知，下落距离 h 和滑轮质心 C 的速度 v_C 的关系为

$$h = \int_t v_C \mathrm{d}t = \int_t (\omega_O + \omega_C) R\mathrm{d}t$$

则
$$\omega_O + \omega_C = v_C/R$$

其中
$$J_O = J_C = \frac{WR^2}{2g}$$

由定滑轮和动滑轮受力图（图 7-25b、c），根据动量矩定理，有

$$\alpha_O=\frac{\mathrm{d}\omega_O}{\mathrm{d}t}=\frac{F_\mathrm{T}R}{J_O};\ \alpha_C=\frac{\mathrm{d}\omega_C}{\mathrm{d}t}=\frac{F'_\mathrm{T}R}{J_C};\ F_\mathrm{T}=F'_\mathrm{T}$$

由此可得

$$\alpha_O=\alpha_C,\ \omega_O=\omega_C$$

由动能定理

$$\frac{1}{2}J_O\omega_O^2+\frac{1}{2}J_C\omega_C^2+\frac{W}{2g}v_C^2=Wh$$

得

$$\frac{WR^2}{4g}\omega_O^2+\frac{WR^2}{4g}\omega_C^2+\frac{W}{2g}v_C^2=Wh$$

即

$$\frac{5}{8g}v_C^2=h$$

$$v_C=2\sqrt{\frac{2hg}{5}}$$

$$a_C=\frac{\mathrm{d}v_C}{\mathrm{d}t}=\sqrt{\frac{2g}{5h}}\frac{\mathrm{d}h}{\mathrm{d}t}=\sqrt{\frac{2g}{5h}}v_C=\frac{4g}{5}$$

2）用动静法求解。以定滑轮为研究对象，列平衡方程得

$$\sum M_O(\boldsymbol{F})=0,\ \alpha_O J_O-F_\mathrm{T}R=0$$

$$F_\mathrm{T}=\frac{\alpha_O J_O}{R}=\frac{\alpha_O WR}{2g}$$

以动滑轮为研究对象，列平衡方程

$$\sum F_y=0,\ F'_\mathrm{T}-W+a_C W/g=0$$

已知 $\omega_O+\omega_C=v_C/R$，$\alpha_O=\alpha_C$，即 $a_C=R(\alpha_O+\alpha_C)=2R\alpha_O$，则

$$\frac{a_C W}{4g}+\frac{a_C W}{g}=W$$

得

$$a_C=\frac{4g}{5}$$

由匀变速运动规律 $v_C^2-v_0^2=2a_Ch$，得

$$v_C=2\sqrt{\frac{2hg}{5}}$$

7-29　如图 7-26 所示，半径为 r_1、质量为 m_1 的圆轮Ⅰ沿水平面作纯滚动，在此轮上绕一不可伸长的绳，绳的一端绕过滑轮Ⅱ后悬挂一质量为 m_3 的物体 M，定滑轮Ⅱ的半径为 r_2、质量为 m_2，圆轮Ⅰ和滑轮Ⅱ可视为均质圆盘。系统开始处于静止，求重物下降 h 高度时圆轮Ⅰ质心的加速度，并求绳的拉力。

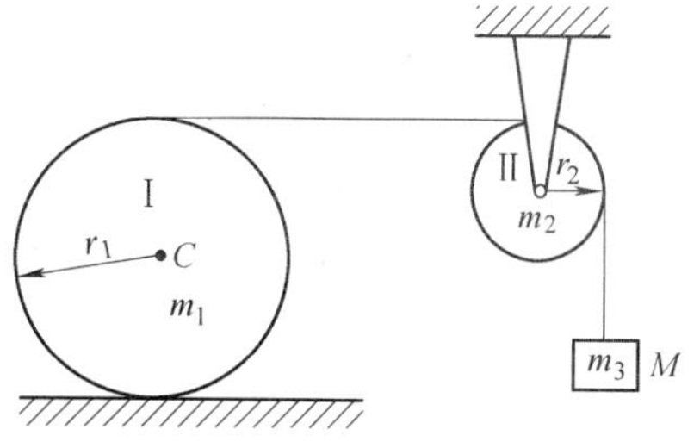

图　7-26

解　由动能定理，得

$$\frac{1}{2}J_O\omega_O{}^2+\frac{1}{2}J_C\omega_C{}^2+\frac{1}{2}m_1v_C{}^2+\frac{1}{2}m_3v^2=m_3gh$$

其中

$$v=2v_C;\ \omega_O=v/r_2=2v_C/r_2;\ \omega_C=v_C/r_1$$

即

$$\frac{m_2r_2^2}{4}\cdot\frac{v_C^2}{4r_2^2}+\frac{m_1r_1^2}{4}\cdot\frac{v_C^2}{r_1^2}+\frac{m_1}{2}v_C^2+2m_3v_C{}^2=m_3gh$$

$$v_C=\sqrt{\frac{4m_3gh}{3m_1+4m_2+8m_3}}$$

$$a_C=\frac{\mathrm{d}v_C}{\mathrm{d}t}=\frac{\mathrm{d}v}{2\mathrm{d}t}=\frac{\mathrm{d}v}{2\mathrm{d}h}\frac{\mathrm{d}h}{\mathrm{d}t}=v\frac{\mathrm{d}v}{2\mathrm{d}h}=2v_C\frac{\mathrm{d}v_C}{\mathrm{d}h}=\frac{\mathrm{d}v_C^2}{\mathrm{d}h}=\frac{4m_3g}{3m_1+4m_2+8m_3}$$

设 $\boldsymbol{F}_{\mathrm{TV}}$ 为竖直绳的拉力，$\boldsymbol{F}_{\mathrm{TH}}$ 为水平绳的拉力，则

$$F_{\mathrm{TV}}=m_3(g+a_3)=m_3(g+2a_C)=\frac{(3m_1+4m_2)m_3g}{3m_1+4m_2+8m_3}$$

$$(F_{\mathrm{TV}}-F_{\mathrm{TH}})r_2=J_O\alpha_O=m_2r_2{}^2a_3/(2r_2)=m_2r_2a_C$$

$$F_{\mathrm{TH}}=F_{\mathrm{TV}}-m_2a_C=\frac{3m_1m_2g}{3m_1+4m_2+8m_3}$$

7-30　图 7-27 所示机构位于水平面内，初始处于静止，$\varphi_0=0$，杆 OA 在力偶矩 M 作用下驱动机构。已知滑块 B 和 C 的重量均为 $\boldsymbol{W}$，杆 OA 长为 l，重量为 $\boldsymbol{W}_1$，杆 BC 长为 $2l$，重量为 $2\boldsymbol{W}_1$。求图示位置杆 OA 位于 φ 角时，杆 OA 的角速度 ω 和角加速度 α。

解　由动能定理，得

$$\frac{1}{2}J_O^{OA}\omega_O^2+\frac{1}{2}J_{O'}^{BC}\omega_{O'}^2+\frac{W}{2g}v_C^2+\frac{W}{2g}v_B^2=M\varphi$$

由运动学知　$$\omega_O=\omega_{O'}\quad v_C=\omega_{O'}\cdot 2l\sin\varphi\quad v_B=\omega_{O'}\cdot 2l\cos\varphi$$

以及　$$J_O^{OA}=\frac{W_1l^2}{3g};\ J_{O'}^{BC}=\frac{2W_1\ (2l)^2}{12g}+\frac{2W_1l^2}{g}=\frac{8W_1l^2}{3g}$$

即　$$\left(\frac{W_1l^2}{3g}+\frac{8W_1l^2}{3g}+\frac{4Wl^2\ \sin^2\varphi}{g}+\frac{4Wl^2\ \cos^2\varphi}{g}\right)\frac{\omega_O^2}{2}=M\varphi$$

$$\omega_O=\frac{1}{l}\sqrt{\frac{2M\varphi g}{3W_1+4W}}$$

$$\alpha_O=\frac{\mathrm{d}\omega_O}{\mathrm{d}t}=\frac{\mathrm{d}\omega_O}{\mathrm{d}\varphi}\frac{\mathrm{d}\varphi}{\mathrm{d}t}=\omega_O\frac{\mathrm{d}\omega_O}{\mathrm{d}\varphi}=\frac{Mg}{(3W_1+4W)l^2}$$

7-31　如图 7-28 所示飞轮，轴的直径 $d=6\mathrm{cm}$，沿与水平面成 15°的轨道纯滚动地滚下。开始时静止，如在 6s 内滚动了 3m，试求飞轮对轮心的回转半径。

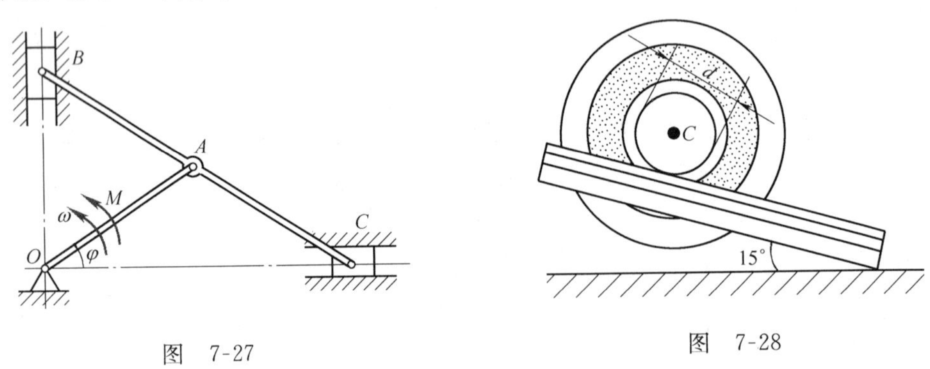

图　7-27　　　　图　7-28

解　由动能定理，得

$$\frac{1}{2}J_C\omega_C{}^2+\frac{1}{2}mv_C{}^2=mgs\sin\alpha\quad(v_C=2s/t,\ \omega_C=2v_C/d)$$

即　$$m\rho^2(2v_C/d)^2/2+mv_C{}^2/2=mgs\sin\alpha$$

$$\rho=\sqrt{\frac{d^2gs\sin\alpha}{2v_C^2}-\frac{d^2}{4}}=\frac{d}{2}\sqrt{\frac{t^2g\sin\alpha}{2s}-1}=11.3\mathrm{cm}$$

7-32　如图 7-29 所示，单级齿轮减速箱的电动机功率 $P=7.5\text{kW}$，转速 $n=1450\text{r/min}$，已知齿轮的齿数 $z_1=20$，$z_2=50$，减速箱的机械效率为 $\eta=0.7$。求输出轴Ⅱ所传递的转矩和功率。

解
$$P_2=\eta P=0.7\times7.5\text{kW}=5.25\text{kW}$$
$$M_2=P_2/\omega_2=P_2z_2/\omega_1z_1=30P_2z_2/\pi nz_1=86.4\text{N}\cdot\text{m}$$

7-33　图 7-30 所示龙门刨床的工作台和工件的总质量 $m=1500\text{kg}$，切削速度 $v=30\text{m/min}$，主切削力 $F_z=7.84\text{kN}$，$F_y=0.25F_z$。设工作台与水平导轨间的滑动摩擦因数 $f=0.1$，试求切削阻力和摩擦力消耗的功率。如机床的总机械效率为 0.75，则刨床主电动机实际输出功率为多少？

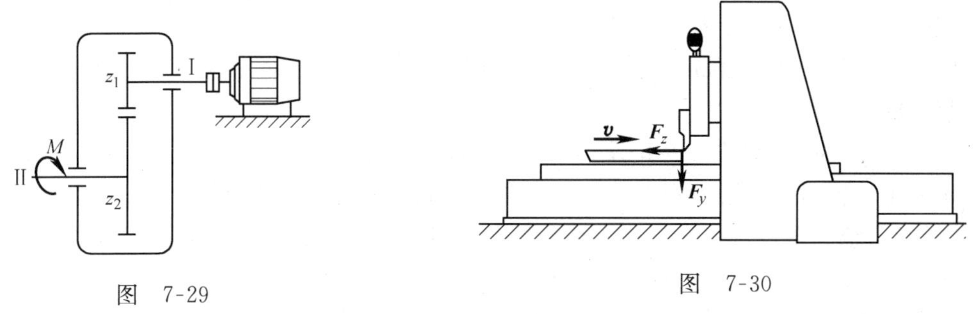

图　7-29　　　　图　7-30

解　设切削阻力消耗的功率为 P_Q，摩擦力消耗的功率为 P_M，主电动机的实际输出功率为 P_D，则
$$P_Q=F_zv=(7.84\times0.5)\text{kW}=3.92\text{kW}$$
$$P_M=f(F_y+mg)v=[0.1\times(0.25\times7.84+1.5\times9.8)\times0.5]\text{kW}=0.833\text{kW}$$
$$P_D=(P_Q+P_M)/\eta=[(3.92+0.833)/0.75]\text{kW}=6.34\text{kW}$$

自测练习

7-1　汽车以 36km/h 的速度在水平直道上行驶，设车轮在制动后立即停止转动。问车轮对地面的动滑动摩擦因数 f 应为多大方能使汽车在制动 6s 后停止。

7-2 质量为 m 的小球 M 系于细绳的一端，绳的另一端穿过光滑水平面上的小孔 O，如图 7-31 所示。令小球在此水平面沿半径为 r 的圆周作匀速运动，其速率为 v_0，然后将绳向下拉，使圆周半径缩小为 $r/2$，求此时小球的速度 v_1 和绳的拉力 F_T。

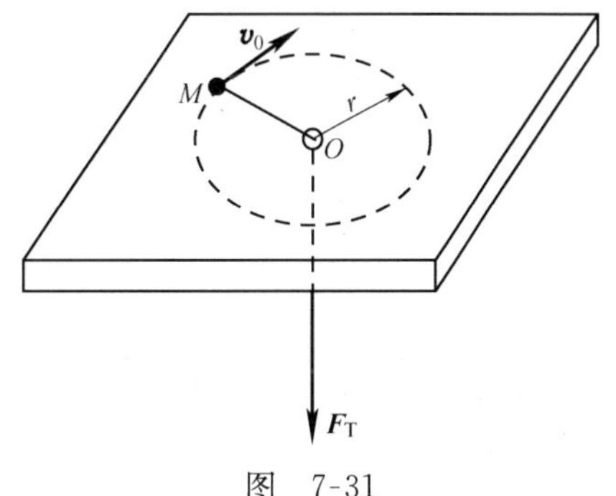

图　7-31

7-3　如图 7-32 所示，轮 A 和轮 B 均为匀质圆盘，半径为 r，质量为 m，绕在两轮上绳索的中间连接物块 C 的质量为 m_1，在光滑的水平面上，轮上作用一不变的力矩 M，求物块 C 的加速度和两段绳的拉力。

7-4　两个圆轮均重 $W=960\text{N}$，半径 $r=0.8\text{m}$，用直杆 AB 铰接，形成双曲柄机构，如图 7-33 所示。直杆 AB 重 $W_0=480\text{N}$，$OA=O'B=0.6r$，且保持平行，A 轮上有恒力偶 $M=600\text{N}\cdot\text{m}$ 作用，由静止开始，求圆盘旋转 50 转后的角速度。

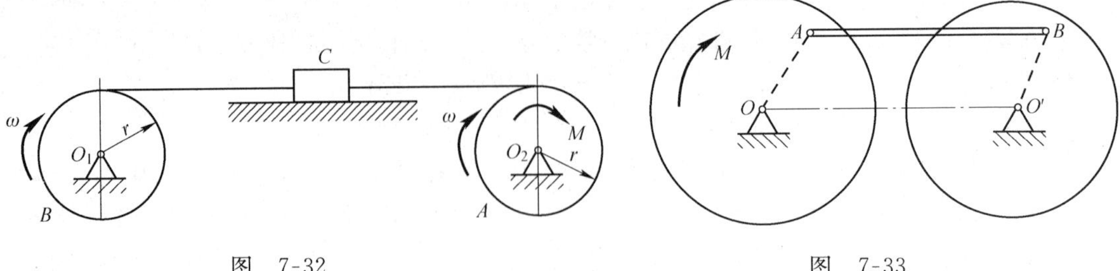

图 7-32　　图 7-33

7-5　如图 7-34 所示，一不变力矩作用在绞车的鼓轮上，轮的半径为 r，质量为 m_1。绕在鼓轮上之吊绳的一端系一质量为 m_2 的重物，此物沿与水平成 θ 角的斜面上升。试求绞车在转过 φ 角后的角速度 ω。设斜面与重物间的摩擦因数为 f，吊绳质量不计，在开始时系统是静止的。

7-6　均质杆 OA 长 $l=3.27\text{m}$，可在铅直平面内绕水平固定轴 O 转动。当杆在图 7-35 所示铅垂位置时，就给予杆以多大角速度，才能使杆转到水平位置。

7-7　链子全长 $l=11.14R$，重量为 $W=20\text{N}$，悬挂在半径 $R=0.1\text{m}$、重量 $W_O=10\text{N}$ 的滑轮上。在图 7-36 所示位置，两边悬挂长度略有差别，因而链子从静止开始运动。试求链子离开滑轮时的速度。设链子与滑轮无相对滑动，滑轮为均质圆盘。

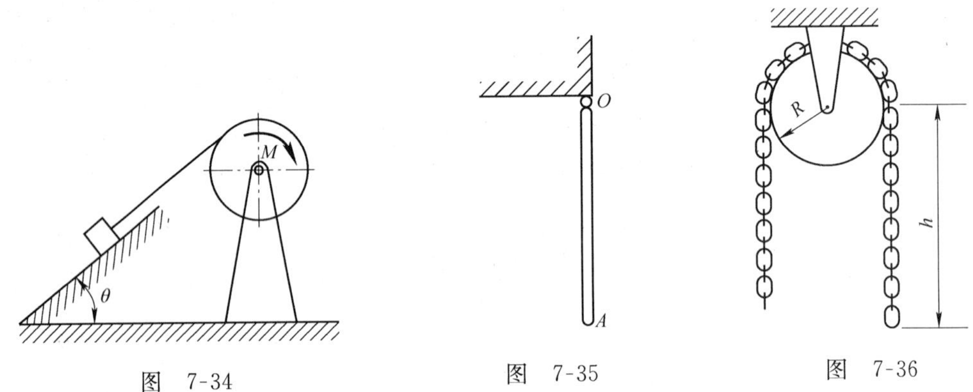

图 7-34　　图 7-35　　图 7-36

自测练习答案

7-1　$f=0.17$

7-2　$v_1=2v_0$，$F_T=8mv_0{}^2/r$

7-3　$a=\dfrac{M}{(m_1+m)r}$，$F_{T1}=\dfrac{2m_1+m}{2(m_1+m)r}M$，$F_{T2}=\dfrac{m}{2(m_1+m)r}M$

7-4　$\omega=52.5\text{rad/s}$

7-5　$\omega=\dfrac{2}{r}\sqrt{\dfrac{M-m_2gr(\sin\theta+f\cos\theta)}{m_1+2m_2}\varphi}$

7-6　$\omega=3\text{rad/s}$

7-7　$v=2.6\text{m/s}$

第八章　拉伸（压缩）、剪切与挤压的强度计算

知 识 要 点

材料力学的研究对象主要是结构中的构件：在小变形前提下由均匀连续、各向同性的弹性固体材料制成的直杆。其任务是为确保构件既安全又经济的前提下，为构件选择合适的材料，确定合理的截面形状和尺寸，计算理论和实验技术。

1. 轴向拉伸（压缩）变形的研究路线。

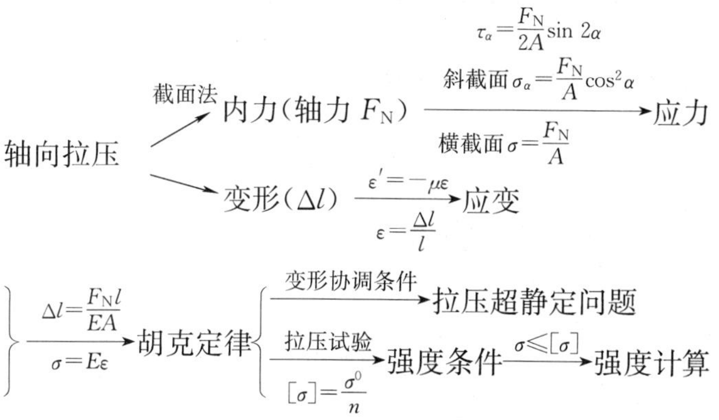

轴向拉压 —截面法→ 内力（轴力 F_N） —斜截面 $\sigma_\alpha=\frac{F_N}{A}\cos^2\alpha$，$\tau_\alpha=\frac{F_N}{2A}\sin 2\alpha$；横截面 $\sigma=\frac{F_N}{A}$→ 应力

轴向拉压 → 变形（Δl） —$\varepsilon'=-\mu\varepsilon$，$\varepsilon=\frac{\Delta l}{l}$→ 应变

}—$\Delta l=\frac{F_N l}{EA}$，$\sigma=E\varepsilon$→ 胡克定律 { —变形协调条件→ 拉压超静定问题；—拉压试验，$[\sigma]=\frac{\sigma^0}{n}$→ 强度条件 —$\sigma\leqslant[\sigma]$→ 强度计算 }

2. 拉伸压缩试验。

塑性材料以低碳钢为代表，其拉伸应力应变曲线分为四个阶段：线弹性阶段、屈服阶段、强化阶段和缩颈断裂阶段。重要的应力指标有 σ_p、σ_s 和 σ_b；塑性指标有 δ 和 ψ。塑性材料拉伸和压缩强度指标一般是相同的。以铸铁为代表的脆性材料通常应力指标只有 σ_b，而其压缩强度则明显高于拉伸强度。

3. 当构件受到大小相等、方向相反、作用线平行且相距很近的外力作用时，两力之间的截面发生相对错动，这种变形称为剪切变形。工程中的联接件在承受剪切的同时，还伴随着挤压的作用，挤压是指两构件间接触面上产生的局部承压作用。

4. 剪切和挤压的强度条件为

$$\tau=\frac{F_Q}{A}\leqslant[\tau]，\quad \sigma_{jy}=\frac{F_{jy}}{A_{jy}}\leqslant[\sigma_{jy}]$$

解 题 要 领

1. 由强度条件 $\sigma=\frac{F_N}{A}\leqslant[\sigma]$ 可进行强度校核、设计截面和确定承载能力这三类强度计算问题，这三类问题的基本公式都是由强度条件派生的，但已知和未知条件不尽相同。对由拉压杆构件组成的结构在计算承载能力时要进行综合考虑，因为结构中各杆件并不是同时达

到危险状态，所以其许可载荷是由最先达到许可轴力的杆的强度所决定，通常是以各杆达到许可轴力时对应的许可载荷中的最小值为许可载荷。

2. 由拉压杆构件组成的结构的位移计算要合理地应用近似条件（通常以切线代替弧线），杆件变形后对节点位移的限制，再由变形的几何关系得出。

3. 考虑在超静定问题中，超静定次数有多少，则有多少个补充方程，补充方程由变形和内力的关系，根据变形协调条件建立起来的。

4. 工程中连接件常常会遇到剪切和挤压问题，构件在受剪切时，常伴随挤压现象。解决此类问题的关键是正确确定剪切面和挤压面。剪切面是构件将发生相对错动的面。挤压面是相互接触压紧的面，名义挤压面积 A_{jy} 等于实际承压接触面面积在挤压力垂直面上的投影面积。

典 型 例 题

例 8-1 图 8-1a 所示结构，AB 杆为钢杆，横截面面积 $A_1=500\text{mm}^2$，许用应力 $[\sigma]_1=160\text{MPa}$；BC 杆为铜杆，横截面面积 $A_2=700\text{mm}^2$，许用应力 $[\sigma]_2=100\text{MPa}$。求该结构的许用载荷。

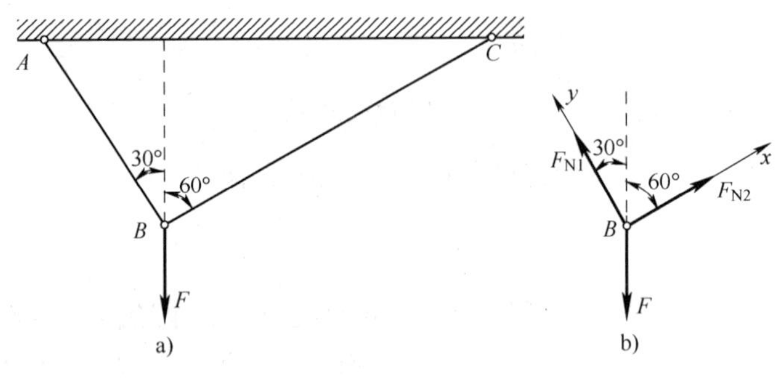

图 8-1

解 1）计算各杆轴力，以 B 点为研究对象，作受力图如图 8-1b 所示。

由平衡条件

$$\sum F_x=0,\ F_{N2}-F\cos60°=0$$

$$\sum F_y=0,\ F_{N1}-F\cos30°=0$$

解得

$$F=\frac{2}{\sqrt{3}}F_{N1},\ F=2F_{N2}$$

2）计算各杆所能承受的许用轴力

根据强度条件 $\sigma=\dfrac{F_N}{A}\leqslant[\sigma]$ 得各杆所能承受的最大轴力为

$$F_{N1max}\leqslant[\sigma]_1A_1=(160\times500\times10^{-6})\text{kN}=80\text{kN}$$

$$F_{N2max}\leqslant[\sigma]_2A_2=(100\times700\times10^{-6})\text{kN}=70\text{kN}$$

3）计算两杆分别达到最大轴力时所对应的载荷。得

$$F_1=\frac{2}{\sqrt{3}}F_{N1}\leqslant\frac{2}{\sqrt{3}}F_{N1max}=\left(\frac{2}{\sqrt{3}}\times 80\right)kN=92.4kN$$

$$F_2=2F_{N2}\leqslant 2F_{N2max}=(2\times 70)kN=140kN$$

4）确定结构的许用载荷

比较 F_1 和 F_2，为保证结构安全可靠，应取其中的最小值作为结构的许用载荷，于是 $[F]=92.4kN$。

例 8-2 如图 8-2a 所示结构，水平杆 CBD 可视为刚性杆，在 D 点加垂直向下的力 F；AB 杆为钢杆，其直径 $d=30mm$，$a=1m$，$E=2\times 10^5 MPa$，$\sigma_p=200MPa$。(1) 若在 AB 杆上沿轴线方向贴有一电阻应变片，加力后测得其应变值为 $\varepsilon=715\times 10^{-6}$，求这时所加力 F 的大小；(2) 若 AB 杆的许用应力 $[\sigma]=160MPa$，试求结构的许用载荷及此时 D 点的垂直位移。

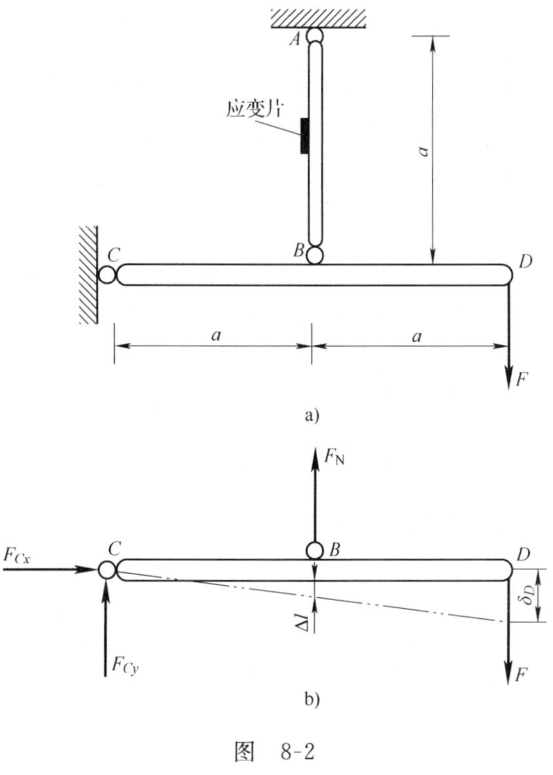

图 8-2

解 1）求力的大小

以水平梁 CBD 为研究对象，作受力图及结构的变形位移图（图 8-2b）。检验 AB 杆的变形是否在线弹性范围之内，即

$$\varepsilon_p=\frac{\sigma_p}{E}=\frac{200\times 10^6}{2\times 10^{11}}=1000\times 10^{-6}>\varepsilon$$

故钢杆 AB 变形在线弹性范围之内，得

$$\sigma=E\varepsilon=(2\times 10^5\times 715\times 10^{-6})MPa=143MPa$$

AB 杆中的轴力为

$$F_N=\sigma A=143MPa\times\frac{\pi}{4}(30)^2mm^2=101.1\times 10^3N$$

由平衡条件

$$\Sigma M_C(F)=0,\quad -F\times 2a+F_Na=0$$

求得

$$F=F_N/2=50.5kN$$

2）求许用载荷及 D 点位移。由 AB 杆的强度条件，求得杆的许用轴力为

$$[F_N]=[\sigma]A=160MPa\times\frac{\pi}{4}(30)^2mm^2=113.1\times 10^3N$$

并将其代入平衡方程，得许用载荷

$$[F]=[F_N]/2=56.5kN$$

由变形位移图，可得 D 点的垂直位移为

$$\delta_D=2\Delta l=2\frac{[\sigma]}{E}a=2\times\frac{160}{2\times 10^5}\times 1000mm=1.6mm\quad(\downarrow)$$

例 8-3 图 8-3a 所示结构由刚性水平杆 AB 及两弹性杆 EC 和 FD 组成，在 B 点加垂直向下的力 F。两弹性杆的刚度分别为 E_1A_1 和 E_2A_2。试求杆 EC 和 FD 的内力。

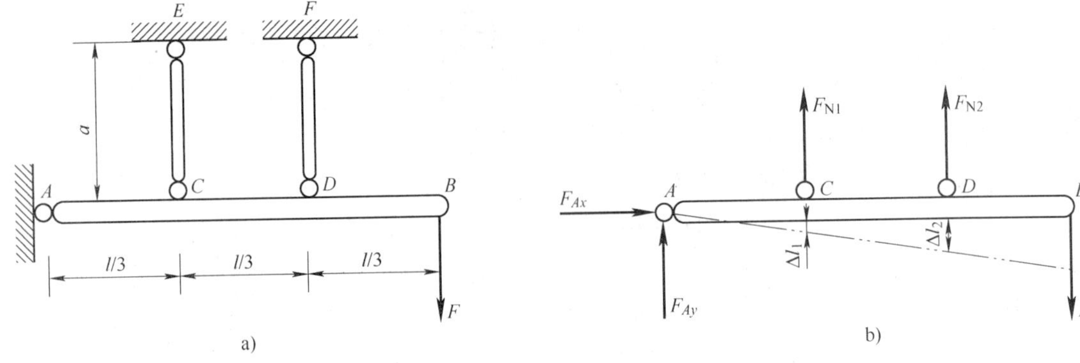

图 8-3

解 1）以水平梁 AB 为研究对象，作受力图及结构的变形位移图（图 8-3b），由平衡条件得

$$\Sigma M_A(F)=0,\quad -Fl+F_{N1}\times l/3+F_{N2}\times 2l/3=0 \tag{a}$$

2）变形协调条件为

$$2\Delta l_1=\Delta l_2 \tag{b}$$

根据胡克定律

$$\Delta l_1=\frac{F_{N1}a}{E_1A_1},\quad \Delta l_2=\frac{F_{N2}a}{E_2A_2} \tag{c}$$

代入式（b），得补充方程

$$2\frac{F_{N1}a}{E_1A_1}=\frac{F_{N2}a}{E_2A_2} \tag{d}$$

将补充方程（d）和平衡方程（a）联立求解，得

$$F_{N1}=\frac{3E_1A_1F}{E_1A_1+4E_2A_2},\quad F_{N2}=\frac{6E_2A_2F}{E_1A_1+4E_2A_2}$$

例 8-4 电机车挂钩的销钉联接如图 8-4 所示。已知挂钩厚度 $t=8\text{mm}$，销钉材料的许用切应力 $[\tau]=60\text{MPa}$，许用挤压应力 $[\sigma_{jy}]=200\text{MPa}$，电机车的牵引力 $F=15\text{kN}$，试选择销钉的直径。

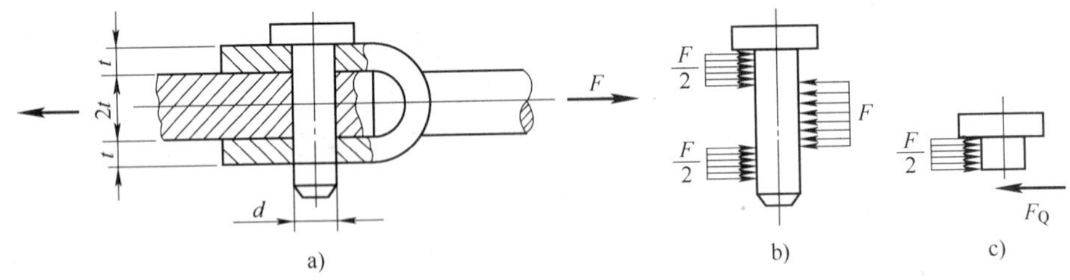

图 8-4

解 1）根据剪切强度条件设计销钉直径。销钉受力情况如图 8-4b 所示，因销钉受双剪，故每个剪切面承受的剪力为 $F/2$。

$$\tau=\frac{F_Q}{A}=\frac{F/2}{\pi d^2/4}\leqslant[\tau]$$

得 $$d \geqslant \sqrt{\frac{2F_Q}{\pi[\tau]}} = \sqrt{\frac{2\times15\times10^3}{3.14\times60}}\text{mm} = 12.6\text{mm}$$

2）利用销钉的挤压强度条件设计销钉直径。

由于名义挤压面积 $A_{jy}=td$，挤压力 $F_{jy}=F/2$，

$$\sigma_{jy}=\frac{F_{jy}}{A_{jy}}=\frac{F/2}{td}\leqslant[\sigma_{jy}]$$

得 $$d \geqslant \frac{F}{2t[\sigma_{jy}]}=\frac{15\times10^3}{2\times8\times200}\text{mm}=4.7\text{mm}$$

综合以上两个方面取 $d=13$mm。

习题解答

8-1　拉（压）杆如图 8-5 至 8-7 中 a 图所示。用截面法求各杆指定截面的轴力，并作出各杆的轴力图。

解　1）作 1-1 截面受力图（图 8-5b）

$\sum F_x=0$，$-F_{N1}+F=0$

$F_{N1}=F$　（拉）

作 2-2 截面受力图（图 8-5c）

$\sum F_x=0$，$-F_{N2}+F-2F=0$

$F_{N2}=-F$　（压）

作轴力图（图 8-5d）

2）作 1-1 截面受力图（图 8-6b）

$\sum F_x=0$，$F_{N1}-F=0$

$F_{N1}=F$　（拉）

作 2-2 截面受力图（图 8-6c）

$\sum F_x=0$，$F_{N2}+F-F=0$

$F_{N2}=0$

作 3-3 截面受力图（图 8-6d）

$\sum F_x=0$，$F_{N3}+F-F-2F=0$

$F_{N3}=2F$　（拉）

作轴力图（图 8-6e）

3）作 1-1 截面受力图（图 8-7b）

$\sum F_x=0$，$F_{N1}+2\text{kN}=0$

$F_{N1}=-2\text{kN}$　（压）

作 2-2 截面受力图（图 8-7c）

$\sum F_x=0$，$F_{N2}+2\text{kN}-4\text{kN}=0$

$F_{N2}=2\text{kN}$　（拉）

作 3-3 截面受力图（图 8-7d）

$\sum F_x=0$，$F_{N3}+2\text{kN}-4\text{kN}+6\text{kN}=0$

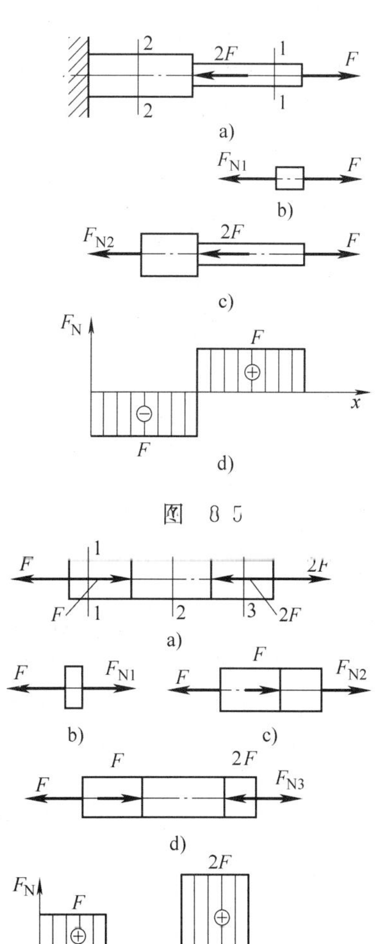

图　8-5

图　8-6

$F_{N3}=-4kN$ （压）

作轴力图（图 8-7e）

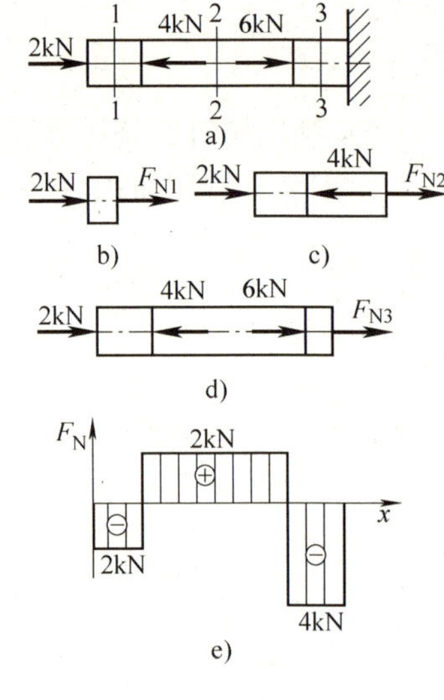

图 8-7

8-2 一根钢质圆杆长 3m，直径为 25mm，两端受到 100kN 的轴向拉力作用时伸长 2.5mm。试计算钢杆的应力和应变。

解 1）计算轴力

$$F_N=F=100kN \quad (拉)$$

2）计算正应力

$$\sigma=\frac{F_N}{A}=\frac{100\times10^3}{\frac{\pi}{4}\times25^2}MPa=203.82MPa$$

3）计算应变

$$\varepsilon=\frac{\Delta l}{l}=\frac{2.5}{3\times10^3}=8.33\times10^{-4}$$

8-3 圆形截面杆如图 8-8 所示。已知弹性模量 $E=200GPa$，受到轴向拉力 $F=150kN$，如果中间部分直径为 30mm，试计算中间部分的应力 σ。如杆的总伸长为 0.2mm，试求中间部分杆长。

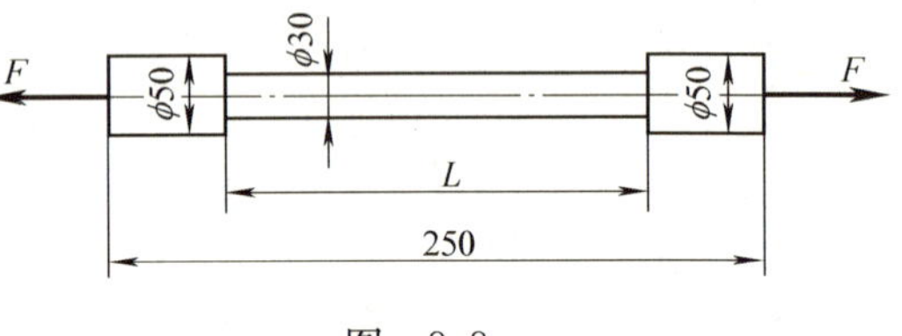

图 8-8

解 1）计算轴力

$$F_N=F=150kN$$

2）计算最大正应力

$$\sigma=\frac{F_N}{A}=\frac{150\times10^3}{\pi\times\left(\frac{30}{2}\right)^2}MPa=212.31MPa$$

3）将物理关系式代入几何方程

$$\Delta l=\Delta l_1+\Delta l_2$$

得

$$0.2=\frac{F_N(250-L)}{E\pi\left(\frac{50}{2}\right)^2}+\frac{F_NL}{E\pi\left(\frac{30}{2}\right)^2}$$

故中间部分杆长 $L=153.9mm$。

8-4 厂房立柱如图 8-9a 所示。它受到屋顶作用的载荷 $F_1=120kN$，吊车作用的载荷 $F_2=100kN$，其弹性模量 $E=18GPa$，$l_1=3m$，$l_2=7m$，横截面面积 $A_1=400cm^2$，$A_2=600cm^2$。试画其轴力图，并求：1）各段横截面上的应力；2）最大切应力；3）绝对变形 Δl。

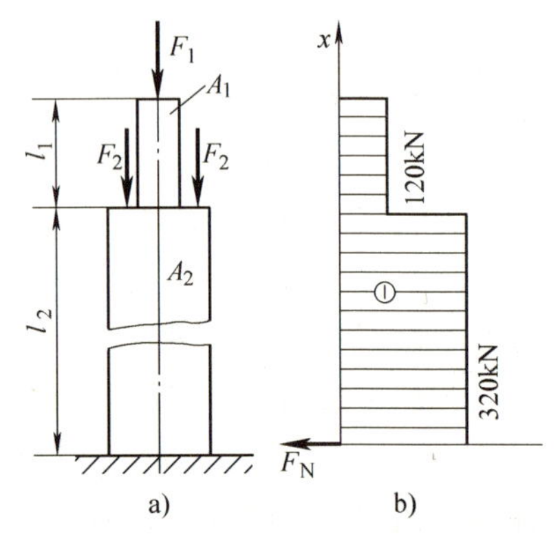

图 8-9

解 $F_{N1}=-120kN$，$F_{N2}=-320kN$

作轴力图（图 8-9b）

1）$\sigma_1=\frac{F_{N1}}{A_1}=\frac{-120\times10^3}{4\times10^4}MPa=-3MPa$

$$\sigma_2=\frac{F_{N2}}{A_2}=\frac{-320\times10^3}{6\times10^4}\text{MPa}=-5.33\text{MPa}$$

2）当 $\alpha=45°$时，有最大切应力

$$\tau_{max}=\left|\frac{\sigma_2}{2}\right|=2.67\text{MPa}$$

3）绝对变形为

$$\Delta l=\Delta l_1+\Delta l_2=\frac{F_{N1}l_{AB}}{EA_{AB}}+\frac{F_{N2}l_{AB}}{EA_{BC}}$$

$$=-\left(\frac{120\times10^3\times3\times10^3}{18\times10^3\times4\times10^4}+\frac{320\times10^3\times7\times10^3}{18\times10^3\times6\times10^4}\right)\text{mm}=-2.574\text{mm}$$

8-5　在图 8-10a 所示结构中，AB 是直径为 8mm，长为 1.9m 的钢杆，弹性模量 $E=200\text{GPa}$；BC 杆为截面 $A=200\times200\text{mm}^2$，长为 2.5m 的木柱，弹性模量 $E=10\text{GPa}$。若 $F=20\text{kN}$，试计算节点 B 的位移。

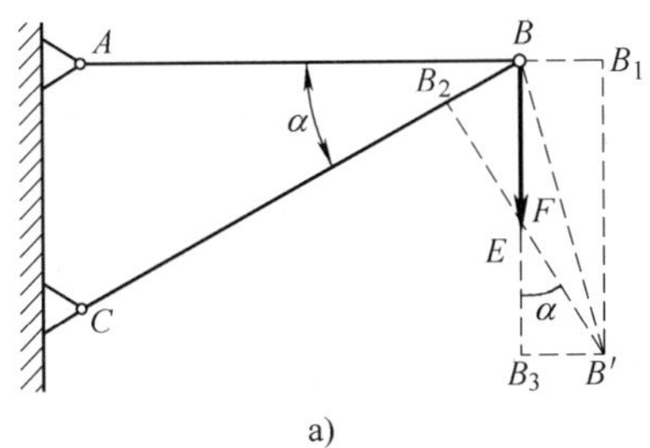

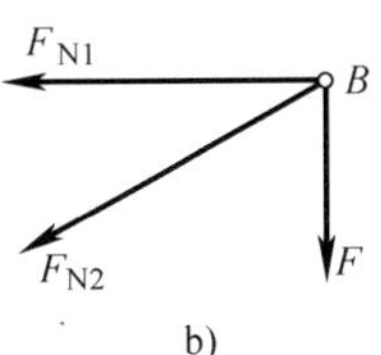

图　8-10

解　取 B 点为研究对象，其受力变形如图 8-10a、b 所示。由图中$\angle\alpha=\arccos\dfrac{AB}{BC}=40.54°$。列平衡方程得

$\sum F_y=0$，$F+F_{N2}\sin\alpha=0$

$$F_{N2}=-\frac{F}{\sin\alpha}=-30.77\text{kN}$$

$\sum F_x=0$，$F_{N1}+F_{N2}\cos\alpha=0$

$$F_{N1}=-F_{N2}\cos\alpha=23.39\text{kN}$$

杆件变形后，$BB_1=\Delta l_1$，$BB_2=\Delta l_2$。根据胡克定律，得

$$\Delta l_1=\frac{F_{N1}l_{AB}}{E_{AB}A_{AB}}=\frac{23.39\times10^3\times1.9\times10^3}{200\times10^3\times\left(\frac{8}{2}\right)^2\pi}\text{mm}=4.42\text{mm}$$

$$\Delta l_2=\frac{F_{N2}l_{BC}}{E_{BC}A_{BC}}=\frac{-30.77\times10^3\times2.5\times10^3}{10\times10^3\times200\times200}\text{mm}=-0.19\text{mm}$$

结点 B 在 x、y 方向上的位移分别为

$$\delta_x=BB_1=\Delta l_1=4.42\text{mm}$$

$$\delta_y=BB_3=BE+EB_3=\frac{\Delta l_2}{\sin\alpha}+\frac{\Delta l_1}{\tan\alpha}=5.47\text{mm}$$

则结点 B 的位移为

$$\delta=\sqrt{\delta_x^2+\delta_y^2}=7.03\text{mm}$$

8-6　图 8-11 所示零件受力 $F=40\text{kN}$，其尺寸如图所示。试求最大正应力。

解　$F_N=F=40\text{kN}$，计算最大正应力为

$$\sigma_1=\frac{F_N}{A_1}=\frac{40\times10^3}{20\times(50-22)}\text{MPa}=71.43\text{MPa}$$

$$\sigma_2=\frac{F_N}{A_2}=\frac{40\times10^3}{(50-22)\times(2\times15)}\text{MPa}=47.62\text{MPa}$$

故最大正应力为 71.43MPa。

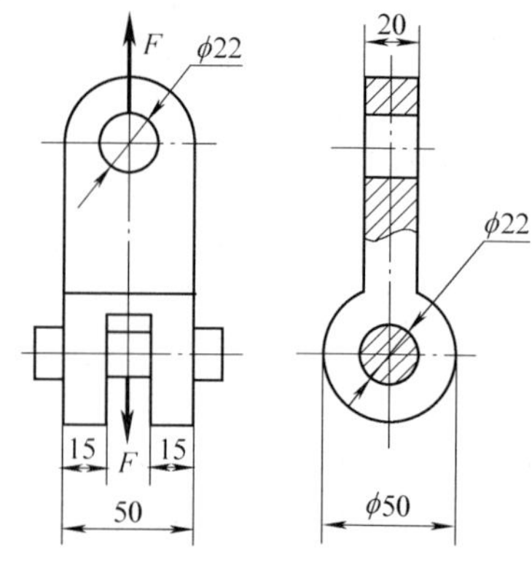

图　8-11

8-7　图 8-12 所示阶梯轴受轴向力 $F_1=25\text{kN}$，$F_2=40\text{kN}$，$F_3=15\text{kN}$ 的作用，截面面积 $A_1=A_3=400\text{mm}^2$，$A_2=250\text{mm}^2$。试求各段横截面上的正应力。

解　$F_{NAB}=25\text{kN}$，$F_{NBC}=-15\text{kN}$，$F_{NCD}=0$，则各段横截面上的正应力为

$$\sigma_{AB}=\frac{F_{NAB}}{A_1}=\frac{25\times10^3}{400}\text{MPa}=62.5\text{MPa}$$

$$\sigma_{BC}=\frac{F_{NBC}}{A_2}=\frac{-15\times10^3}{250}\text{MPa}=-60\text{MPa}$$

$$\sigma_{CD}=\frac{F_{NCD}}{A_3}=0$$

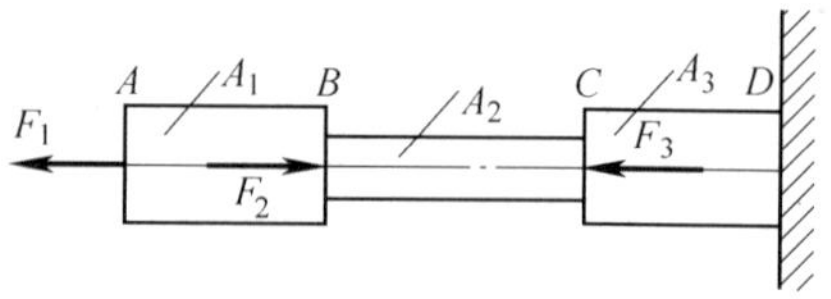

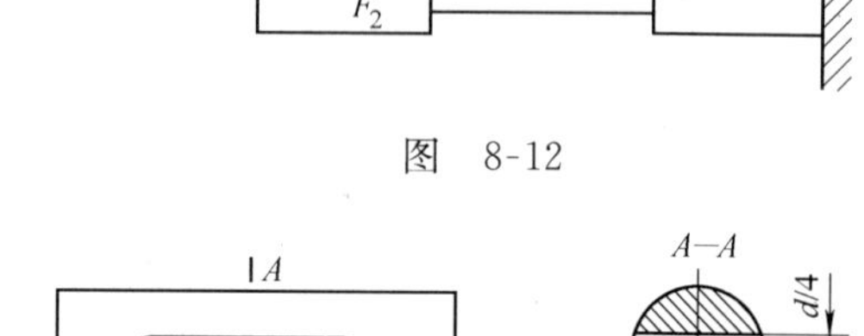

图　8-12

8-8　如图 8-13 所示，在圆截面杆上铣去一槽。已知 $F=10\text{kN}$，$d=45\text{mm}$，槽宽为 $d/4$。试求杆横截面上的最大正应力及其所在截面的位置（截面上槽的面积近似按矩形计算）。

图　8-13

解　1）$A-A$ 截面为最小截面，其面积为

$$A=\pi\left(\frac{d}{2}\right)^2-\frac{d}{4}d=(\pi-1)\frac{d^2}{4}$$

2）横截面上最大正应力为

$$\sigma=\frac{F_N}{A}=\frac{F}{(\pi-1)\frac{d^2}{4}}=\frac{4\times10\times10^3}{(\pi-1)\times45^2}\text{MPa}=9.22\text{MPa}$$

即 $\sigma_{max}=9.22\text{MPa}$，其位置在槽上任一横截面上。

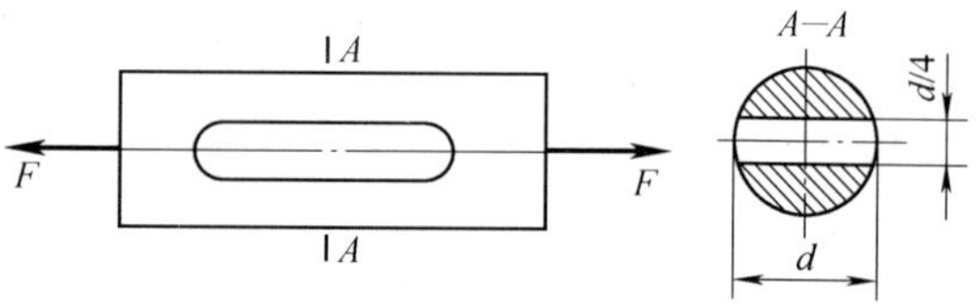

8-9　图 8-14 所示直杆受轴向力 F 的作用。设已知 $\sigma_\alpha=30\text{MPa}$，横向应变 $\tau_\alpha=10\text{MPa}$，试求直杆的 σ_{max} 和 τ_{max}。

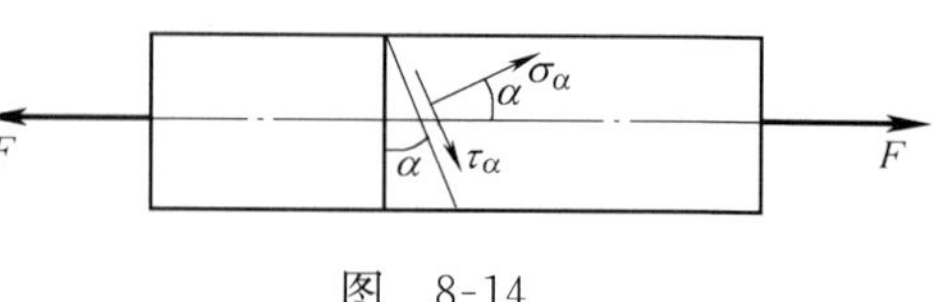

图　8-14

解

$$\begin{cases}\sigma_\alpha=\sigma\cos^2\alpha\\ \tau_\alpha=\dfrac{\sigma}{2}\sin 2\alpha\end{cases}$$

$$\begin{cases}30=\sigma\cos^2\alpha & \text{(a)}\\ 10=\dfrac{\sigma}{2}\sin 2\alpha=\sigma\sin\alpha\cos\alpha & \text{(b)}\end{cases}$$

式（b）除以式（a）得

$$\tan\alpha=\frac{1}{3}，\alpha=18.43^\circ$$

由 $\sigma_\alpha=\sigma\cos^2\alpha$ 得

$$\sigma=\frac{\sigma_\alpha}{\cos^2\alpha}=\frac{30}{\cos^2 18.45^\circ}\text{MPa}=33.3\text{MPa}$$

故当 $\alpha=0^\circ$时，$\sigma_{\max}=\sigma=33.3\text{MPa}$；当 $\alpha=45^\circ$时，$\tau_{\max}=\frac{\sigma}{2}=16.65\text{MPa}$。

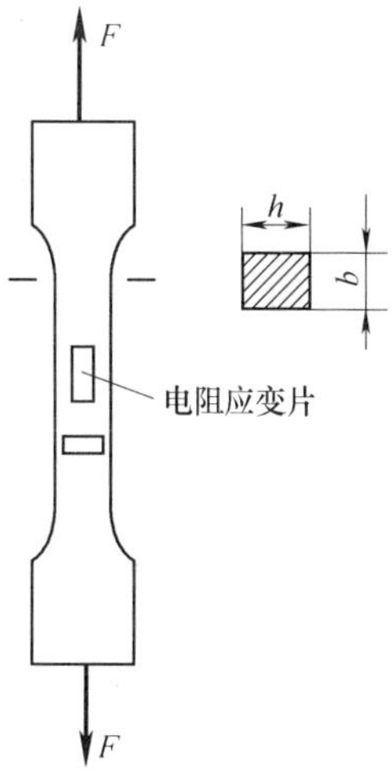

8-10　一板状试件如图 8-15 所示。在其表面贴上纵向和横向的电阻应变片来测定试件的应变。已知 $b=4\text{mm}$，$h=30\text{mm}$，当施加 3kN 的拉力时，测得试件的纵向线应变 $\varepsilon_1=120\times10^{-6}$，横向应变 $\varepsilon_2=-38\times10^{-6}$。

求试件材料的弹性 E 和泊松比 μ。

电阻应变片

图　8-15

解　由　$\sigma=\frac{F_N}{A}=\frac{F}{bh}=\frac{3\times10^3}{4\times30}\text{MPa}=25\text{MPa}$

和　$\sigma=E\varepsilon$

得　$E=\frac{\sigma}{\varepsilon_1}=\frac{25}{120\times10^{-6}}\text{MPa}=208.33\text{GPa}$

泊松比　$\mu=\left|\frac{\varepsilon_2}{\varepsilon_1}\right|=\left|\frac{-38\times10^{-6}}{120\times10^{-6}}\right|=0.317$

8-11　如图 8-16 所示，起重机吊钩的上端用螺母固定。若螺栓部分的螺纹小径 $d=55\text{mm}$，材料的许用应力 $[\sigma]=80\text{MPa}$，载荷 $F=160\text{kN}$。试校核螺栓部分的强度（不计吊钩自重）。

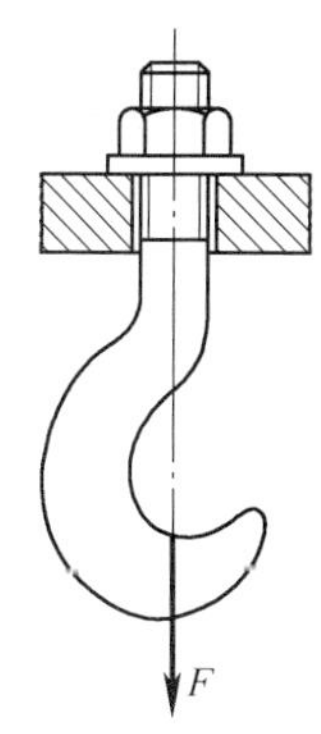

图　8-16

解　由 $F_N=160\text{kN}$，得

$$\sigma=\frac{F_N}{A}=\frac{160\times10^3}{\frac{\pi}{4}d^2}\text{MPa}=\frac{160\times10^3}{\frac{\pi}{4}\times55^2}\text{MPa}=67.34\text{MPa}<[\sigma]$$

故该螺栓部分的强度足够。

8-12　用绳索吊起重物如图 8-17a 所示。已知 $F=20\text{kN}$，绳索横截面面积为 12.6cm^2，许用应力 $[\sigma]=10\text{MPa}$。试校核 $\alpha=45^\circ$及 60°两种情况下绳索的强度。

解　选取 B 点为研究对象（图 8-17b）。$F_{N1}=F_{N2}$，则

$$\sum F_y=0，F-2F_{N1}\cos(90^\circ-\alpha)=0$$

$$F_{N1}=\frac{F}{2\cos(90^\circ-\alpha)}$$

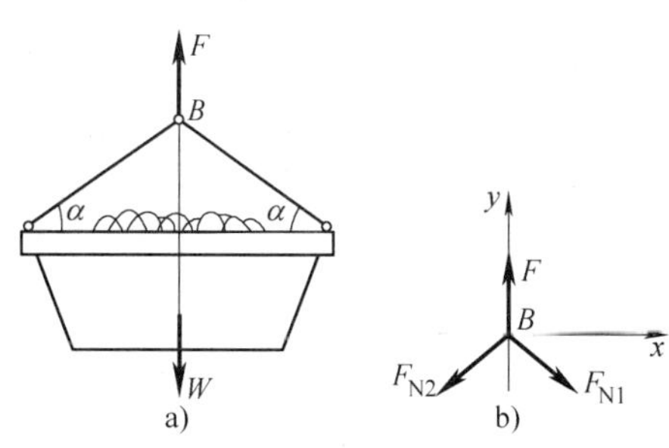

图　8-17

1）当 $\alpha=45^\circ$时，有

$$F_{N1}=\frac{F}{2\cos(90^\circ-\alpha)}=\frac{20}{2\cos 45^\circ}\text{kN}=14.14\text{kN}$$

$$\sigma=\frac{F_{N1}}{A}=\frac{14.14\times10^3}{12.6\times10^2}\text{MPa}=11.22\text{MPa}>[\sigma]$$

故 $\alpha=45^\circ$时绳索强度不够。

2）当 $\alpha=60°$ 时，有

$$F_{N1}=\frac{F}{2\cos(90°-\alpha)}=\frac{20}{2\cos 30°}\text{kN}=11.55\text{kN}$$

$$\sigma=\frac{F_{N1}}{A}=\frac{11.55\times10^3}{12.6\times10^2}\text{MPa}=9.16\text{MPa}<[\sigma]$$

故 $\alpha=60°$ 时绳索强度足够。

8-13　蒸汽机汽缸如图 8-18 所示。已知汽缸内径 $D=350\text{mm}$，联接汽缸和汽缸盖的螺栓直径 $d=20\text{mm}$。如蒸汽机压力 $p=1\text{MPa}$，螺栓材料的许用应力 $[\sigma]=40\text{MPa}$，试求所需螺栓的个数。

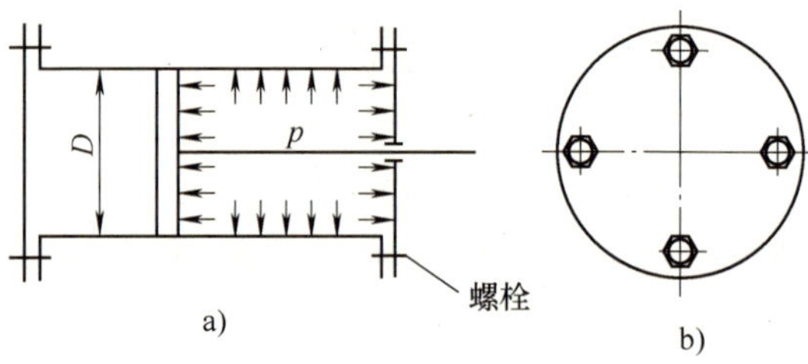

图　8-18

解　螺栓轴力 F_N 为

$$F_N=\frac{F}{n}=\frac{p\,\frac{\pi}{4}(D^2-d^2)}{n}$$

$$[\sigma]\geqslant\frac{F_N}{A}=\frac{F/n}{A}=\frac{F}{nA}$$

则

$$n\geqslant\frac{F}{A[\sigma]}=\frac{p(D^2-d^2)}{d^2[\sigma]}=\frac{1\times(350^2-20^2)}{20^2\times40}=7.63$$

取螺栓个数 $n=8$ 个。

8-14　某悬臂吊车如图 8-19 所示，最大起重载荷 $G=20\text{kN}$，AB 杆为 Q235A 圆钢，许用应力 $[\sigma]=120\text{MPa}$。试设计 AB 杆的直径 d。

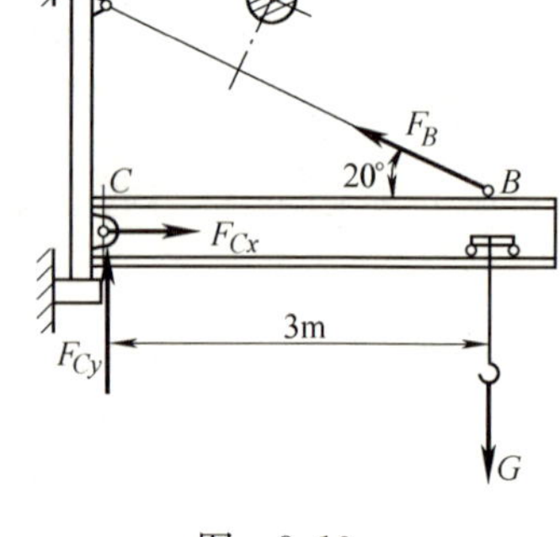

图　8-19

解　以 BC 杆为研究对象，列平衡方程得

$$\sum M_C(F)=0,\ 3F_B\sin20°-3G=0$$

$$F_B=58.48\text{kN}$$

$$[\sigma]\geqslant\frac{F_B}{A}=\frac{4F_B}{\pi d^2}$$

$$d\geqslant\sqrt{\frac{4F_B}{[\sigma]\pi}}=\sqrt{\frac{4\times58.48\times10^3\text{N}}{120\pi\text{MPa}}}=24.91\text{mm}$$

故取 AB 杆的直径为 25mm。

8-15　AC 和 BC 两杆铰接于 C，并吊重物，如图 8-20 所示。已知 BC 杆许用应力 $[\sigma]=160\text{MPa}$，AC 杆许用应力 $[\sigma]=100\text{MPa}$，两杆截面面积均为 2cm^2。求所吊重物的最大重量。

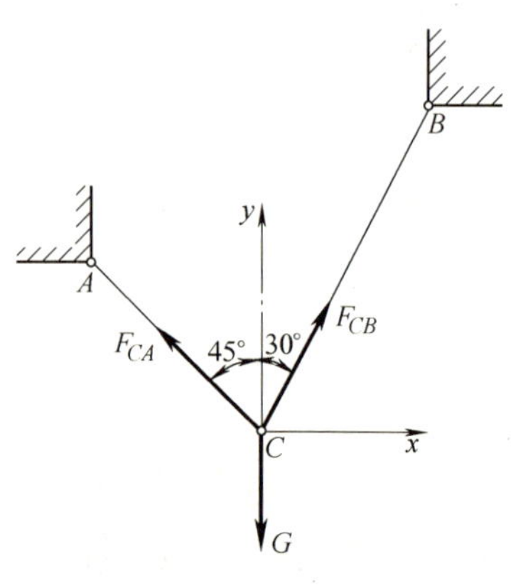

图　8-20

解　选取 C 点为研究对象，杆 CA、CB 的许用轴力为

$$[F_{CA}]=[\sigma_{CA}]A=(100\times2\times10^2)\text{kN}=20\text{kN}$$

$$[F_{CB}]=[\sigma_{CB}]A=(160\times2\times10^2)\text{kN}=32\text{kN}$$

由平衡方程得

$$\sum F_x=0,\ -F_{CA}\sin45°+F_{CB}\sin30°=0$$

$$\sum F_y=0,\ F_{CA}\cos45°+F_{CB}\cos30°-G=0$$

综合以上各式 $[G]_1=[F_{CB}](\sin30°+\cos30°)=43.71\text{kN}$

$$[G]_2=[F_{CA}]\frac{\sin 45°(\sin 30°+\cos 30°)}{\sin 30°}=38.63\text{kN}$$

所吊重物的最大重量为 $[G]=38.63\text{kN}$

8-16 一根链条如图 8-21 所示。已知尺寸 $H=35\text{mm}$，$h=25\text{mm}$，$t=5\text{mm}$，$d=11\text{mm}$，许用应力 $[\sigma]=80\text{MPa}$。截面的倒角可以略去，试求许用载荷 $[F]$。

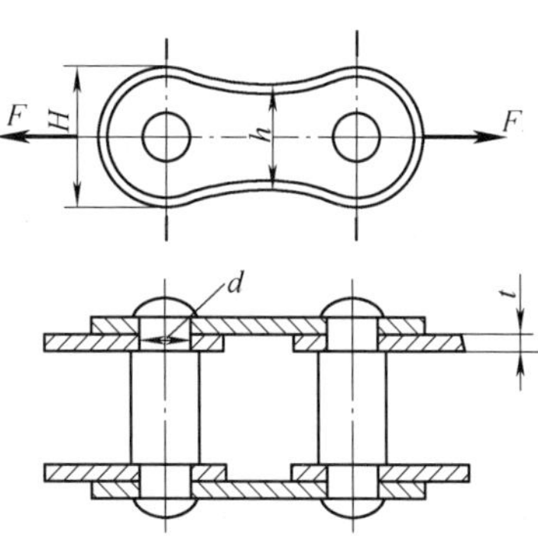

图 8-21

解 $[F]_1=[\sigma]A_1=2(H-d)t[\sigma]$

$=[2\times(35-11)\times5\times80]\text{N}=19.2\text{kN}$

$[F]_2=[\sigma]A_2=2ht[\sigma]$

$=(2\times25\times5\times80)\text{N}=20\text{kN}$

故许用载荷 $[F]$为 19.2kN。

8-17 三脚架结构如图 8-22 所示。AB 杆为钢杆，其横截面面积 $A_1=600\text{mm}^2$，许用应力 $[\sigma]_G=140\text{MPa}$；BC 杆为木杆，横截面面积 $A_2=3\times10^4\text{ mm}^2$，许用压应力 $[\sigma]_M=3.5\text{MPa}$。试求所吊重物最大重量 $[G]$。

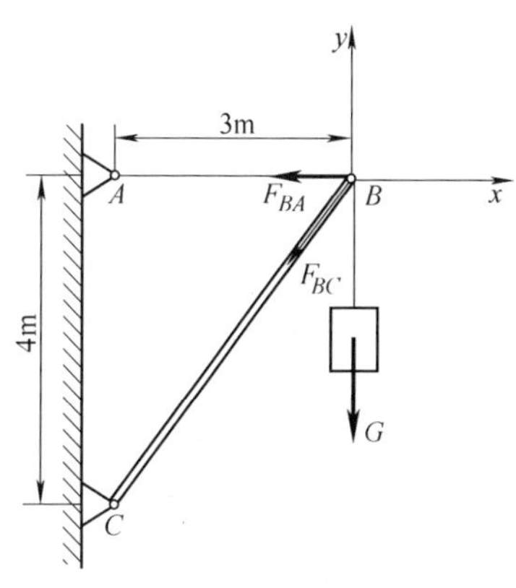

图 8-22

解 $[F_{BA}]=[\sigma]_GA_1=84\text{kN}$

$[F_{BC}]=[\sigma]_MA_2=105\text{kN}$

取 B 点为研究对象，求两杆轴力。由平衡方程得

$\sum F_x=0$，$-F_{BA}-F_{BC}\cos\alpha=0$

$\sum F_y=0$，$-F-F_{BC}\sin\alpha=0$

$[G]_1=|[F_{BC}]|\sin\alpha=0.8\times105\text{kN}=84\text{kN}$

$$[G]_2=[F_{BA}]\tan\alpha=\frac{4}{3}\times84\text{kN}=112\text{kN}$$

为保证结构安全可靠，取 $[G]$为 84kN。

8-18 飞机起落架尺寸如图 8-23 所示。A、B、C 均为铰链，杆 OA 垂直于 AB 连线。当飞机在跑道上等速滑行时，轮上受力 $F_V=29\text{kN}$，$F_H=0.78\text{kN}$。试求 BC 杆所受的拉力。如 BC 杆材料的许用应力 $[\sigma]=250\text{MPa}$，试求 BC 杆的截面面积。

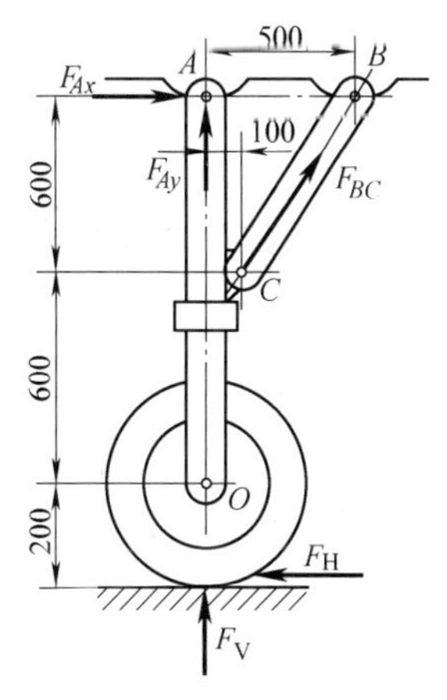

图 8-23

解 取杆 AO 及轮为研究对象，得

$$\tan\alpha=\frac{500-100}{600}=0.67，\alpha=33.7°$$

由平衡方程得

$\sum M_A(F)=0$，

$$100F_{BC}\cos\alpha+600F_{BC}\sin\alpha-1400F_H=0$$

$$F_{BC}=\frac{1400F_H}{100\cos\alpha+600\sin\alpha}=2.624\times10^3\text{N}$$

$$A\geqslant\frac{F_{BC}}{[\sigma]}=\frac{2.624\times10^3}{250}\text{mm}^2=10.5\text{mm}^2$$

8-19 如图 8-24 所示，由铝镁合金钢质套管构成一组合柱，它们的抗压刚度分别为

E_1A_1和E_2A_2。若轴向压力通过刚性平板作用在该柱上，试求铝镁杆和钢套管横截面上的正应力。

解 1）由平衡方程得

$$\sum F_y=0,\ F_{N1}+F_{N2}-F=0$$

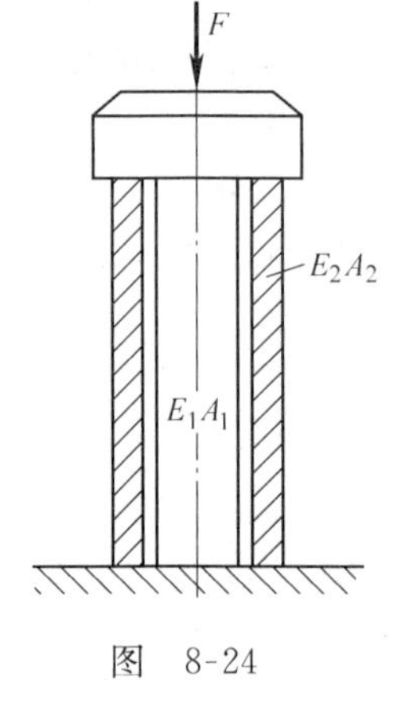

图 8-24

2）几何变形关系得

$$\Delta l_1=\Delta l_2$$

3）将物理关系式代入几何变形方程，得

$$\frac{F_{N1}l}{E_1A_1}=\frac{F_{N2}l}{E_2A_2}$$

将 $F_{N1}=\dfrac{E_1A_1}{E_2A_2}F_{N2}$ 代入平衡方程，得

$$\frac{E_1A_1}{E_2A_2}F_{N2}+F_{N2}=F$$

$$F_{N2}=\frac{F}{\dfrac{E_1A_1}{E_2A_2}+1}=\frac{E_2A_2F}{E_1A_1+E_2A_2}$$

则

$$F_{N1}=F-F_{N2}=\frac{E_1A_1F}{E_1A_1+E_2A_2}$$

故

$$\sigma_1=\frac{F_{N1}}{A_1}=\frac{E_1F}{E_1A_1+E_2A_2}$$

$$\sigma_2=\frac{F_{N2}}{A_2}=\frac{E_2F}{E_1A_1+E_2A_2}$$

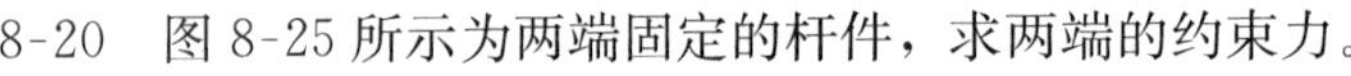

8-20 图 8-25 所示为两端固定的杆件，求两端的约束力。

解 由变形协调条件得

$$\Delta l=\Delta l_1+\Delta l_2+\Delta l_3=0$$

即

$$\frac{F_{N1}a}{EA}+\frac{F_{N2}a}{EA}+\frac{F_{N3}a}{EA}=-\left[\frac{F_Aa}{EA}+\frac{(F_A+F)a}{EA}+\frac{(F_A+3F)a}{EA}\right]=0$$

得

$$F_A=-\frac{4}{3}F\quad(\leftarrow)$$

由平衡方程得

$$\sum F_x=0,\ F+2F+F_A-F_B=0$$

$$F_B=3F+F_A=\frac{5}{3}F\quad(\leftarrow)$$

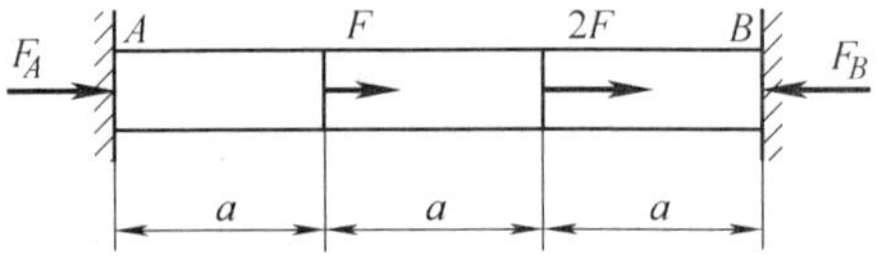

图 8-25

8-21 图 8-26 所示横梁 AB 为刚性梁，不计其变形。杆 1、2 的材料、横截面面积、长度均相同，其 $[\sigma]=100\text{MPa}$，$A=200\text{mm}^2$。试求许用载荷$[F]$。

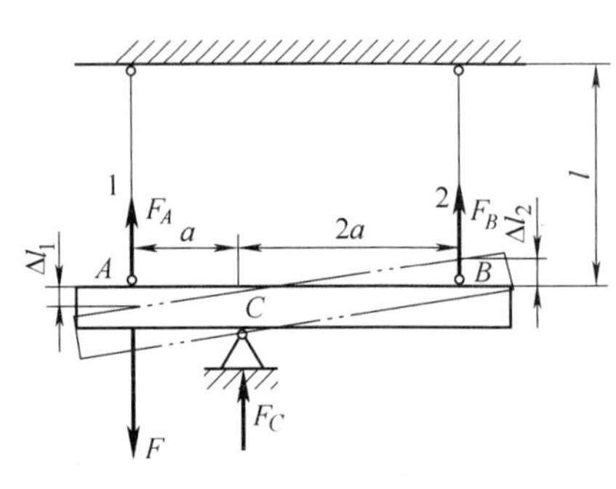

图 8-26

解 由平衡方程得

$$\sum M_C(F)=0,\ -F_Aa+Fa+F_B2a=0$$

由几何变形方程得

$$\frac{\Delta l_1}{-\Delta l_2}=\frac{a}{2a}=\frac{1}{2}$$

将胡克定律代入几何变形方程，则

$$\frac{F_A l/EA}{F_B l/EA}=\frac{F_A}{F_B}=-\frac{1}{2}$$

代入平衡方程得 $F=5F_A$，$F=5F_B/2$

解得 $[F]_1=5[F_A]=5[\sigma]A=(5\times100\times200)\text{N}=100\text{kN}$

$$[F]_2=\left|-\frac{5}{2}[F_B]\right|=\frac{5}{2}[\sigma]A=(2.5\times100\times200)\text{N}=50\text{kN}$$

为保证结构安全可靠，取 $[F]$为 50kN。

8-22　两刚性铸件，用钢螺栓 1、2 联接，相距 200mm，如图 8-27 所示。现加两力 F 使两铸件移开，以便将长度为 200.2mm、横截面面积 $A=600\text{mm}^2$的钢杆 3 安装在图示位置。若已知 $E_1=E_2=200\text{GPa}$，$E_3=100\text{GPa}$，试求：1）所需施加的最小拉力 F；2）当将外加力 F 去除后，求各杆中的装配应力。

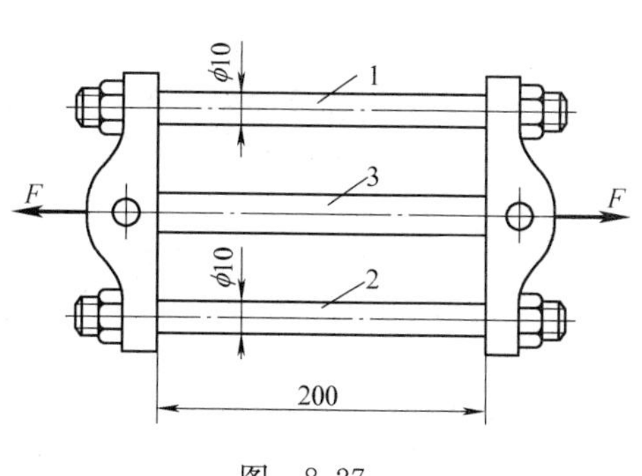

图　8-27

解　1）求出最小拉力 F。因为两螺栓杆材料相同，载荷对称，所以 $F_{N1}=F_{N2}=F/2$。由题意杆件，受力后最小伸长　$\Delta l_1=\Delta l_2=0.2\text{mm}$

即
$$\Delta l_1=\Delta l_2=\frac{F_{N1}l}{E_1A_1}=\frac{\frac{F}{2}l}{E_1A_1}$$

故
$$F=\frac{2E_1A_1}{l}\Delta l_1=\frac{2\times200\times10^3\times10^2\pi}{4\times200}\times0.2\text{N}=31.4\text{kN}$$

2）当 3 杆置入、除去外力 F 后，求各杆的装配应力。由平衡关系得

$$\sum F_x=0,\quad -F_{N3}-F'_{N1}-F'_{N2}=0$$

其中
$$F'_{N1}=F'_{N2}$$

则
$$F_{N3}=-2F'_{N1}$$

由钢螺栓的伸长量和钢杆缩短量之和的变形条件 $\Delta l'_1-\Delta l'_3-0.2\text{mm}$，得

$$\frac{F'_{N1}l_1}{E_1A_1}-\frac{F_{N3}l_3}{E_3A}=\frac{F'_{N1}l_1}{E_1A_1}+\frac{2F'_{N1}l_3}{E_3A}=0.2\text{mm}$$

$$F'_{N1}=\frac{0.2\text{mm}}{\frac{l_1}{E_1A_1}+\frac{2l_3}{E_3A}}=\frac{0.2}{\frac{200\times4}{200\times10^3\times10^2\pi}+\frac{2\times200.2}{100\times10^3\times600}}\text{N}=10.306\text{kN 拉力}$$

$$F_{N3}=-2F'_{N1}=-20.612\text{kN（压力）}$$

装配应力

杆 1、杆 2：$\sigma_1=\sigma_2=\dfrac{F_{N1}}{A_1}=\dfrac{10306\times4}{10^2\pi}\text{MPa}=131.2\text{MPa}$（拉应力）

杆 3：$\sigma_3=\dfrac{F_{N3}}{A}=\dfrac{-20612}{600}\text{MPa}=-34.35\text{MPa}$（压应力）

8-23　图 8-28 所示切料装置用刀刃把切料模中 $\phi12\text{mm}$ 的棒料切断。棒料的抗剪强度 $\tau_b=320\text{MPa}$，试计算切断力 F。

解　由题意可知

$$F_Q=F$$

由剪切强度条件可知

$$\tau=\frac{F_Q}{A}=\frac{F}{A}\geqslant\tau_b$$

得　　　$F\geqslant\tau_b A=\left(320\times\frac{\pi\times12^2}{4}\right)\text{N}=36.2\text{kN}$

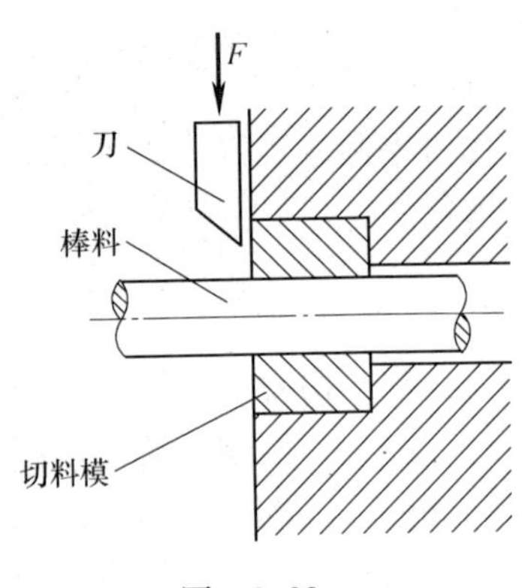

图　8-28

8-24　图 8-29 所示螺栓受拉力 F 作用，已知材料的许用切应力 $[\tau]$和许用拉应力 $[\sigma]$之间的关系为 $[\tau]=0.6[\sigma]$，试求螺栓直径 d 与螺栓头高度 h 的合理比例。

解　螺栓头受到的剪切力 $F_Q=F$，剪切面积 $A=\pi dh$，根据剪切强度条件

$$\tau=\frac{F_Q}{A}=\frac{F}{\pi dh}\leqslant[\tau]$$

得　　　$F\leqslant\pi dh[\tau]=0.6\,\pi dh[\sigma]$

由拉压强度条件

$$\sigma=\frac{F_N}{A}=\frac{4F}{\pi d^2}\leqslant[\sigma]$$

得　　　$F\leqslant\frac{1}{4}\pi d^2[\sigma]$

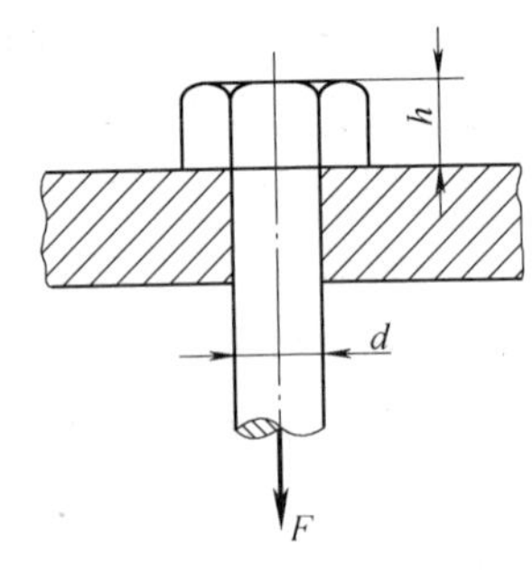

图　8-29

许可载荷相等时比例最合理，即

$$F=0.6\,\pi dh[\sigma]=\frac{1}{4}\pi d^2[\sigma]$$

得　　　$\frac{d}{h}=2.4$

8-25　压力机最大许可载荷 $F=600\text{kN}$，为防止过载而采用环式保险器（图 8-30）。当过载时，保险器先被剪断。已知 $D=50\text{mm}$，材料的极限切应力 $\tau_b=200\text{MPa}$，试确定保险器的尺寸 δ。

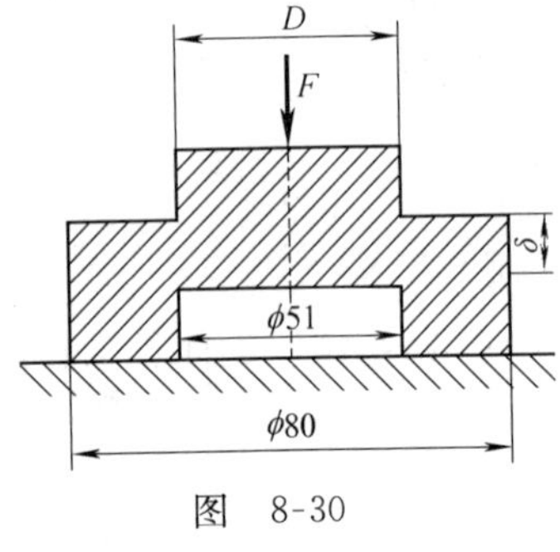

图　8-30

解　　　$F_Q=F$；$A=\pi D\delta$

$$\tau=\frac{F_Q}{A}=\frac{F}{\pi D\delta}>\tau_b$$

得　　　$\delta<\frac{F}{\pi D\tau_b}=\frac{600\times10^3}{3.14\times50\times200}\text{mm}=19.1\text{mm}$

8-26　两厚度 $t=10\text{mm}$，宽 $b=50\text{mm}$ 的钢板对接，铆钉的个数和分布如图 8-31a 所示，

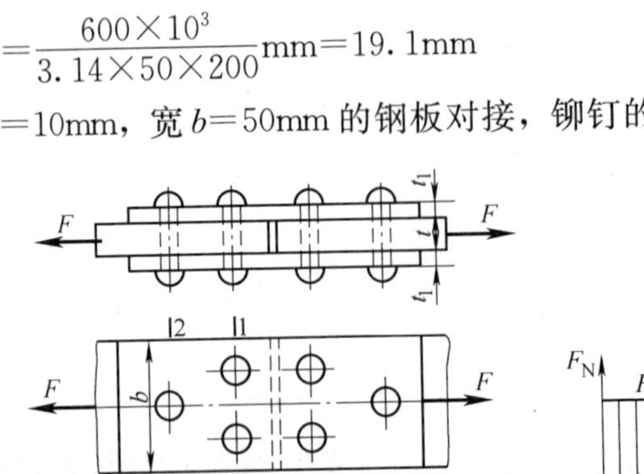

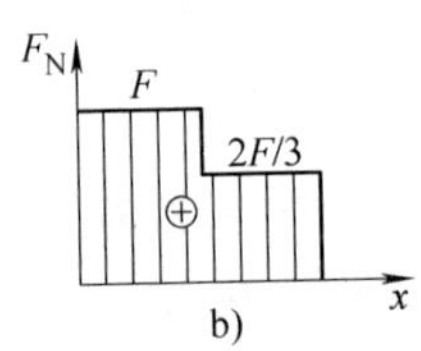

图　8-31

上下盖板的厚度 $t_1=6\text{mm}$，$F=50\text{kN}$，铆钉和钢板的许用应力为 $[\sigma]=170\text{MPa}$，$[\tau]=100\text{MPa}$，$[\sigma_{jy}]=250\text{MPa}$。试设计铆钉直径。

解 1）利用铆钉的剪切强度条件设计铆钉直径。每中间钢板上各有 3 个铆钉，并是双剪状态，则各剪切面上的剪力 $F_Q=F/6$，剪切面积 $A=\pi d^2/4$，由剪切强度条件

$$\tau=\frac{F_Q}{A}=\frac{F/6}{\pi d^2/4}\leqslant[\tau]$$

得
$$d_1\geqslant\sqrt{\frac{2F}{3\pi[\tau]}}=\sqrt{\frac{2\times50\times10^3}{3\times3.14\times100}}\text{mm}=10.3\text{mm}$$

2）利用铆钉的挤压强度条件设计铆钉直径。名义挤压面积 $A_{jy}=td$，挤压力 $F_{jy}=F/3$，则

$$\sigma_{jy}=\frac{F_{jy}}{A_{jy}}=\frac{F/3}{td}\leqslant[\sigma_{jy}]$$

得
$$d_2\geqslant\frac{F}{3t[\sigma_{jy}]}=\frac{50\times10^3}{3\times10\times250}\text{mm}=6.7\text{mm}$$

3）利用钢板的拉伸强度条件设计铆钉直径。钢板的受力情况及轴力图如图 8-31b 所示，横截面 1-1，中部钢板的轴力 $F_N=2F/3$，横截面积 $A=bt-2td$，则

$$\sigma=\frac{F_N}{A}=\frac{2F/3}{bt-2td}\leqslant[\sigma]$$

得
$$d_3\leqslant\frac{b}{2}-\frac{F}{3t[\sigma]}=\left(\frac{50}{2}-\frac{50\times10^3}{3\times10\times170}\right)\text{mm}=15.2\text{mm}$$

横截面 2-2，中部钢板的轴力 $F_N=F$，横截面积 $A=bt-td$，则

$$\sigma=\frac{F_N}{A}=\frac{F}{bt-td}\leqslant[\sigma]$$

得
$$d_4\leqslant b-\frac{F}{t[\sigma]}=\left(50-\frac{50\times10^3}{10\times170}\right)\text{mm}=20.6\text{mm}$$

横截面 1—1，上下盖板的轴力 $F_N=F/2$，横截面积 $A=bt_1-2t_1d$，则

$$\sigma=\frac{F_N}{A}=\frac{F/2}{bt_1-2t_1d}\leqslant[\sigma]$$

得
$$d_5\leqslant\frac{b}{2}-\frac{F}{4t_1[\sigma]}=\left(\frac{50}{2}-\frac{50\times10^3}{4\times6\times170}\right)\text{mm}=12.7\text{mm}$$

综合以上各方面，取 $d=11\text{mm}$ 合适。

8-27 如图 8-32 所示矩形截面的钢板拉伸试件，载荷通过销钉传至试件。若试件和销钉材料相同，$[\tau]=100\text{MPa}$，$[\sigma_{jy}]=320\text{MPa}$，$[\sigma]=160\text{MPa}$，抗拉强度 $\sigma_b=400\text{MPa}$。为保证试件在中部被拉断，试确定试件端部尺寸 a、b 及销钉直径 d。

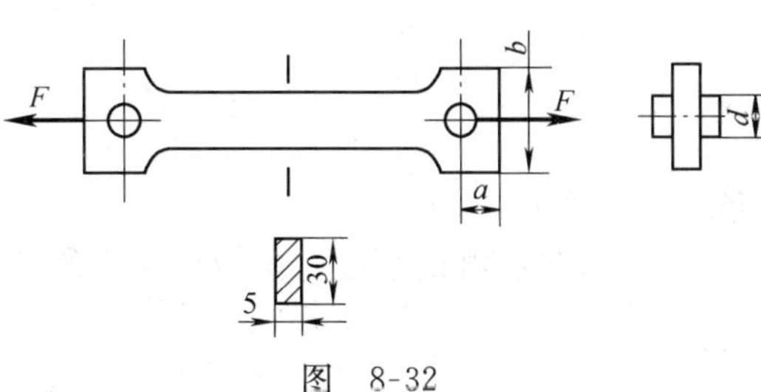

图 8-32

解 1）试件在中部被拉断的拉力为

$$F=\sigma_b A=400\times30\times5\text{N}=60\text{kN}$$

2）由试件的剪切强度条件得

$$\tau=\frac{F_Q}{A}=\frac{F/2}{5a}\leqslant[\tau]$$

$$a\geqslant\frac{F}{10[\tau]}=\frac{60\times10^3}{10\times100}\text{mm}=60\text{mm}$$

3）由销钉的剪切强度条件得

$$\tau=\frac{F_Q}{A}=\frac{F/2}{\pi d^2/4}\leqslant[\tau]$$

$$d_1\geqslant\sqrt{\frac{2F}{\pi[\tau]}}=\sqrt{\frac{2\times60\times10^3}{\pi\times100}}\text{mm}=19.54\text{mm}$$

4）由销钉和试件的挤压强度条件得

$$\sigma_{jy}=\frac{F_{jy}}{A_{jy}}=\frac{F}{5d}\leqslant[\sigma_{jy}]$$

$$d_2\geqslant\frac{F}{5[\sigma_{jy}]}=\frac{60\times10^3}{5\times320}\text{mm}=37.5\text{mm}$$

故取 $d=37.5\text{mm}$。

5）由试件端部的拉压强度条件得

$$\sigma=\frac{F}{5(b-d)}\leqslant[\sigma]$$

$$b\geqslant d+F/5[\sigma]=[37.5+60\times10^3/(5\times160)]\text{mm}=112.5\text{mm}$$

8-28 设计图 8-33 所示钢销钉的尺寸 h 和 δ，并校核拉杆的强度。已知钢拉杆及销子材料的许用应力 $[\sigma]=100\text{MPa}$，$[\tau]=80\text{MPa}$，$[\sigma_{jy}]=150\text{MPa}$，直径 $d=50\text{mm}$，承受载荷 $F=100\text{kN}$。

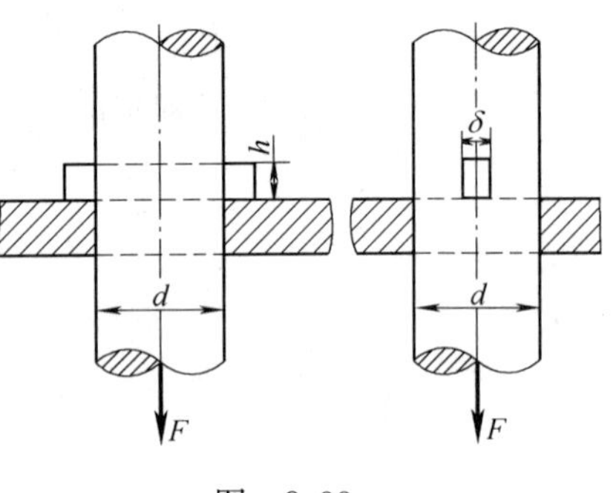

图 8-33

解 1）由挤压强度条件

$$\sigma_{jy}=\frac{F_{jy}}{A_{jy}}=\frac{F}{\delta d}\leqslant[\sigma_{jy}]$$

得
$$\delta\geqslant\frac{F}{d[\sigma_{jy}]}=\frac{100\times10^3}{50\times150}\text{mm}=13.3\text{mm}$$

取 $\delta=14\text{mm}$。

2）由剪切强度条件

$$\tau=\frac{F_Q}{A}=\frac{F}{2h\delta}\leqslant[\tau]$$

得
$$h\geqslant\frac{F}{2\delta[\tau]}=\frac{100\times10^3}{2\times14\times80}\text{mm}=44.6\text{mm}$$

取 $h=45\text{mm}$。

3）校核拉杆的强度。由拉压强度条件

$$\sigma=\frac{F_N}{A}\leqslant[\sigma]$$

$$\sigma=\frac{F}{A}=\frac{F}{\frac{\pi d^2}{4}-d\delta}=\frac{100\times10^3}{\frac{\pi\times50^2}{4}-50\times14}\text{MPa}=79.15\text{MPa}\leqslant[\sigma]$$

故满足强度条件。

自 测 练 习

8-1　图 8-34 所示一三角架，在节点 A 受力 F 作用。设杆 AB 为钢制空心圆管，其外径 $D_{AB}=60\text{mm}$，内 $d_{AB}=48\text{mm}$；杆 AC 也是空心圆管，其内、外径的比值也是 0.8；材料的许用应力 $[\sigma]=160\text{MPa}$。试根据强度条件选择杆 AC 的截面尺寸，并求出力 F 的许用值。

8-2　图 8-35 所示三角架 ABC 由 AC 和 BC 二杆组成。杆 AC 由两根 No. 12b 的槽钢组成，许用应力为 $[\sigma]=160\text{MPa}$；杆 BC 为一根 No. 22a 的工字钢，许用应力为 $[\sigma]=100\text{MPa}$。求载荷 F 的许用值 $[F]$。

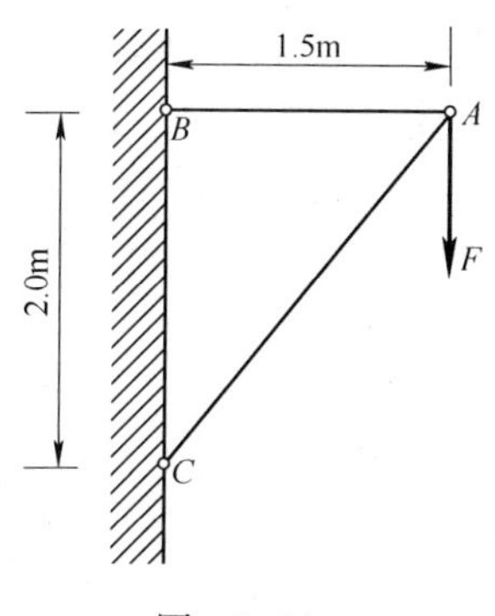

图　8-34

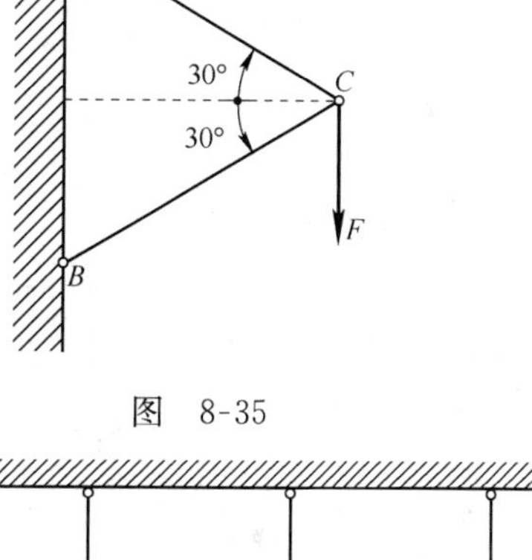

图　8-35

8-3　一刚性杆 AB，由三根同材料、同截面、等长的弹性杆悬吊，受力如图 8-36 所示（力 F 沿杆③方向）。已知力 F，试求三杆的内力。

8-4　一螺栓联接件如图 8-37 所示。已知 $F=200\text{kN}$，$\delta=20\text{mm}$，螺栓材料的许用切应力 $[\tau]=80\text{MPa}$，试求螺栓的直径。

8-5　已知图 8-38 所示铆接钢板的厚度 $\delta=10\text{mm}$，铆钉直径 $d=17\text{mm}$，铆钉的许用切应力 $[\tau]=140\text{MPa}$，许用挤压应力 $[\sigma_{jy}]=320\text{MPa}$，$F=24\text{kN}$，试校核铆钉的强度。

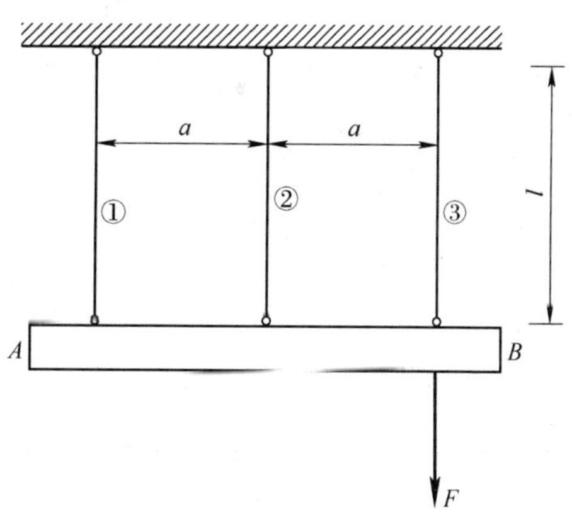

图　8-36

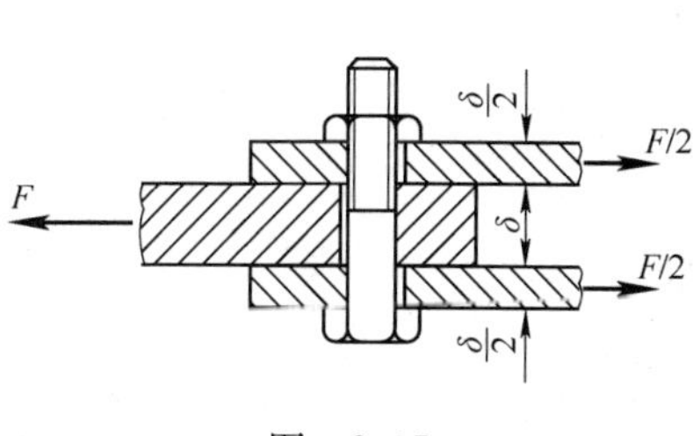

图　8-37

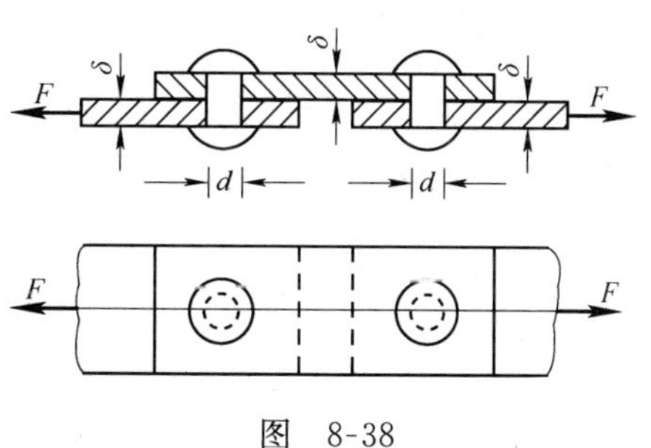

图　8-38

自测练习答案

8-1　$D_{AC}=78mm$，$[F]=217.1kN$

8-2　$[F]=420kN$

8-3　$F_{N1}=-F/6$，$F_{N2}=F/3$，$F_{N3}=5F/6$

8-4　$d\geqslant 40mm$

8-5　$\tau=106MPa<[\tau]$，$\sigma_{jy}=141MPa<[\sigma_{jy}]$，安全

第九章　圆轴的扭转

知 识 要 点

1. 扭矩 T（为与大多数资料统一，这里扭矩用 T 表达）是作用面和截面平行的内力偶矩。

2. 圆轴扭转时，横截面上的切应力 τ_ρ 方向垂直于截面半径绕圆心的方向，和扭矩一致，大小和圆心的距离 ρ 成正比例关系，计算公式为

$$\tau_\rho=\frac{T}{I_\rho}\rho$$

式中，I_ρ 为截面的极惯性矩。

3. 圆轴扭转时的强度条件为

$$\tau_{\max}=\frac{T_{\max}}{W_n}=\frac{16T_{\max}}{\pi D^3(1-\alpha^4)}\leqslant[\tau]$$

式中，W_n 为圆轴的扭转截面系数；D 为外径；d 为内径；$\alpha=d/D$。

4. 圆轴两端的相对扭转角

$$\varphi=\frac{Tl}{GI_\rho}\ (\mathrm{rad})$$

式中，GI_ρ 为圆轴的抗扭刚度。

5. 刚度条件。单位长度扭转角（°/m）为

$$\theta=\frac{T}{GI_\rho}\times\frac{180}{\pi}\leqslant[\theta]$$

解 题 要 领

1. 正确运用公式，扭转强度计算与拉压等问题强度计算形式上基本一致，工程中圆轴扭转是很常见的问题，由于都是圆形截面，在设计直径时，可将强度和刚度公式转换成 $D\geqslant\sqrt[3]{\frac{16T_{\max}}{\pi(1-\alpha^4)[\tau]}}$；$D\geqslant\sqrt[4]{\frac{32T_{\max}\times180}{\pi^2(1-\alpha^4)G[\varphi']}}$ 来直接计算。

2. 由于公式中各类力学量较多，运算时应注意单位制的统一。

典 型 例 题

例 9-1　一空心传动轴的外直径 $D=90\mathrm{mm}$，壁厚 $t=2.5\mathrm{mm}$，轴的材料是 45 号钢，其许用切应力 $[\tau]=60\mathrm{MPa}$，许用单位长度扭转角 $[\theta]=1°/\mathrm{m}$，传递的最大外力偶矩 $M=1700\mathrm{N\cdot m}$，材料的剪切弹性模量 $G=80\mathrm{GPa}$，试校核此轴的强度及刚度。

解 1）扭矩 $T=M=1700\text{N}\cdot\text{m}$

2）强度校核

$$\tau_{\max}=\frac{T}{W_n}=\frac{16T}{\pi D^3(1-\alpha^4)}=\frac{16\times1700\times10^3}{\pi\times90^3\times(1-0.944^4)}\text{MPa}=57.7\text{MPa}<[\tau]$$

式中 $$\alpha=\frac{d}{D}=\frac{D-2t}{d}=\frac{90-2\times2.5}{90}=0.944$$

所以传动轴能够满足强度要求。

3）刚度校核

$$\theta=\frac{T}{GI_\rho}\times\frac{180}{\pi}=\frac{1700\times180}{80\times10^9\times\frac{\pi^2}{32}\times0.09^4\times(1-0.944^4)}{}^\circ/\text{m}=0.918^\circ/\text{m}<[\theta]$$

故传动轴能够满足刚度要求。

习 题 解 答

9-1 试画出图 9-1 所示两轴的扭矩图。

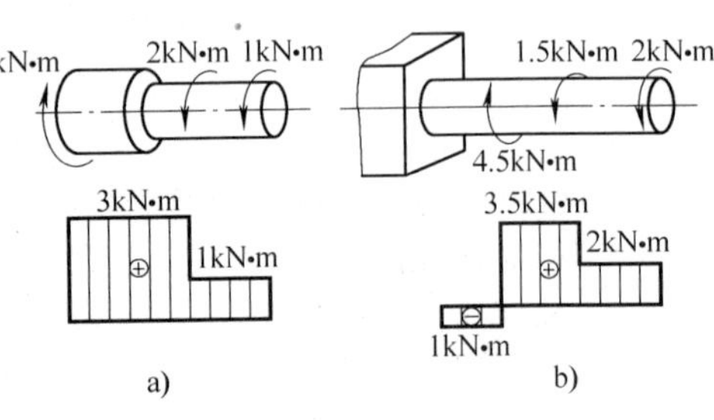

图 9-1

9-2 某传动轴（图 9-2）转速 $n=400\text{r/min}$，主动轮 2 输入功率为 60kW，从动轮 1、3、4 和 5 输出功率分别为 $P_1=18\text{kW}$，$P_3=12\text{kW}$，$P_4=22\text{kW}$，$P_5=8\text{kW}$，试画出该轴的扭矩图。

解 1）求外力偶矩。

$$M_1=9550\frac{P_1}{n}=9550\times\frac{18}{400}\text{N}\cdot\text{m}=430\text{N}\cdot\text{m}$$

$M_2=1432\text{N}\cdot\text{m}$；$M_3=286\text{N}\cdot\text{m}$；

$M_4=525\text{N}\cdot\text{m}$；$M_5=191\text{N}\cdot\text{m}$

2）计算扭矩。由截面法可得

$$T_1=430\text{N}\cdot\text{m}$$

$$T_2=M_1-M_2=-1002\text{N}\cdot\text{m}$$

$$T_3=M_1-M_1+M_3=-716\text{N}\cdot\text{m}$$

$$T_4=M_1-M_1+M_3+M_4=-191\text{N}\cdot\text{m}$$

3）画扭矩图如图 9-2b 所示。

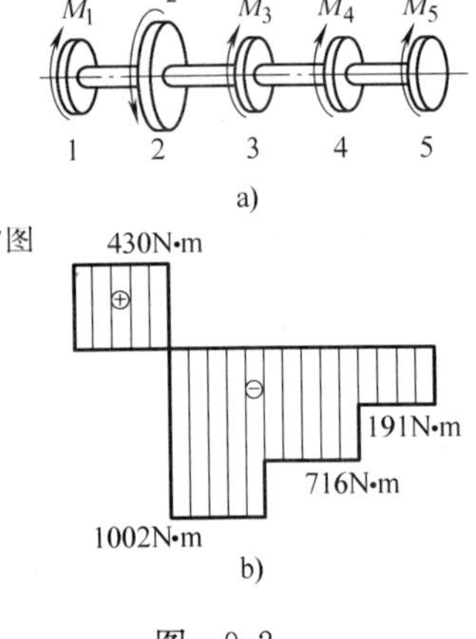

图 9-2

9-3 阶梯轴 AB 如图 9-3a 所示，AC 段 $d_1=40\text{mm}$，BC 段直径为 $d_2=70\text{mm}$，B 端输入功率 $P_B=35\text{kW}$，A 端输出功率 $P_A=15\text{kW}$，轴匀速转动，转速 $n=200\text{r/min}$，$G=80\text{GPa}$，$[\tau]=60\text{MPa}$，轴的 $[\theta]=2^\circ/\text{m}$，试校核轴的强度和刚度。

解 1）求外力偶矩。

$$M_A=9550\frac{P_A}{n}=9550\times\frac{15}{200}\text{N}\cdot\text{m}=716\text{N}\cdot\text{m}$$

$$M_B=1671\text{N}\cdot\text{m};\ M_C=955\text{N}\cdot\text{m}$$

2）作扭矩图（图 9-3b）。

3）校核轴的强度。由强度条件得

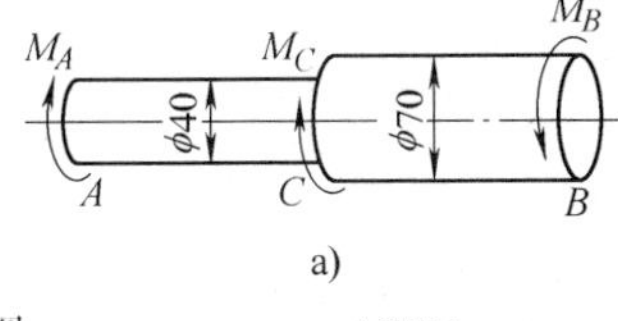

a)

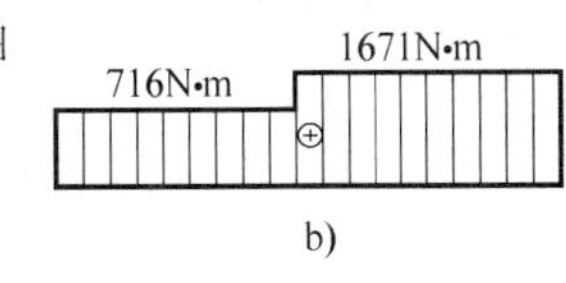

b)

图 9-3

AC 段：$\tau=\frac{T_1}{W_{n1}}=\frac{716\times10^3}{\frac{\pi\times40^3}{16}}\text{MPa}=57\text{MPa}<[\tau]$

BC 段：$\tau=\frac{T_2}{W_{n2}}=\frac{1671\times10^3}{\frac{\pi\times70^3}{16}}\text{MPa}=24.8\text{MPa}<[\tau]$

故满足强度条件。

4）校核刚度条件。由刚度条件得

$$AC\text{段：}\theta_{AC}=\frac{T_1}{GI_{\rho1}}\times\frac{180}{\pi}=\left(\frac{761\times10^3}{80\times10^3\times\frac{\pi\times40^4}{32}}\times\frac{180}{\pi}\right)°/\text{mm}=2.17°/\text{m}>[\theta]$$

不满足刚度条件；

$$BC\text{段：}\theta_{BC}=\frac{T_2}{GI_{\rho2}}\times\frac{180}{\pi}=\left(\frac{1671\times10^3}{80\times10^3\times\frac{\pi\times70^4}{32}}\times\frac{180}{\pi}\right)°/\text{mm}=0.51°/\text{m}<[\theta]$$

满足刚度条件。故 BC 轴满足刚度条件，但整轴不满足刚度条件。

9-4 实心轴和空心轴通过牙嵌离合器连在一起（图 9-4），已知轴的转速 $n=100\text{r/min}$，传递功率 $P=7.5\text{kW}$，$[\tau]=20\text{MPa}$。试选择实心轴的直径 d_1 和内外径比值为 $\frac{1}{2}$ 的空心轴外径 D_2。

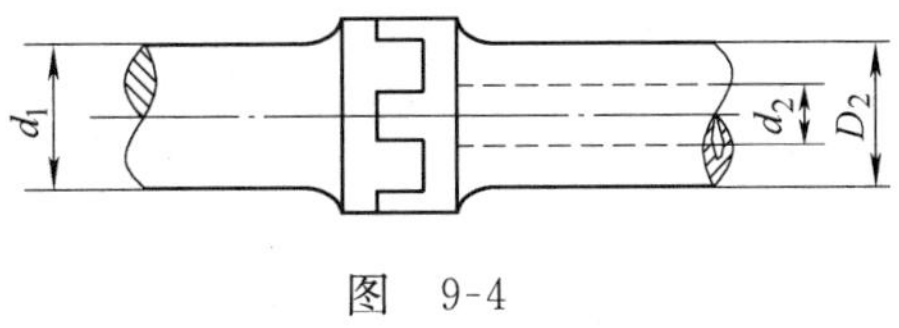

图 9-4

解 1）设计实心轴直径 d_1。由

$$T=M=9550\,\frac{P}{n}=9550\times\frac{7.5}{100}\text{N}\cdot\text{m}=716\text{N}\cdot\text{m}$$

根据扭转时的强度条件

$$\tau=\frac{T}{W_{n1}}=\frac{16T}{\pi d_1^3}\leqslant[\tau]$$

得

$$d_1\geqslant\sqrt[3]{\frac{16T}{\pi[\tau]}}=\sqrt[3]{\frac{16\times716\times10^3}{20\times3.14}}\text{mm}=56.7\text{mm}$$

取 $d_1=57\text{mm}$。

2）设计空心轴的外直径 D_2。根据扭转时的强度条件

$$\tau=\frac{T}{W_{n2}}=\frac{16T}{\pi D_2^3(1-\alpha^4)}\leqslant[\tau]$$

得

$$D_2\geqslant\sqrt[3]{\frac{16T}{\pi[\tau](1-\alpha^4)}}=\sqrt[3]{\frac{16\times716\times10^3}{3.14\times(1-0.5^4)\times20}}\text{mm}=57.9\text{mm}$$

取 $D_2=58\text{mm}$。

9-5 钢质实心轴和铝质空心轴（内外径比值 $\alpha=0.6$）的长度及横截面积均相等，钢的许用切应力 $[\tau]_G=80\text{MPa}$，铝的许用切应力 $[\tau]_L=50\text{MPa}$。若仅从强度条件考虑，计算一下哪根轴能受较大的转矩。

解 由截面积相等可得

$$A=\frac{\pi D_{G}^{2}}{4}=\frac{\pi D_{L}^{2}}{4}(1-\alpha^{2})$$

得
$$D_{G}=D_{L}\sqrt{(1-\alpha^{2})}=0.8D_{L}$$

由强度条件
$$\tau=\frac{T}{W_{n}}=\frac{16T}{\pi D^{3}(1-\alpha^{4})}\leqslant[\tau]$$

$$T\leqslant[\tau]D^{3}\pi(1-\alpha^{4})/16$$

$$T_{G}/T_{L}=D_{G}^{3}[\tau]_{G}/D_{L}^{3}[\tau]_{L}(1-\alpha^{4})=(0.8)^{3}\times80/[50\times(1-0.6^{4})]=0.941<1$$

故铝质空心轴能承受较大的扭矩。

9-6　如图 9-5 所示，AB 轴的转速 $n_{H}=120\text{r/min}$，从 B 轮输入功率 $P=44\text{kW}$，此功率一半通过齿轮传给垂直轴，另一半由水平轴输出，已知 $[\tau]=20\text{MPa}$，$D_{1}=60\text{cm}$，$D_{2}=24\text{cm}$，$d_{1}=10\text{cm}$，$d_{2}=8\text{cm}$，$d_{3}=6\text{cm}$。试对各轴进行强度校核。

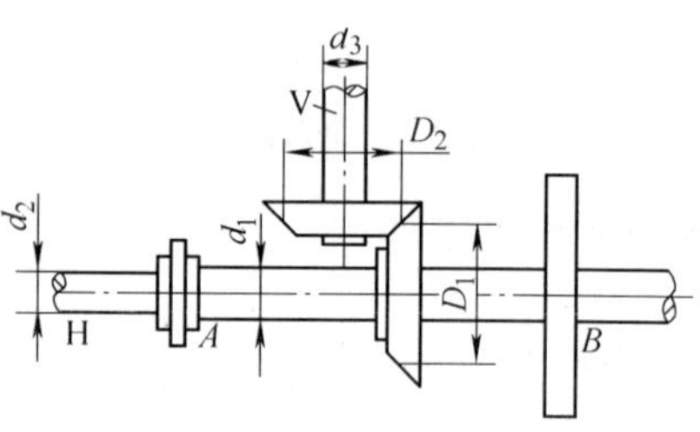

图　9-5

解：1）计算 AB 轴、水平轴及垂直轴的扭矩，即

$$T_{AB}=M_{B}=9550\frac{P_{B}}{n_{H}}=9550\times\frac{44}{120}\text{N·m}=3502\text{N·m}$$

$$T_{H}=M_{H}=9550\frac{P_{B}}{2n_{H}}=9550\times\frac{44}{2\times120}\text{N·m}=1751\text{N·m}$$

$$n_{V}=\frac{D_{1}}{D_{2}}n_{H}=\frac{60}{24}\times120\text{r/min}=300\text{r/min}$$

$$T_{V}=M_{V}=9550\frac{P_{B}}{2n_{V}}=9550\times\frac{44}{2\times300}\text{N·m}=700\text{N·m}$$

2）校核各轴强度。由强度条件可得

垂直轴：$\tau_{V}=\frac{T_{V}}{W_{nV}}=\frac{16\times700\times10^{3}}{\pi\times60^{3}}\text{MPa}=16.6\text{MPa}<[\tau]$

水平轴：$\tau_{H}=\frac{T_{H}}{W_{nH}}=\frac{16\times1751\times10^{3}}{\pi\times80^{3}}\text{MPa}=17.5\text{MPa}<[\tau]$

AB 轴：$\tau_{AB}=\frac{T_{AB}}{W_{nAB}}=\frac{16\times3502\times10^{3}}{\pi\times100^{3}}\text{MPa}=17.9\text{MPa}<[\tau]$

故三轴都满足强度条件。

9-7　船用推进轴如图 9-6 所示，一端是实心的，其直径 $d_{1}=28\text{cm}$；另一端是空心轴，其内径 $d=14.8\text{cm}$，外径 $D=29.6\text{cm}$。若 $[\tau]=50\text{MPa}$，试求此轴允许传递的外力偶矩。

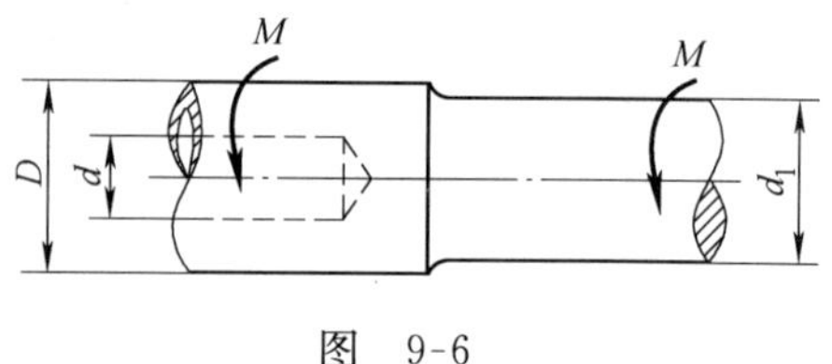

图　9-6

解　1）强度条件为

$$T\leqslant[\tau]D^{3}\pi(1-\alpha^{4})/16$$

2）利用实心轴扭转强度条件求外力偶矩，即

$$T_{1}\leqslant\left(\frac{\pi\times280^{3}}{16}\times50\right)\text{N·mm}=216\text{kN·m}$$

3）利用空心轴扭转强度条件求外力偶矩，即

$$T_2 \leqslant \left\{ \frac{\pi \times 296^3}{16} \left[1 - \left(\frac{14.8}{28.6} \right)^4 \right] \times 50 \right\} \mathrm{N \cdot mm} = 236\mathrm{kN \cdot m}$$

综合 2)、3) 可知此轴允许传递的外力偶矩为 216kN·m。

9-8 一圆轴因扭转而产生的最大切应力 $\tau_{\max}$ 达到许用切应力 $[\tau]$ 的两倍，为使轴能安全可靠地工作，要将轴的直径 d_1 加大到 d_2。试确定 d_2 是 d_1 的几倍？

解

$$\tau_{\max} = \frac{T}{W_{n1}} = 2[\tau]$$

所以

$$T = 2[\tau] W_{n1} \tag{a}$$

$$\tau = \frac{T}{W_{n2}} \leqslant [\tau] \tag{b}$$

将式（a）代入式（b）整理得

$$\frac{d_2}{d_1} = \sqrt[3]{\frac{W_{n2}}{W_{n1}}} \geqslant \sqrt[3]{2} = 1.26$$

故 d_2 应为 d_1 的 1.26 倍。

9-9 一扭转测角仪装置如图 9-7 所示，已知 $l=10\mathrm{cm}$，$d=1\mathrm{cm}$，$s=10\mathrm{cm}$，外力偶矩 $M=2\mathrm{N \cdot m}$，设百分表上的读数由零增加到 25 分度（1 分度 $=0.01\mathrm{mm}$）。试计算材料的切变模量 G。

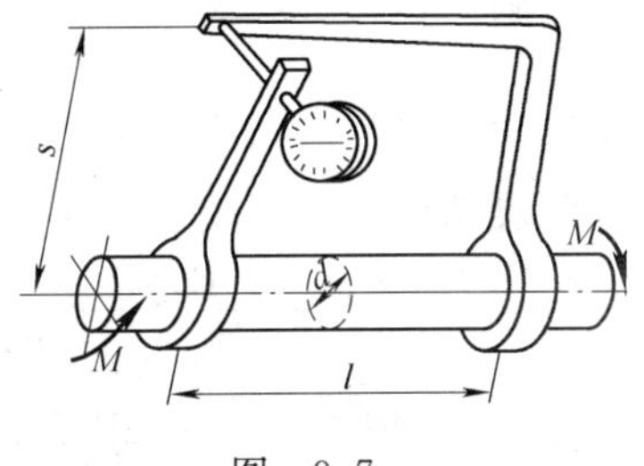

图 9-7

解 百分表上的读数为 0.25mm，其值较小，故可近似的等于弧长，所以

$$\varphi_s = 0.25/s = 0.0025$$

由

$$\varphi_s = \frac{Tl}{GI_\rho}$$

$$G = \frac{Tl}{\varphi_s I_\rho} = \frac{32Ml}{\varphi_s \times \pi d^4} = \frac{32 \times 2 \times 10^3 \times 100}{0.0025 \times \pi \times 10^4} \mathrm{MPa} = 81.5\mathrm{GPa}$$

9-10 齿轮变速箱第Ⅱ轴如图 9-8 所示，轴所传递的功率 $P=5.5\mathrm{kW}$，转速 $n=200\mathrm{r/min}$，$[\tau]=40\mathrm{MPa}$，试按强度条件初步设计轴的直径。

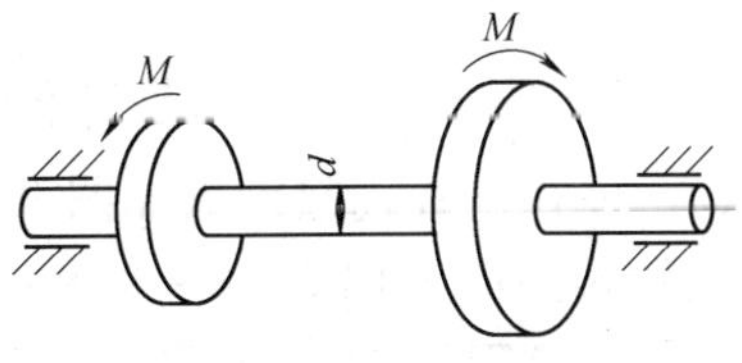

图 9-8

解 $T = M = 9550 \dfrac{P}{n} = 9550 \times \dfrac{5.5}{200} \mathrm{N \cdot m} = 262.6\mathrm{N \cdot m}$

$$d \geqslant \sqrt[3]{\frac{16T}{\pi[\tau]}} = \sqrt[3]{\frac{16 \times 262.6 \times 10^3}{40\pi}} \mathrm{mm} = 32.2\mathrm{mm}$$

故取 $d=33\mathrm{mm}$。

9-11 如图 9-9 所示，传动轴的直径 $d=40\mathrm{mm}$，A 轮输出功率为 $2P/3$，C 轮输出功率 $P/3$，轴材料的切变模 $G=80\mathrm{GPa}$，许用应力 $[\tau]=60\mathrm{MPa}$，许用扭转角 $[\theta]=0.5°/\mathrm{m}$，电动机的转速 $n=1450\mathrm{r/min}$，电动机的功率 $P=12\mathrm{kW}$，带轮速比 $i=3$。试校核轴的强度和刚度。

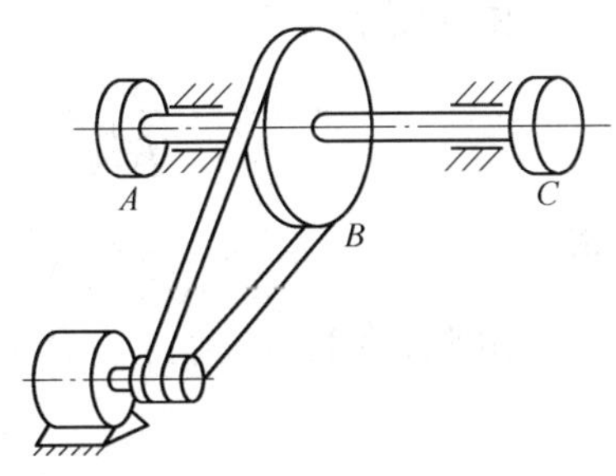

图 9-9

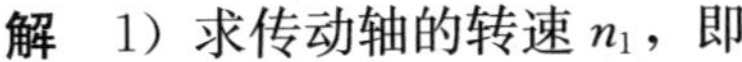

解 1）求传动轴的转速 n_1，即

$$n_1 = \frac{n}{i} = 483.3\mathrm{r/min}$$

2）求扭矩。

$$T_1=M_A=9550\times\frac{2P}{3n_1}=158\text{N}\cdot\text{m}$$

$$T_2=-M_C=-9550\ \frac{P/3}{n_1}=79\text{N}\cdot\text{m}$$

3）校核轴的强度和刚度。AB 段为轴的危险段，故只校核 AB 段，则

$$\tau=\frac{T_1}{W_{n1}}=\frac{16\times158\times10^3}{\pi\times40^3}\text{MPa}=12.6\text{MPa}<[\tau]$$

$$\theta=\frac{T_1}{GI_\rho}\times\frac{180}{\pi}=\left(\frac{32\times158\times10^3}{80\times10^3\times\pi\times40^4}\times\frac{180}{\pi}\right)^\circ/\text{mm}=0.45^\circ/\text{m}<[\theta]$$

故轴的强度条件和刚度条件都满足。

9-12　如图 9-10 所示，切蔗机主轴由 V 带轮带动，已知主轴转速为 580r/min，主轴直径 d=80mm，材料的许用应力 $[\tau]$=40MPa，不计传动中的功率消耗，电动机的功率应多大？如果主轴工作的最大切应力 τ_{max} 为 12MPa，电动机的功率又该多大？

解　1）求电动机的功率。由

$$T=M=9550\ \frac{P}{n}=9550\ \frac{P}{580}=16.5P$$

和强度条件

$$\tau=\frac{T}{W_n}=\frac{16\times16.5P}{\pi d^3}\leqslant[\tau]$$

得　$$P\leqslant\frac{\pi d^3[\tau]}{16\times16.5}=\frac{\pi\times0.8^3\times40\times10^6}{16\times16.5}\text{W}=244\text{kW}$$

故电动机的功率应小于 244kW。

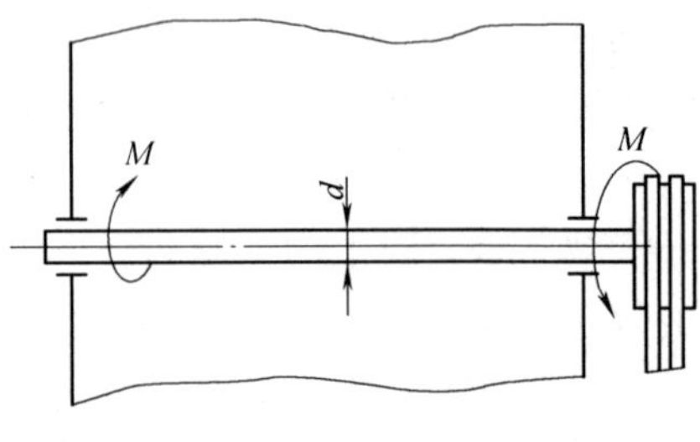

图　9-10

2）求 τ_{max}=12MPa 时电动机的功率。由

$$\tau_{max}=\frac{T}{W_n}=\frac{16\times16.5P'}{\pi d^3}=12\text{MPa}$$

得

$$P'=\frac{\pi d^3\tau_{max}}{16\times16.5}=\frac{\pi\times0.8^3\times12\times10^6}{16\times16.5}\text{W}=73\text{kW}$$

9-13　桥式起重机如图 9-11 所示，若传动轴传递的力偶矩 M=1.08kN·m，材料的 $[\tau]$=40MPa，G=80GPa，$[\theta]$=0.5°/m。试设计轴的直径。

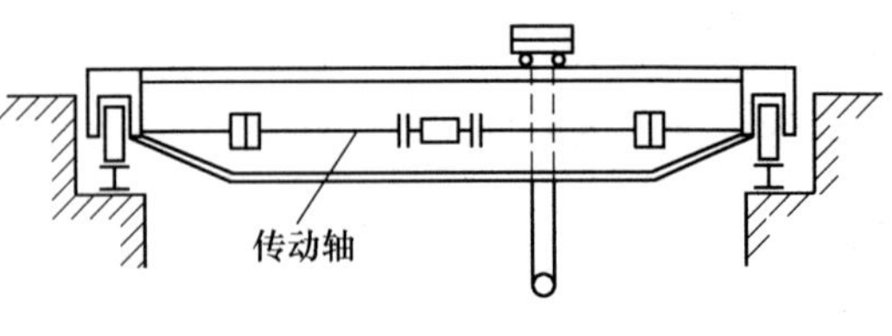

图　9-11

解　　$T=M=1.08\text{kN}\cdot\text{m}$

由强度条件

$$\tau=\frac{T}{W_n}=\frac{16T}{\pi d^3}\leqslant[\tau]$$

得

$$d_1\geqslant\sqrt[3]{\frac{16T}{\pi[\tau]}}=\sqrt[3]{\frac{16\times1.08\times10^6}{40\times\pi}}\text{mm}=51.6\text{mm}$$

由刚度条件

$$\theta=\frac{T}{GI_\rho}\times\frac{180}{\pi}=\frac{32T}{G\pi d^4}\times\frac{180}{\pi}\leqslant[\theta]$$

得 $$d_2 \geqslant \sqrt[4]{\frac{32T\times180}{\pi^2 G[\theta]}}=\sqrt[4]{\frac{32\times1.08\times10^6\times180}{\pi^2\times80\times10^3\times0.5\times10^{-3}}}\text{mm}=63\text{mm}$$

综合以上两个方面，取 $d=63\text{mm}$。

9-14　如图 9-12 所示，圆轴 AB 两端固定，在截面 C 处受外力偶矩 M 作用，AC 段是空心的，其内径为 d，外径为 D；CB 段是实心的，其直径为 d_1，试求当支座 A、B 处外力偶矩相等时，a/l 的比值。

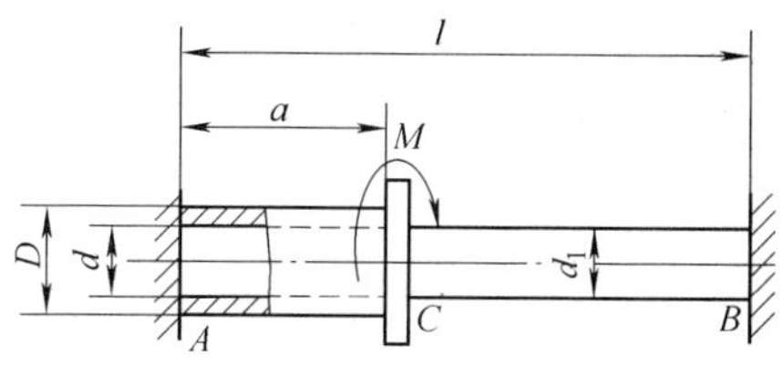

图　9-12

解　1）由题意可知

$$M_A=M_B$$

则 $$T_1=-T_2=T$$

2）求扭矩。由截面法知

$$\varphi_{AB}=\varphi_{AC}+\varphi_{BC}=\frac{Ta}{G\frac{\pi D^4}{32}\left[1-\left(\frac{d}{D}\right)^4\right]}-\frac{T(l-a)}{G\frac{\pi d_1^4}{32}}=0$$

化简得 $$\frac{a}{l}=\frac{D^4\left[1-\left(\frac{d}{D}\right)^4\right]}{d_1^4+D^4\left[1-\left(\frac{d}{D}\right)^4\right]}$$

若 $d_1=d$，并设 $\frac{d}{D}=\alpha$，则

$$\frac{a}{l}=1-\alpha^4$$

9-15　如图 9-13a 所示，圆轴 AB 两端固定，外力偶矩 $M_1=500\text{N}\cdot\text{m}$，$M_2=700\text{N}\cdot\text{m}$，材料的 $[\tau]=40\text{MPa}$，$[\theta]=0.5°/\text{m}$，$l_1=0.5\text{m}$，$l_2=0.7\text{m}$，$l_3=1.2\text{m}$。试按强度条件和刚度条件设计轴的直径。

解 $$\sum M_x=0,\ M_A+M_2-M_1-M_B=0 \qquad \text{(a)}$$

又 $$T_1=M_A;\ T_2=M_A-M_1;\ T_3=M_B$$

$$\varphi_{AC}=\frac{T_1 l_1}{GI_\rho}=\frac{M_A l_1}{GI_\rho}$$

$$\varphi_{CD}=\frac{T_2 l_2}{GI_\rho}=\frac{(M_A-M_1)l_2}{GI_\rho}$$

$$\varphi_{DB}=\frac{T_3 l_3}{GI_\rho}=\frac{M_B l_3}{GI_\rho}$$

由题意知

$$\varphi_{AB}=\varphi_{AC}+\varphi_{CD}+\varphi_{DB}=0$$

即 $$M_A l_1+(M_2-M_1)l_2+M_B l_3=0 \qquad \text{(b)}$$

联立式（a）、式（b）解之得

$$M_A=46\text{N}\cdot\text{m};\ M_B=246\text{N}\cdot\text{m}$$

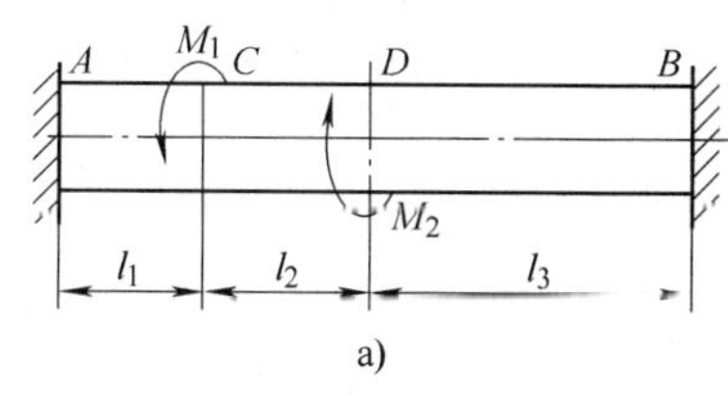

a)

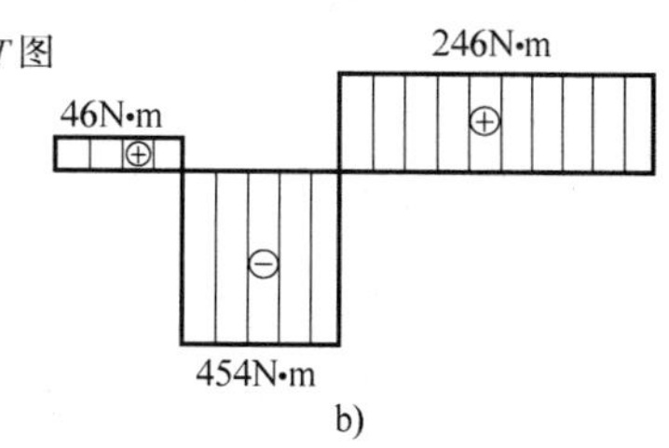

b)

图　9-13

作扭矩图（图 9-13b）。由强度条件得

$$d_1 \geqslant \sqrt[3]{\frac{16T_{max}}{\pi[\tau]}}=\sqrt[3]{\frac{16\times454\times10^3}{40\pi}}\text{mm}=38.7\text{mm}$$

由刚度条件得

$$d_2 \geqslant \sqrt[4]{\frac{32T_{\max}\times 180}{\pi^2 G[\theta]}}=\sqrt[4]{\frac{32\times 454\times 10^6\times 180}{\pi^2\times 80\times 10^3\times 0.5}}\text{mm}=50.7\text{mm}$$

综合以上两个方面，取 $d=51$mm。

自 测 练 习

9-1 减速箱中一实心轴的直径 $D=60$mm，材料的许用切应力 $[\tau]=40$MPa，转速 $n=1200$r/min，试求轴能传递的功率的大小。

9-2 一传动轴受到扭矩 $T=2150$N·m 的作用，若轴材料的许用切应力$[\tau]=100$MPa，试设计此轴的直径。

9-3 空心钢轴外直径 $D=100$mm，内直径 $d=50$mm，已知间距 $l=2.7$mm，两横截面的相对扭转角 $\varphi=18°$，材料的切变模量 $G=80$GPa，求轴的最大切应力及当轴的转速 $n=80$r/min时轴传递的功率。

自测练习答案

9-1 $P=213$kW

9-2 $d=48$mm

9-3 $\tau_{\max}=46.5$MPa，$P=71.7$kW

第十章　直梁的弯曲

知识要点

1. 弯曲的概念。

直杆在轴线平面内受到垂直于杆轴线的外力，杆的轴线由直线变成曲线，这种变形称为弯曲变形。以弯曲变形为主的杆件称为梁。

2. 剪力和弯矩。

梁平面弯曲时的内力——剪力 F_Q和弯矩 M。其中规定截面上的剪力有使研究对象有顺时针转动的趋势时为正；反之，为负。截面上的弯矩使研究对象产生向下凸的变形为正；反之，为负。

3. 截面法。

截面法是求某截面上剪力 F_Q和弯矩 M 的基本方法。

4. 剪力图和弯矩图。

剪力图和弯矩图是分析危险截面的重要依据。熟练、正确地绘制剪力图和弯矩图是工程技术人员的基本功。

5. 剪力、弯矩和载荷集度之间的关系：

$$\frac{\mathrm{d}M}{\mathrm{d}x}=F_Q(x)\quad \frac{\mathrm{d}^2M}{\mathrm{d}x^2}=\frac{\mathrm{d}F_Q}{\mathrm{d}x}=q$$

6. 梁发生平面弯曲时，横截面上存在着正应力和切应力。

正应力计算公式为

$$\sigma=\frac{My}{I_z}$$

式中，M 是横截面上的弯矩；I_z是横截面对中性轴的惯性矩；y 是计算正应力发生点到中性轴的距离。正应力的大小与到中性轴的距离成正比。横截面上中性轴的一侧为拉应力，另一侧为压应力。

正应力强度条件为

$$\sigma_{\max}=\frac{M_{\max}y_{\max}}{I_z}=\frac{M_{\max}}{W_z}\leqslant[\sigma]$$

式中，$W_z=I_z/y_{\max}$，为弯曲截面系数。

对于由拉、压强度不等的材料制成的上下不对称截面梁，其强度条件为

$$\sigma_{l\max}=\frac{M_{\max}y_1}{I_z}\leqslant[\sigma_l]$$

$$\sigma_{y\max}=\frac{M_{\max}y_2}{I_z}\leqslant[\sigma_y]$$

式中，$[\sigma_l]$、$[\sigma_y]$ 分别为材料的许用拉应力和许用压应力；y_1和 y_2分别是最大拉应力点和

最大压应力点距中性轴的距离。

切应力计算公式为

$$\tau=\frac{F_{Q}S^{*}}{bI_{z}}$$

式中，F_Q是横截面上的剪力；S^* 是距中性轴为 y 的横线与外边界所围面积对中性轴的静矩；b 是距中性轴为 y 处的横截面宽度。

切应力强度条件为 $\tau_{\max}\leqslant[\tau]$

矩形截面梁 $\tau_{\max}=\dfrac{3F_{Q\max}}{2A}\leqslant[\tau]$

圆形截面梁 $\tau_{\max}=\dfrac{4F_{Q\max}}{3A}\leqslant[\tau]$

式中，A 为横截面面积。

设计时，一般按正应力强度条件设计选择梁的截面，必要时再进行梁的抗剪强度校核。

7. 梁的弯曲变形。

1）梁的弯曲变形用挠度和转角度量，等截面梁的挠曲线近似微分方程为

$$EI_{z}\frac{\mathrm{d}^{2}y}{\mathrm{d}x^{2}}=M(x)$$

可通过积分法求出梁的挠度和转角。

2）通常用叠加法求复杂载荷下的梁的变形。

8. 超静定梁可用相当系统即静定基求解。由多余约束对位移的限制建立补充方程，与平衡方程解出全部约束力。

9. 可以通过合理安排梁的支承及增加约束，选择梁的合理截面以及合理地布置载荷等方法来提高梁的强度和刚度。

解 题 要 领

1. 用简捷的方法快速求梁的内力。

以横截面为界挡住梁的半边，该截面上的剪力 F_Q的大小等于留下与截面平行的所有外力 F_P 的代数和；弯矩 M 的大小等于留下所有外力对该截面形心力矩的代数和。即 $F_Q=\sum F_P$［凡截面左（右）侧梁上所有向上（下）外力 F_P 取正号，反之取负号］

$M=\sum M_C(F_P)$［凡截面（设截面位置为 C 左（右）侧梁上所有绕截面形心顺（逆）时针转的外力矩 $M_C(F_P)$ 取正号，反之取负号］

2. 根据载荷、剪力和弯矩的关系简捷地作出剪力图和弯矩图。

（1）求出必要的梁的约束力。

（2）分段。凡梁上有集中力（力偶）作用的点以及载荷集度有变化的点，都作为分段的控制点。

（3）作内力图。将每段的控制值用截面法或载荷、剪力和弯矩的关系求出。水平线只需求一个值；斜直线需求两个值；抛物线除需求两端的两个控制值外，如有极值，还需将极值求出。然后画出内力图。

梁的载荷、剪力图以及弯矩图之间的关系

规　律	载　荷	剪　力　图	弯　矩　图
1	无载荷段	水平线	直线 
2	均布载荷段 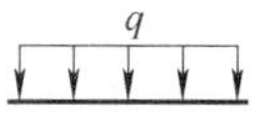　q	斜直线 $F_{QC}=0$ 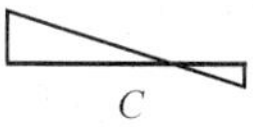　C	抛物线（开口向下）C点有极值 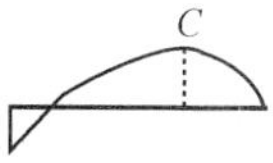
3	集中力作用点 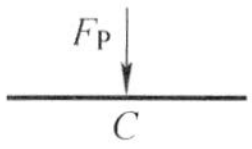　F_P　C	作用点处有突变 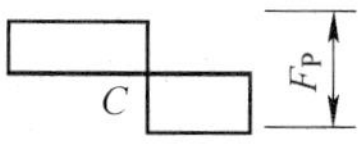　C　F_P	作用点处转折 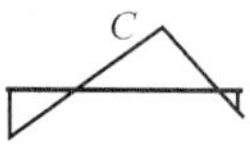　C
4	集中力偶作用点 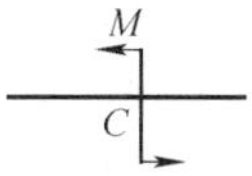　M　C	作用点处无变化 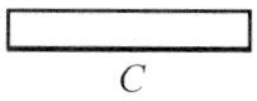　C	作用点处有突变 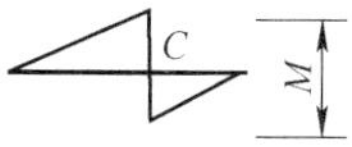　C　M
5	无载荷和均布载荷的交界点 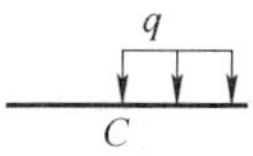　q　C	交界点处转折 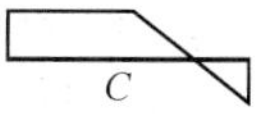　C	交界点处为过渡 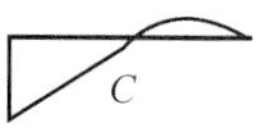　C

3. 梁弯曲时的强度计算。

通常由正应力强度条件进行三个方面的计算：

（1）校核强度。已知梁的几何尺寸、材料的许用应力以及所受载荷，校核正应力是否超过许用值，从而检验梁是否安全。

（2）设计截面。已知载荷及材料的许用应力，可由式$W_z \geqslant \frac{M_{max}}{[\sigma]}$确定截面的尺寸。

（3）确定许用载荷。已知截面的几何尺寸及材料的许用应力，按式$M_{max} \leqslant W_z[\sigma]$确定许用载荷。

再由剪力最大的截面校核弯曲切应力强度。

4. 用积分法计算梁的变形时，由约束对梁位移的限制决定边界条件以及挠曲线是连续光滑的性质决定连续条件以确定积分常数。

在进行梁的截面设计时，应同时满足正应力和切应力的强度条件，一般先按正应力强度条件选择截面，然后在进行切应力强度校核。

5. 求解超静定梁时，静定基常常有多种选取方法，如选择合适的静定基可使运算量下降。

典 型 例 题

例 10-1　试绘制图 10-1a 所示梁的剪力图和弯矩图。

解　1）求支座约束力，由平衡方程

$\sum M_A=0$，　$F_B \times 10\text{m} - 40\text{kN} \times 2\text{m} + 100\text{kN}\cdot\text{m} - 10\text{kN/m} \times 4\text{m} \times 8\text{m} = 0$

得　$F_B = 30\text{kN}$ ↑

由　$\sum F_y=0$，　$F_A + F_B - 40\text{kN} - 10\text{kN/m} \times 4\text{m} = 0$

得　$F_A = 50\text{kN}$ ↑

2）分段　根据梁上的载荷情况，将梁分割成 AC、CD、DE、EB 四段。

3）画内力图

a）画剪力图

先由各段载荷的情况判断剪力图的形状，再计算控制值，然后画出剪力图（图 10-1b）。

b）画弯矩图

先由各段载荷和剪力图的情况判断弯矩图的形状，再计算控制值，然后画出弯矩图（图 10-1c），其中 EB 段是抛物线，此段剪力图在 F 点为零，故 F 点为极值点。设 FB 的长为 x，由相似三角形之间的比例关系，有

$$x:30\text{kN}=(4\text{m}-x):10\text{kN}$$

则 $$x=3\text{m}$$

运用截面法算出 $$M_F=F_Bx-10\text{kN/m}\times x^2/2=45\text{kN}\cdot\text{m}$$

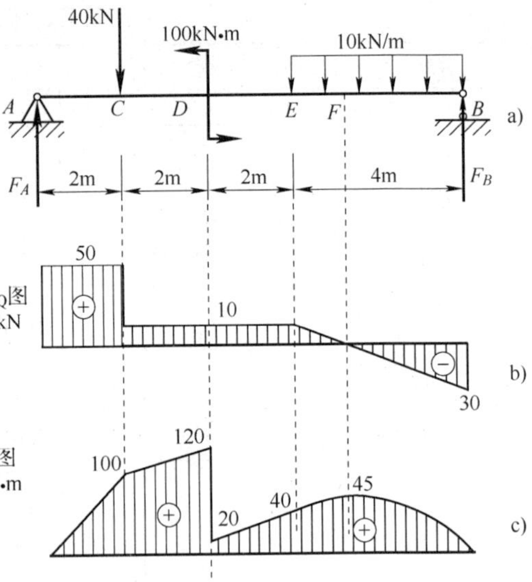

图　10-1

段	载荷	F_Q图形状	F_Q控制值/kN	M 图形状	M 控制值/kN·m
AC	无	水平线	$F_{QA}=50$	直线	$M_A=0$；$M_C=100$
CD	无	水平线	$F_{QC}^R=10$	直线	$M_C=100$；$M_D=120$
DE	无	水平线	$F_{QD}=10$	直线	$M_D=20$；$M_E=40$
EB	均布	斜直线	$F_{QE}=10$；$F_{QB}=-30$	抛物线	$M_E=40$；$M_B=0$；$M_F=45$

注：上标 L 和 R 代表截面的左和右，如 F_{QC}^L、F_{QC}^R表示 C 截面左右的剪力。

例 10-2　梁的受载情况及截面形状和尺寸如图 10-2a 所示，已知 $[\sigma_l]=40\text{MPa}$，$[\sigma_y]=60\text{MPa}$。试校核此梁的强度。

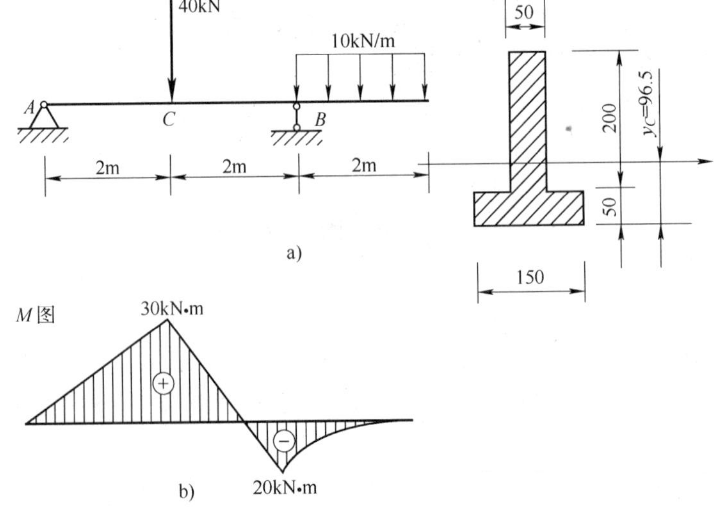

图　10-2

解 1）作梁的弯矩图如图 10-2b 所示。

2）确定梁截面中性轴的位置，即

$$y_C=\frac{50\times200\times150+50\times150\times25}{50\times200+50\times150}\text{mm}=96.5\text{mm}$$

3）截面对中性轴的惯性矩为

$$I_z=[50\times200^3/12+50\times200\times(150-96.5)^2+150\times50^3/12+150\times50\times(96.5-50)^2]\text{mm}^4$$
$$=102\times10^6\text{mm}^4$$

4）校核梁的强度。设 y_1 为截面上端到中性轴的距离，y_2 为截面下端到中性轴的距离，则 B 截面处为

$$\sigma_{\text{lmax}}=\frac{M_By_1}{I_z}=\frac{20\times10^6\times(250-96.5)}{102\times10^6}\text{MPa}=30.1\text{MPa}<[\sigma_\text{l}]$$

$$\sigma_{\text{ymax}}=\frac{M_By_2}{I_z}=\frac{20\times10^6\times96.5}{102\times10^6}\text{MPa}=18.9\text{MPa}<[\sigma_\text{y}]$$

C 截面处

$$\sigma_{\text{lmax}}=\frac{M_Cy_2}{I_z}=\frac{30\times10^6\times96.5}{102\times10^6}\text{MPa}=28.4\text{MPa}<[\sigma_\text{l}]$$

$$\sigma_{\text{ymax}}=\frac{M_Cy_1}{I_z}=\frac{30\times10^6\times(250-96.5)}{102\times10^6}\text{MPa}=45.2\text{MPa}<[\sigma_\text{y}]$$

所以此梁安全。

例 10-3 某车床的主轴为空心轴，其受力简图如图 10-3 所示，外径 $D=80$mm，内径 $d=40$mm，$l=400$mm，$a=100$mm，$E=210$GPa，$F_1=2$kN，$F_2=1$kN。如果主轴在 C 处的挠度不得超过两轴承距离的 $1/10^4$，轴承 B 处的转角不得超过 $1/10^3$rad，试校核主轴的刚度。

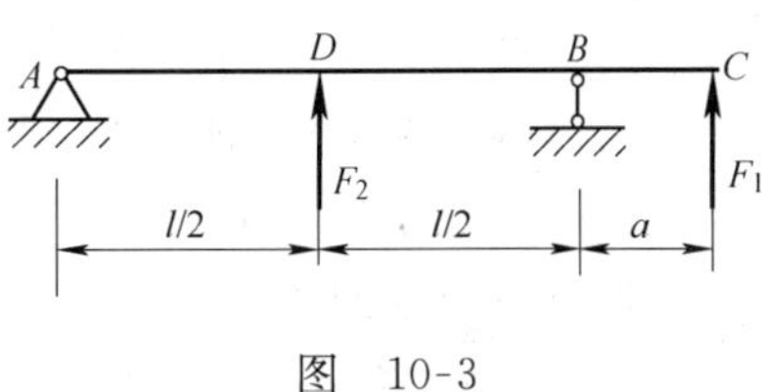

图 10-3

解 1）计算主轴的转角和挠度

主轴的惯性矩

$$I_z=\frac{\pi}{64}(D^4-d^4)=\frac{\pi}{64}(80^4-40^4)\text{mm}^4=188\times10^{-8}\text{m}^4$$

根据主教材《工程力学》表 10-2 梁在简单载荷作用下的变形表，在 F_1 单独作用下

$$\theta_{B1}=\frac{F_1al}{3EI_z}$$

$$y_{C1}=\frac{F_1a^2}{3EI_z}(l+a)$$

在 F_2 单独作用下

$$\theta_{B2}=-\frac{F_2l^2}{16EI_z};\quad y_{C2}=\theta_{B2}\cdot a=-\frac{F_2al^2}{16EI_z}$$

将 F_1 与 F_2 引起的变形叠加，有

$$\theta_B=\theta_{B1}+\theta_{B2}=\frac{F_1al}{3EI_z}-\frac{F_2l^2}{16EI_z}$$
$$=\left(\frac{2000\times100\times400}{3\times2\times10^5\times188\times10^4}-\frac{1000\times400^2}{16\times2\times10^5\times188\times10^4}\right)\text{rad}=4.43\times10^{-5}\text{rad}$$

$$y_C=y_{C1}+y_{C2}=\frac{F_1a^2}{3EI_z}(l+a)-\frac{F_2l^2a}{16EI_z}$$

$$=\left[\frac{2000\times100^2}{3\times2\times10^5\times188\times10^4}(400+100)-\frac{1000\times400^2\times100}{16\times2\times10^5\times188\times10^4}\right]\text{mm}=6.206\times10^{-6}\text{m}$$

2）刚度校核

$$\theta_B=4.43\times10^{-5}\text{rad}<[\theta_B]=10^{-3}\text{rad}$$

$$[y_C]=\frac{l}{10^4}=4\times10^{-5}\text{m}$$

$$y_C=6.206\times10^{-6}\text{m}<[y_C]$$

所以主轴刚度足够。

习 题 解 答

10-1　试求图 10-4～图 10-7 所示各梁指定截面上的剪力和弯矩。设 q、F、a 均为已知。

解　由图 10-4 得

$F_{Q1}=0$；$M_1=0$

$F_{Q2}=-qa$；$M_2=-qa\cdot a/2=-qa^2/2$

$F_{Q3}=-qa$；$M_3=-qa\cdot a/2+qa^2=qa^2/2$

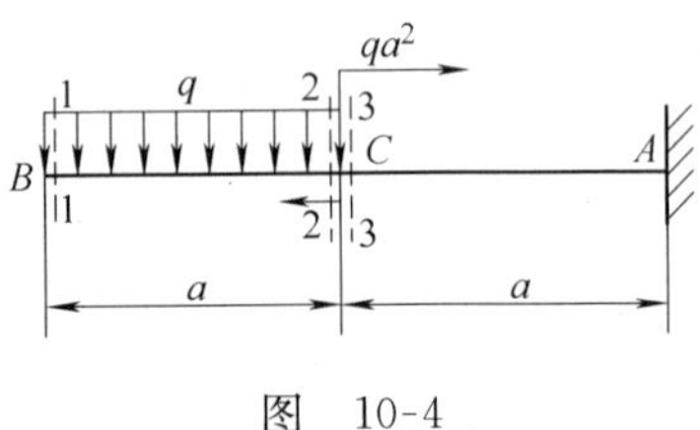

图　10-4

图 10-5：由截面法得

$F_{Q1}=F-F=0$；$M_1=F\cdot(2a)-Fa=Fa$

$F_{Q2}=F-F=0$；$M_2=Fa$

$F_{Q3}=-F$；$M_3=Fa$

$F_{Q4}=-F$；$M_4=F\times0=0$

$F_{Q5}=0$；$M_5=0$

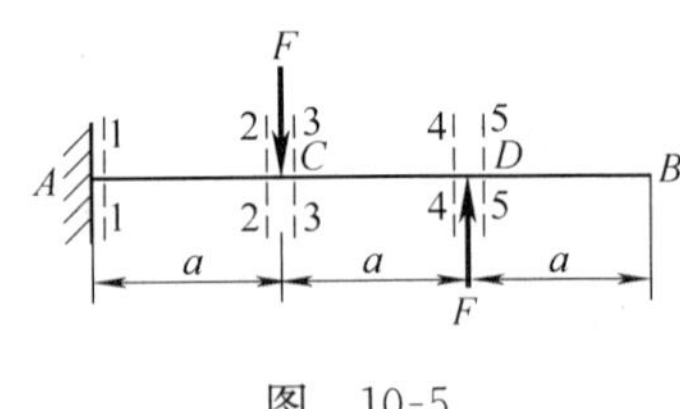

图　10-5

图 10-6：由平衡方程，得支座约束力

$$F_A=-qa\downarrow；\ F_B=qa\uparrow$$

由截面法得

$F_{Q1}=F_A=-qa$；$M_1=F_A\times0=0$

$F_{Q2}=F_A=-qa$；$M_2=F_Aa=-qa^2$

$F_{Q3}=F_A=-qa$；$M_3=F_Aa+2qa^2=-qa^2+2qa^2=qa^2$

$F_{Q4}=-F_B=-qa$；$M_4=F_B\times0=0$

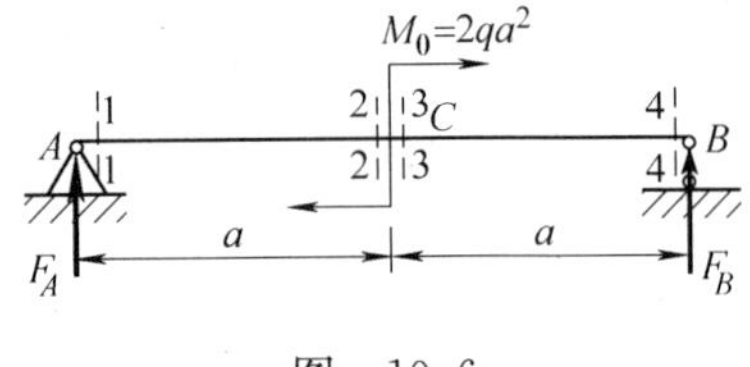

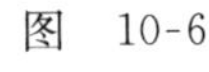
图　10-6

图 10-7：由平衡方程，得支座约束力

$$F_C=-qa/2\downarrow；\ F_D=5qa/2\uparrow$$

由截面法得

$F_{Q1}=-qa$；$M_1=-qa^2/2$

$F_{Q2}=-qa+F_C=-3qa/2$；$M_2=-qa\cdot3a/2+F_Ca=-2qa^2$

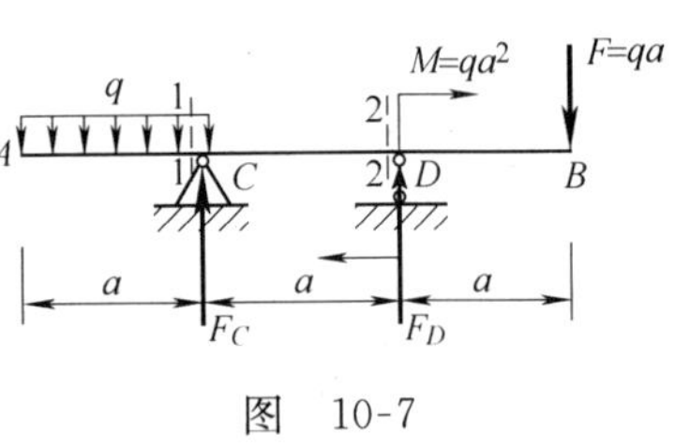

图　10-7

10-2　试作图 10-8～图 10-15 中 a 图所示各梁的剪力图和弯矩图，并求出剪力和弯矩的绝对值的最大值，设 q、F、a、l 均为已知。[注] 上标 L 和 R 代表截面的左和右，如 F_{QC}^{L}、F_{QC}^{R}表示 C 截面左右的剪力。

解 图 10-8：

段	荷载	F_Q图形状	M图形状	控制值	
AB	均布	斜直线	抛物线	$F_{QA}=0$；$F_{QB}=-ql$	$M_A=0$；$M_B=-ql^2/2$

作梁的 F_Q图（图 10-8b）和 M 图（图 10-8c）。

其中 $|F_{Q\max}|=ql$；$|M_{\max}|=ql^2/2$

图 10-9：由平衡方程，得 $F_A=-F\downarrow$；$F_B=3F\uparrow$

段	荷载	F_Q图形状	M图形状	控制值	
AB	无	水平线	直线	$F_{QA}=F_{QB}{}^{L}=-F$	$M_A=0$；$M_B=-2Fa$
BC	无	水平线	直线	$F_{QB}{}^{R}=F_{QC}{}^{L}=2F$	$M_B=-2Fa$；$M_C=0$

作梁的 F_Q图（图 10-9b）和 M 图（图 10-9c）。

其中 $|F_{Q\max}|=2F$；$|M_{\max}|=2Fa$

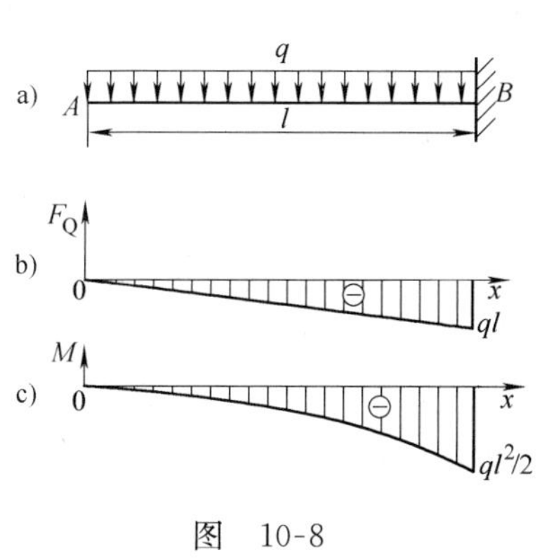

图 10-8

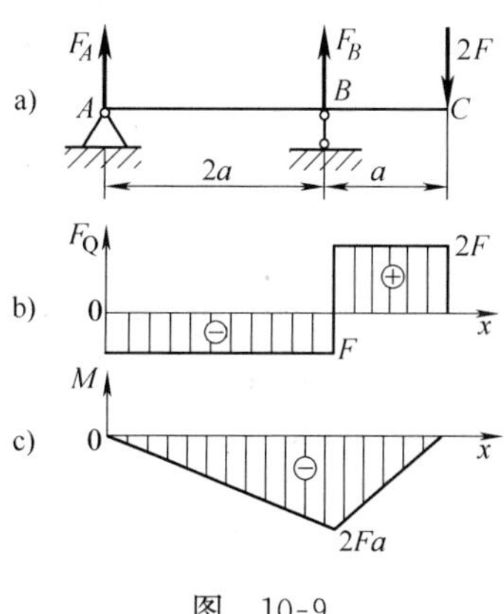

图 10-9

图 10-10：

段	荷载	F_Q图形状	M图形状	控制值	
AB	无	水平线	直线	$F_{QA}=F_{QB}{}^{L}=3F$	$M_A=-4Fl$；$M_B=-Fl$
BC	无	水平线	直线	$F_{QB}{}^{R}=F_{QC}{}^{L}=F$	$M_B=-Fl$；$M_C=0$

作梁的 F_Q图（图 10-10b）和 M 图（图 10-10c）。

其中 $|F_{Q\max}|=3F$；$|M_{\max}|=4Fl$

图 10-11：由平衡方程，得 $F_A=qa/4\uparrow$；$F_B=7qa/4\uparrow$

段	荷载	F_Q图形状	M图形状	控制值	
AC	无	水平线	斜直线	$F_{QA}=F_{QC}=qa/4$	$M_A=0$；$M_C{}^{L}=qa^2/2$
BC	均布	斜直线	抛物线	$F_{QC}=qa/4$；$F_{QB}=-7qa/4$	$M_C{}^{R}=3qa^2/2$；$M_B=0$； $M_{\max}=49qa^2/32$

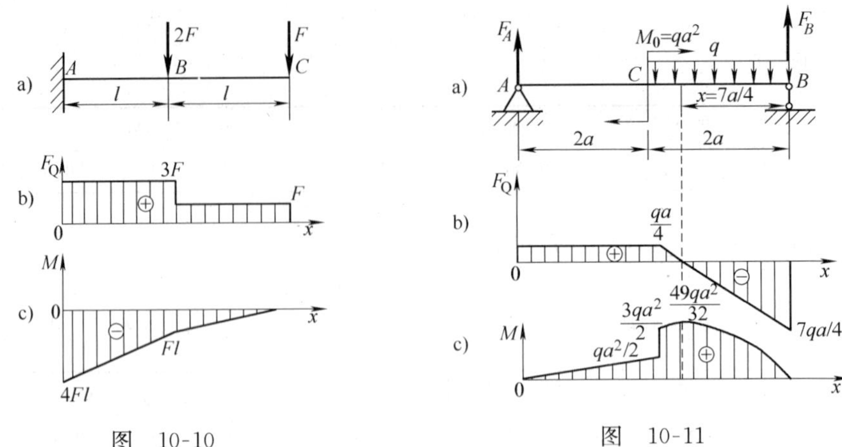

图 10-10　　　　图 10-11

作梁的 F_Q图（图 10-11b），由 F_Q图相似三角形之间的比例关系，得

$$x : 7/4=(a-x) : 1/4$$

得
$$x=7a/8$$

运用截面法算出 $M_{max}=F_Bx-qx^2/2=49qa^2/32$

作 M 图（图 10-11c）。

其中 $|F_{Qmax}|=7qa/4$；$|M_{max}|=49qa^2/32$

图 10-12：由平衡方程，得 $F_A=2qa\uparrow$；$F_B=qa\uparrow$

段	荷　载	F_Q图形状	M图形状	控制值	
AC	无	水平线	斜直线	$F_{QA}=F_{QC}{}^L=-qa$	$M_C=0$；$M_A{}^L=-qa^2$
AB	均布	斜直线	抛物线	$F_{QC}{}^R=qa$；$F_{QB}=-qa$	$M_A{}^R=0$；$M_B=0$；$M_D=qa^2/2$

作梁的 F_Q图（图 10-12b），由 F_Q图相似三角形之间的比例关系，设 AB 段零点为 D 点，由对称关系得 D 点在 AB 段中点，则运用截面法算出

$$M_D=qa^2/2$$

作 M 图（图 10-12c）。

其中 $|F_{Qmax}|=qa$；$|M_{max}|=qa^2$

图 10-13：由平衡方程，得 $F_C=3qa/2\uparrow$；$F_B=qa/2\uparrow$

段	荷　载	F_Q图形状	M图形状	控制值	
AC	无	水平线	斜直线	$F_{QA}=F_{QC}{}^L=-qa$	$M_A=0$；$M_C{}^L=-qa^2$
CD	无	水平线	斜直线	$F_{QC}{}^R=F_{QD}=-qa/2$	$M_C{}^R=-qa^2/2$；$M_D=0$
DB	均布	斜直线	抛物线	$F_{QD}=-qa/2$；$F_{QB}=-qa/2$	$M_D=0$；$M_E=qa^2/8$；$M_B=0$

作梁的 F_Q图（图 10-13b），由 F_Q图相似三角形之间的比例关系，设 DB 段零点为 E 点，由对称关系得 E 点在 DB 段中点，则运用截面法算出

$$M_E=qa^2/8$$

作 M 图（图 10-13c）。

其中 $|F_{Qmax}|=qa$；$|M_{max}|=qa^2$

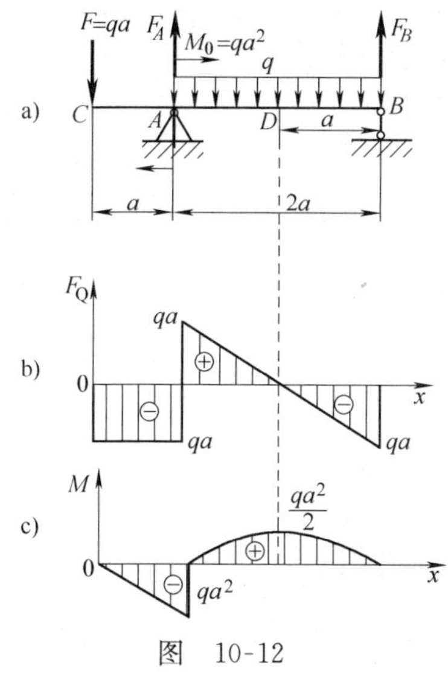

图 10-12

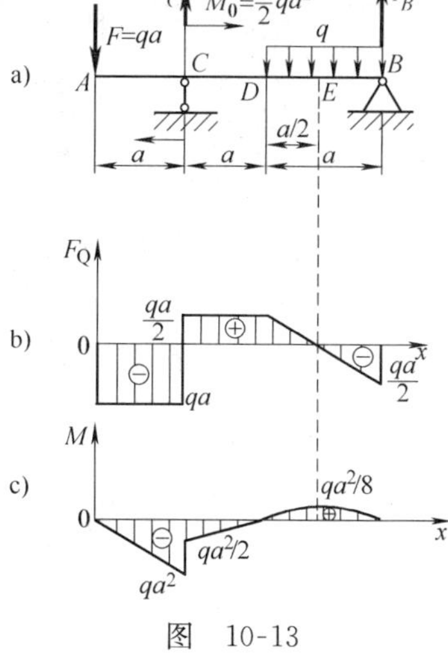

图 10-13

图 10-14：由平衡方程，得 $F_C=9qa/8\uparrow$；$F_B=3qa/8\uparrow$

段	荷　载	F_Q图形状	M图形状	控　制　值	
AC	均布	斜直线	抛物线	$F_{QA}=0$；$F_{QC}{}^{L}=-qa/2$	$M_A=0$；$M_C=-qa^2/8$
CB	均布	斜直线	抛物线	$F_{QC}{}^{R}=5qa/8$；$F_{QB}=-3qa/8$	$M_C=-qa^2/8$； $M_D=9qa^2/128$；$M_B=0$

作梁的 F_Q图（图 10-14b），由 F_Q图相似三角形之间的比例关系，得

$$x : 3=(a-x) : 5$$

得

$$x=3a/8$$

运用截面法算出 $M_D=F_Bx-qx^2/2=9qa^2/128$

作 M 图（图 10-14c）。

其中 $|F_{Q\max}|=5qa/8$；$|M_{\max}|=qa^2/8$

图 10-15：由对称性得 $F_C=40\text{kN}\uparrow$；$F_E=40\text{kN}\uparrow$

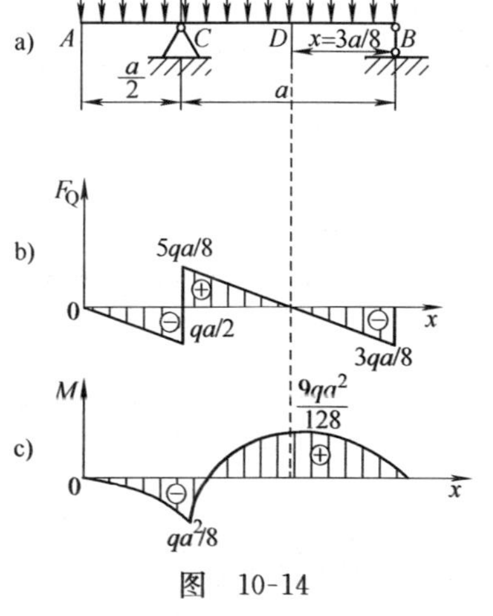

图 10-14

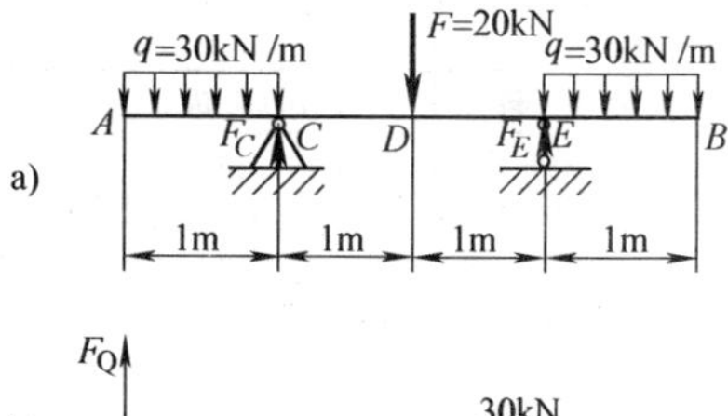

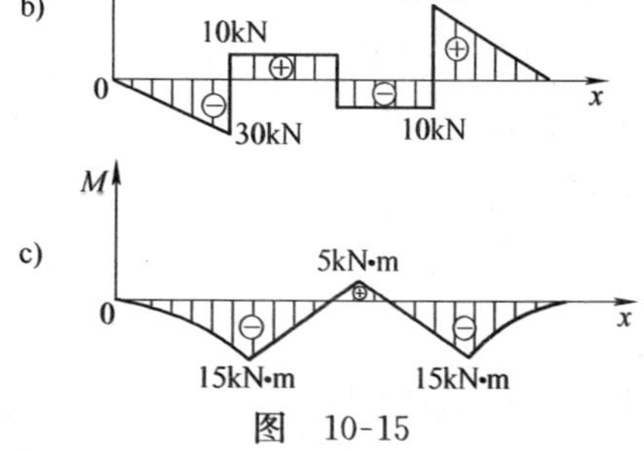

图 10-15

段	荷　　载	F_Q图形状	M图形状	控　制　值	
AC	均布	斜直线	抛物线	$F_{QA}=0$；$F_{QC}{}^{L}=-30\text{kN}$	$M_A=0$；$M_C=-15\text{kN}\cdot\text{m}$
CD	无	水平线	斜直线	$F_{QC}{}^{R}=F_{QD}{}^{L}=10\text{kN}$	$M_C=-15\text{kN}\cdot\text{m}$；$M_D=5\text{kN}\cdot\text{m}$
DE	无	水平线	斜直线	$F_{QD}{}^{R}=F_{QE}{}^{L}=-10\text{kN}$	$M_D=5\text{kN}\cdot\text{m}$；$M_E=-15\text{kN}\cdot\text{m}$
DB	均布	斜直线	抛物线	$F_{QE}{}^{R}=30\text{kN}$；$F_{QB}=0$	$M_E=-15\text{kN}\cdot\text{m}$；$M_B=0$

作梁的 F_Q图（图 10-15b）和 M 图（图 10-15c）。

其中

$$|F_{Q\max}|=30\text{kN}；\ |M_{\max}|=15\text{kN}\cdot\text{m}$$

10-3　已知悬臂梁（图 10-16b）的剪力图，试作出此梁的载荷图和弯矩图（梁上无集中力偶作用）。

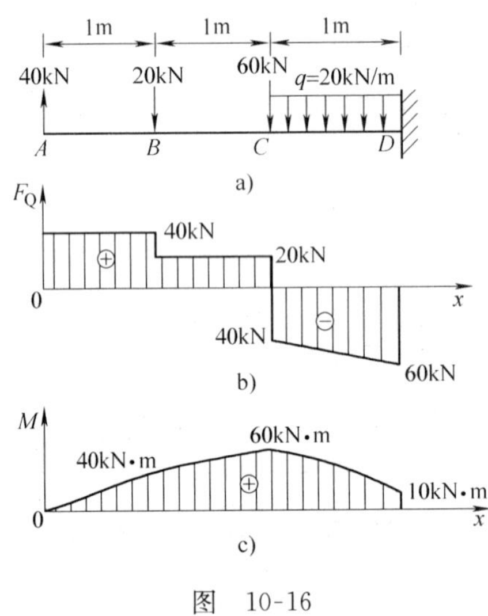

图　10-16

解　根据剪力图（图 10-16b）情况将梁分为 AB、BC、CD 三段。根据载荷与剪力的关系可知，在 A、B、C 处作用有集中载荷，在 CD 段作用有均匀载荷 q，计算结果如下：

$F_A=40\text{kN}\uparrow$；$F_B=(40-20)\text{kN}=20\text{kN}\downarrow$；$F_C=[20-(-40)]\text{kN}=60\text{kN}\downarrow$；

$q=(60-40)\text{kN/m}=20\text{kN/m}\downarrow$

作出载荷图（图 10-16a）。

段	荷　　载	F_Q图形状	M图形状	控　制　值
AB	无	水平线	斜直线	$M_A=0$；$M_B=40\text{kN}\cdot\text{m}$
BC	无	水平线	斜直线	$M_B=40\text{kN}\cdot\text{m}$；$M_C=60\text{kN}\cdot\text{m}$
CD	均布	斜直线	抛物线	$M_C=60\text{kN}\cdot\text{m}$；$M_D=10\text{kN}\cdot\text{m}$

作梁的 M 图（图 10-16c）。

10-4　已知梁的弯矩图如图 10-17～图 10-19 中图 c 所示，试作梁的载荷图和剪力图。

解　图 10-17：

由$\dfrac{\mathrm{d}M}{\mathrm{d}x}=F_Q(x)$，得

$$F_{QAB}=F_{QBC}=-\frac{Fl/2}{l/2}=-F$$

剪力图中 AB 段为一水平线，故梁上无均布载荷、集中力作用，在 C 点有一顺时针转的

$M=Fl$ 的外力偶作用。

作载荷图（图 10-17a）和剪力图（图 10-17b）。

解 图 10-18：根据弯矩图情况将梁分为 AC、CD、DB 三段。

由$\frac{\mathrm{d}M}{\mathrm{d}x}=F_Q(x)$，得

$$F_{QAC}=F_{QDB}=-\frac{Fl/3}{l/3}=-F；\ F_{QCD}=\frac{2Fl/3}{l/3}=2F$$

段	M图形状	F_Q图形状	荷　　载	控　制　值
AC	斜直线	水平线	无	$F_{QA}=F_{QC}{}^{L}=-F$
CD	斜直线	水平线	无	$F_{QC}{}^{R}=F_{QD}{}^{L}=2F$
DB	斜直线	水平线	无	$F_{QD}{}^{R}=F_{QB}=-F$

作剪力图（图 10-18b），再由剪力图判定

$$F_A=F\downarrow；F_B=F\uparrow；F_C=3F\uparrow；F_D=3F\downarrow$$

作载荷图（图 10-18a）。

图 10-19：根据弯矩图情况将梁分为 AC、CD、DB 三段。

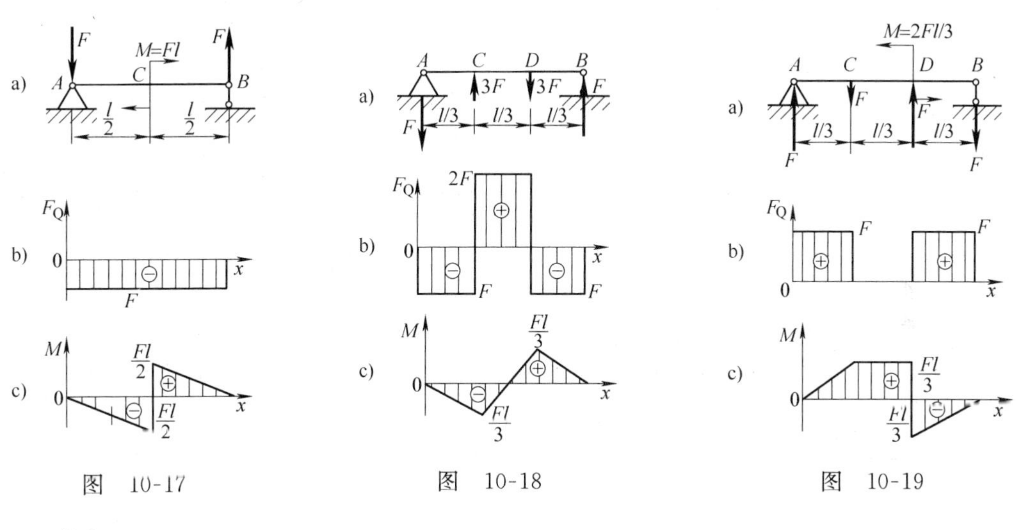

图　10-17　　图　10-18　　图　10-19

由$\frac{\mathrm{d}M}{\mathrm{d}x}=F_Q(x)$，得

$$F_{QAC}=\frac{Fl/3}{l/3}=F；\ F_{QCD}=0；\ F_{QDB}=-\frac{Fl/3}{l/3}=-F$$

段	M图形状	F_Q图形状	荷　　载	控　制　值
AC	斜直线	水平线	无	$F_{QA}=F_{QC}{}^{L}=F$
CD	水平线	0	无	$F_{QC}{}^{R}=F_{QD}{}^{L}=0$
DB	斜直线	水平线	无	$F_{QD}{}^{R}=F_{QB}=F$

作剪力图（图 10-19b），再由剪力图判定

$$F_A=F\uparrow；F_B=F\downarrow；F_C=F\downarrow；F_D=F\uparrow$$

由弯矩图判定 $M_D=2Fl/3$

作载荷图（图 10-19a）。

10-5 试判断图 10-20～图 10-23 中 F_Q、M 图是否有错，若有请改正错误。

解 图 10-20：AB 段载荷向上，M 图向上凹，另外剪力计算有误。用虚线改正之，如图 10-20b、c 所示。

图 10-21：CB 段载荷向上，剪力斜率大于零，M 图向上凹，另外计算有误。

由平衡方程，得 $F_A=9ql/8\downarrow$；$F_B=3ql/8\downarrow$

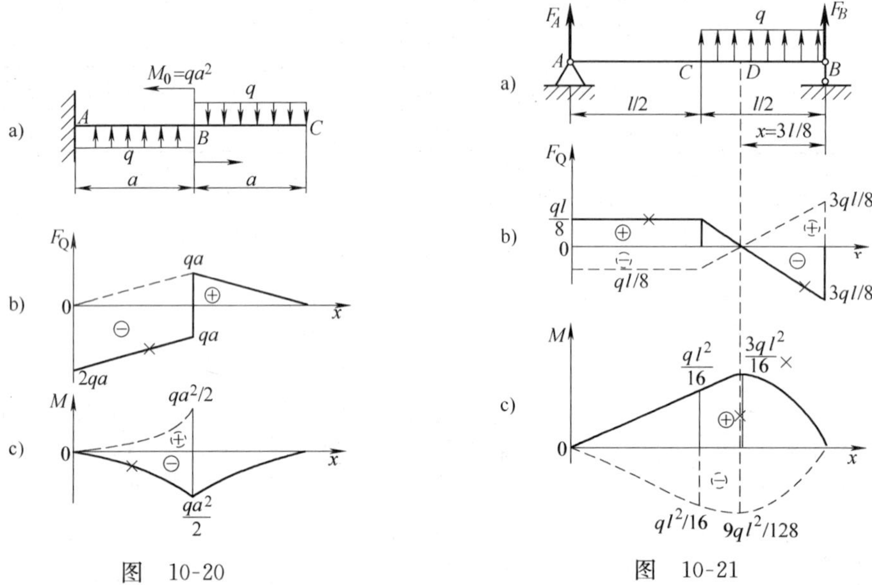

图 10-20　　图 10-21

段	荷　载	F_Q图形状	M图形状	控　制　值	
AC	无	水平线	斜直线	$F_{QA}=F_{QC}=-ql/8$	$M_A=0$；$M_C=-ql^2/16$
CB	均布	斜直线	抛物线	$F_{QC}=-ql/8$；$F_{QB}=-3ql/8$	$M_D=-9ql^2/128$；$M_B=0$

由 F_Q图相似三角形之间的比例关系，得

$$x:1=(l/2-x):3$$

得

$$x=3l/8$$

运用截面法算出 $M_D=F_Bx-qx^2/2=9ql^2/128$

用虚线改正之，如图 10-21b、c 所示。

图 10-22：C 点处集中力偶对剪力图线性没有影响，而弯矩图有突变。D 点处剪力图是连接点，弯矩图是连续点。另外弯矩图中缺少极值点，另外计算有误。

由平衡方程，得 $F_A=qa/4\uparrow$；$F_B=7qa/4\uparrow$

段	荷　载	F_Q图形状	M图形状	控　制　值	
AC	无	水平线	斜直线	$F_{QA}=F_{QD}=qa/4$	$M_A=0$；$M_C{}^{L}=qa^2/4$
CD	无	水平线	斜直线		$M_C{}^{R}=qa^2$；$M_D=3qa^2/2$
DB	均布	斜直线	抛物线	$F_{QD}=qa/4$；$F_{QB}=-7qa/4$	$M_D=3qa^2/2$；$M_E=49qa^2/32$；$M_B=0$

由 F_Q图相似三角形之间的比例关系，得

$$x:1=(2a-x):7;\ x=7a/4$$

运用截面法算出 $M_D=F_Bx-qx^2/2=49qa^2/32$

用虚线改正之，如图 10-22b、c 所示。

图 10-23：C 点处剪力图是连接点，弯矩图是连续点。D 点处集中力偶对剪力图线性没有影响，而弯矩图有突变，另外计算有误。

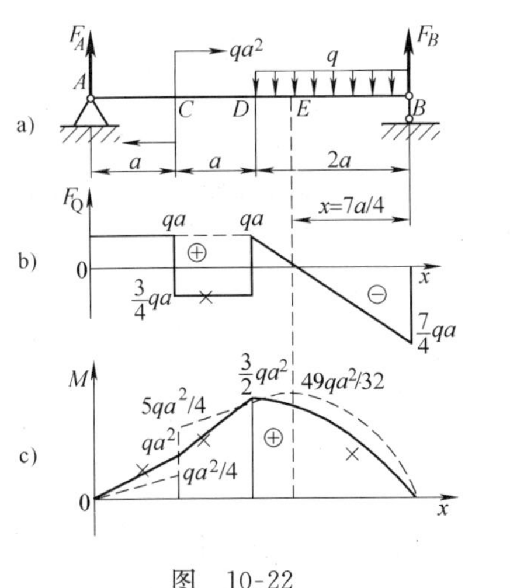

图 10-22

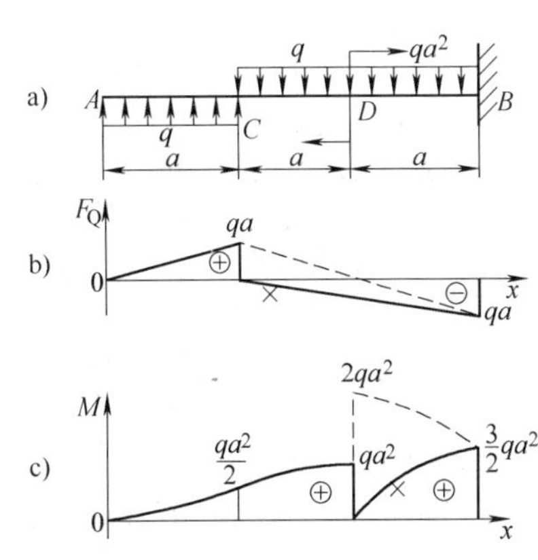

图 10-23

段	荷　载	F_Q图形状	M图形状	控　制　值	
AC	均布	斜直线	抛物线	$F_{QA}=0$；$F_{QC}=qa$	$M_A=0$；$M_C=qa^2/2$
CD	均布	斜直线	抛物线	$F_{QC}=qa$；$F_{QD}=0$	$M_C=qa^2/2$；$M_D{}^L=qa^2$
DB	均布	斜直线	抛物线	$F_{QB}=-qa$	$M_D{}^R=2qa^2$；$M_B=3qa^2/2$

用虚线改正之，如图 10-23b、c 所示。

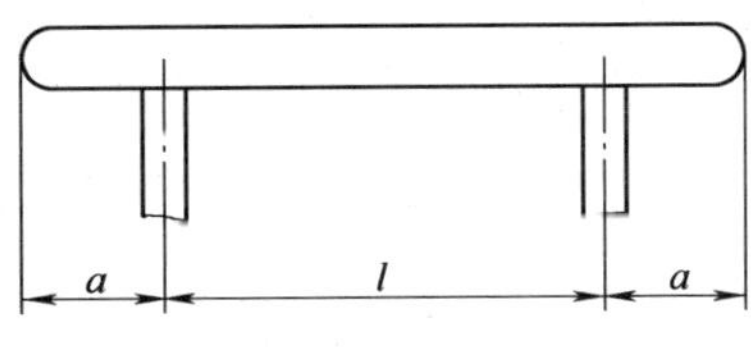

图 10-24

10-6　如图 10-24 所示外伸结构（如运动场上的双杠），常将外伸段设计成 $a=l/4$，为什么？

解　因为当结构受外力 F 时，若外力 F 作用于两支撑约束之间，力作用在中点，结构所受的弯矩最大，为 $M_1=Fl/4$；而当外力 F 作用于最外端时，结构所受的弯矩最大为 $M_2=Fa$，为使结构受在不同处受外力时所受的最大弯矩最小，应使 $M_1=M_2=M_{max}$，所以常将外伸段设计成 $a=l/4$。

10-7　圆截面简支梁受载如图 10-25 所示，试计算支座 B 处梁截面上的最大正应力。

解　作弯矩图如图 10-25b 所示。

$M_B=1875\text{N}\cdot\text{m}$

$$\sigma_{B\max}=\frac{M_B}{W_z}=\frac{32M_B}{\pi d^3}$$

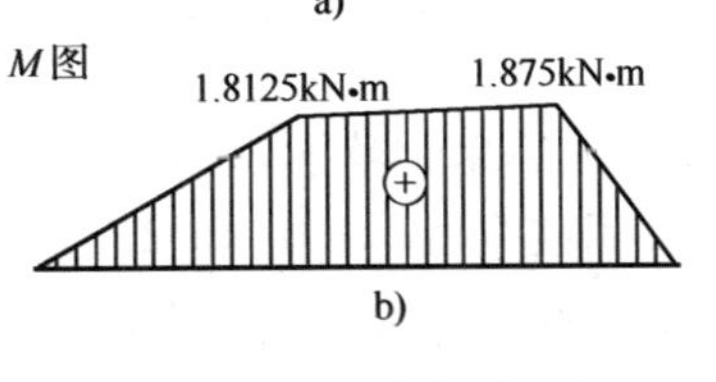

图 10-25

$$=\frac{32\times1875\times10^{3}}{\pi\times130^{3}}\text{MPa}=8.7\text{MPa}$$

10-8　空心管梁受载如图 10-26a 所示。已知 $[\sigma]=150\text{MPa}$，管外径 $D=60\text{mm}$，在保证安全的条件下，求内径 d 的最大值。

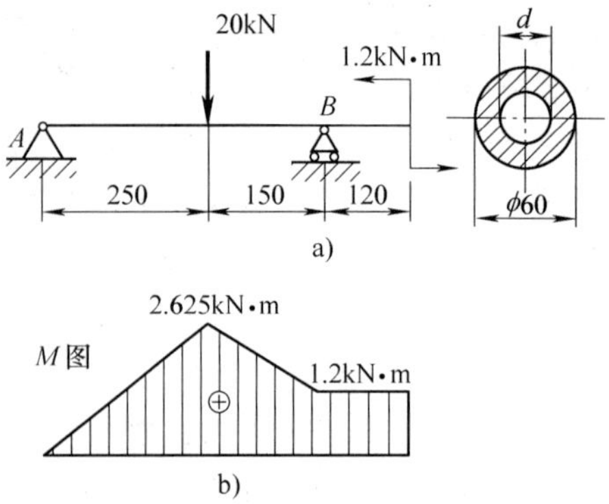

解　作弯矩图如图 10-26b 所示。由式 $I_z=\frac{\pi}{64}(D^4-d^4)$ 和正应力强度条件

$$\sigma_{\max}=\frac{M_{\max}D/2}{I_z}=\frac{M_{\max}D/2}{\pi(D^4-d^4)/64}\leqslant[\sigma]$$

$$d\leqslant\sqrt[4]{D^4-\frac{32M_{\max}D}{\pi[\sigma]}}=\sqrt[4]{60^4-\frac{32\times2625\times10^6\times60}{\pi\times150}}\text{mm}=39\text{mm}$$

图　10-26

10-9　简支梁受载如图 10-27 所示。已知 $F=10\text{kN}$，$q=10\text{kN/m}$，$l=4\text{m}$，$c=1\text{m}$，$[\sigma]=160\text{MPa}$。试设计正方形截面和 $b/h=1/2$ 的矩形截面，并比较它们的面积的大小。

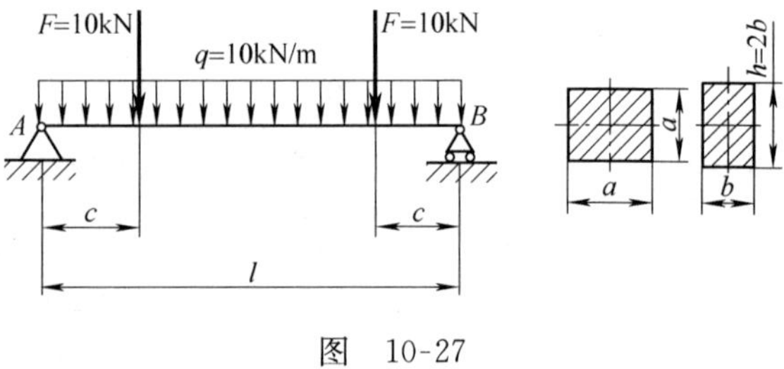

图　10-27

解　由对称性可得出支座约束力 $F_A=F_B=30\text{kN}$，在梁的中点有最大弯矩 $M_{\max}=3\times10^7\text{N}\cdot\text{mm}$。

对于正方形截面，由式 $W_z=\frac{a^3}{6}$ 和正应力强度条件 $\sigma_{\max}=\frac{M_{\max}}{W_z}\leqslant[\sigma]$，得

$$a\geqslant\sqrt[3]{\frac{6M_{\max}}{[\sigma]}}=\sqrt[3]{\frac{6\times3\times10^7}{160}}\text{mm}=104\text{mm}$$

所以正方形截面的面积 $A_1=a^2=104^2\text{mm}^2=10816\text{mm}^2$。

对于长方形截面，由式 $W_z=\frac{bh^2}{12}$，$b/h=1/2$ 和正应力强度条件 $\sigma_{\max}=\frac{M_{\max}}{W_z}\leqslant[\sigma]$，

得
$$h\geqslant\sqrt[3]{\frac{12M_{\max}}{[\sigma]}}=\sqrt[3]{\frac{12\times3\times10^7}{160}}\text{mm}=131.0\text{mm}$$

所以长方形截面的面积 $A_2=bh=131.0^2/2\text{mm}^2=8580.5\text{mm}^2$。正方形截面的面积大于长方形截面的面积。

10-10　槽形铸铁梁受载如图 10-28a 所示，槽形截面对中性轴 z 的惯性矩 $I_z=40\times10^6\text{mm}^4$，材料的许用拉应力 $[\sigma_l]=40\text{MPa}$，许用拉应力 $[\sigma_y]=150\text{MPa}$。试校核此梁的强度。

解　由静力平衡方程求出约束力 $F_A=0$，$F_B=60\text{kN}$，并作弯矩图如图 10-28b 所示，得最大负弯矩在截面 B 处，$M_B=3\times10^7\text{N}\cdot\text{mm}$；$B$ 截面处，最大拉应力发生在截面上边沿各

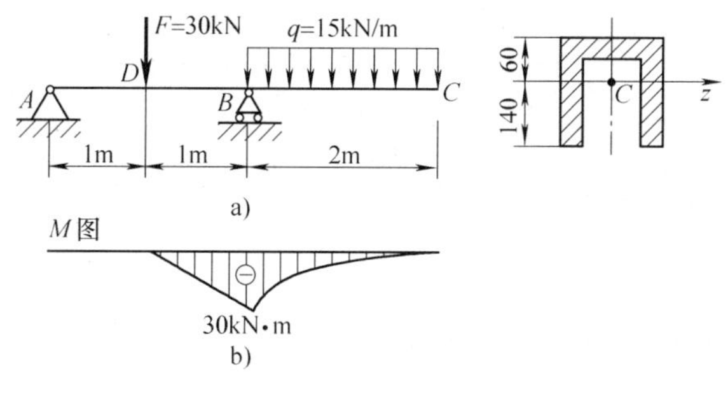

图 10-28

点处，由强度条件得

$$\sigma_{\mathrm{lmax}}=\frac{M_B y_1}{I_z}=\frac{3\times10^7\times60}{40\times10^6}\mathrm{MPa}=45\mathrm{MPa}>[\sigma_{\mathrm{l}}]$$

最大压应力发生在截面下边沿各点处，由强度条件得

$$\sigma_{\mathrm{ymax}}=\frac{M_B y_2}{I_z}=\frac{3\times10^7\times140}{40\times10^6}\mathrm{MPa}=105\mathrm{MPa}<[\sigma_{\mathrm{y}}]$$

所以此梁拉应力强度不够。

10-11　轧辊轴（图 10-29）直径 $D=280\mathrm{mm}$，跨度长 $l=1000\mathrm{mm}$，$a=450\mathrm{mm}$，$b=100\mathrm{mm}$，轧辊轴材料的许用弯曲正应力 $[\sigma]=100\mathrm{MPa}$。求轧辊所能承受的最大允许轧制力。

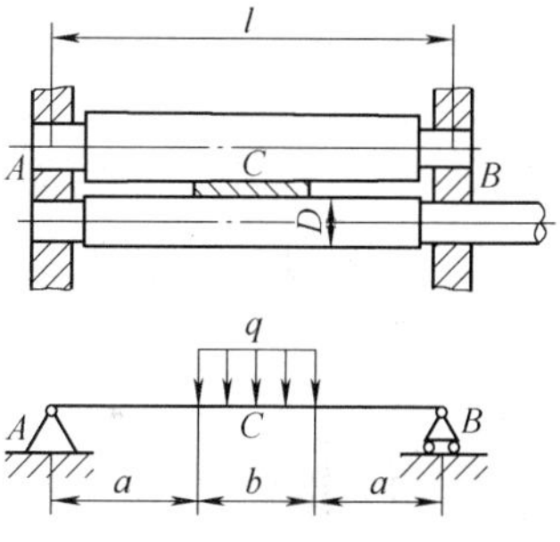

解　轧制力为 $F=qb$，考虑到对称可得支座约束力 $F_A=F_B=F/2$，并确定轴的中点 C 处有最大弯矩

$$M_{\max}=M_C=F_A(a+b/2)-qb^2/8=237.5F$$

轧辊所能承受的最大允许轧制力为

$$F_{\max}=M_{\max}/237.5\leqslant W_z[\sigma]/237.5$$

$$=\frac{\pi D^3[\sigma]}{32\times237.5}=\frac{\pi\times280^3\times100}{32\times237.5}\mathrm{N}=907.4\mathrm{kN}$$

图 10-29

10-12　由工字钢 20b 制成的外伸梁（图 10-30a）在外伸端 C 处作用集中载荷 F，已知材料的许用拉应力 $[\sigma]=160\mathrm{MPa}$，外伸端的长度为 2m。求最大许用载荷 $[F]$。

解　作弯矩图如图 10-30b 所示，在截面 B 处有最大弯矩，$M_{\max}=2\mathrm{m}\times F$。查型钢表得 20b 工字钢 $W_x=250\mathrm{cm}^3$。最大许用载荷为

$$[F]=M_{\max}/2\mathrm{m}\leqslant[\sigma]W_z/2\mathrm{m}$$

$$=\frac{160\times2.5\times10^5}{2000}\mathrm{N}=20\mathrm{kN}$$

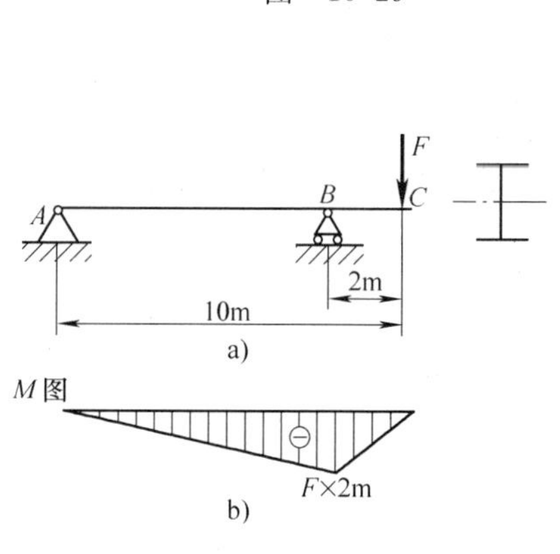

图 10-30

10-13　工字钢外伸梁，梁长 5m，外伸端长为 1m，在外伸端作用集中载荷 $F=20\mathrm{kN}$，已知 $[\sigma]=160\mathrm{MPa}$，$[\tau]=9\mathrm{MPa}$。试选择合适的工字钢型号。

解　依题意，在外伸段的支座处，$F_{Q\max}=20\mathrm{kN}$，$M_{\max}=20\mathrm{kN\cdot m}$。由正应力强度条件

$\sigma_{\max}=\frac{M_{\max}}{W_z}\leqslant[\sigma]$，得

$$W_z\geqslant\frac{M_{\max}}{[\sigma]}=\frac{2\times10^7}{160}\text{mm}^3=1.25\times10^5\text{mm}^3$$

查型钢表，选 16 号工字钢，其中 $I_z/S^*=13.8\text{cm}$，$b=6\text{mm}$（b 为腹板的厚度）。

中性轴有最大切应力

$$\tau_{\max}=\frac{F_QS^*}{bI_z}=\frac{2\times10^4}{6\times138}\text{MPa}=24.2\text{MPa}<[\tau]$$

所以选 16 号工字钢。

10-14　悬臂梁梁长为 l，全梁上受均布载荷 q 作用，EI_z 为常量，用积分法求梁自由端的转角和挠度（l、q、EI_z 均为已知）。

解　建立坐标如图 10-31 所示，挠曲线近似微分方程

$$EI_zy''=M(x)=-\frac{qx^2}{2}$$

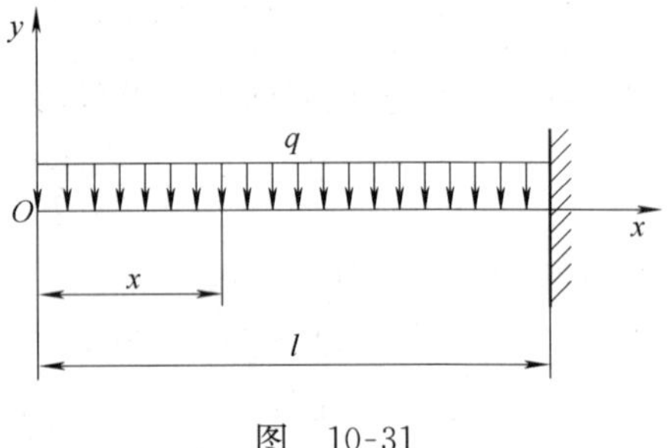

图　10-31

积分得转角方程和挠曲线方程为

$$EI_zy'=-\frac{qx^3}{6}+C_1$$

$$EI_zy=-\frac{qx^4}{24}+C_1x+C_2$$

约束为固定端，则边界条件为 $x=l$ 时，$y'=0$，$y=0$，代入上式，得

$$C_1=\frac{ql^3}{6},\ C_2=-\frac{ql^4}{8}$$

转角方程和挠曲线方程为

$$EI_zy'=-\frac{qx^3}{6}+\frac{ql^3}{6}$$

$$EI_zy=-\frac{qx^4}{24}+\frac{ql^3}{6}x-\frac{ql^4}{8}$$

梁自由端的转角和挠度为

$$\theta=\frac{ql^3}{6EI_z}$$

$$y=-\frac{ql^4}{8EI_z}$$

10-15　用叠加法求图 10-32 所示梁 C 截面的转角和挠度。EI_z 为常量、M、F、l 均为已知。

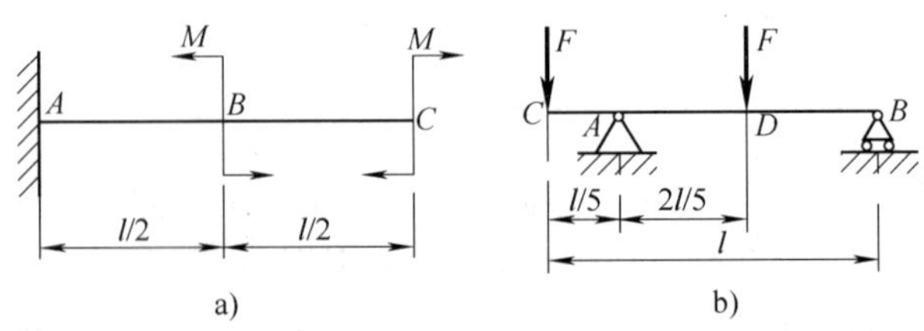

图　10-32

解 1）将图 10-32a 梁的载荷分解为在 B 点作用的力偶为第 1 组载荷，在 C 点作用的力偶为第 2 组载荷，则

$$\theta_C=\theta_{C1}+\theta_{C2}=\theta_{B1}+\theta_{C2}=\frac{Ml}{2EI_z}-\frac{Ml}{EI_z}=-\frac{Ml}{2EI_z}\quad (\curvearrowright)$$

$$y_C=y_{C1}+y_{C2}=y_{B1}+\theta_{B1}l/2+y_{C2}=\frac{Ml^2}{8EI_z}+\frac{Ml^2}{4EI_z}-\frac{Ml^2}{2EI_z}=-\frac{Ml^2}{8EI_z}\quad (\downarrow)$$

2）将图 10-32b 梁的载荷分解为在 D 点作用的集中力为第 1 组载荷，在 C 点作用的集中力为第 2 组载荷，则

$$\theta_C=\theta_{C1}+\theta_{C2}=\theta_{A1}+\theta_{C2}=-\frac{Fl^2}{25EI_z}+\frac{Fl^2}{30EI_z}\left(\frac{8}{5}+3\times\frac{1}{5}\right)=\frac{Fl^2}{30EI_z}\quad (\curvearrowleft)$$

$$y_C=y_{C1}+y_{C2}=\theta_{A1}l/5+y_{C2}=\frac{Fl^3}{125EI_z}-\frac{Fl^3}{75EI_z}\left(\frac{4}{5}+\frac{1}{5}\right)=-\frac{2Fl^3}{375EI_z}\quad (\uparrow)$$

10-16 圆形截面简支梁，已知梁长为 $l=300\text{mm}$，其直径 $d=30\text{mm}$，在距支座 50mm 处受集中力 1.8kN，材料的 $E=200\text{GPa}$，若集中力作用处的许可挠度为 $[y]=0.05\text{mm}$，试校核其刚度。

解 根据主教材《工程力学》表 10-2 梁在简单载荷下的变形表，得集中力作用处的挠度为

$$y=\frac{Fba\ (l^2-a^2-b^2)}{6EI_zl}$$

其中 $l=300\text{mm}$，$a=250\text{mm}$，$b=50\text{mm}$，$F=18000\text{N}$，$E=200\times10^3\text{MPa}$，$I_z=\frac{\pi d^4}{64}$，代入得

$$y=\frac{1800\times50\times250\times(300^2-250^2-50^2)}{6\times200\times10^3\times\frac{\pi\ 30^4}{64}\times300}\text{mm}=0.0393\text{mm}<[y]$$

所以此梁刚度足够。

10-17 32a 工字钢简支梁，中点受集中力 $F=20\text{kN}$ 的作用，梁长为 $l=8.76\text{m}$，$E=210\text{GPa}$，$[y]=l/500$。试校核其刚度。

解 由型钢表得 32a 工字钢　　$I_z=11075.5\text{cm}^4=1.10755\times10^8\text{mm}^4$

根据主教材《工程力学》表 10-2 梁在简单载荷下的变形表，得梁的最大挠度为

$$y_C=-\frac{Fl^3}{48EI_z}$$

其中 $l=8760\text{mm}$，$F=2\times10^4\text{N}$，$E=210\times10^3\text{MPa}$，$[y]=\frac{8760}{500}\text{mm}=17.52\text{mm}$，代入得

$$y_{max}=\frac{2\times10^4\times8760^3}{48\times210\times10^3\times1.10755\times10^8}\text{mm}=12.04\text{mm}<[y]$$

所以此梁刚度足够。

10-18 工字钢悬臂梁，梁长 $l=2\text{m}$，其中点至自由端受均布载荷 $q=15\text{kN/m}$，材料的 $E=200\text{GPa}$，$[\sigma]=160\text{MPa}$，$[y]=4\text{mm}$，试选择工字钢型号。

解 1）根据图 10-33a 可知，$M_{max}=22.5\times10^6\text{N}\cdot\text{mm}$。

由正应力强度条件

$$W_z \geqslant \frac{M_{\max}}{[\sigma]} = \frac{22.5 \times 10^6}{160} \text{mm}^3 = 140625 \text{mm}^3$$

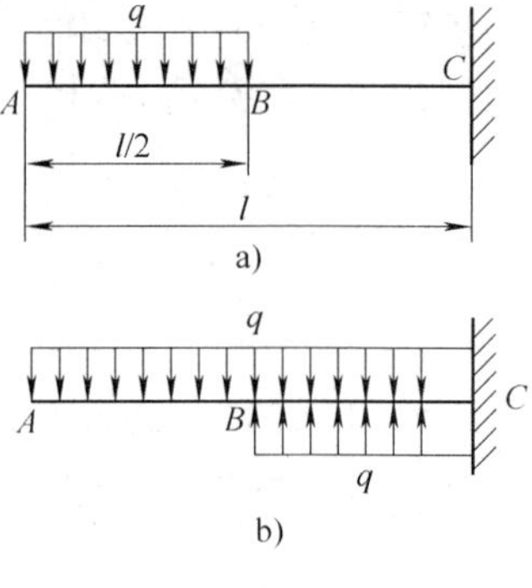

图　10-33

查型钢表，选 16 号工字钢，其 $I_z = 1130 \text{cm}^4$。

2）按刚度条件校核工字钢。

作原构件的等效力系，如图 10-33b 所示。设 S 和 X 下角标分别表示上部和下部载荷，

则
$$y_{\max} = y_A = y_{AS} + y_{BX} + \theta_{BX} \cdot l/2$$
$$= -\frac{ql^4}{8EI_z} + \frac{q(l/2)^4}{8EI_z} + \frac{q(l/2)^3}{6EI_z}(l/2) = -\frac{41ql^4}{384EI_z}$$

$$|y_{\max}| = \frac{41 \times 15 \times 2000^4}{384 \times 200 \times 10^3 \times 1130 \times 10^4} \text{m} = 11.34 \text{mm} > [y]$$

不符合刚度要求。

3）按刚度条件选择工字钢型号。由刚度条件

$$|y_{\max}| = \frac{41ql^4}{384EI_z} \leqslant [y]$$

得
$$I_z \geqslant \frac{41ql^4}{384E[y]} = \frac{41 \times 15 \times 2000^4}{384 \times 200 \times 10^3 \times 4} \text{mm}^4 = 3203 \times 10^4 \text{mm}^4$$

查型钢表选 22a 工字钢。

10-19　图 10-34 所示左右对称的外伸梁，当 x/l 等于多大时，跨度中点 C 处挠度和外伸端的挠度大小相等。

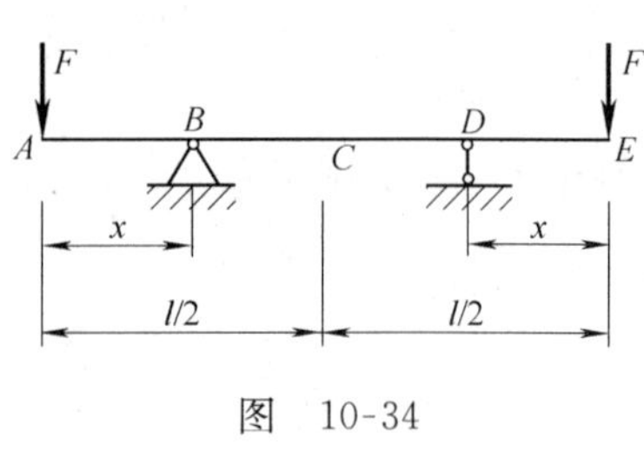

图　10-34

解　在 A 点的力单独作用下

$$y_{A1} = -\frac{Fx^2}{3EI_z}(l-x)$$
$$y_{C1} = \frac{Fx(l-2x)^2}{16EI_z}$$

在 E 点的力单独作用下

$$y_{C2} = \frac{Fx(l-2x)^2}{16EI_z}$$
$$y_{A2} = x\theta_{B2} = -\frac{Fx^2(l-2x)}{6EI_z}$$

叠加后
$$y_A = y_{A1} + y_{A2} = -\frac{Fx^2}{3EI_z}(l-x) - \frac{Fx^2(l-2x)}{6EI_z} = -\frac{Fx^2}{6EI_z}(3l-4x) \quad (\downarrow)$$
$$y_C = y_{C1} + y_{C2} = \frac{Fx(l-2x)^2}{16EI_z} + \frac{Fx(l-2x)^2}{16EI_z} = \frac{Fx(l-2x)^2}{8EI_z} \quad (\uparrow)$$

当 $|y_A| = |y_C|$ 时，$-y_A = y_C$，得

$$28x^2 - 24xl + 3l^2 = 0$$

解方程，得合理解

$$x = 0.152l$$

10-20　图 10-35 所示三支点梁跨度 $l = 400 \text{mm}$，$E = 200 \text{GPa}$，中间支座的同轴度差了 0.1mm，梁截面为圆形，直径 $d = 60 \text{mm}$。求梁横截面上最大的装配应力。

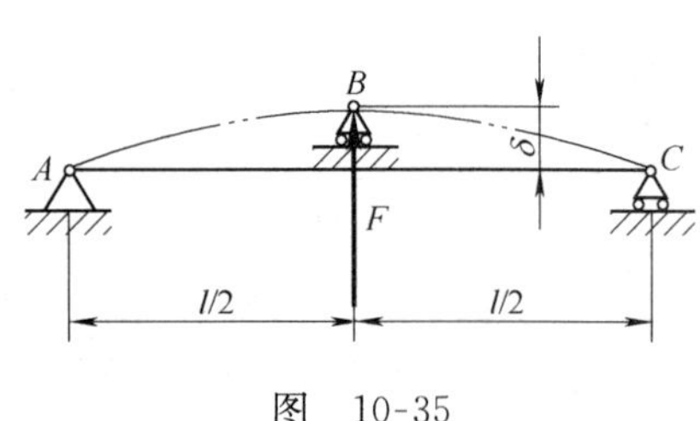

图　10-35

解 设 B 点受力为 F，根据主教材《工程力学》表 10-2 得

$$y_B=\frac{Fl^3}{48EI_z}=\frac{64Fl^3}{48\pi d^4E}=\delta$$

$$F=\frac{3\pi d^4E\delta}{4l^3}=\frac{3\pi\times60^4\times200\times10^3\times0.1}{4\times400^3}\text{N}=9537.75\text{N}$$

且梁的最大弯矩发生在截面 B 处，$M_B=-\frac{F}{2}\cdot\frac{l}{2}=-\frac{Fl}{4}$。

在 B 截面处，最大应力发生在截面边沿各点处，得

$$\sigma_{\max}=\left|\frac{M_B}{W_z}\right|=\frac{8Fl}{\pi d^3}=\frac{8\times3\pi d^4E\delta l}{\pi d^3\times4l^3}=\frac{6dE\delta}{l^2}=\frac{6\times60\times2\times10^5\times0.1}{400^2}\text{MPa}=45\text{MPa}$$

所以此梁的最大装配应力为 45MPa。

自 测 练 习

10-1 试绘制图 10-36 所示各梁的剪力图和弯矩图。

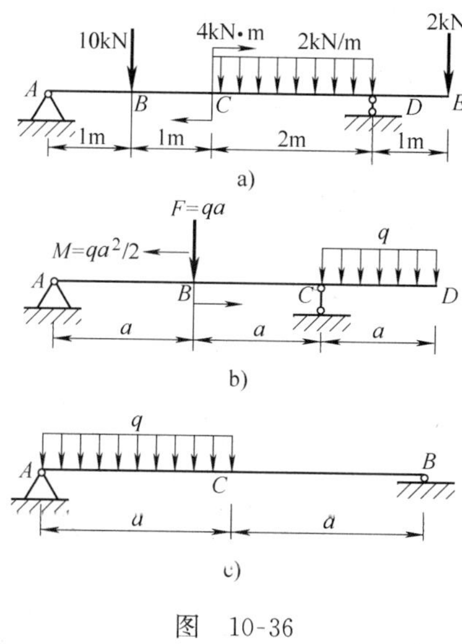

图 10-36

10-2 一铸铁梁如图 10-37 所示，已知材料的许用拉应力 $[\sigma_l]=30$MPa，许用拉应力 $[\sigma_y]=60$MPa。试校核此梁的强度。

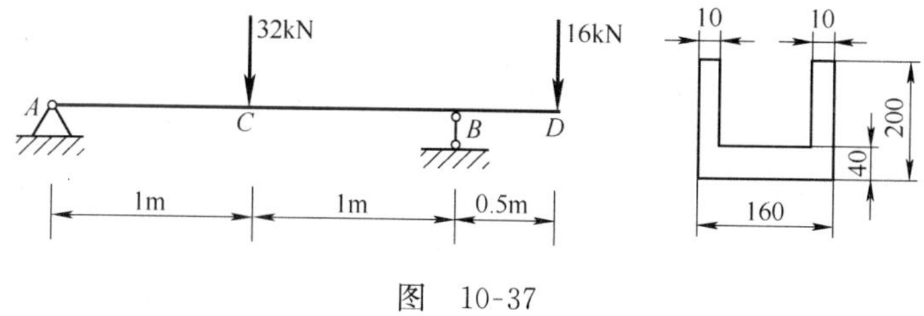

图 10-37

10-3 求所示图 10-38 悬臂梁 B、C 截面的挠度和转角。

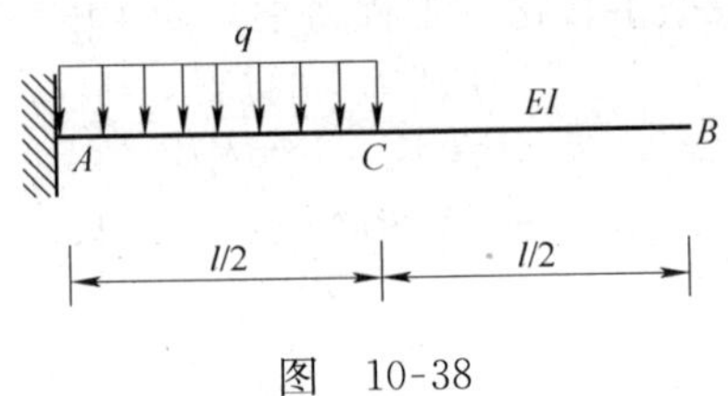

图 10-38

自测练习答案

10-1 a) $F_{QA}=F_{QB}{}^{L}=7\text{kN}$，$F_{QB}{}^{R}=F_{QC}=-3\text{kN}$，$F_{QD}{}^{L}=-7\text{kN}$，$F_{QB}{}^{R}=F_{QC}=2\text{kN}$；$M_A=0$，$M_B=7\text{kN}\cdot\text{m}$，$M_C{}^{L}=4\text{kN}\cdot\text{m}$，$M_C{}^{R}=8\text{kN}\cdot\text{m}$，$M_D=-2\text{kN}\cdot\text{m}$，$M_E=0$。

b) $F_{QA}=F_{QB}{}^{L}=3qa/4$，$F_{QB}{}^{R}=F_{QC}{}^{L}=-qa/4$，$F_{QC}{}^{R}=qa$，$F_{QD}=0$；$M_A=0$，$M_B{}^{L}=3qa^2/4$，$M_B{}^{R}=-qa^2/4$，$M_C=-qa^2/2$，$M_D=0$。

c) $F_{QA}=3qa/4$，$F_{QB}=F_{QC}=-qa/4$；$M_A=0$，$M_B=0$，$M_C=qa^2/4$，$M_{max}=9qa^2/32$。

10-2 不安全 $\sigma_{lmax}=40.5\text{MPa}$，$\sigma_{ymax}=60.7\text{MPa}$

10-3 $\theta_B=-\dfrac{ql^3}{48EI_z}$，$y_B=-\dfrac{7ql^4}{384EI_z}$

$\theta_C=-\dfrac{ql^3}{48EI_z}$，$y_C=-\dfrac{ql^4}{128EI_z}$

第十一章　应力状态和强度理论

知识要点

1. 应力状态

(1) 点的应力状态，是指受力构件内一点的各个不同方位截面上的应力情况。

(2) 研究受力构件内一点的应力状态，可以围绕该点取一个无限小的正六面体——单元体。

(3) 单元体上剪应力为零的平面——主平面，主平面上的正应力——主应力，主应力用 σ_1、σ_2、σ_3来表示，它们按代数值的大小顺序排列，即 $\sigma_1 \geqslant \sigma_2 \geqslant \sigma_3$。

2. 平面应力状态（单元体中至少有一对面上没有应力）

(1) 解析法

1) 任意 α 角斜截面上的应力

$$\sigma_\alpha = \frac{\sigma_x + \sigma_y}{2} + \frac{\sigma_x - \sigma_y}{2}\cos 2\alpha - \tau_x \sin 2\alpha$$

$$\tau_\alpha = \frac{\sigma_x - \sigma_y}{2}\sin 2\alpha + \tau_x \cos 2\alpha$$

2) 主应力

$$\left.\begin{matrix}\sigma_{\max}\\ \sigma_{\min}\end{matrix}\right\} = \frac{\sigma_x + \sigma_y}{2} \pm \sqrt{\left(\frac{\sigma_x - \sigma_y}{2}\right)^2 + \tau_x^2}$$

3) 主平面的方位角 α_0

$$\tan 2\alpha_0 = -\frac{2\tau_x}{\sigma_x - \sigma_y}$$

4) 最大切应力

$$\tau_{\max} = \sqrt{\left(\frac{\sigma_x - \sigma_y}{2}\right)^2 + \tau_x^2} = \frac{\sigma_{\max} - \sigma_{\min}}{2}$$

(2) 图解法（应力圆）

应力圆圆心坐标　$\left(\frac{\sigma_x + \sigma_y}{2},\ 0\right)$

应力圆半径　$R = \sqrt{\left(\frac{\sigma_x - \sigma_y}{2}\right)^2 + \tau_x^2}$

应力圆画法：在 $\sigma\tau$ 坐标系中确定 $D_1(\sigma_x,\ \tau_x)$ 和 $D_2(\sigma_y,\ -\tau_x)$ 两点，连接 D_1、D_2，交 σ 轴于 C 点，以 C 为圆心，以 CD_1 或 CD_2 为半径，画出对应于此应力状态的应力圆。

3. 广义胡克定律

三向应力状态下，主应力与主应变间的关系

$$\varepsilon_1=[\sigma_1-\mu(\sigma_2+\sigma_3)]/E$$
$$\varepsilon_2=[\sigma_2-\mu(\sigma_1+\sigma_3)]/E$$
$$\varepsilon_3=[\sigma_3-\mu(\sigma_1+\sigma_2)]/E$$

4. 强度理论

强度理论是关于材料失效现象主要原因的假设。利用简单应力状态的实验结果，来建立复杂应力状态的强度条件。统一式为

$$\sigma_{xd}\leqslant[\sigma]$$

常用的一至四强度理论的相当应力分别为

$$\sigma_{xd1}=\sigma_1$$
$$\sigma_{xd2}=\sigma_1-\mu(\sigma_2+\sigma_3)$$
$$\sigma_{xd3}=\sigma_1-\sigma_3$$
$$\sigma_{xd4}=\sqrt{\frac{1}{2}[(\sigma_1-\sigma_2)^2+(\sigma_2-\sigma_3)^2+(\sigma_3-\sigma_1)^2]}$$

适用范围取决于材料的类别和应力状态的类型。

解 题 要 领

本章篇幅不大，但概念和公式较多，在学习中一定要对新概念有清楚的认识。习题类型可根据内容分为应力状态分析和广义胡克定律及强度理论的应用三种类型。

1. 在求解应力状态分析的问题时，应注意到：

(1) 由于公式中正应力、切应力和斜截面的方位角对正负号有不同的规定，在解题时应正确使用。

(2) 应用应力圆求解平面应力状态问题时应注意单元体和应力圆的对应关系：

1) 单元体的应力状态一定和一个应力圆相对应。

2) 单元体的一个面一定和应力圆上一个点相对应。

3) 单元体一个面上的应力对应应力圆上一个点的坐标。

4) 应力圆上两点圆弧所对应的圆心角是单元体上与这两点对应的两平面夹角的两倍，且转向相同。

(3) 在对构件内一点的应力状态分析时，应通过对截面内力正负以及应力的分布，正确确定该点应力的正负号。

2. 对广义胡克定律的应用，需注意外界约束对物体应变的限制。

3. 单元体上只有单向正应力或只有切应力，称为简单应力状态，如轴向拉压、圆轴扭转横截面以及梁弯曲时横截面中性轴、上下边缘点。其他的称为复杂应力状态，进行强度计算时，应注意选择合适的强度理论。

典 型 例 题

例 11-1 平面应力状态的单元体如图 11-1a 所示，$\alpha=30°$。试求：1) α 斜截面上的应力；2) 主应力、主平面方位；3) 最大切应力。

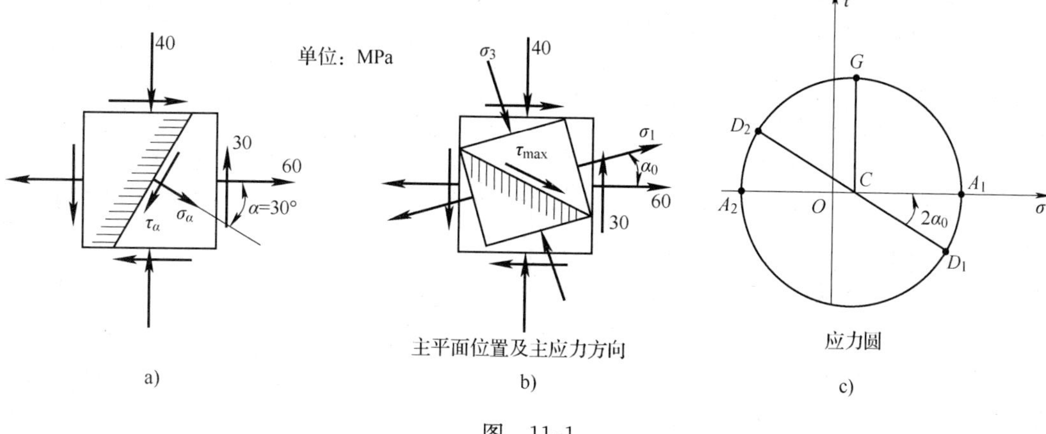

图 11-1

解法一（解析法）

1）α 角斜截面上的应力

$$\sigma_\alpha=\frac{\sigma_x+\sigma_y}{2}+\frac{\sigma_x-\sigma_y}{2}\cos2\alpha-\tau_x\sin2\alpha$$

$$=\left[\frac{60-40}{2}+\frac{60+40}{2}\cos(-60^\circ)+30\sin(-60^\circ)\right]\text{MPa}$$

$$=9.02\text{MPa}$$

$$\tau_\alpha=\frac{\sigma_x-\sigma_y}{2}\sin2\alpha+\tau_x\cos2\alpha$$

$$=\left[\frac{60+40}{2}\sin(-60^\circ)-30\cos(-60^\circ)\right]\text{MPa}=-58.3\text{MPa}$$

2）主应力、主平面和主应力单元体

$$\left.\begin{matrix}\sigma_{max}\\ \sigma_{min}\end{matrix}\right\}=\frac{\sigma_x+\sigma_y}{2}\pm\sqrt{\left(\frac{\sigma_x-\sigma_y}{2}\right)^2+\tau_x^2}$$

$$=\left[\frac{60-40}{2}\pm\sqrt{\left(\frac{60+40}{2}\right)^2+(-30)^2}\right]\text{MPa}=\begin{matrix}68.3\text{MPa}\\-48.3\text{MPa}\end{matrix}$$

由此可得

$$\sigma_1=68.3\text{MPa},\ \sigma_2=0,\ \sigma_3=-48.3\text{MPa}$$

$$\tan2\alpha_0=-\frac{2\tau_x}{\sigma_x-\sigma_y}=-\frac{-60}{60+40}=\frac{3}{5}$$

解得 $\alpha_1=15.5^\circ$，$\alpha_2=105.5^\circ$或 $\alpha_2=-74.5^\circ$，由于 $\sigma_x>\sigma_y$，$|\alpha_0|<45^\circ$，故 α_1 主平面的主应力为 σ_1，α_2 主平面的主应力为 σ_3。可画出主应力单元体，如图 11-1b 所示。

3）最大切应力

$$\tau_{max}=\sqrt{\left(\frac{\sigma_x-\sigma_y}{2}\right)^2+\tau_x^2}=\frac{\sigma_{max}-\sigma_{min}}{2}=\frac{68.3+48.3}{2}\text{MPa}=58.3\text{MPa}$$

解法二（应力圆法）

1）作 $O\sigma\tau$ 直角坐标系，根据已知条件坐标系确定 $D_1=(60，-30)$、$D_2=(-40,30)$ 两点的位置，并连此两点交 σ 轴于 C 点。以 C 点为圆心，以 CD_1 为半径，作出应力圆，如图 11-1c 所示。

2）量得 $\sigma_1=OA_1=68\text{MPa}$；$\sigma_3=OA_2=-48\text{MPa}$；$\alpha_0=16°$。

3）在单元体上绘出主平面位置及主应力方向。

4）量得 $\tau_{max}=CG=58\text{MPa}$。

例 11-2 边长 $a=200\text{mm}$ 的正立方混凝土块，无空隙地放在刚性凹座上，如图 11-2a 所示。上受压力 $F=300\text{kN}$ 作用。已知混凝土的泊松比 $\mu=1/6$。试求凹座壁上所受的压力 F_N。

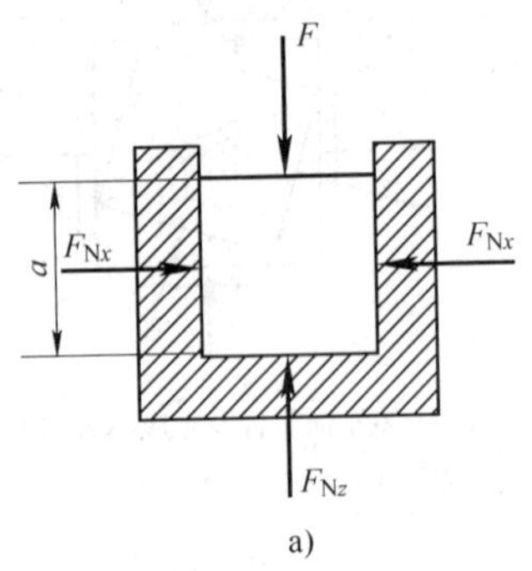

a)

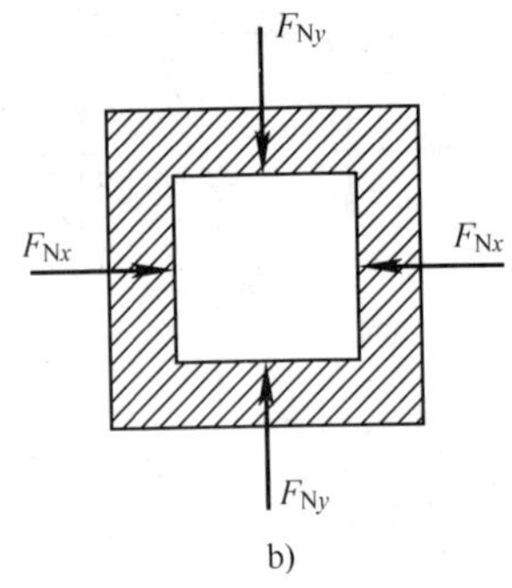

b)

图 11-2

解 混凝土块受铅直（z）方向的压力 F 作用，由于凹座的限制，在水平面两方向上的应变为零，则

$$\varepsilon_1=\varepsilon_x=\varepsilon_2=\varepsilon_y=0$$

$$\varepsilon_1=[\sigma_1-\mu(\sigma_2+\sigma_3)]/E=0$$

$$\varepsilon_2=[\sigma_2-\mu(\sigma_1+\sigma_3)]/E=0$$

而 $\sigma_3=-F/A$，又因水平面上受力对称（图 11-2b），则 $\sigma_1=\sigma_2$，得

$$\sigma_1=\sigma_2=\sigma_x=\sigma_y=\frac{\mu}{1-\mu}\sigma_3=\frac{1/6}{1-1/6}\times\frac{-300\times10^3\text{N}}{200^2\ \text{mm}^2}=-1.5\text{MPa}$$

$$F_N=F_{Nx}=\sigma_1 A=\sigma_1 a^2=-1.5\text{MPa}\times200^2\text{mm}^2=-60\times10^3\text{N}=-60\text{kN（压力）}$$

习 题 解 答

11-1 指出图 11-3 所示单元体主应力 σ_1、σ_2、σ_3 的值，并说明属于哪一种应力状态。

解 1）$\sigma_1=40\text{MPa}$，$\sigma_2=0$，$\sigma_3=-20\text{MPa}$（二向应力状态）

2）$\sigma_1=80\text{MPa}$，$\sigma_2=60\text{MPa}$，$\sigma_3=-80\text{MPa}$（三向应力状态）

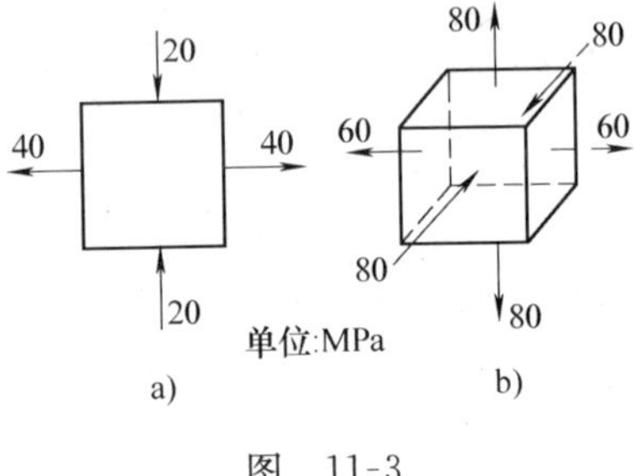

a) b)

图 11-3

11-2 在图 11-4、11-5 所示各单元体中，试用解析法与应力圆法求指定斜截面上的应力。

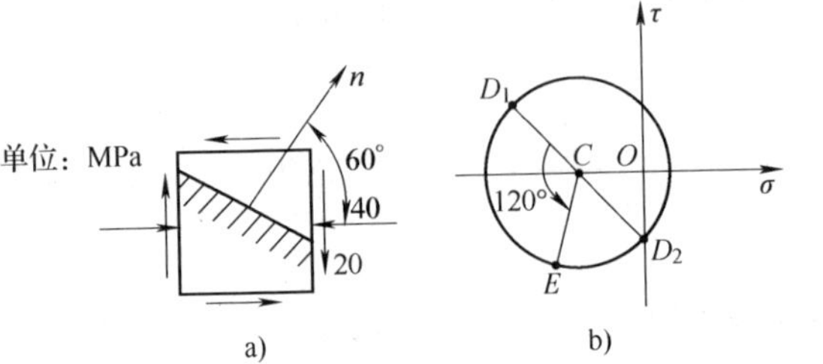

a) b)

图 11-4

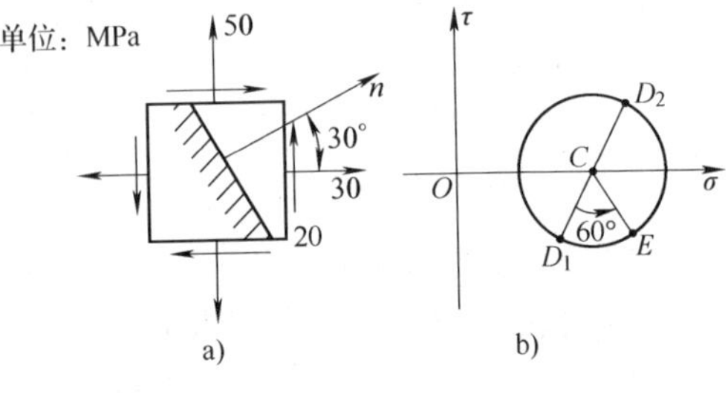

a) b)

图 11-5

解 图 11-4a：1）解析法 $\sigma_x=-40\text{MPa}$，$\tau_x=20\text{MPa}$，$\alpha=60°$，则

$$\sigma_\alpha=\frac{\sigma_x+\sigma_y}{2}+\frac{\sigma_x-\sigma_y}{2}\cos2\alpha-\tau_x\sin2\alpha$$

$$=\left(\frac{-40}{2}-\frac{40}{2}\cos120°-20\sin120°\right)\text{MPa}=-27.32\text{MPa}$$

$$\tau_\alpha=\frac{\sigma_x-\sigma_y}{2}\sin2\alpha+\tau_x\cos2\alpha$$

$$=\left(\frac{-40}{2}\sin120°+20\cos120°\right)\text{MPa}=-27.32\text{MPa}$$

2）应力圆法 作 $O\sigma\tau$ 直角坐标系，根据已知条件坐标系确定 $D_1=(-40,20)$、$D_2=(0,-20)$ 两点的位置，并连此两点交 σ 轴于 C 点。以 C 点为圆心，以 CD_1 为半径，作出应力圆，由 D_1 沿圆周逆时针转 120°，得点 E，如图 11-4b 所示。

由 E 点的横坐标，量得 $\sigma_{60°}=-27\text{MPa}$；由 E 点的纵坐标，量得 $\tau_{60°}=-27\text{MPa}$。

图 11-5a：1）解析法 $\sigma_x=30\text{MPa}$，$\sigma_y=50\text{MPa}$，$\tau_x=-20\text{MPa}$，$\alpha=30°$，则

$$\sigma_\alpha=\frac{\sigma_x+\sigma_y}{2}+\frac{\sigma_x-\sigma_y}{2}\cos2\alpha-\tau_x\sin2\alpha$$

$$=\left(\frac{30+50}{2}+\frac{30-50}{2}\cos60°+20\sin60°\right)\text{MPa}=52.32\text{MPa}$$

$$\tau_\alpha=\frac{\sigma_x-\sigma_y}{2}\sin2\alpha+\tau_x\cos2\alpha$$

$$=\left(\frac{30-50}{2}\sin60°-20\cos60°\right)\text{MPa}=-18.66\text{MPa}$$

2）应力圆法 作 $O\sigma\tau$ 直角坐标系，根据已知条件坐标系确定 $D_1=(30,-20)$、$D_2=(50,20)$ 两点的位置，并连此两点交 σ 轴于 C 点。以 C 点为圆心，以 CD_1 为半径，作出应力圆，由 D_1 沿圆周逆时针转 60°，得点 E，如图 11-5b 所示。

由 E 点的横坐标，量得 $\sigma_{30°}=52\text{MPa}$；由 E 点的纵坐标，量得 $\tau_{30°}=-18\text{MPa}$。

11-3 已知单元体的应力状态如图 11-6a、图 11-7a 所示，试用应力圆求：1）主应力大小及主平面方位；2）在单元体上绘出主平面位置及主应力方向；3）最大切应力。

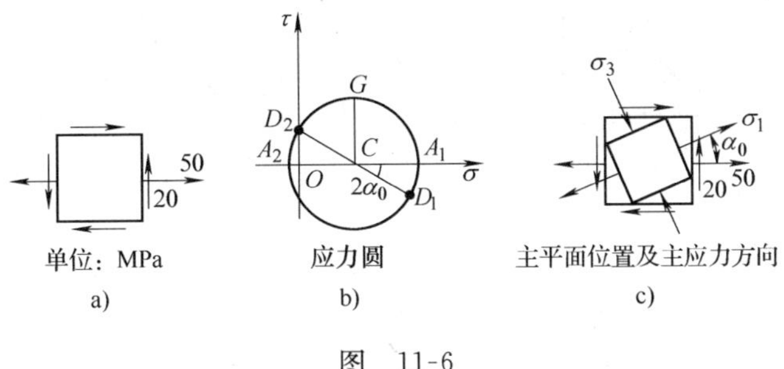

图 11-6

解 图 11-6：作 $O\sigma\tau$ 直角坐标系，根据已知条件坐标系确定 $D_1=(50,-20)$、$D_2=(0,20)$ 两点的位置，并连此两点交 σ 轴于 C 点。以 C 点为圆心，以 CD_1 为半径，作出应力圆，如图 11-6b 所示。

1）量得 $\sigma_1=OA_1=57\text{MPa}$；$\sigma_3=OA_2=-7\text{MPa}$；$\alpha_0=19.3°$。

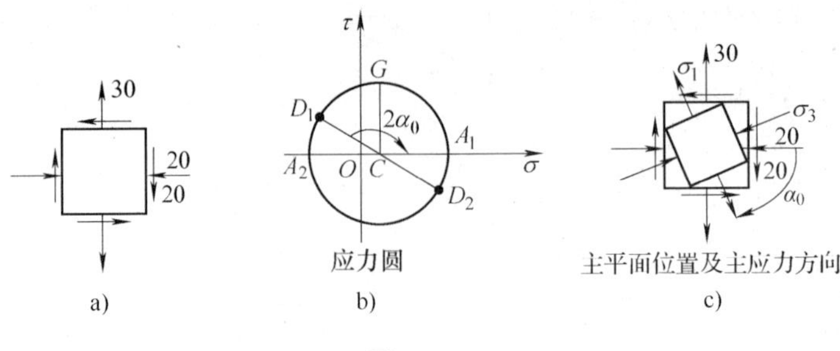

a) b) c)

图 11-7

2）在单元体上绘出主平面位置及主应力方向。

3）量得 $\tau_{max}=CG=32\text{MPa}$。

图 11-7：根据已知条件坐标系中确定 $D_1=(-20,20)$；$D_2=(30,20)$ 两点位置，并连此两点交 σ 轴于 C 点，以 C 点为圆心以 CD_1 为半径，作出应力圆。

1）量得 $\sigma_1=OA_1=37\text{MPa}$　$\sigma_3=OA_2=-27\text{MPa}$　$\alpha_0=-70.7°$。

2）在单元体上绘出主平面位置及主应力方向。

3）量得 $\tau_{max}=CG=32\text{MPa}$。

11-4　一矩形截面梁，尺寸及载荷如图 11-8a 所示。求：1）画出梁上各指定点的单元体及其面上的应力；2）画出各单元体的应力圆，并确定主应力与最大切应力的值。

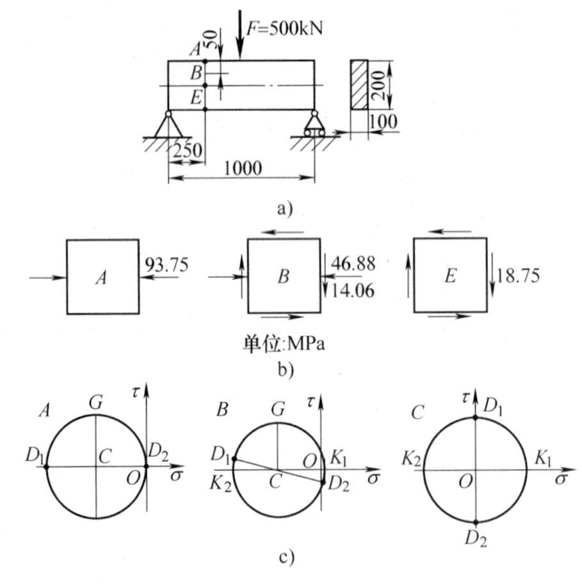

图 11-8

解　支座约束力为 $F_A=F_B=250\text{kN}$，需计算截面上的剪力、弯矩分别为

$$F_Q=250\text{kN},\ M=62.5\text{kN}\cdot\text{m}\ (\text{上侧受压})。$$

$$\sigma_A=M/W_z=\frac{6M}{h^2b}=\frac{6\times62.5\times10^6}{200^2\times100}\text{MPa}=93.75\text{MPa}\ (\text{受压})$$

$$\sigma_B=\sigma_A/2=46.88\text{MPa}\ (\text{受压})$$

$$\sigma_E=0$$

$$\tau_A = 0$$

$$\tau_B = \frac{F_Q}{2I_z}\left(\frac{h^2}{4} - y^2\right) = \frac{6F_Q}{h^3 b}\left(\frac{h^2}{4} - y^2\right)$$

$$= \left[\frac{6 \times 250 \times 10^3}{2\,00^3 \times 100}\left(\frac{200^2}{4} - 50^2\right)\right]\text{MPa} = 14.06\text{MPa}$$

$$\tau_C = \frac{3F_Q}{2A} = \frac{3 \times 250 \times 10^3}{2 \times 200 \times 100}\text{MPa} = 18.75\text{MPa}$$

1）各点单元体的主应力大小和方向如图 11-8b 所示（应力单位：MPa）。

2）A 点：量得 $\sigma_1 = 0$；$\sigma_3 = OD_1 = -93.75\text{MPa}$；$\tau_{\max} = CG = 46.88\text{MPa}$。
B 点：量得 $\sigma_1 = OK_1 = 3.89\text{MPa}$；$\sigma_3 = OK_2 = -50.77\text{MPa}$；$\tau_{\max} = CG = 27.33\text{MPa}$。
C 点：量得 $\sigma_1 = OK_1 = 18.75\text{MPa}$；$\sigma_3 = OK_2 = -18.75\text{MPa}$；$\tau_{\max} = OD_1 = 18.75\text{MPa}$。

11-5　试求图 11-9a、b 所示各单元体的主应力及最大切应力。

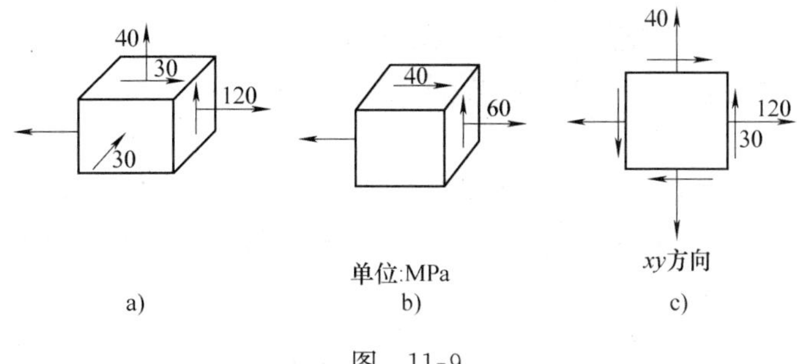

图　11-9

解　1）对图 11-9a，设纸面为 xy 平面，先将原题分解成一个 xy 方向平面应力状态（图 11-9c）和一个 z 方向单向应力状态计算，最后再合成。

$\sigma_x = 120\text{MPa}$，$\sigma_y = 40\text{MPa}$，$\tau_x = -30\text{MPa}$，得

$$\left.\begin{matrix}\sigma_{\max}\\ \sigma_{\min}\end{matrix}\right\} = \frac{\sigma_x + \sigma_y}{2} \pm \sqrt{\left(\frac{\sigma_x - \sigma_y}{2}\right)^2 + \tau_x^2}$$

$$= \left[\frac{120 + 40}{2} \pm \sqrt{\left(\frac{120 - 40}{2}\right)^2 + (-30)^2}\right]\text{MPa} = \begin{matrix}130\text{MPa}\\ 30\text{MPa}\end{matrix}$$

则 $\sigma_1 = 130\text{MPa}$，$\sigma_2 = 30\text{MPa}$，$\sigma_3 = -30\text{MPa}$，得

$$\tau_{\max} = \frac{\sigma_1 - \sigma_3}{2} = \frac{130 + 30}{2}\text{MPa} = 80\text{MPa}$$

2）图 11-9b 中，$\sigma_x = 60\text{MPa}$，$\tau_x = -40\text{MPa}$，得

$$\left.\begin{matrix}\sigma_{\max}\\ \sigma_{\min}\end{matrix}\right\} = \frac{\sigma_x}{2} \pm \sqrt{\left(\frac{\sigma_x}{2}\right)^2 + \tau_x^2} = \left[\frac{60}{2} \pm \sqrt{\left(\frac{60}{2}\right)^2 + (-40)^2}\right]\text{MPa} = \begin{matrix}80\text{MPa}\\ -20\text{MPa}\end{matrix}$$

则 $\sigma_1 = 80\text{MPa}$，$\sigma_2 = 0\text{MPa}$，$\sigma_3 = -20\text{MPa}$，得

$$\tau_{\max} = \frac{\sigma_1 - \sigma_3}{2} = \frac{80 + 20}{2}\text{MPa} = 50\text{MPa}$$

11-6　一刚性槽如图 11-10 所示。在槽内紧密地嵌入一铝质立方块，其尺寸为 1cm×1cm×1cm。铝材的弹性模量 $E = 70\text{GPa}$，泊松比 $\mu = 0.33$。求铝块受到 $F = 6\text{kN}$ 的作用时，铝块的三个主应力及相应变形。

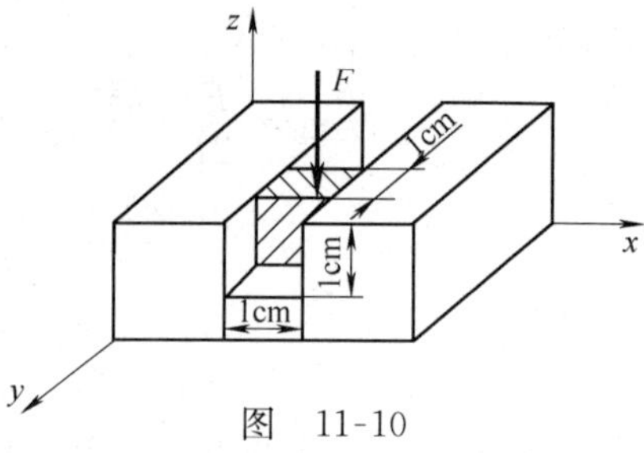

图 11-10

解 铝块受铅直（z）方向的压力 F 作用，由于凹座的限制，在水平面的 x 方向上的应变为零，而则 y 方向上的应力为零，即

$$\varepsilon_x=0 \quad \sigma_y=\sigma_1=0$$

$$\varepsilon_2=[\sigma_2-\mu(\sigma_1+\sigma_3)]/E=0$$

而 $$\sigma_3=-F/A=-60\text{MPa}$$

则 $$\sigma_2=-\mu F/A=-20\text{MPa}$$

$$\varepsilon_1=[\sigma_1-\mu(\sigma_2+\sigma_3)]/E=0.33(20+60)/(70\times10^3)=0.377\times10^{-3}$$

$$\varepsilon_2=0$$

$$\varepsilon_3=[\sigma_3-\mu(\sigma_1+\sigma_2)]/E=[-60+0.33\times20]/(70\times10^3)=-0.763\times10^{-3}$$

铝块在 x、y、z 方向上的变形分别为 $\Delta l_x=0$，$\Delta l_y=3.77\times10^{-3}\text{mm}$，$\Delta l_z=-7.63\times10^{-3}\text{mm}$。

11-7 图 11-11 所示简支梁为 36a 工字钢，F=140kN，l=4m，A 点位于集中力 F 作用面的左侧面截面上。试求：1）A 点在指定斜截面上的应力；2）A 点的主应力及主平面位置。

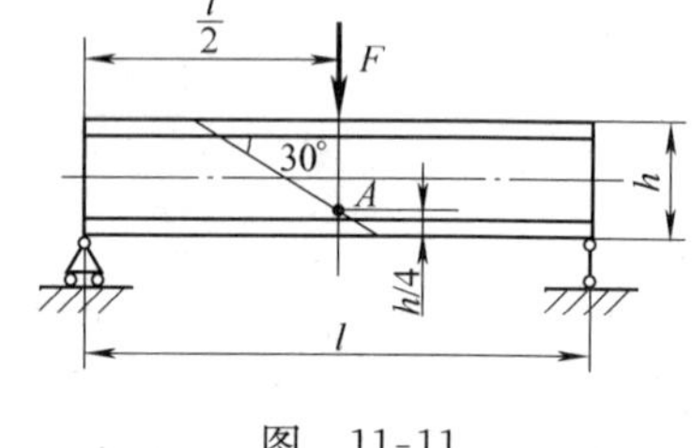

图 11-11

解 1）支座约束力为 $F_A=F_B$=70kN，需计算截面上的剪力、弯矩分别为 F_Q=70kN，M=140kN·m（上侧受压）。查型钢表：得 36a 工字钢 $I_z=15760\text{cm}^4$，h=360mm，d=10mm，b=136mm，t=15.8mm，则 $y=h/4$=90mm。

$$\sigma_A=\frac{My}{I_z}=\frac{140\times10^6\times90}{1.576\times10^8}\text{MPa}=79.95\text{MPa}\text{（受拉）}$$

$$\tau_A=\frac{F_Q S*}{dI_z}=\frac{F_Q\{bt(h-t)/2+d(h/4-t)[(h/4-t)/2+h/4]\}}{dI_z}$$

$$=\frac{70\times10^3\times(15.8\times136\times172.1+10\times74.2\times127.1)}{10\times1.576\times10^8}\text{MPa}=20.61\text{MPa}$$

$$\sigma_\alpha=\frac{\sigma_x+\sigma_y}{2}+\frac{\sigma_x-\sigma_y}{2}\cos2\alpha-\tau_x\sin2\alpha$$

$$=\left(\frac{79.95}{2}+\frac{79.95}{2}\cos120^\circ-20.61\sin120^\circ\right)\text{MPa}=2.14\text{MPa}$$

$$\tau_\alpha=\frac{\sigma_x-\sigma_y}{2}\sin2\alpha+\tau_x\cos2\alpha=\left(\frac{79.95}{2}\sin120^\circ+20.61\cos120^\circ\right)\text{MPa}=24.31\text{MPa}$$

2）主应力和主平面的方位角 α_0

$$\begin{matrix}\sigma_1\\\sigma_3\end{matrix}=\begin{matrix}\sigma_{\max}\\\sigma_{\min}\end{matrix}=\frac{\sigma_x+\sigma_y}{2}\pm\sqrt{\left(\frac{\sigma_x-\sigma_y}{2}\right)^2+\tau_x^2}$$

$$=\left[\frac{79.95}{2}\pm\sqrt{\left(\frac{79.95}{2}\right)^2+20.61^2}\right]\text{MPa}=\begin{matrix}84.95\text{MPa}\\-5.0\text{MPa}\end{matrix}$$

$$\tan2\alpha_0=-\frac{2\tau_x}{\sigma_x-\sigma_y}=-\frac{2\times20.61\text{MPa}}{79.95\text{MPa}}=-0.516,\ \alpha_0=-13^\circ38'$$

11-8 炮筒横截面如图 11-12 所示。在危险点处 σ_t=550MPa，σ_r=−350MPa，第三个主应力 σ_z垂直于图面，且 σ_z=420MPa。材料的 $[\sigma]$=950MPa，试用第三和第四强度理论进

行强度校核。

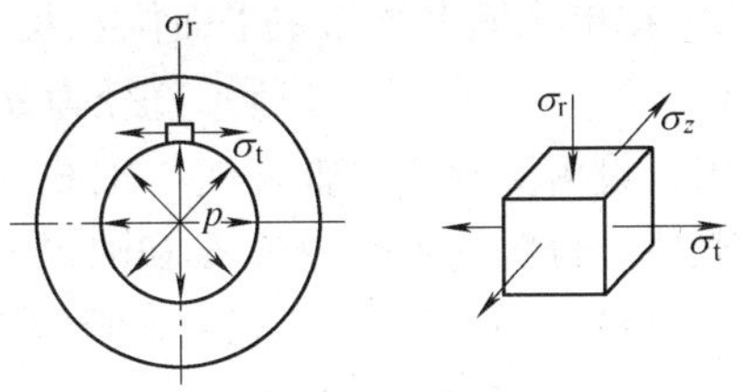

解 是三向应力状态，根据应力代数值大小，得

$\sigma_1=\sigma_t=550\text{MPa}$

$\sigma_2=\sigma_z=420\text{MPa}$

$\sigma_3=\sigma_r=-350\text{MPa}$

$\sigma_{xd3}=\sigma_1-\sigma_3=(550+350)\text{MPa}=900\text{MPa}<[\sigma]$

$$\sigma_{xd4}=\sqrt{\frac{1}{2}[(\sigma_1-\sigma_2)^2+(\sigma_2-\sigma_3)^2+(\sigma_3-\sigma_1)^2]}$$

$$=\sqrt{\frac{1}{2}[(550-420)^2+(420+350)^2+(-350-550)^2]}\text{MPa}=843\text{MPa}<[\sigma]$$

图 11-12

11-9 在 28a 工字钢梁上受载荷 F 作用（图 11-13）。已知 $E=200\text{GPa}$、$\mu=0.3$，由变形仪测得中性层上 K 点处与轴线成 45°方向的应变为 $\varepsilon=-2.6\times10^{-4}$。试求载荷 F 的大小。

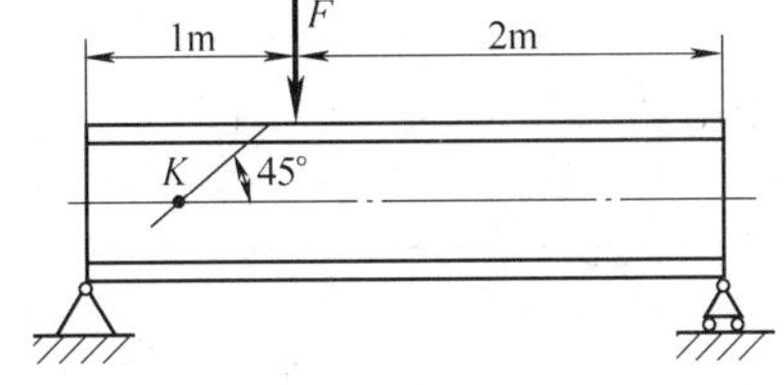

图 11-13

解 支座约束力 $F_A=2F/3$，$F_B=F/3$，可得 K 截面上的剪力 $F_Q=2F/3$。因横截面的中性层上只有切应力，没有正应力，故 K 点在横截面上是只有切应力 τ_x 的状态，其中

$$\tau_x=\frac{F_QS^*}{dI_z}=\frac{2F}{3dI_z/S^*}$$

则主平面和横截面成 45°角关系，有 $\sigma_1=-\sigma_3=\tau_x$，$\sigma_2=0$，则

$$\varepsilon_3=[\sigma_3-\mu(\sigma_1+\sigma_2)]/E=-\tau_x(1+\mu)/E=-(1+\mu)\frac{2F}{3dEI_z/S^*}$$

$$F=-\frac{3d\varepsilon EI_z/S^*}{2(1+\mu)}=\frac{3\times8.5\times2.6\times10^{-4}\times2\times10^5\times246.2}{2\times(1+0.3)}\text{N}=125.56\text{N}$$

11-10 圆轴受力如图 11-14 所示。已知轴径 $d=20\text{mm}$，轴材料的许用应力 $[\sigma]=140\text{MPa}$。试用第三强度理论校核该轴的强度。

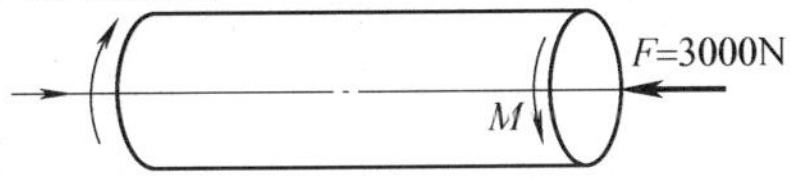

图 11-14

解 此圆轴可视为轴向拉伸和扭转变形的叠加，在圆轴圆周上同时有最大的正应力 σ_x 和切应力 τ_x，为圆轴的危险点，则

$$\sigma_x=-\frac{F}{A}=-\frac{4F}{\pi d^2}=-\frac{4\times3000}{\pi\times20^2}\text{MPa}=-9.55\text{MPa}$$

$$\tau_x=\frac{M}{W_p}=\frac{16M}{d^3\pi}=\frac{16\times100\times10^3}{20^3\pi}\text{MPa}=63.66\text{MPa}$$

$$\sigma_{xd3}=\sigma_1-\sigma_3=2\tau_{max}=2\sqrt{\left(\frac{\sigma_x}{2}\right)^2+\tau_x^2}$$

$$=2\times\sqrt{\left(\frac{-9.55}{2}\right)^2+63.66^2}\text{MPa}=127.7\text{MPa}<[\sigma]$$

自 测 练 习

11-1 已知单元体的应力状态如图 11-15 所示，试求：1）主应力大小及主平面方位；

2）在单元体上绘出主平面位置及主应力方向；3）最大切应力。

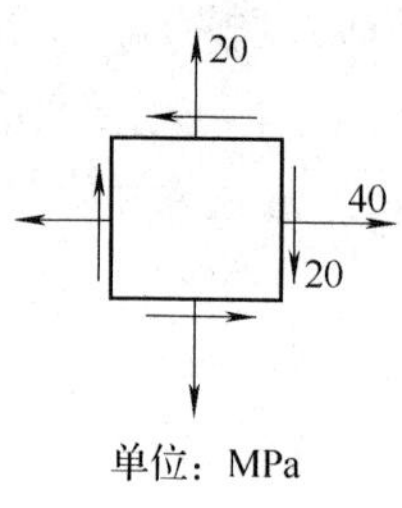

图 11-15

11-2 图 11-16 所示直径为 d 的圆截面轴，其两端承受扭力矩 M 作用。设由实验测得轴表面与轴线成 45°方位的正应变 ε_{45°，试求扭力矩 M 之值。材料的弹性模量 E 和泊松比 μ 均为已知。

11-3 试比较图 11-17 所示正方形棱柱体在下列两种情况下的相当应力 σ_{xd3}，弹性模量 E 和泊松比 μ 均为已知。

1）棱柱体轴向受压；

2）棱柱体在刚性方模中轴向受压。

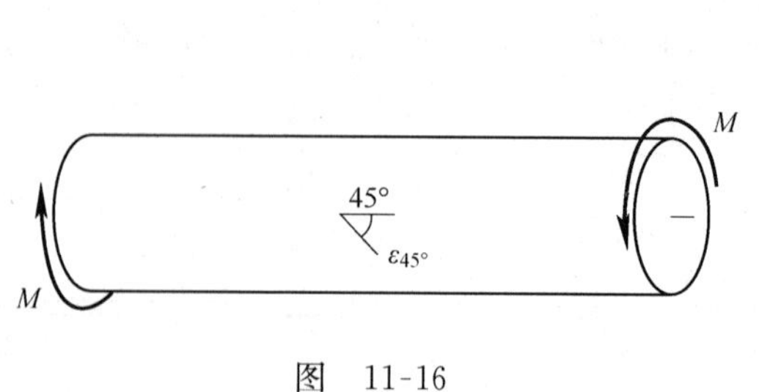

图 11-16

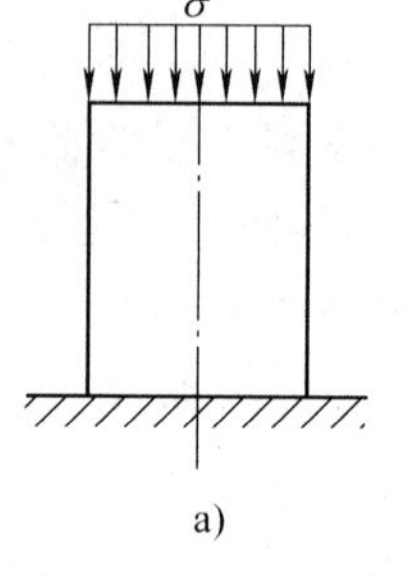

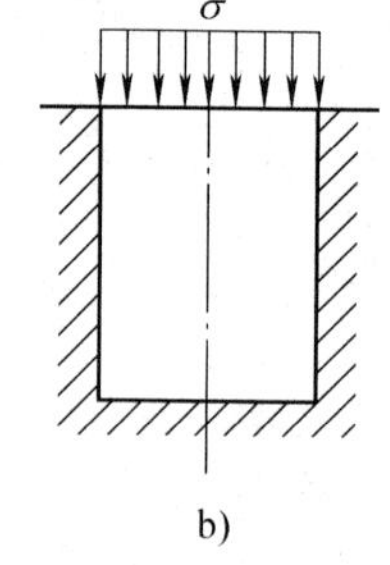

图 11-17

自测练习答案

11-1 $\sigma_1=52.4\text{MPa}$，$\sigma_2=7.64\text{MPa}$，$\sigma_3=0$，$\alpha_0=-31.8^\circ$，$\tau_{max}=22.36\text{MPa}$

11-2 $M=\dfrac{\pi d^3 E\varepsilon_{45^\circ}}{16(1+\mu)}$

11-3 1）$\sigma_{xd3}=\sigma$；2）$\sigma_{xd3}=\dfrac{1-2\mu}{1-\mu}\sigma$

第十二章 组合变形的强度计算

知识要点

1. 组合变形

杆件同时发生两种以上的基本变形，称为组合变形。解决组合变形的基本方法是叠加法。

2. 两种常见的组合变形

（1）拉伸（压缩）和弯曲的组合

拉伸（压缩）和弯曲的组合，横截面上的最大正应力为

$$\sigma_{\max}=\frac{F_{\mathrm{N}}}{A}\pm\frac{M}{W_z}$$

（2）弯曲和扭转的组合

弯扭组合杆件的危险点处于二向应力状态，对于塑性材料可按第三强度理论和第四强度理论的强度条件进行。圆轴的 $W_{\mathrm{p}}=2W_z$，可得到圆轴弯曲和扭转变形以内力表示的强度条件：

$$\sigma_{\mathrm{xd3}}=\frac{\sqrt{M^2+T^2}}{W_z}\leqslant[\sigma]$$

$$\sigma_{\mathrm{xd4}}=\frac{\sqrt{M^2+0.75T^2}}{W_z}\leqslant[\sigma]$$

解题要领

1. 求杆件的组合变形问题时，首先将组合变形分解为几个基本变形。

2. 求出各基本变形在危险截面和危险点处的应力。危险截面和危险点的位置的判断遇到困难时，可先将各基本变形的各个内力图作出，再综合起来进行判断。

3. 将各基本变形在同一点上的应力叠加，即为组合变形在该点应力。将危险点处的应力进行叠加后，按强度条件进行强度计算。对于弯曲和扭转等组合变形，横截面上即有正应力又有切应力的平面应力状态，应按相应的强度理论进行强度计算。

典型例题

例 12-1 简易摇臂起重机如图 12-1a 所示，吊重 $F=8\mathrm{kN}$，梁由两根槽钢组成，许用应力 $[\sigma]=120\mathrm{MPa}$。试按正应力强度条件选择槽钢的型号。

解 梁的受力图如图 12-1b 所示。列平衡方程求解，得

$\sum M_A=0$，$F(2.5+1.5)-F_C\sin30°\times2.5=0$

$F_C=25.6\text{kN}$

$\sum F_x=0$，$-F_C\cos30°+F_{Ax}=0$

$F_{Ax}=F_C\cos30°=22.2\text{kN}$

F_C在x、y方向的分量分别为

$F_{Cx}=F_C\cos30°=22.2\text{kN}$

$F_{Cy}=F_C\sin30°=12.8\text{kN}$

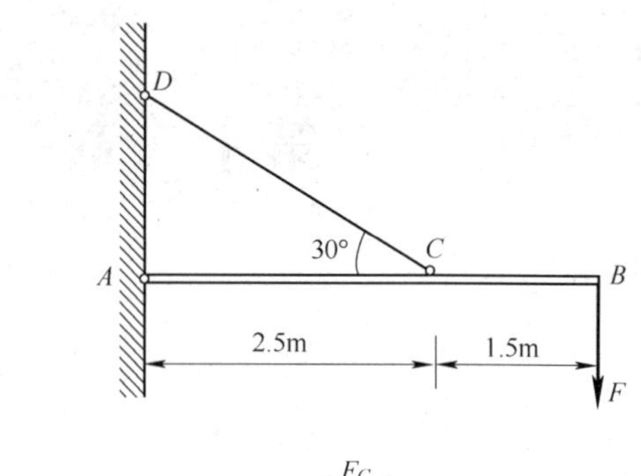

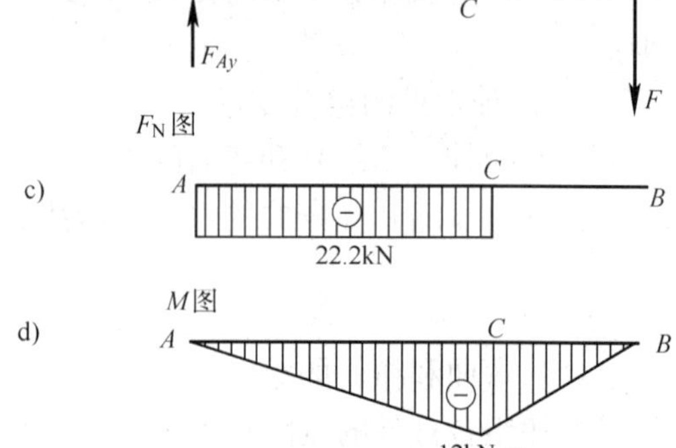

图 12-1

梁AC段受轴力F_{Cx}，横向力F及F_{Cy}作用发生压缩弯曲组合变形，其轴力图和弯矩图如图12-1c、d所示，危险截面是C截面，即

$$\sigma_{\max}=\frac{F_N}{A}+\frac{M_{\max}}{W_z}\leqslant[\sigma]$$

有两个未知参数，可先不考虑轴力的影响，按弯曲应力选取

$$W_z\geqslant M_{\max}/[\sigma]=10\times10^4\text{mm}^3$$

故每根槽钢$W'_z\geqslant5\times10^4\text{mm}^3$查型钢表，选取12.6号槽钢，其$W'_z=6.2\times10^4\text{mm}^3$，$A=1569\text{mm}^2$。根据压缩和弯曲的组合应力进行校核，则

$$\sigma_{\max}=\frac{F_N}{A}+\frac{M_{\max}}{W_z}=\left(\frac{22.2\times10^3}{2\times1569}+\frac{12\times10^6}{2\times6.2\times10^4}\right)\text{MPa}=104\text{MPa}<[\sigma]$$

故满足强度要求，选定12.6号槽钢。

例 12-2 如图12-2a所示的钢制圆轴上有两个带轮A和B，两轮的直径$D=1\text{m}$，轮的自重$G=5\text{kN}$，轴的许用应力$[\sigma]=80\text{MPa}$。试确定轴的直径d。

解 1）画轴的受力图把两个带轮的拉力向轴线简化，如图12-2b所示，则

$$T_{AB}=M_A=M_B=(5\text{kN}-2\text{kN})\frac{D}{2}=1.5\text{kN}\cdot\text{m}$$

由平衡方程$\sum M_z=0$和$\sum F_y=0$，xy平面内的支座约束力为

$F_{Cy}=12.5\text{kN}\uparrow$，$F_{Dy}=4.5\text{kN}\uparrow$

由平衡方程$\sum M_y=0$和$\sum F_z=0$，xz平面内的支座约束力为

$F_{Cz}=9.1\text{kN}\swarrow$，$F_{Dz}=2.1\text{kN}\nearrow$

2）画内力图。轴在外力作用下，发生xy平面和xz平面内的弯曲及扭转变形，轴的扭矩T图、弯矩M_y和M_z图分别如图12-2c、d、e所示。由内力图可以看出C、B两个截面可能是危险截面，两

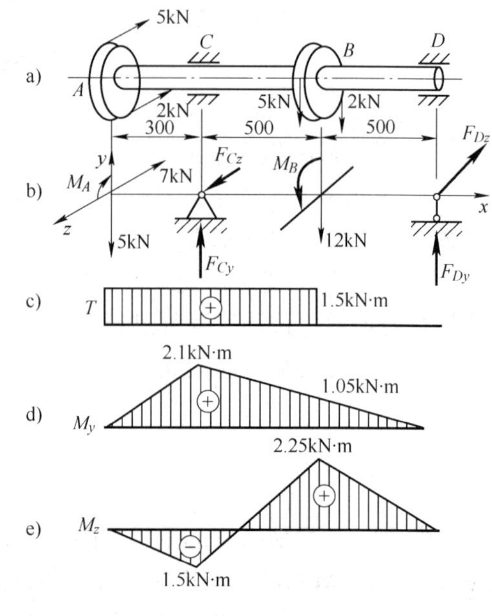

图 12-2

个截面扭矩相同，合弯矩分别为

$$M_C=\sqrt{2.1^2+1.5^2}\text{kN}\cdot\text{m}=2.58\text{kN}\cdot\text{m}$$

$$M_B=\sqrt{1.05^2+2.25^2}\text{kN}\cdot\text{m}=2.49\text{kN}\cdot\text{m}$$

所以，C 截面是危险截面。

3）强度计算。根据第三强度理论，有

$$\sigma_{xd3}=\frac{\sqrt{M^2+T^2}}{W}\leqslant[\sigma]$$

圆轴发生弯扭组合变形，按第三强度理论设计轴的直径，得轴的直径为

$$d\geqslant\sqrt[3]{\frac{32\sqrt{M^2+T^2}}{\pi[\sigma]}}=\sqrt[3]{\frac{32\sqrt{2.58^2+1.5^2}\times10^6}{\pi\times80}}\text{mm}=72.4\text{mm}$$

如按第四强度理论设计轴的直径，有

$$\sigma_{xd4}=\frac{\sqrt{M^2+0.75T^2}}{W}\leqslant[\sigma]$$

得轴的直径

$$d\geqslant\sqrt[3]{\frac{32\sqrt{M^2+0.75T^2}}{\pi[\sigma]}}=\sqrt[3]{\frac{32\sqrt{2.58^2+0.75\times1.5^2}\times10^6}{\pi\times80}}\text{mm}=71.6\text{mm}$$

可以看出按第三强度理论设计的轴径要比按第四强度理论设计的轴径略大，取直径$d=73$mm。

习 题 解 答

12-1 正方形截面的立柱，受力如图 12-3 所示。若在其左侧中部开一深为 $a/4$ 的槽，试问开槽前后杆的最大正应力位于何处？其值为多少？若在杆的右侧对称位置开一个相同的槽，其应力有何变化？其值为多少？

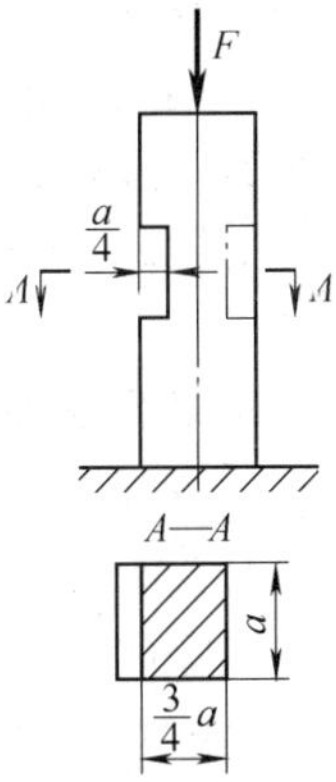

图 12-3

解 开槽前：

$$\sigma=\frac{F}{A}=\frac{F}{a^2}$$

开槽后：将外力向截面轴线简化，得到轴向压力 F 和力偶M_e的关系为

$$M_e=Fe=Fa/8$$

此段立柱为压缩和弯曲的组合变形，最大压应力为

$$\sigma_{ymax}=\frac{F_N}{A}+\frac{M_e}{W_z}=\frac{F}{3a^2/4}+\frac{Fa/8}{a\left(\frac{3a}{4}\right)^2/6}=\frac{8F}{3a^2}$$

若在杆的右侧对称位置开一个同样的槽，则应力在各个横截面上均匀分布，在开槽处压应力为

$$\sigma=\frac{F_N}{A_1}=\frac{F}{a^2/2}=\frac{2F}{a^2}$$

12-2 夹具（图 12-4）的最大夹紧力 $F=5$kN，偏心距 $e=100$mm，$b=10$mm，材料的许用应力 $[\sigma]=80$MPa。求夹具立柱的尺寸 h。

解 根据拉弯组合变形的强度条件，有

$$\sigma_{\max}=\frac{F_{\mathrm{N}}}{A}+\frac{M}{W_z}=\frac{F}{hb}+\frac{Fe}{h^2b/6}\leqslant[\sigma]$$

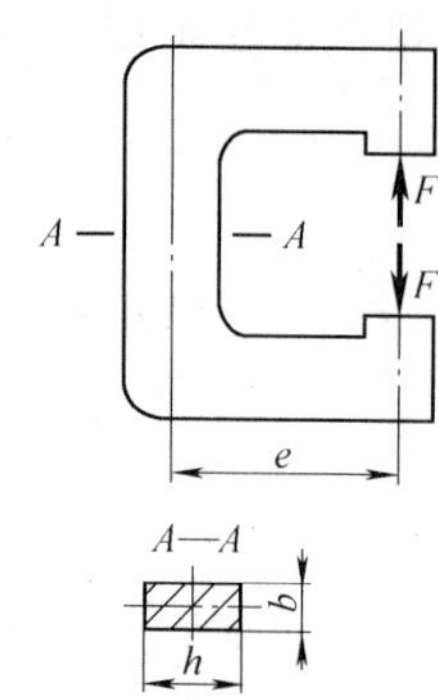

图 12-4

则
$$\frac{[\sigma]b}{F}h^2\geqslant h+6e$$

即
$$\frac{80\times10}{5000}h^2-h-6\times100\geqslant0$$

解此不等式，得合理解 $h\geqslant64.4$mm。

12-3 图 12-5 所示的钻床立柱由铸铁制成，直径 $d=130$mm，$e=400$mm，材料的许用拉应力 $[\sigma_l]=30$MPa。试求许用压力 $[F]$。

解 根据拉弯组合变形的强度条件，有

$$\sigma_{\max}=\frac{F_{\mathrm{N}}}{A}+\frac{M}{W_z}=\frac{F}{\pi d^2/4}+\frac{Fe}{\pi d^3/32}\leqslant[\sigma_l]$$

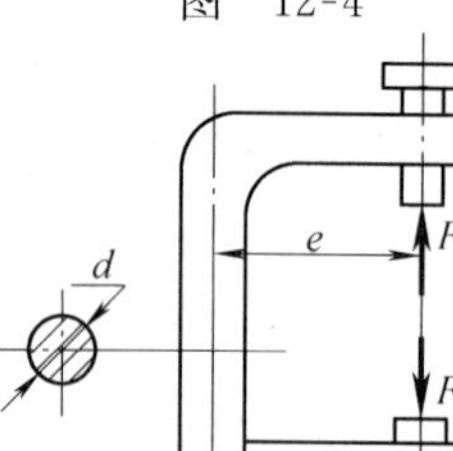

图 12-5

即
$$F\leqslant\frac{[\sigma_l]\pi d^3}{4(d+8e)}=\frac{30\pi\times130^3}{4\times(130+8\times400)}\mathrm{N}=15545\mathrm{N}$$

则
$$[F]=15.5\mathrm{kN}$$

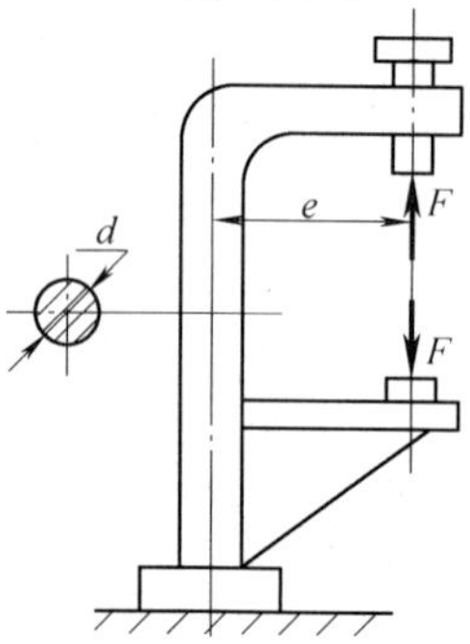

12-4 图 12-6 所示简支梁截面为 22a 号工字钢。已知 $F=100$kN，$l=1.2$m，材料的许用应力 $[\sigma]=160$MPa。试校核梁的强度。

解 梁的中部有弯矩最大值 $M_{\max}=\frac{Fl}{4}=30\mathrm{kN\cdot m}$。梁的轴力为

$$F_{\mathrm{N}}=-2F=-200\mathrm{kN}$$

查型钢表得，22a 号工字钢的横截面面积 $A=4200\mathrm{mm}^2$，弯曲截面系数 $W_z=309\mathrm{cm}^3=3.09\times10^5\mathrm{mm}^3$。

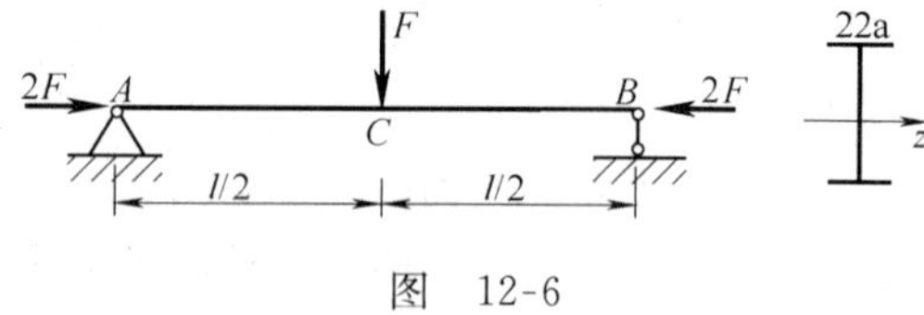

图 12-6

梁的最大正应力为压应力，发生在危险截面的上边缘处，即

$$\sigma_{y\max}=\frac{F_{\mathrm{N}}}{A}+\frac{M}{W_z}=\left(\frac{200\times10^3}{4200}+\frac{3\times10^7}{3.09\times10^5}\right)\mathrm{MPa}=145\mathrm{MPa}\leqslant[\sigma]$$

故此梁符合强度要求。

12-5 带槽钢板尺寸如图 12-7 所示，所受拉力 $F=100$kN。试求 A—A 截面的最大正应力。若槽移至板宽的中央，且使 $\sigma_{\max}$ 不变，问槽宽应为多少？

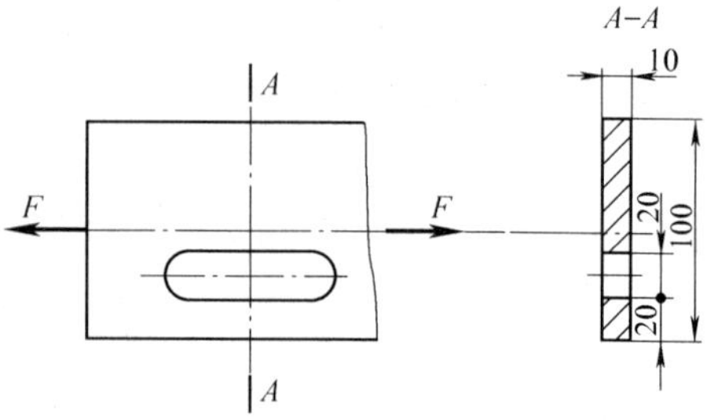

解 1）求 A—A 截面的最大正应力。A—A 截面的形心坐标及对中性轴的惯性矩 I_z 为

$$y_C=\frac{20\times10\times10+60\times10\times70}{20\times10+60\times10}\mathrm{mm}=55\mathrm{mm}$$

图 12-7

$$I_z=I_{z1}+I_{z2}=\left(\frac{10\times20^3}{12}+20\times10\times45^2+\frac{10\times60^3}{12}+10\times60\times15^2\right)\mathrm{mm}^4$$
$$=726667\mathrm{mm}^4$$

将外力向通过截面形心轴线简化，得到横截面的轴力 F_{N} 和弯矩 M 分别为

$$F_{\mathrm{N}}=F=100\times10^3\mathrm{N};\quad M=Fe=100\times10^3\times5\mathrm{N\cdot mm}=5\times10^5\mathrm{N\cdot mm}$$

则最大拉应力为

$$\sigma_{lmax}=\frac{F_N}{A}+\frac{My_C}{I_z}=\left(\frac{100\times10^3}{200+600}+\frac{5\times10^5\times55}{726667}\right)\text{MPa}=163\text{MPa}$$

2）若槽移至板宽的中央，且使 σ_{max} 不变的槽宽 a。此时

$$\sigma=\frac{F_N}{A}=\frac{100\times10^3\text{N}}{10\text{mm}(100\text{mm}-a)}=163\text{MPa}$$

代入得 $a=38.7\text{mm}$。

12-6　图 12-8a 所示起重构架，梁 ACD 由两根槽钢组成。已知 $A=3\text{m}$，$b=1\text{m}$，$F=30\text{kN}$，杆材料的许用应力 $[\sigma]=140\text{MPa}$。试选择槽钢型号。

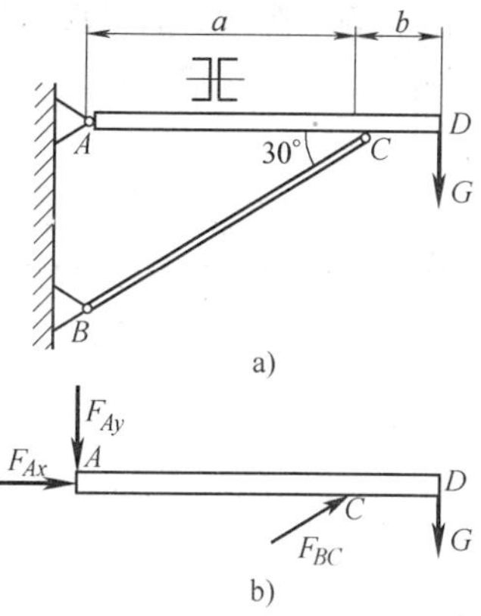

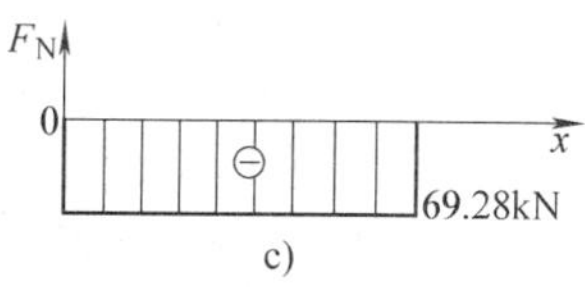

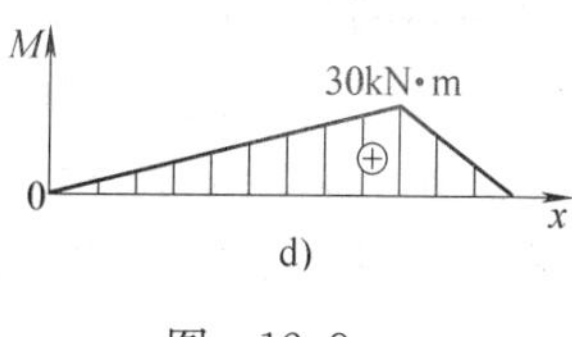

图　12-8

解 梁的受力如图 12-8b 所示。

$\sum M_A=0$，$F_{BC}\sin30°a-F(a+b)=0$

$F_{BC}=80\text{kN}$

$\sum F_x=0$，$F_{BC}\cos30°-F_{Ax}=0$

$F_{Ax}=69.28\text{kN}$

由梁的轴力图和弯矩图（图 12-8c、d），得 C 截面上的轴力和弯矩分别为 $F_N=69.28\text{kN}$；$M=3\times10^7\text{N}\cdot\text{mm}$。

由弯矩强度条件设计截面，有

$$W_z\geqslant M/[\sigma]=(3\times10^7/140)\text{mm}^3=214.3\times10^3\text{mm}^3$$

$$W_z'=W_z/2=107.2\text{cm}^3$$

试选 16 号槽钢，查型钢表得 $A=2515\text{mm}^2$，$W_z=116800\text{mm}^3$，则

$$\sigma_{max}=\frac{F_N}{A}+\frac{M}{W_z}=\left(\frac{69.28\times10^3}{2\times2515}+\frac{30\times10^6}{2\times116800}\right)\text{MPa}=142\text{MPa}>[\sigma]$$

故改选 18a 号槽钢。查型钢表得 $A=2570\text{mm}^2$，$W_z=141000\text{mm}^3$，则

$$\sigma_{max}=\frac{F_N}{A}+\frac{M}{W_z}=\left(\frac{69.28\times10^3}{2\times2570}+\frac{30\times10^6}{2\times141000}\right)\text{MPa}=120\text{MPa}<[\sigma]$$

故选 18a 号槽钢。

12-7　图 12-9 所示绞车的最大载重量 $W=0.8\text{kN}$，鼓轮的直径 $D=380\text{mm}$，绞车轴材料的许用应力 $[\sigma]=80\text{MPa}$。试用第三强度理论确定绞车轴直径 d。

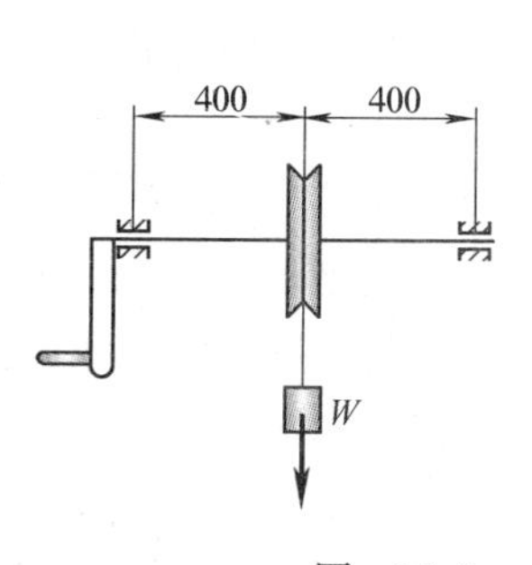

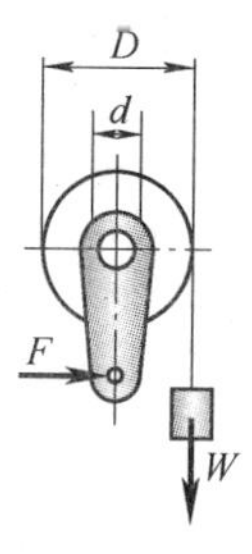

图　12-9

解　将外力向轴线简化，得到一个力 F 和力偶 M_e，即

$$T=M_e=WD/2=152\text{N}\cdot\text{m}$$

$$M=Fl/4=Wl/4=\frac{800\times0.8}{4}\text{N}\cdot\text{m}=160\text{N}\cdot\text{m}$$

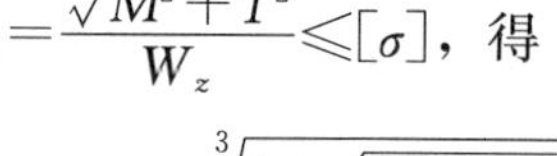

由 $\sigma_{xd3}=\dfrac{\sqrt{M^2+T^2}}{W_z}\leqslant[\sigma]$，得

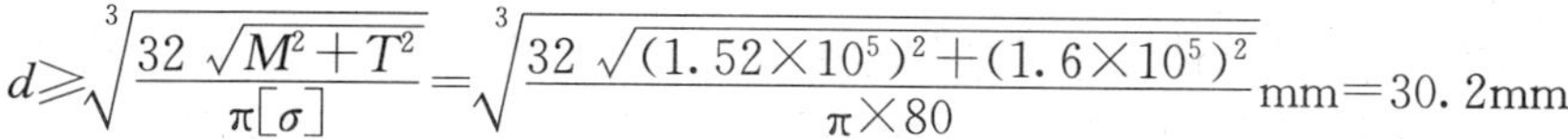

$$d\geqslant\sqrt[3]{\frac{32\sqrt{M^2+T^2}}{\pi[\sigma]}}=\sqrt[3]{\frac{32\sqrt{(1.52\times10^5)^2+(1.6\times10^5)^2}}{\pi\times80}}\text{mm}=30.2\text{mm}$$

故取 $d=31\text{mm}$。

12-8 图 12-10 所示折杆的 AB 段为圆截面，$AB\perp BC$，已知 AB 杆直径 $d=100\text{mm}$，材料的许用应力 $[\sigma]=80\text{MPa}$。试按第三强度理论确定许用载荷 $[F]$。

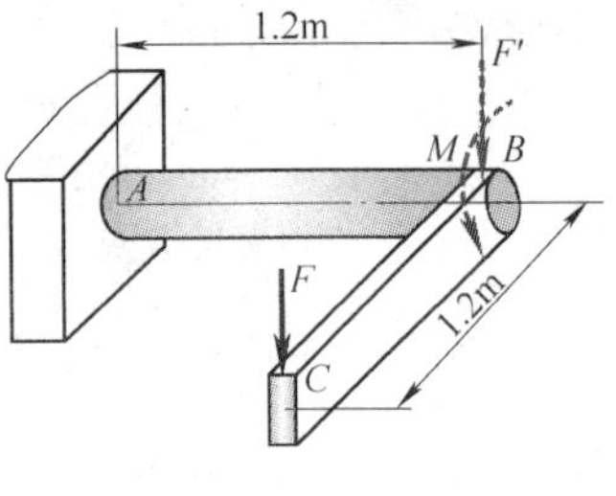

解 将外力向 AB 杆轴线简化，得到一个力 F' 和力偶 M_e，如图 12-10 所示，即

$$F'=F;\ M_e=1200F$$

力 F' 使轴产生弯曲变形，力偶 M_e 使轴发生扭转变形。危险截面上的扭矩和弯矩分别为

$$T=1200F;\ M=1200F'$$

由

$$\sigma_{xd3}=\frac{\sqrt{M^2+T^2}}{W_z}=\frac{1200\sqrt{2}F}{W_z}\leqslant[\sigma]$$

$$F\leqslant\frac{W_z[\sigma]}{1200\sqrt{2}}=\frac{\dfrac{\pi}{32}\times100^3\times80}{1200\sqrt{2}}\text{N}=4.63\text{kN}$$

故许用载荷 $[F]$ 为 4.63kN。

图 12-10

12-9 图 12-11a 所示传动轴传递的功率 $P=2\text{kW}$，转速 $n=100\text{r/min}$，带轮直径 $D=250\text{mm}$，带张力 $F_T=2F_t$，轴材料的许用应力 $[\sigma]=80\text{MPa}$，轴的直径 $d=45\text{mm}$。试按第三强度理论校核轴的强度。

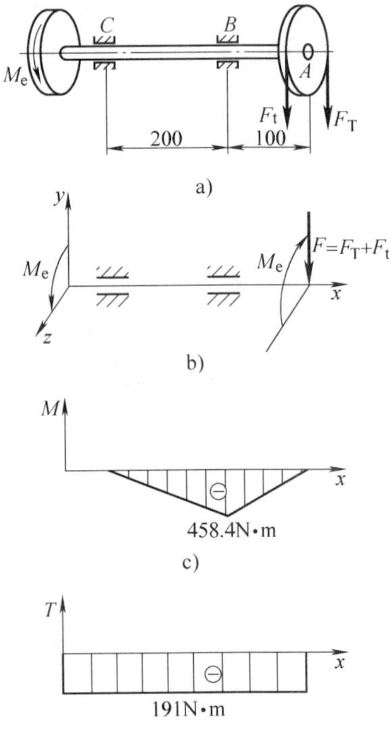

解 将两个力 F_T 和 F_t 向轴线简化，得到一个竖向力 F 和一个外力偶 M_e（图 12-11b）。其中

$$M_e=9550\frac{P}{n}=191\text{N}\cdot\text{m}$$

又因为 $(F_T-F_t)D/2=M_e$，$F_T=2F_t$

得 $F_t=2M_e/D=(2\times191/0.25)\text{N}=1528\text{N}$

则 $F=F_T+F_t=3F_t=4584\text{N}$

在竖向力 F 作用下，轴 AB 在竖向平面内弯曲；在力偶 M_e 作用下，轴 AB 发生扭转变形。则

$$T=M_e=191\text{N}\cdot\text{m}$$

$$M_{max}=M_B=F\times0.1=458.4\text{N}\cdot\text{m}$$

分别作出轴在竖向平面内的弯矩图以及轴 AB 扭矩图（图 12-11c、d）。由图可见，危险截面为 B 截面。由

$$\sigma_{xd3}=\frac{\sqrt{M^2+T^2}}{W_z}=\frac{32\sqrt{M^2+T^2}}{\pi d^3}$$

$$=\frac{32\sqrt{458400^2+191000}}{\pi\times45^3}\text{MPa}=55.5\text{MPa}<[\sigma]$$

所以此轴安全。

图 12-11

12-10 图 12-12 所示传动轴传递的功率 $P=8\text{kW}$，转速 $n=50\text{r/min}$，轮 A 带的张力沿水平方向，轮 B 带的张力沿竖直方向，两轮的直径均为 $D=1\text{m}$、重力 $W=5\text{kN}$，松边拉力

$F_t=2kN$，轴的直径 $d=70mm$，材料的许用应力 $[\sigma]=90MPa$。试用第四强度理论校核轴的强度。

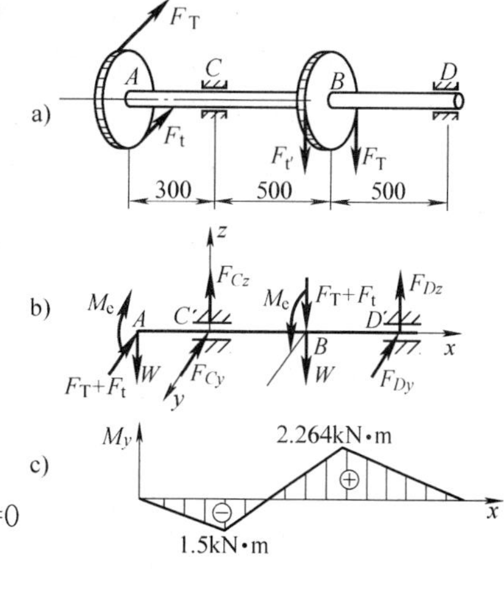

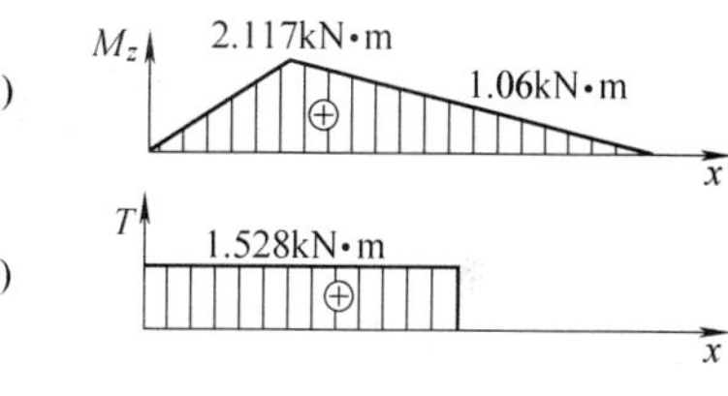

图　12-12

解　带轮传递的转矩为

$$M_e=9550\frac{P}{n}=1528N\cdot m$$

将作用在带轮上的力向轴线简化得到受力图，如图 12-12b所示。其中

$$(F_T-F_t)D/2=M_e$$

$$F_T=2M_e/D+F_t=5056N$$

由平衡方程可得

$$\sum M_y=0,\ F_{Dz}\times 1m-(F_T+F_t+W)\times 0.5m+W\times 0.3m=0$$

$$F_{Dz}=(F_T+F_t+W)/2-0.3W=4528N$$

$$\sum M_z=0,\ F_{Dy}\times 1m-(F_T+F_t)\times 0.3m=0$$

$$F_{Dy}=0.3(F_T+F_t)=2116.8N$$

分别作出轴在竖向平面和水平面内的弯矩图，即 M_z 图和 M_y 图以及轴 AB 的扭矩 T 图（图 12-12c、d、e）。在 B 点和 C 点处有最大弯矩值

$$M_B=M_{max1}=\sqrt{M_{Bz}^2+M_{By}^2}=2.50kN\cdot m$$

$$M_C=M_{max2}=\sqrt{M_{Cz}^2+M_{Cy}^2}=2.595kN\cdot m$$

$$\sigma_{xd4}=\frac{\sqrt{M_C^2+0.75T^2}}{W_z}$$

$$=\frac{32\sqrt{2595000^2+0.75\times 1528000^2}}{\pi\times 70^3}MPa$$

$$=86.5MPa<[\sigma]$$

所以此轴安全。

12-11　图 12-13a 所示传动轴传递的功率 $P=10kW$，转速 $n=90r/min$，受力与尺寸如图示，齿轮的压力角 $\alpha=20°$，轴材料的许用应力 $[\sigma]=80MPa$。试按第三强度理论确定轴的直径 d。

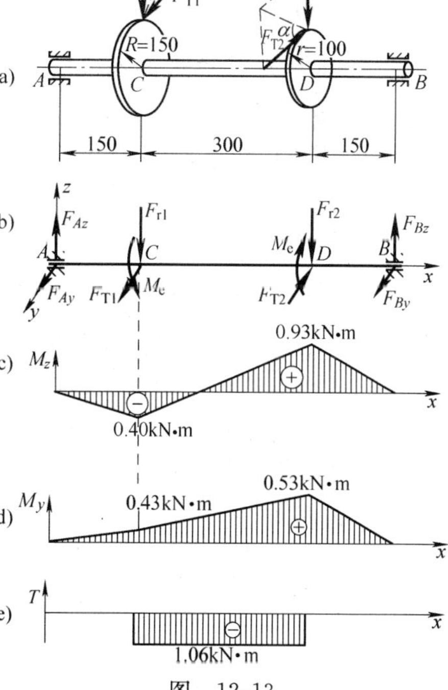

图　12-13

解　外力计算。齿轮传递的转矩为

$$M_e=9550\frac{P}{n}=1061N\cdot m$$

将作用在齿轮上的力向轴线简化，得到受力图如图 12-13b 所示。其中

$$F_{T1}=M_e/R=7.073kN;\ F_{T2}=M_e/r=10.61kN$$

$$F_{r1}=F_{T1}\tan\alpha=2.57\times 10^3N;\ F_{r2}=F_{T2}\tan\alpha=3.86\times 10^3N$$

由平衡方程可得

$$\sum M_y=0,\ F_{Bz}\times 0.6mm-F_{r1}\times 0.15mm-F_{r2}\times 0.45mm=0$$

$$F_{Bz}=3538N$$

$\sum M_z=0$，$-F_{By}\times 0.6\text{mm}-F_{\text{T1}}\times 0.15\text{mm}+F_{\text{T2}}\times 0.45\text{mm}=0$

$F_{By}=6189\text{N}$

分别作出轴在水平面和竖向平面内的弯矩图，即 M_z 图和 M_y 图以及轴 AB 扭矩 T 图（图 12-13c、d、e）。在 D 点处有最大弯矩值，即

$$M_{\max}=M_D=\sqrt{M_{Dz}^2+M_{Dy}^2}=1.07\text{kN}\cdot\text{m}$$

由 $\sigma_{\text{xd3}}=\dfrac{\sqrt{M^2+T^2}}{W_z}\leqslant[\sigma]$，得轴的直径为

$$d\geqslant\sqrt[3]{\frac{32\sqrt{M_D^2+T^2}}{\pi[\sigma]}}=\sqrt[3]{\frac{32\times\sqrt{(1.07\times 10^6)^2+(1.06\times 10^6)^2}}{\pi\times 80}}\text{mm}=57.7\text{mm}$$

故取 $d=58\text{mm}$。

12-12　图 12-14a 所示传动轴传递的功率 $P=7\text{kW}$，转速 $n=200\text{r/min}$，齿轮Ⅰ轮齿的啮合力为 F_n，压力角 $\alpha=20°$，带轮Ⅱ上带的张力为 F_1 和 F_2，且 $F_1=2F_2$，尺寸如图所示。轴材料的许用应力 $[\sigma]=80\text{MPa}$。试用第三强度理论按下列两种情况确定轴的直径 d：1）带轮重力不计；2）考虑带轮重量 $W=1800\text{N}$。

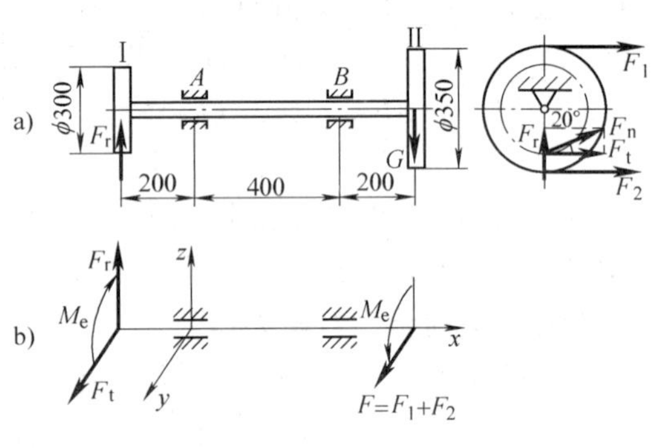

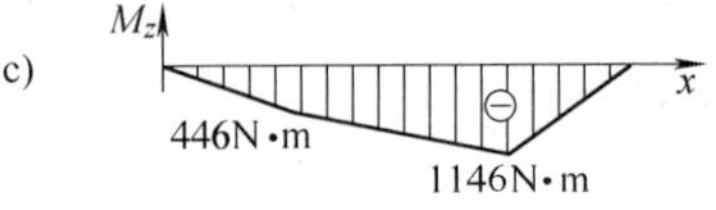

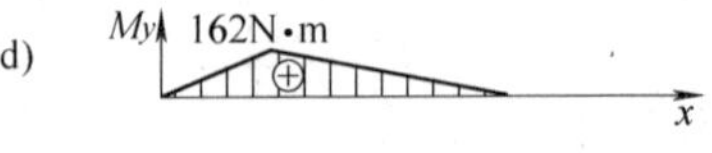

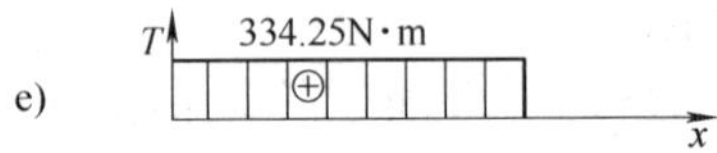

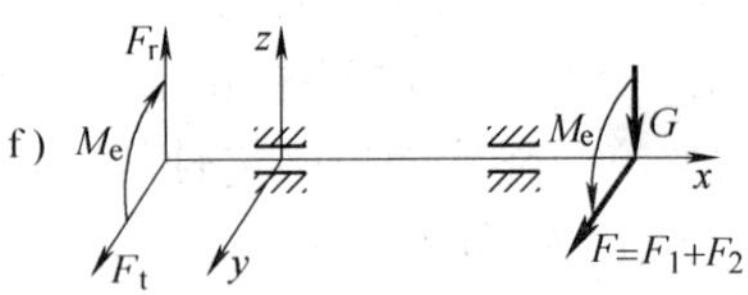

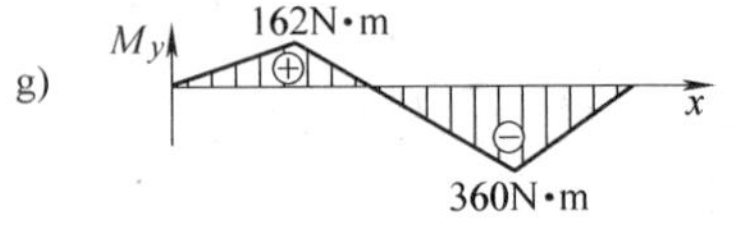

图　12-14

解　1）不考虑带轮重力

齿轮传递的转矩为

$$M_e=9550\frac{P}{n}=334.25\text{N}\cdot\text{m}$$

则扭矩为　　$T=M_e=334.25\text{N}\cdot\text{m}$

将作用在齿轮上的力向轴线简化，得到受力图，如图 12-14b 所示。其中

$$F_t=\frac{2M_e}{0.3\text{m}}=2230\text{N}，F_r=F_t\tan 20°=811\text{N}$$

又　　$(F_1-F_2)\dfrac{0.35\text{m}}{2}=M_e$，$F_1=2F_2$

得　　$F_1=2F_2=3820\text{N}$

$F=F_1+F_2=5730\text{N}$

在水平力作用下，轴 AB 在水平面内弯曲；在竖向力作用下，轴 AB 在竖向平面内弯曲；在两个力偶 M_e 作用下，轴 AB 发生扭转变形。

分别作出轴在水平面和竖向平面内的弯矩图，即 M_z 图和 M_y 图，以及轴 AB 扭矩图 T 图（图 12-14c、d、e）。从图中可判断出 B 截面为危险截面，其弯矩值 $M_B=1146\text{N}\cdot\text{m}$。

由 $\sigma_{\text{xd3}}=\dfrac{\sqrt{M^2+T^2}}{W_z}\leqslant[\sigma]$，得轴的直径为

$$d \geqslant \sqrt[3]{\frac{32\sqrt{M_B^2+T^2}}{\pi[\sigma]}}=\sqrt[3]{\frac{32\sqrt{(1.146\times10^6)^2+(0.334\times10^6)^2}}{\pi\times80}}\text{mm}=53.4\text{mm}$$

故取 $d=54\text{mm}$。

2）考虑带轮重力

将作用在齿轮上的力向轴线简化，得到受力图如图 12-14f 所示。由于重力的作用，M_y 图如图 12-14g 所示，其余不变。从图中可判断出 B 截面为危险截面，其弯矩值

$$M_B=\sqrt{M_{By}^2+M_{Bz}^2}=\sqrt{1140^2+360^2}\text{N}\cdot\text{m}=1195\text{N}\cdot\text{m}$$

$$d \geqslant \sqrt[3]{\frac{32\sqrt{M_B^2+T^2}}{\pi[\sigma]}}=\sqrt[3]{\frac{32\sqrt{(1.195\times10^6)^2+(0.334\times10^6)^2}}{\pi\times80}}\text{mm}=54.1\text{mm}$$

故取 $d=55\text{mm}$。

自 测 练 习

12-1　图 12-15 所示刚架 ABC 由两根相同的钢管焊接而成。已知 $F=14.3\text{kN}$，钢管面积 $A=10.4\times10^3\text{mm}^3$，钢管外径 $D=270\text{mm}$，截面惯性矩 $I=88.2\times10^6\text{mm}^4$。试求刚架的最大拉应力和最大压应力。

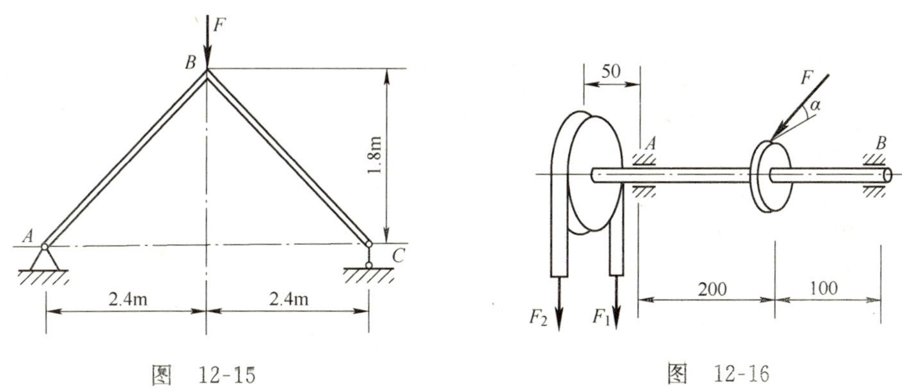

图　12-15　　　　图　12-16

12-2　传动轴如图 12-16 所示，带轮的直径 $D=300\text{mm}$，皮带拉力 $F_1=6\text{kN}$，$F_2=3\text{kN}$，齿轮的节圆直径 $d_0=100\text{mm}$，压力角 $\alpha=20°$，轴的直径 $d=40\text{mm}$，许用应力 $[\sigma]=60\text{MPa}$。试按第四强度理论校核传动轴的强度。

自测练习答案

12-1　$\sigma_{max}^{+}=25.85\text{MPa}$；$\sigma_{max}^{-}=-266.7\text{MPa}$

12-2　$\sigma=114.4\text{MPa}\geqslant[\sigma]$，不安全

第十三章　材料力学中几个专题的简介

知 识 要 点

1. 动载荷作用下构件产生的动应力和动变形与静载时的关系

$$\sigma_d = K_d\sigma_j \qquad \delta_d = K_d\delta_j$$

（1）构件作匀变速直线运动时的动载荷因数

$$K_d = 1 + \frac{a}{g}$$

（2）构件受落体冲击时的动载荷因数

$$K_d = 1 + \sqrt{1 + \frac{2h}{\delta_j}}$$

2. 构件作匀速转动时的动应力

$$\sigma_d = \rho\omega^2 R^2 = \rho v^2$$

3. 强度条件

$$\sigma_d \leqslant [\sigma]$$

4. 交变应力

平均应力　$$\sigma_m = \frac{\sigma_{max} + \sigma_{min}}{2}$$

应力幅度　$$\sigma_a = \frac{\sigma_{max} - \sigma_{min}}{2}$$

循环特征　$$r = \frac{\sigma_{min}}{\sigma_{max}}$$

5. 常见的交变应力

（1）对称循环　$\sigma_{max} = -\sigma_{min}$；$r = -1$

（2）脉冲循环　$\sigma_{min} = 0$；$r = 0$

（3）非对称循环　$\sigma_{max} \neq -\sigma_{min}$；$r \neq -1$

6. 疲劳破坏

在交变应力作用下，构件的工作应力远低于其极限应力时，就会突然发生断裂，其断口有明显的粗糙区和光滑区。材料经过无限次应力循环而不发生疲劳破坏的最大应力值，就是材料的持久极限，用 σ_r 表示。r 值不同，σ_r 也不同，其中以 σ_{-1} 为最低。

7. 构件的疲劳强度计算

必须考虑应力集中、构件尺寸和表面加工质量等因素的影响。用安全因数法表示的构件疲劳强度条件为

（1）对称循环　$$n_\sigma = \frac{\varepsilon_\sigma\beta\sigma_{-1}}{K_\sigma\sigma_{max}} \geqslant n$$

或
$$n_\tau=\frac{\varepsilon_\tau\beta\tau_{-1}}{K_\tau\tau_{max}}\geqslant n$$

（2）非对称循环
$$n_\sigma=\frac{\sigma_{-1}}{\dfrac{K_\sigma\sigma_a}{\varepsilon_\sigma\beta}+\psi_\sigma\sigma_m}\geqslant n$$

或
$$n_\tau=\frac{\tau_{-1}}{\dfrac{K_\tau\tau_a}{\varepsilon_\tau\beta}+\psi_\tau\tau_m}\geqslant n$$

8. 压杆的失稳

压杆直线形状的平衡状态，根据它对干扰力的抵抗能力不同，可分稳定与不稳定状态。所谓压杆丧失稳定，就是指压杆在压力作用下，直线形状的平衡状态由稳定变成了不稳定。

9. 临界力

临界力是压杆从稳定平衡状态过渡到不稳定平衡状态的压力值。确定临界力（或临界应力）的大小，是解决压杆稳定问题的关键。

10. 柔度

柔度λ是压杆的长度、支承情况、截面形状与尺寸等因素的一个综合值
$$\lambda=\mu l/i$$

柔度λ是稳定计算中的重要几何参数。有关压杆的稳定计算都要先计算λ值。式中的μ值是和压杆两端的约束有关的参量，可通过手册得到。

11. 临界应力的计算公式

（1）大柔度杆（细长杆）
$$\sigma_{lj}=\frac{\pi^2E}{\lambda^2}$$

（2）中柔度杆
$$\sigma_{lj}=\sigma_s-a\lambda^2$$

式中，σ_s为材料的屈服点；a为与材料性质有关的常数，可从有关手册中查到。

12. 稳定性计算

工程通常采用安全因数法，压杆的稳定条件是
$$n_g=\frac{F_{lj}}{F}=\frac{\sigma_{lj}}{\sigma}\geqslant n_w$$

13. 提高压杆稳定性的措施

（1）合理选择材料；

（2）合理选择截面形状和尺寸；

（3）增设支座，减小压杆长度；

（4）改善约束条件。

解 题 要 领

1. 对动载荷问题的解算，一般首先根据动载荷的特点和已知条件确定动载荷因数K_d，再将动载荷问题转化为静载荷问题来解决。

2. 对构件作匀速转动时，可直接使用公式 $\sigma_d = \rho\omega^2 R^2 = \rho v^2$ 来计算动应力。

3. 对交变应力及疲劳强度的问题，了解疲劳破坏的原因，建立平均应力、应力幅度、循环特征、对称循环 、脉冲循环、非对称循环等概念，了解和疲劳破坏有关的因素，通过设计手册查出公式中有关的数据，运用公式进行计算。

4. 对压杆进行稳定性计算时，首先通过已知条件，根据柔度判断压杆是否是细长杆或中长杆，以选择合适的公式计算。

5. 在两端约束相同的前提下，压杆是首先在截面具有最小惯性矩轴为中性轴弯曲的失稳。

6. 对压杆进行稳定性截面设计时，常需要通过多次验算逐步逼近的方法来进行。

7. 在压杆截面有局部削弱时，稳定计算可不考虑削弱，但必须同时对削弱的截面（用净面积）进行强度校核。

典 型 例 题

例 13-1 一构件由起重机起吊一矩形截面梁 AB，如图 13-1a 所示，已知起吊过程中的加速度为 $a=3\text{m/s}^2$、$l=4\text{m}$、$b=219\text{mm}$、$h=280\text{mm}$，梁材料的堆密度 $\rho=2.45\text{kg/m}^3$，试求起吊过程中梁内横截面上的最大拉应力。

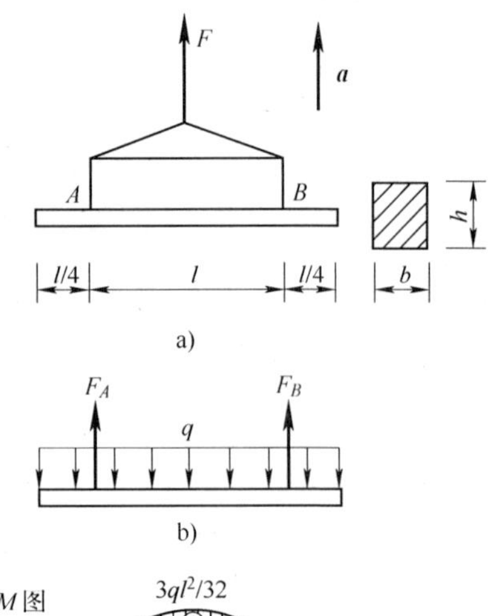

图 13-1

解 1）求动载荷因数

$$K_d = 1+\frac{a}{g} = 1+\frac{3}{9.8} = 1.36$$

2）求静态下梁的最大拉应力梁自重的线集度（图 13-1b）

$$q = A\rho g = (0.219\times0.28\times2.45\times9.8)\text{kN/m} = 1.47\text{kN/m}$$

由对称性可得 $F_A = F_B = q(1+0.5)l/2 = 3ql/4$

据此作出弯矩图（图 13-1c），判断最大弯矩值在梁的中部

$$M_{jmax} = 3ql^2/32 = (3\times1.47\times4^2/32)\ \text{kN}\cdot\text{m} = 2.21\text{kN}\cdot\text{m}$$

$$\sigma_{jmax} = \frac{M_{jmax}}{W_z} = \frac{6M_{jmax}}{h^2 b} = \frac{6\times2.21\times10^3}{0.219^2\times0.28}\text{MPa} = 0.987\text{MPa}$$

3）计算动载荷作用下梁的最大拉应力

$$\sigma_{dmax} = K_d \sigma_{jmax} = 1.36\times0.987\text{MPa} = 1.34\text{MPa}$$

例 13-2 有一钢轮飞轮，以匀角速绕中心旋转，轮的平均半径 $R=0.5\text{m}$，转数 $n=2000\text{r/min}$，材料密度 $\rho=8\text{kg/m}^3$，试求轮截面内的最大动应力。

解 最大动应力为

$$\sigma_d = \rho\omega^2 R^2 = \rho\left(\frac{n\pi}{30}\right)^2 R^2 = \left[8\times10^3\times\left(\frac{2000\times\pi}{30}\right)^2\times0.5^2\right]\text{MPa} = 87.84\text{MPa}$$

例 13-3 图 13-2 所示直径为 d 的钢杆，上端固定，下端固联一个圆盘，圆盘上有一刚度系数为 k 的弹簧。已知钢杆长 l，材料的弹性模量为 E。若有重量为 W 的重物自由落下，试确定杆内的最大应力。

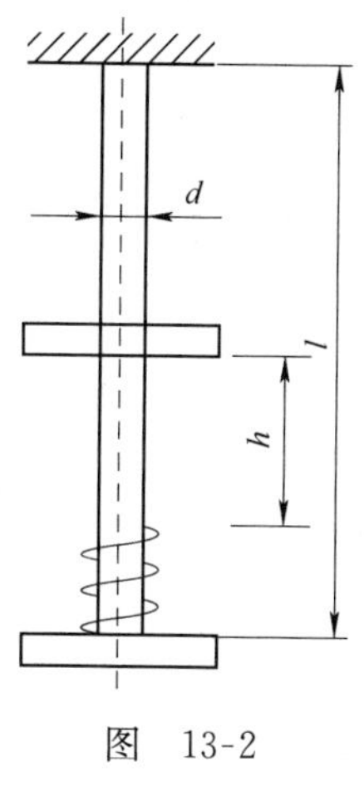

图 13-2

解 静位移 δ_j 应由杆的静位移 δ_{j1} 和弹簧的静位移 δ_{j2} 叠加而成，即

$$\delta_j=\delta_{j1}+\delta_{j2}=\frac{Wl}{EA}+\frac{W}{k}$$

杆件的静应力

$$\sigma_j=\frac{W}{A}$$

动荷因数

$$K_d=1+\sqrt{1+\frac{2h}{\delta_j}}=1+\sqrt{1+\frac{2h}{\frac{Wl}{EA}+\frac{W}{k}}}$$

$$\sigma_d=K_d\sigma_j=\left[1+\sqrt{1+\frac{2h}{\frac{Wl}{EA}+\frac{W}{k}}}\right]\frac{W}{A}=\left[1+\sqrt{1+\frac{2hEA}{W}\left(\frac{k}{kl+EA}\right)}\right]\frac{W}{A}$$

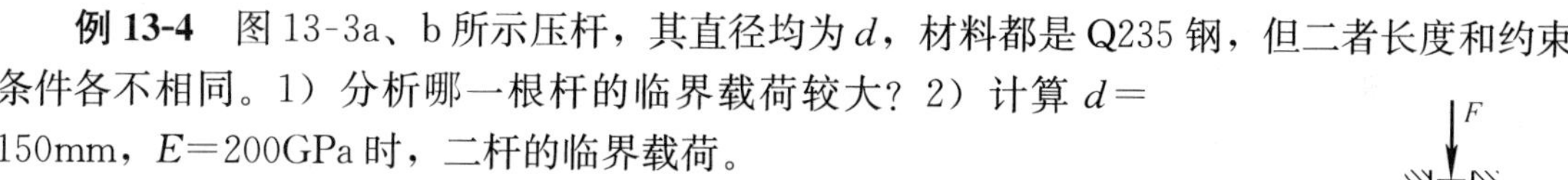

例 13-4 图 13-3a、b 所示压杆，其直径均为 d，材料都是 Q235 钢，但二者长度和约束条件各不相同。1）分析哪一根杆的临界载荷较大？2）计算 $d=150\text{mm}$，$E=200\text{GPa}$ 时，二杆的临界载荷。

图 13-3

解 1）计算柔度，判断哪一根杆的临界载荷大。因为 $\lambda=\mu l/i$，其中 $i=\sqrt{I/A}$，而二者均为圆截面，且直径相同，故有

$$i=d/4$$

因二者约束条件和杆长均不相同，所以 λ 不一定相同。

对于两端铰支的压杆，$\mu=1$，$l=5000\text{mm}$，则

$$\lambda=\mu l/i=1\times5\text{m}\times4/d=20\text{m}/d$$

对于两端固定的压杆，$\mu=0.5$，$l=9000\text{mm}$，则

$$\lambda=\mu l/i=0.5\times9\text{m}\times4/d=18\text{m}/d$$

可见本例中两端铰支压杆的临界载荷小于两端固定的压杆临界载荷。

2）计算各杆临界载荷。对于两端铰支的压杆，有

$$\lambda=20\text{m}/d=20/0.15=133.3>\lambda_p=123$$

属于细长杆，利用欧拉公式得

$$F_{lj}=\sigma_{lj}A=A\pi^2E/\lambda^2=\pi^3Ed^2(4\lambda^2)=[\pi^3\times200\times10^3\times150^2/(4\times133.3^2)]\text{N}$$
$$=1963\times10^3\text{N}=1963\text{kN}$$

对于两端固定的压杆，有

$$\lambda=18\text{m}/d=18/0.15=120<\lambda_p=123$$

属于中长杆，利用抛物线公式得

$$F_{Plj}=\sigma_{lj}A=[(235-0.0068\times120^2)\times\pi\times150^2/4]\text{N}=2422\times10^3\text{N}=2422\text{kN}$$

例 13-5 在图 13-4 所示结构中，AB 为圆截面杆，直径 $d=80\text{mm}$；杆 BC 为正方形截面，边长 $a=70\text{mm}$。两杆材料均为 Q235 钢，$E=200\text{GPa}$，两部分可以各自独立发生失稳而互不影响。已知 A 端固定，B、C 为球铰，$l=3\text{m}$，稳定安全因数 $n_w=2.5$。试求此结构的许用压力 $[F]$。

解 1）确定两杆 AB 和 BC 的长度因数，$\mu_{AB}=0.7$，$\mu_{BC}=1$。

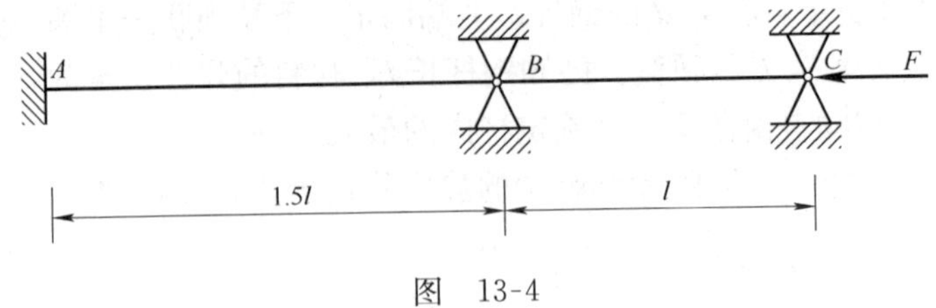

图 13-4

2）计算两杆的柔度

$$\lambda_{AB}=\mu_{AB}\times1.5l/i_{AB}=4\times\mu_{AB}\times1.5l/d=4\times0.7\times1.5\times3\text{m}/0.08\text{m}=157.5$$

$$\lambda_{BC}=\mu_{BC}l/i_{BC}=\sqrt{12}\times\mu_{BC}l/a=\sqrt{12}\times1\times3\text{m}/0.07\text{m}=148.5$$

因为 $\lambda_{AB}>\lambda_{BC}$，故 AB 杆容易失稳，则应以 AB 杆的稳定性确定结构的许用压力［F］。

3）确定结构的许用压力［F］。因 $\lambda_{AB}>123$，AB 杆是细长杆，可使用欧拉公式

$$[F]=\frac{F_{\text{lj}}}{n_{\text{w}}}=\frac{\pi^2Ed^2\pi}{4\lambda^2n_{\text{w}}}=\frac{\pi^3\times200\times10^3\times80^2}{4\times2.5\times(157.5)^2}\text{N}=160.0\times10^3\text{N}=160.0\text{kN}$$

习 题 解 答

13-1　图 13-5 所示桥式起重机，横梁由两根 25b 工字钢组成，起重机 A 的重量为 15kN，用钢丝绳吊起的物体重量 G 为 40kN。起吊时第 1s 内重物等加速上升 2m。求钢丝绳所受的拉力及梁内最大的正应力（不考虑梁的自重）。

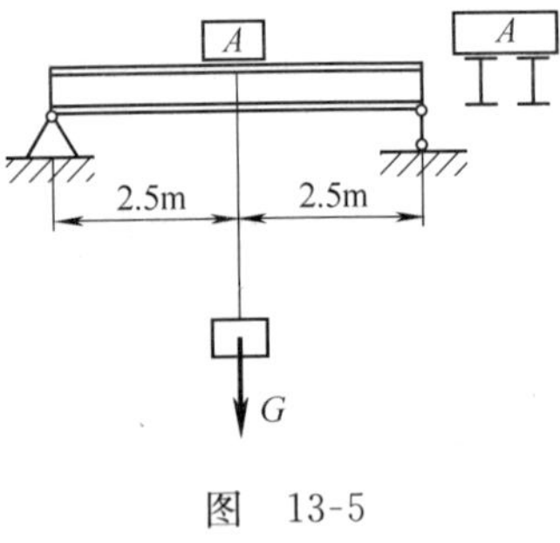

图 13-5

解　物体加速度为

$$a=2h/t^2=(2\times2/1^2)\text{m/s}^2=4\text{m/s}^2\quad(\uparrow)$$

动荷因数　$K_{\text{d}}=1+\dfrac{a}{g}=1+\dfrac{4}{9.8}=1.44$

钢丝绳的拉力　$F_{\text{T}}=K_{\text{d}}G=1.44\times40\ \text{kN}=57.6\ \text{kN}$

横梁最大弯矩　$M_{\text{dmax}}=(F_{\text{T}}+G_A)l/4=[(57.6+15)\times5/4]\text{kN}\cdot\text{m}=90.75\text{kN}\cdot\text{m}$

查型钢表得 25b 工字钢　$W_z=2\times422.72\text{cm}^3$

$$\sigma_{\text{dmax}}=\frac{M_{\text{dmax}}}{W_z}=\frac{90.75\times10^3}{2\times422.72\times10^{-6}}\text{MPa}=107.27\text{MPa}$$

13-2　两根吊索匀加速平行提升一根平放 14 号工字钢，如图 13-6 所示。加速度为 $a=10\text{m/s}^2$。若只考虑工字钢的重量，不计吊索的重量。试计算工字钢的最大动应力。

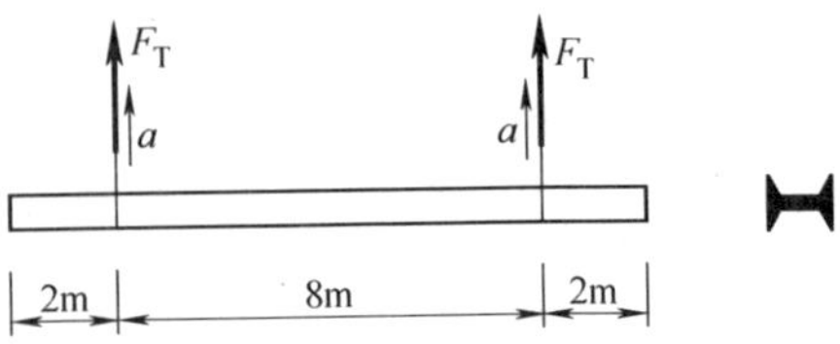

图 13-6

解　动载荷因数

$$K_{\text{d}}=1+\frac{a}{g}=1+\frac{10}{9.8}=2.02$$

查型钢表得 14 号工字钢

$$W_y=16.1\text{cm}^3,q=(16.9\times9.8)\text{N/m}=166\text{N/m}$$

静态下　$F_{\text{T}}=(166\times12/2)\text{N}=996\text{N}$

$$M_{\text{jmax}}=F_{\text{T}}\times 4\text{m}-q\times(6\text{m})^2/2=(996\times 4-166\times 6^2/2)\ \text{N}\cdot\text{m}=996\text{N}\cdot\text{m}$$

$$\sigma_{\text{jmax}}=\frac{M_{\text{jmax}}}{W_z}=\frac{996\times 10^3}{16.1\times 10^3}\text{MPa}=61.9\text{MPa}$$

最大动应力为 $\sigma_{\text{dmax}}=K_{\text{d}}\sigma_{\text{jmax}}=2.02\times 61.9\text{MPa}=125\text{MPa}$

13-3 图 13-7 示飞轮轮缘的线速度为 $v=30\text{m/s}$，飞轮材料的堆密度 $\rho=7\text{t/m}^3$。若不计轮辐的影响，试求轮缘的最大正应力。

解 最大动应力为 $\sigma_{\text{dmax}}=\rho v^2=(7\times 10^3\times 30^2)\text{Pa}=6.3\text{MPa}$

13-4 图 13-8 所示直径 $d=20\text{mm}$ 的钢杆，上端固定，下端固连一个圆盘。已知钢杆长 $l=2\text{m}$，材料的弹性模量 $E=190\text{GPa}$，许用应力 $[\sigma]=160\text{MPa}$。若有重量 $W=0.5\text{kN}$ 的重物自由落下，求允许重物下落的最大高度 h。

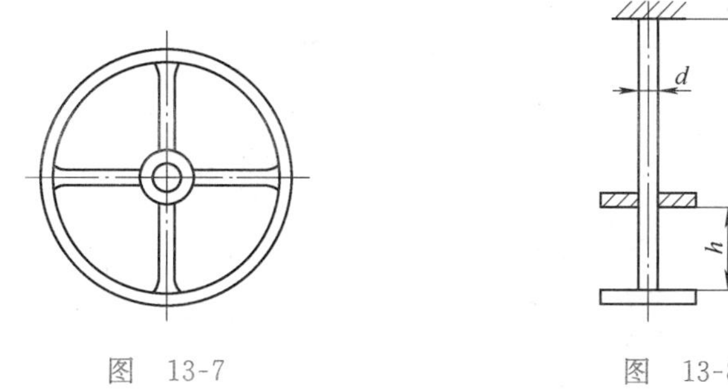

图 13-7 图 13-8

解 静态位移

$$\delta_{\text{j}}=\frac{Wl}{EA}=\frac{4\times 500\times 2}{200\times 10^9\times 0.02^2\pi}\text{m}=1.59\times 10^{-5}\text{m}$$

杆件的静应力 $$\sigma_{\text{j}}=\frac{W}{A}=\frac{4W}{d^2\pi}=\frac{4\times 500}{20^2\pi}\text{MPa}=1.59\text{MPa}$$

动荷因数 $$K_{\text{d}}=1+\sqrt{1+\frac{2h}{\delta_{\text{j}}}}$$

强度条件 $$[\sigma]\geqslant\sigma_{\text{d}}=K_{\text{d}}\sigma_{\text{j}}=\left(1+\sqrt{1+\frac{2h}{\delta_{\text{j}}}}\right)\sigma_{\text{j}}$$

得 $$h\leqslant\left[\left(\frac{[\sigma]}{\sigma_{\text{j}}}-1\right)^2-1\right]\frac{\delta_{\text{j}}}{2}=\left[\left(\frac{160}{1.59}-1\right)^2-1\right]\frac{1.59\times 10^{-5}}{2}\text{m}=7.89\times 10^{-2}\text{m}$$

13-5 图 13-9 所示一等截面悬臂梁。已知 $h=30\text{mm}$，物体重量 $W=50\text{N}$，梁材料的弹性模量 $E=200\text{GPa}$。求当重物冲击悬臂梁自由端时，梁的最大的正应力和自由端的动位移。

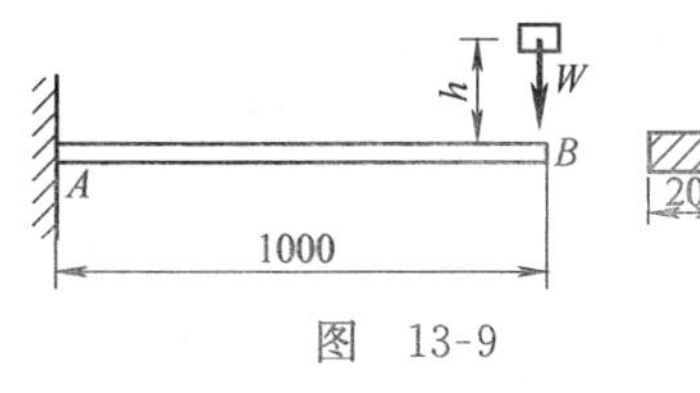

图 13-9

解 静态位移

$$\delta_{B\text{j}}=\frac{Wl^3}{3EI}=\frac{12Wl^3}{3EH^3B}=\frac{4\times 50\times 1^3}{200\times 10^9\times 0.01^3\times 0.02}\text{m}=0.05\text{m}$$

动荷因数 $$K_{\text{d}}=1+\sqrt{1+\frac{2h}{\delta_{B\text{j}}}}=1+\sqrt{1+\frac{2\times 0.03}{0.05}}=2.48$$

梁的最大静应力 $$\sigma_{\text{jmax}}=\frac{M_{\max}}{W_z}=\frac{6Wl}{H^2B}=\frac{6\times 50\times 1000}{10^2\times 20}\text{MPa}=150\text{MPa}$$

动态 $\sigma_{\mathrm{dmax}}=K_{\mathrm{d}}\sigma_{\mathrm{jmax}}=2.48\times150\mathrm{MPa}=372\mathrm{MPa}$

$$\delta_{Bd}=K_{\mathrm{d}}\delta_{Bj}=2.48\times0.05\mathrm{m}=0.124\mathrm{m}$$

13-6 图 13-10 所示直径 $d=300\mathrm{mm}$、长 $l=6\mathrm{m}$ 的圆木桩下端固定、上端自由，并受重量 $W=5\mathrm{kN}$ 的重锤作用。木材的弹性模量 $E=10\mathrm{GPa}$。求下述三种情况下木桩内的最大应力。

1）重锤以突加载荷方式作用于木桩。

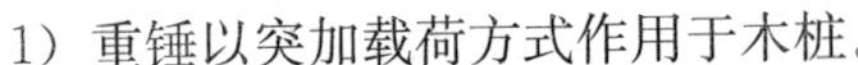

2）重锤从离木桩上端高 0.5m 处自由落下。

3）木桩上端放置 $d_1=150\mathrm{mm}$、$t=40\mathrm{mm}$ 的橡胶垫层，橡胶的弹性模量 $E_1=8\mathrm{MPa}$，重锤仍从离木桩上端高 0.5m 处自由落下。

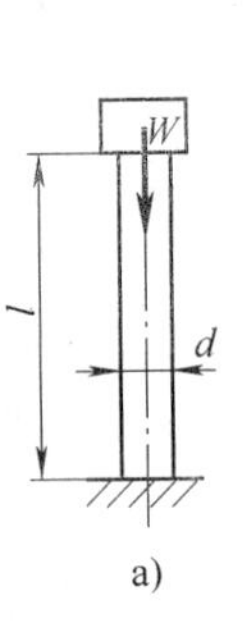

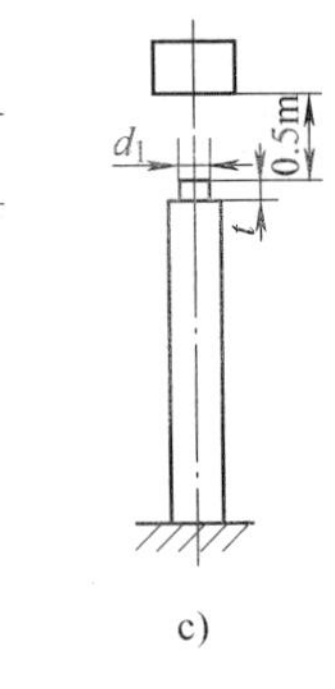

图 13-10

解 木桩静应力 $\sigma_{\mathrm{j}}=\dfrac{W}{A}=\dfrac{4W}{d^2\pi}=\dfrac{4\times5000}{300^2\pi}\mathrm{MPa}=0.071\mathrm{MPa}$

1）动荷因数 $$K_{\mathrm{d}}=1+\sqrt{1+\frac{2h}{\delta_{\mathrm{j}}}}=2$$

最大应力 $$\sigma_{\mathrm{d}}=K_{\mathrm{d}}\sigma_{\mathrm{j}}=2\times0.071\mathrm{MPa}=0.14\mathrm{MPa}$$

2）静位移 $$\delta_{\mathrm{j}}=\frac{Wl}{EA}=\frac{4Wl}{Ed^2\pi}=\frac{4\times5000\times6000}{10\times10^3\times300^2\pi}\mathrm{mm}=4.24\times10^{-2}\mathrm{mm}$$

动荷因数 $$K_{\mathrm{d}}=1+\sqrt{1+\frac{2h}{\delta_{\mathrm{j}}}}=1+\sqrt{1+\frac{2\times500}{4.24\times10^{-2}}}=155$$

最大应力 $$\sigma_{\mathrm{d}}=K_{\mathrm{d}}\sigma_{\mathrm{j}}=155\times0.071\mathrm{MPa}=11\mathrm{MPa}$$

3）静位移

$$\delta_{\mathrm{j}}=\frac{Wt}{E_1A_1}+\frac{Wl}{EA}=\left(\frac{4\times5000\times40}{8\times150^2\pi}+\frac{4\times5000\times6000}{10\times10^3\times300^2\pi}\right)\mathrm{mm}=1.46\mathrm{mm}$$

动荷因数 $$K_{\mathrm{d}}=1+\sqrt{1+\frac{2h}{\delta_{\mathrm{j}}}}=1+\sqrt{1+\frac{2\times500}{1.46}}=27.2$$

最大应力 $$\sigma_{\mathrm{d}}=K_{\mathrm{d}}\sigma_{\mathrm{j}}=27.2\times0.071\mathrm{MPa}=1.93\mathrm{MPa}$$

13-7 计算图 13-11 所示交变应力的循环特征 r、平均应力 σ_{m} 和应力幅度 σ_{a}。

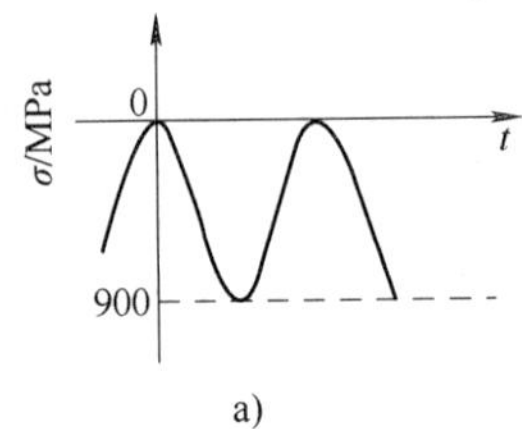

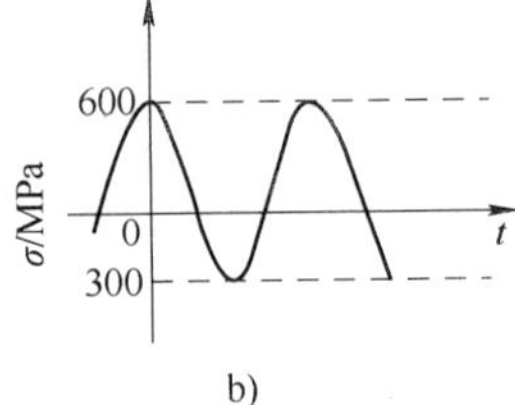

图 13-11

解 由图 13-11a：$r=\dfrac{\sigma_{\min}}{\sigma_{\max}}=\dfrac{-900}{0}=-\infty$

$$\sigma_{\mathrm{m}}=\frac{\sigma_{\max}+\sigma_{\min}}{2}=\frac{0-900}{2}\mathrm{MPa}=-450\mathrm{MPa}$$

$$\sigma_a=\frac{\sigma_{max}-\sigma_{min}}{2}=\frac{0+900}{2}\text{MPa}=450\text{MPa}$$

由图 13-11b：
$$r=\frac{\sigma_{min}}{\sigma_{max}}=\frac{-300}{600}=-0.5$$

$$\sigma_m=\frac{\sigma_{max}+\sigma_{min}}{2}=\frac{600-300}{2}\text{MPa}=150\text{MPa}$$

$$\sigma_a=\frac{\sigma_{max}-\sigma_{min}}{2}=\frac{600+300}{2}\text{MPa}=450\text{MPa}$$

13-8 圆形截面杆承受交变的轴向载荷 F 的作用。F 在 5～10kN 之间变化，杆的直径 d=10mm。试求杆的平均应力 σ_m、应力幅度 σ_a、循环特征 r，并作出 σ-t 曲线。

解
$$\sigma_{max}=\frac{F_{max}}{A}=\frac{4F_{max}}{d^2\pi}=\frac{4\times10\times10^3}{10^2\pi}\text{MPa}=127.3\text{MPa}$$

$$\sigma_{min}\sigma_{min}=\frac{F_{min}}{A}=\frac{4F_{min}}{d^2\pi}=\frac{4\times5\times10^3}{\pi\times10^2}\text{MPa}=63.7\text{MPa}$$

$$r=\frac{\sigma_{min}}{\sigma_{max}}=\frac{63.7}{127.3}=0.5$$

$$\sigma_m=\frac{\sigma_{max}+\sigma_{min}}{2}=\frac{127.3+63.7}{2}\text{MPa}=94.5\text{MPa}$$

$$\sigma_a=\frac{\sigma_{max}-\sigma_{min}}{2}=\frac{127.3-63.7}{2}\text{MPa}=31.8\text{MPa}$$

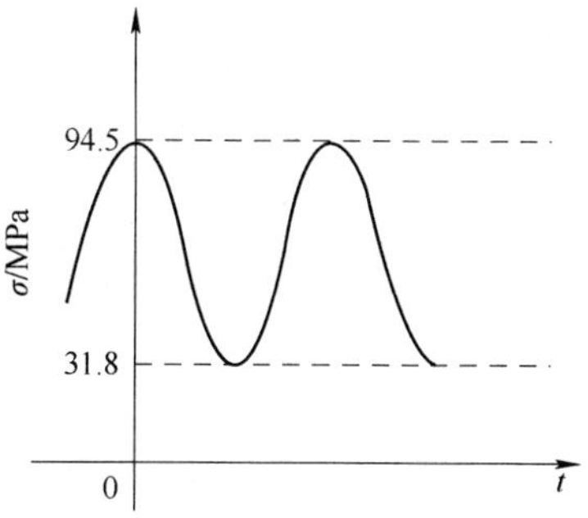

图 13-12

作出 σ-t 曲线如图 13-12 所示。

13-9 图 13-13 所示压杆材料都是 Q235A 钢，E=206GPa，直径均为 d=160mm，求各杆的临界压力 F_{lj}，哪一根压杆的临界压力最大？

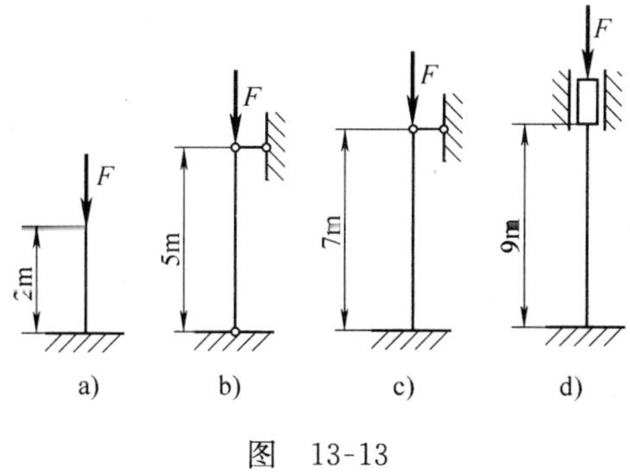

图 13-13

解 1）图 13-13a

$$\mu=2;\ \lambda=\mu l/i=4\mu l/d=\frac{4\times2\times2000}{160}=100$$

$$F_{lj}=\sigma_{lj}A=[(235-0.00668\times100^2)\times\pi\times160^2/4]\text{N}=3382\times10^3\text{N}=3382\text{kN}$$

2）图 13-13b

$$\mu=1;\ \lambda=\mu l/i=4\mu l/d=\frac{4\times1\times5000}{160}=125>123$$

$$F_{lj}=\frac{\pi^2EI}{(\mu l)^2}=\frac{\pi^3Ed^4}{64l^2}=\frac{\pi^3\times206\times10^3\times160^4}{64\times5000^2}\text{N}=2616\times10^3\text{N}=2616\text{kN}$$

3）图 13-13c

$$\mu=0.7;\ \lambda=\mu l/i=4\mu l/d=\frac{4\times0.7\times7000}{160}=122.5$$

$$F_{lj}=\sigma_{lj}A=[(235-0.00668\times122.5^2)\times\pi\times160^2/4]\text{N}=2709\times10^3\text{N}=2709\text{kN}$$

4）图 13-13d

$$\mu=0.5;\ \lambda=\mu l/i=4\mu l/d=\frac{4\times0.5\times9000}{160}=112.5$$

$$F_{lj}=\sigma_{lj}A=[(235-0.00668\times112.5^2)\times\pi\times160^2/4]\text{N}=3025\times10^3\text{N}=3025\text{kN}$$

比较可知，图 13-13a 所示压杆的临界压力最大。

13-10　图 13-14 所示两端球形铰支细长压杆，弹性模量 $E=200\text{GPa}$。试用欧拉公式计算其临界载荷：1）圆形截面，$d=25\text{mm}$，$l=1\text{m}$；2）矩形截面，$h=2b=40\text{mm}$，$l=1\text{m}$；3）16 号工字钢，$l=2\text{m}$。

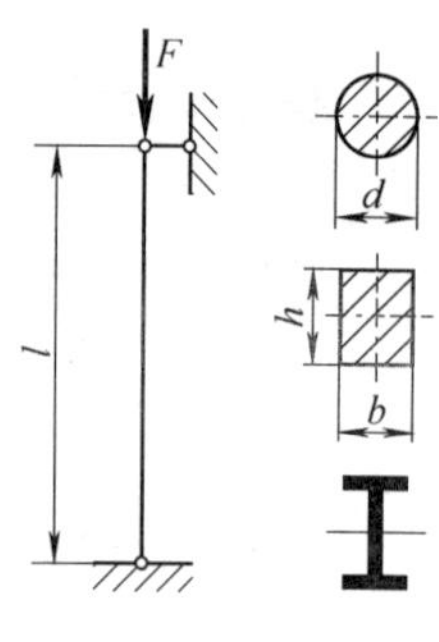

图 13-14

解　1）圆形截面

$$F_{lj}=\frac{\pi^2EI}{(\mu l)^2}=\frac{\pi^3Ed^4}{64l^2}=\frac{\pi^3\times200\times10^3\times25^4}{64\times1000^2}\text{N}$$

$$=37.85\times10^3\text{N}=37.85\text{kN}$$

2）矩形截面

$$F_{lj}=\frac{\pi^2EI_{\min}}{(\mu l)^2}=\frac{\pi^2Eb^3h}{12l^2}$$

$$=\frac{\pi^2\times200\times10^3\times20^3\times40}{12\times1000^2}\text{N}=52.6\times10^3\text{N}=52.6\text{kN}$$

3）工字钢截面，查型钢表：$I_{\min}=93.1\text{cm}^3$

$$F_{lj}=\frac{\pi^2EI_{\min}}{(\mu l)^2}=\frac{\pi^2EI_{\min}}{l^2}=\frac{\pi^2\times200\times10^3\times93.1\times10^3}{2000^2}\text{N}=45.9\times10^3\text{N}=45.9\text{kN}$$

13-11　三根相同的压杆（图 13-15），$l=400\text{mm}$，$b=12\text{mm}$，$h=20\text{mm}$，材料为 Q235A 钢，$E=206\text{GPa}$，$\sigma_p=200\text{MPa}$。试求三种支承情况下压杆的临界力各为多少？

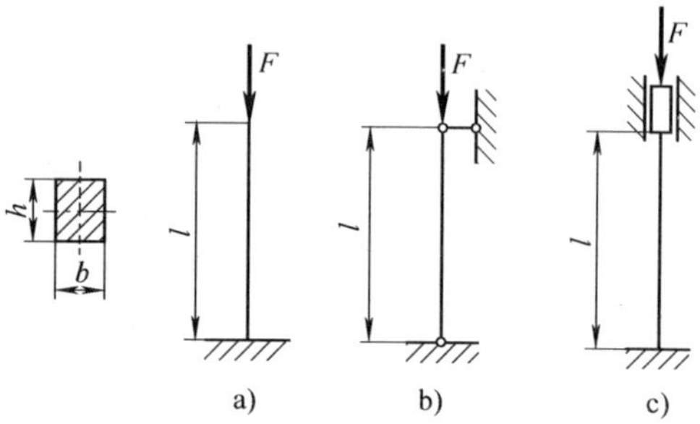

a)　b)　c)

图 13-15

解　1）图 13-15a：$\mu=2$

$$\lambda=\mu l/i=\sqrt{12}\mu l/b$$

$$=2\times\sqrt{12}\times400/12=231>123$$

$$F_{lj}=\frac{\pi^2EI}{(\mu l)^2}=\frac{\pi^2Eb^3h}{12\times(2l)^2}$$

$$=\frac{\pi^2\times206\times10^3\times12^3\times20}{12\times2\times400^2}\text{N}=9.15\times10^3\text{N}=9.15\text{kN}$$

2）图 13-15b：$\mu=1$

$$\lambda=\mu l/i=\sqrt{12}\mu l/b=\sqrt{12}\times400/12=115.5<123$$

$$F_{lj}=\sigma_{lj}A=[(235-0.00668\times115.5^2)\times20\times12]\text{N}=35.0\times10^3\text{N}=35.0\text{kN}$$

3）图 13-15c：$\mu=0.5$

$$\lambda=\mu l/i=\sqrt{12}\mu l/b=0.5\times\sqrt{12}\times400/12=57.7<123$$

$$F_{lj}=\sigma_{lj}A=[(235-0.00668\times57.7^2)\times20\times12]\text{N}=51.1\times10^3\text{N}=51.1\text{kN}$$

13-12　压杆材料为 Q235A 钢，$E=206\text{GPa}$，$\sigma_p=200\text{MPa}$，横截面为图 13-16 所示四种几何形状，面积均为 $3.6\times10^3\text{mm}^2$。试计算它们的临界应力，并比较它们的稳定性。

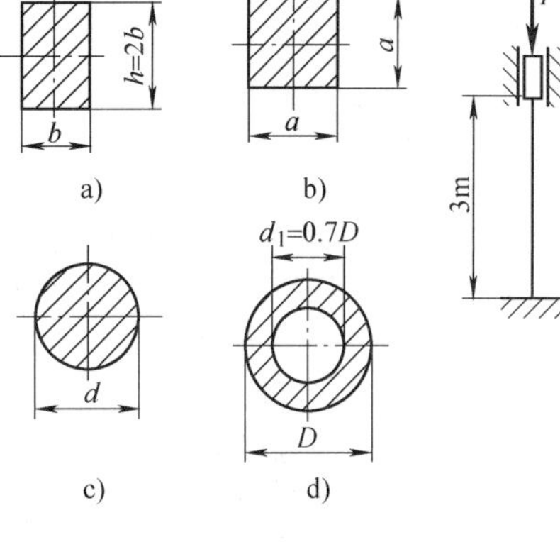

图　13-16

解　1）矩形截面

$$i=\sqrt{\frac{I}{A}}=\sqrt{\frac{hb^3}{12A}}=\sqrt{\frac{A^2}{24A}}$$

$$=\sqrt{\frac{A}{24}}=\sqrt{\frac{3600}{24}}\text{mm}=12.25\text{mm}$$

$$\lambda=\mu l/i=\frac{0.5\times3000}{12.25}=122.4<123$$

$$\sigma_{lj}=(235-0.00668\times122.4^2)\text{MPa}=134.9\text{MPa}$$

2）方形截面

$$i=\sqrt{\frac{I}{A}}=\sqrt{\frac{a^4}{12A}}=\sqrt{\frac{A^2}{12A}}=\sqrt{\frac{A}{12}}=\sqrt{\frac{3600}{12}}\text{mm}=17.32\text{mm}$$

$$\lambda=\mu l/i=\frac{0.5\times3000}{17.32}=86.61<123$$

$$\sigma_{lj}=(235-0.00668\times86.61^2)\text{MPa}=184.9\text{ MPa}$$

3）实心圆形截面

$$i=\sqrt{\frac{I}{A}}=\sqrt{\frac{\pi d^4}{64A}}=\sqrt{\frac{A^2}{\pi\times4A}}=\sqrt{\frac{A}{\pi\times4}}=\sqrt{\frac{3600}{\pi\times4}}\text{mm}=16.92\text{mm}$$

$$\lambda=\mu l/i=\frac{0.5\times3000}{16.92}=88.65<123$$

$$\sigma_{lj}=(235-0.00668\times88.65^2)\text{MPa}=182.5\text{MPa}$$

4）空心圆形截面

$$A=(D^2-d_1{}^2)\pi/4=D^2(1-0.7^2)\pi/4=3600\text{mm}$$

$$D-94.8\text{mm};\ d_1-66.4\text{mm}$$

$$i=\sqrt{\frac{I}{A}}=\sqrt{\frac{\pi(D^4-d_1^4)}{64A}}=\frac{\sqrt{D^2+d_1^2}}{4}=\frac{\sqrt{94.8^2+66.4^2}}{4}\text{mm}=28.94\text{mm}$$

$$\lambda=\mu l/i=\frac{0.5\times3000}{28.94}=51.84<123$$

$$\sigma_{lj}=(235-0.00668\times51.84^2)\text{MPa}=217.0\text{MPa}$$

由此可以得出杆件截面几何形状稳定好的依次是空心圆、方形、实心圆以及矩形。

13-13　图 13-17 所示一连杆，压杆材料为 Q235A 钢，弹性模量 $E=206\text{GPa}$，横截面面积 $A=4.4\times10^3\text{mm}^2$，惯性矩 $I_y=120\times10^4\text{mm}^4$，$I_z=797\times10^4\text{mm}^4$。试求临界压力 F_{lj}。

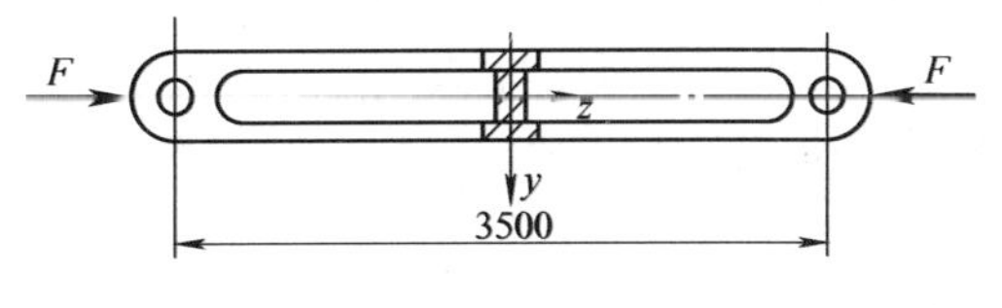

图　13-17

解　以 y 轴为中性轴，弯曲平面压杆两端的约束为固定端约束；以 z 轴为中性轴，弯曲平面压杆两端的约束为铰支，则

$$\lambda_y=\mu_y l/i_y=\mu_y l\sqrt{\frac{A}{I_y}}=\frac{0.5\times 3500\times\sqrt{4.4\times 10^3}}{\sqrt{12\times 10^5}}=106.0<123$$

$$\lambda_z=\mu_z l/i_z=\mu_z l\sqrt{\frac{A}{I_z}}=\frac{3500\times\sqrt{4.4\times 10^3}}{\sqrt{79.7\times 10^5}}=82.24<\lambda_y$$

$$\sigma_{lj}=\sigma_{ljy}=\sigma_s-a\lambda^2=(235-0.00668\lambda^2)\text{MPa}=(235-0.00668\times 106.0^2)\text{MPa}=160.0\text{MPa}$$

则
$$F_{lj}=\sigma_{lj}A=(160.0\times 4.4\times 10^3)\text{N}=704.0\text{kN}$$

13-14　图 13-18 所示下端固定、上端铰支的钢柱，其横截面为 22b 号工字钢，弹性模量 $E=206\text{GPa}$，试求其工作安全因数 n_g 为多少？

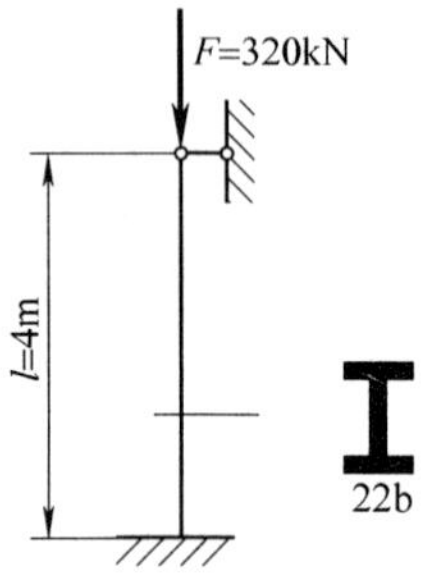

解　$\lambda=\mu l/i=\dfrac{0.7\times 4000}{22.7}=123.34>123$

$$F_{ljz}=\frac{\pi^2 EI_z}{(\mu l)^2}=\frac{\pi^2 EI_z}{(0.7l)^2}$$

$$=\frac{\pi^2\times 206\times 10^3\times 239\times 10^4}{(0.7\times 4000)^2}\text{N}=620\times 10^3\text{N}=620\text{kN}$$

$$n_g=\frac{F_{lj}}{F}=\frac{620}{320}=1.94$$

图　13-18

13-15　图 13-19 所示构架，承受载荷 $F=10\times 10^3\text{N}$，已知杆的外径 $D=50\text{mm}$，内径 $d=40\text{mm}$，两端为球铰，材料为 Q235A 钢，$E=206\text{GPa}$，$\sigma_p=200\text{MPa}$。若规定稳定安全因数 $n_w=3$，试问 AB 杆是否稳定？

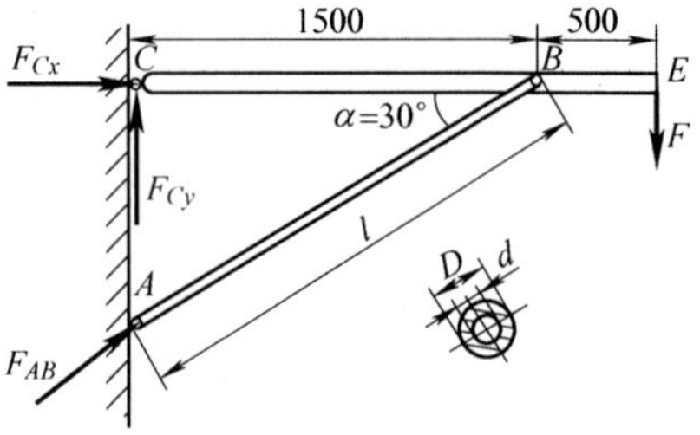

解　以整体为研究对象，受力图如图 13-19 所示，列平衡方程得

$\sum M_C(F)=0$，$F_{NAB}\sin\alpha\times 1.5\text{m}-F\times 2\text{m}=0$

$F_{NAB}=[F\times 2/(\sin\alpha\times 1.5)]\text{kN}=26.67\text{kN}$

图　13-19

$$i=\sqrt{\frac{I}{A}}=\sqrt{\frac{\pi(D^4-d^4)}{64A}}=\frac{\sqrt{D^2+d^2}}{4}=\frac{\sqrt{50^2+40^2}}{4}\text{mm}=16.0\text{mm}$$

$$\lambda=\mu l/i=\frac{1500}{16\cos\alpha}=108.3<123$$

$$\sigma_{lj}=(235-0.00668\times 108.3^2)\text{MPa}$$
$$=156.7\text{MPa}$$

$$\sigma=F_{AB}/A=4F_{NAB}/[\pi(D^2-d^2)]$$
$$=\{4\times 26.67\times 10^3/[\pi(50^2-40^2)]\}\text{MPa}$$
$$=37.7\text{MPa}$$

$$n_g=\frac{\sigma_{lj}}{\sigma}=\frac{156.7}{37.7}=4.16\geqslant n_w$$

故 AB 杆稳定。

13-16　某液压杆如图 13-20 所示。已知油压 $p=32\text{MPa}$，柱塞直径 $d=120\text{mm}$，伸入缸内的最大行程 $L=1.6\text{mm}$，材料为 45 钢（$E=210\text{GPa}$，$\lambda_p=100$），试求柱塞的工作安全因数。

解
$$\lambda=\mu L/i=\frac{2\times 1600}{120/4}=106.7>100$$

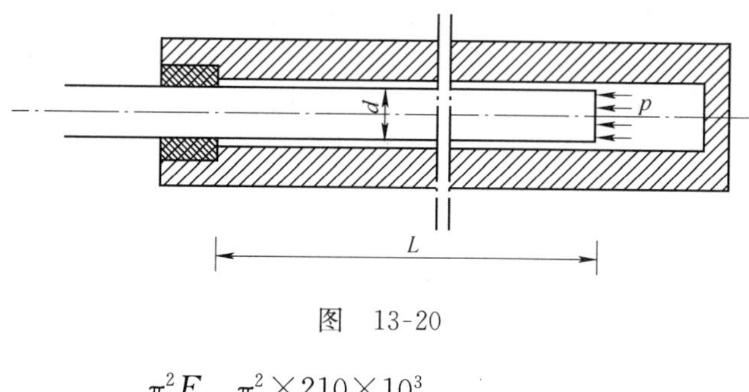

图 13-20

$$\sigma_{lj}=\frac{\pi^2 E}{\lambda^2}=\frac{\pi^2\times 210\times 10^3}{106.7^2}\text{MPa}=182.0\text{MPa}$$

$$n_g=\frac{\sigma_{lj}}{\sigma}=\frac{\sigma_{lj}}{p}=\frac{182.0}{32}=5.69$$

自 测 练 习

13-1 图 13-21 所示一构件以加速度 $a=3\text{m/s}^2$ 向上起吊。构件长 $h=6\text{m}$，横截面面积 $A=250\times 600\text{mm}^2$，材料堆密度 $\rho=2.45\text{kg}/\text{m}^3$。试计算构件内的最大动应力。

13-2 重量为 W 的物体从离图 13-22 所示杆端高度为 h 处自由下落，杆的尺寸和弹性模量如图所示，试求冲击时的动荷因数。

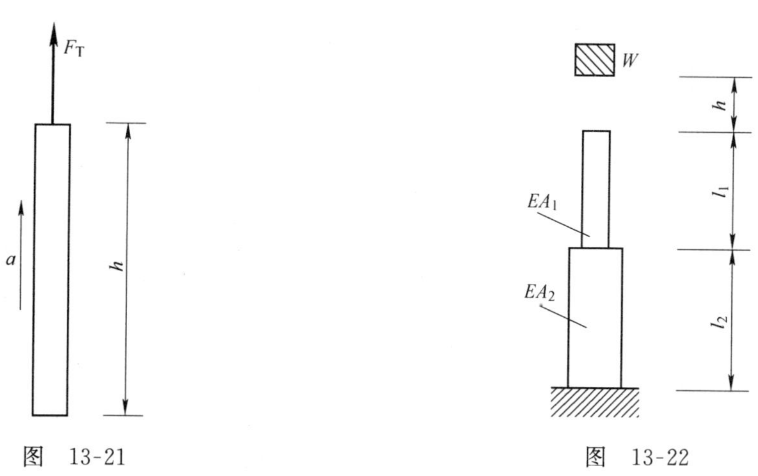

图 13-21　　图 13-22

13-3 已知交变应力的循环特征 r 和应力幅度 σ_a，试求交变应力的极值。

13-4 一端固定，一端自由的细长压杆，全长为 l，为提高其稳定性，在杆件的中部加一固定支承，如图 13-23 所示，则支承加在离自由端 $x=$（　　）处最为合理。

A. $l/2$；　B. $l/3$；　C. $l/4$；　D. $l/5$。

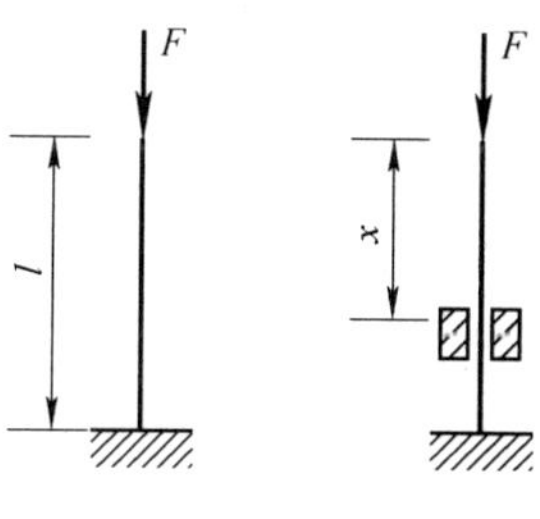

图 13-23

13-5 压杆由材料为 Q235A 钢，$E=206\text{GPa}$，$\sigma_p=200\text{MPa}$ 的两根等边角钢∠100×12 组成，如图 13-24 所示。杆长 $l=2.4\text{m}$，两端铰支。承受轴向压力 $F=400\text{kN}$，$[\sigma]=160\text{MPa}$，铆钉孔直径 $d=23\text{mm}$，稳定安全因数 $n_w=2$，试对压杆作稳定和强度校核。

13-6　五根钢杆用铰链连接成正方形结构如图 13-25 所示，杆的材料为 Q235A 钢，E=206GPa，许用应力[σ]=140MPa，各杆直径 d=40mm，杆长 a=1m。规定稳定安全因数 n_w=2，试求许用载荷［F］。若图中两力方向向内时，许用载荷［F］为多大?

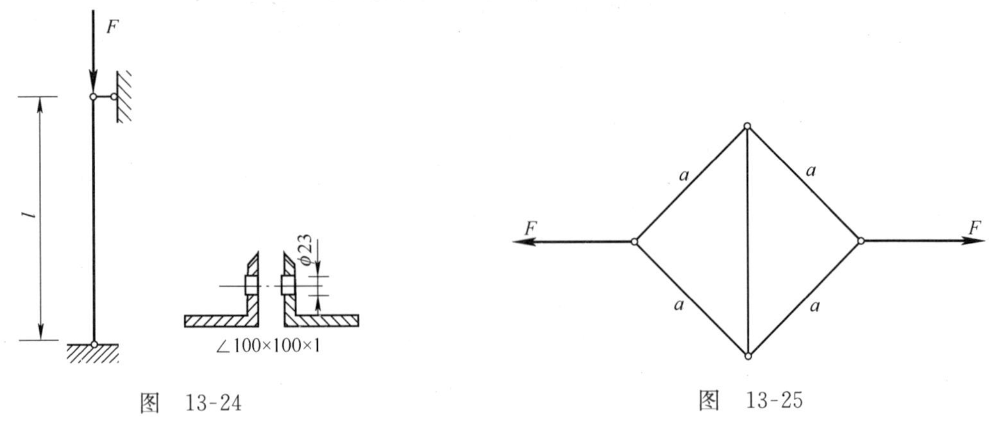

图　13-24　　　　图　13-25

自测练习答案

13-1　σ_{dmax}=0.19MPa

13-2　$K_d=1+\sqrt{1+\frac{2EA_1A_2h}{W(l_1A_2+l_2A_1)}}$

13-3　$\sigma_{max}=\frac{2\sigma_a}{1-r}$；$\sigma_{min}=\frac{2r\sigma_a}{1-r}$

13-4　D

13-5　$n_g=2.2>n_w$；$\sigma_{max}=99.8\text{MPa}<[\sigma]$。安全

13-6　两力向外：［F］=64kN；两力向内：［F］=149kN

参 考 文 献

[1] 张秉荣．工程力学［M］．3版．北京：机械工业出版社，2009.

[2] 华东地区材料力学与强度协会《材料力学学习指导》编委会．材料力学学习指导［M］．徐州：中国矿业大学出版社，1996.

[3] 胡仰馨．理论力学［M］．北京：人民教育出版社，1982.

[4] 单辉祖．材料力学（Ⅰ）［M］．北京：高等教育出版社，1999.

[5] 华东水利学院工程力学教研组《理论力学》编写组．理论力学［M］．北京：人民教育出版社，1978.

[6] 干光瑜，秦惠民．材料力学［M］．北京：高等教育出版社，1999.

[7] 哈尔滨工业大学理论力学教研组．理论力学［M］．北京：高等教育出版社，1997.

[8] 重庆建筑大学．理论力学［M］．北京：高等教育出版社，1999.

[9] 宋小壮．土木工程力学［M］．北京：高等教育出版社，2001.

[10] 宋小壮．工程力学自学与解题指南［M］．北京：机械工业出版社，2003.

[11] 宋小壮．工程力学（土木类）［M］．北京：机械工业出版社，2007.